PLC与触摸屏、变频器、组态软件应用一本通

韩相争 编著

化学工业出版社

·北京·

图书在版编目（CIP）数据

PLC与触摸屏、变频器、组态软件应用一本通 / 韩相争编著.
北京：化学工业出版社，2018.10（2025.3重印）
ISBN 978-7-122-32780-2

Ⅰ.① P… Ⅱ.①韩… Ⅲ.① PLC 技术 Ⅳ.① TM571.61

中国版本图书馆 CIP 数据核字（2018）第 174637 号

责任编辑：宋 辉　　装帧设计：王晓宇
责任校对：王 静

出版发行：化学工业出版社（北京市东城区青年湖南街13号 邮政编码100011）
印 装：大厂回族自治县聚鑫印刷有限责任公司
787mm×1092mm 1/16 印张19½ 字数526千字 2025年 3 月北京第1版第9次印刷

购书咨询：010-64518888　　售后服务：010-64518899
网 址：http://www.cip.com.cn
凡购买本书，如有缺损质量问题，本社销售中心负责调换。

定 价：78.00元

前言

Preface

近年来，PLC、触摸屏、变频器和组态软件组成的控制系统广泛应用于工业控制的各行各业。其中，PLC 是控制的核心，触摸屏（人机界面）是用户和 PLC 沟通的桥梁，变频器是常用的调速元件，组态软件则对自动化设备或过程进行监控和管理。一个控制系统，视其复杂程度或客户需求，会涉及 PLC 与触摸屏、变频器和工业组态软件三者间两种或多种的综合应用。

本书详细介绍了西门子 S7-200 SMART PLC 的编程技巧，触摸屏、变频器、WinCC 组态软件的使用及其与 PLC 的综合应用。全书分为 4 篇 9 章，包括 S7-200 SMART PLC 编程概述、开关量控制程序设计、模拟量控制程序设计、触摸屏实用案例、触摸屏与 PLC 综合应用案例、变频器实用案例、变频器与 PLC 综合应用案例、组态软件 WinCC 实用案例、监控组态软件与 PLC 综合应用案例。

本书具有以下特色：

(1) 以图解形式讲解，生动形象，易于读者学习；

(2) 案例来自于实际工程，可边学边用，帮助读者解决设计经验不足的难题；

(3) 设有“编者心语”等专栏，强调关键点和注意事项，帮助读者少走弯路；

(4) 在书中相应位置配有视频讲解，扫描二维码即可观看；

(5) 提供更丰富的学习资源。本书配备电子版 S7-200 SMART PLC 程序、变频器手册和部分案例的源程序，便于读者学习和模仿。读者登陆出版社网站下载，路径为：www.cip.com.cn/资源下载 / 配书资源，点击“更多”，搜索书名即可获得。

本书可作为广大电气工程技术人员自学和参考用书，也可作为高校电气工程及自动化、机电一体化等专业综合实训参考教材。

全书由韩相争编著，杨静、乔海审阅，韩霞、张振生、韩英、马力、李艳昭、杜海洋、刘将帅校对，宁伟超、郑宏俊、李志远、张孝雨、张岩为本书的编写提供了帮助，在此一并表示衷心的感谢。

由于时间有限，书中难免有疏漏之处，敬请广大专家和读者批评指正。

编著者

目录 CONTENTS

第1篇 可编程控制器

第2篇 触摸屏

第 1 篇

可编程控制器

SIEMENS

第1章 S7-200 SMART PLC编程概述

本章要点

- S7-200 SMART PLC简介
- S7-200 SMART PLC硬件系统组成
- S7-200 SMART PLC外形结构与接线
- S7-200 SMART PLC编程软件应用快速入门
- PLC控制系统开发流程

1.1 S7-200 SMART PLC简介

西门子S7-200 SMART PLC是在S7-200 PLC基础上发展起来的全新自动化控制产品，该产品的以下亮点，使其成为经济型自动化市场的理想选择。

① 机型丰富，选择更多

可以提供不同类型、I/O点数丰富的CPU模块。产品配置灵活，在满足不同需要的同时，又可以最大限度控制成本，是小型自动化系统的理想选择。

② 选件扩展，配置灵活

S7-200 SMART PLC新颖的信号板设计，在不额外占用控制柜空间的前提下，可实现通信端口、数字量通道、模拟量通道的扩展，配置更加灵活。

③ 以太互动，便捷经济

CPU模块的本身集成了以太网接口，用1根以太网线，便可以实现程序的下载和监控，省去了购买专用编程电缆的费用，经济便捷；同时，强大的以太网功能，可以实现与其他CPU模块、触摸屏和计算机的通信和组网。

④ 软件友好，编程高效

STEP 7-Micro/WIN SMART编程软件融入了新颖的带状菜单和移动式窗口设计，先进的程序结构和强大的向导功能，使编程效率更高。

⑤ 运动控制功能强大

S7-200 SMART PLC的CPU模块本体最多集成3路高速脉冲输出，支持PWM/PO输出方式以及多种运动模式。配以方便易用的向导设置功能，快速实现设备调速和定位。

⑥ 完美整合，无缝集成

S7-200 SMART PLC、Smart Line系列触摸屏和SINAMICS V20变频器完美结合，可以

满足用户人机互动、控制和驱动的全方位需要。

1.2 S7-200 SMART PLC 硬件系统组成

S7-200 SMART PLC 控制系统硬件由 CPU 模块、数字量扩展模块、模拟量扩展模块、热电偶与热电阻模块和相关设备组成。CPU 模块、扩展模块及信号板，如图 1-1 所示。

图 1-1 S7-200 SMART PLC、信号板及扩展模块

1.2.1 CPU 模块

CPU 模块又称基本模块，它由 CPU 单元、存储器单元、输入输出接口单元以及电源组成。CPU 模块（这里说的 CPU 模块指的是 S7-200 SMART PLC 基本模块的型号，不是中央微处理器 CPU 的型号）是一个完整的控制系统，它可以单独完成一定控制任务，主要功能是采集输入信号、执行程序、发出输出信号和驱动外部负载。CPU 模块有经济型和标准型两种。经济型 CPU 模块有两种，分别为 CPU CR40 和 CPU CR60，经济型 CPU 价格便宜，但不具有扩展能力；标准型 CPU 模块有 8 种，分别为 CPU SR20、CPU ST20、CPU SR30、CPU ST30、CPU SR40、CPU ST40、CPU SR60 和 CPU ST60，具有扩展能力。

CPU 模块具体技术参数，如表 1-1 所示。

表 1-1 CPU 模块技术参数

模 块	CPU SR20/ST20	CPU SR30/ST30	CPU SR40/ST40	CPU SR60/ST60
外形尺寸 / mm×mm×mm	90×100×81	110×100×81	125×100×81	175×100×81
程序存储器 /KB	12	18	24	30
数据存储器 /KB	8	12	16	20
本机数字量 I/O	12 入 /8 出	18 入 /12 出	24 入 /16 出	36 入 /24 出
数字量 I/O 映像区	256 位入 /256 位出	256 位入 /256 位出	256 位入 /256 位出	256 位入 /256 位出

续表

模拟映像	56 字入 /56 字出	56 字入 /56 字出	56 字入 /56 字出	56 字入 /56 字出
扩展模块数量 / 个	6	6	6	6
脉冲捕捉输入个数 / 个	12	12	14	24
高速计数器个数 单相高速计数器个数 正交相位	4 路 4 路 200kHz 2 路 100kHz	4 路 4 路 200kHz 2 路 100kHz	4 路 4 路 200kHz 2 路 100kHz	4 路 4 路 200kHz 2 路 100kHz
高速脉冲输出	2 路 100kHz （仅限 DC 输出）	3 路 100kHz （仅限 DC 输出）	3 路 100kHz （仅限 DC 输出）	3 路 20kHz （仅限 DC 输出）
以太网接口 / 个	1	1	1	1
RS-485 通信接口 / 个	1	1	1	1
可选件	存储器卡、信号板和通信版			
DC 24V 电源 CPU 输入电流 / 最大负载	430mA/160mA	365mA/624mA	300mA/680mA	300mA/220mA
AC 240V 电源 CPU	120mA/60mA	52mA/72mA	150mA/190mA	300mA/710mA

1.2.2 数字量扩展模块

当 CPU 模块数字量 I/O 点数不能满足控制系统的需要时，用户可根据实际的需要对数字量 I/O 点数进行扩展。数字量扩展模块不能单独使用，需要通过自带的连接器插在 CPU 模块上。数字量扩展模块通常有 3 类，分别为数字量输入模块，数字量输出模块和数字量输入输出混合模块。数字量输入模块有 1 个，型号为 EM DI08，8 点输入；数字量输出模块有 2 个，型号有 EM DR08 和 EM DT08，EM DR08 模块为 8 点继电器输出型，每点额定电流 2A；EM DT08 模块为 8 点晶体管输出型，每点额定电流 0.75A；数字量输入 / 输出模块有 4 个，型号有 EM DR16、EM DT16、EM DR32 和 EM DT32，EM DR16/DT16 模块为 8 点输 /8 点输出，继电器 / 晶体管输出型，每点额定电流 2A/0.75A；EM DR32/DT32 模块为 16 点输 /16 点输出，继电器 / 晶体管输出型，每点额定电流 2A/0.75A。

1.2.3 信号板

S7-200 SMART PLC 有 3 种信号板，分别为模拟量输出信号板、数字量输入 / 输出信号板和 RS485/RS232 信号板。

模拟量输出信号板型号为 SB AQ01，1 点模拟量输出，输出量程为 ±10V 或 0 ～ 20mA，对应数字量值为 ±27648 或 0 ～ 27648。

数字量 输入 / 输出信号板型号为 SB DT04，为 2 点输入 /2 点输出晶体管输出型，输出端子每点最多额定电流 0.5A。

RS485/RS232 信号板型号为 SB CM01，可以组态 RS-485 或 R-S232 通信接口。

编者心语

① 和 S7-200 PLC 相比，S7-200 SMART PLC 信号板配置是特有的，在功能扩展的同时，也兼顾了安装方式，配置灵活且不占控制柜空间。

② 读者在应用 PLC 及数字量扩展模块时，一定要注意针脚载流量，继电器输出型载流量为 2A；晶体管输出型载流量为 0.75A；在应用时，不要超过上限值；如果超限，则需要用继电器过渡，这是工程中常用的手段。

1.2.4 模拟量扩展模块

模拟量扩展模块为主机提供了模拟量输入输出功能，适用于复杂控制场合。它通过自带连接器与主机相连，并且可以直接连接变送器和执行器。模拟量扩展模块通常可以分为 3 类，分别为模拟量输入模块、模拟量输出模块和模拟量输入输出混合模块。

4 路模拟量输入模块型号为 EM AE04，量程有 4 种，分别为 ±10V、±5V、±2.5V 和 0 ～ 20mA，其中电压型的分辨率为 11 位 + 符号位，满量程输入对应的数字量范围为 -27648 ～ 27648，输入阻抗 ≥ 9MΩ；电流型的分辨率为 11 位，满量程输入对应的数字量范围为 0 ～ 27648，输入阻抗为 250Ω。

2 路模拟量输出模块型号为 EM AQ02，量程有 2 种，分别为 ±10V 和 0 ～ 20mA，其中电压型的分辨率为 10 位 + 符号位，满量程输出对应的数字量范围为 -27648 ～ 27648；电流型的分辨率为 10 位，满量程输出对应的数字量范围为 0 ～ 27648。

4 路模拟量输入 /2 路模拟量输出模块型号为 EM AM06，实际上就是模拟量输入模块 EM AE04 与模拟量输出模块 EM AQ02 的叠加，故不再赘述。

1.2.5 热电阻与热电偶模块

热电阻或热电偶扩展模块是模拟量模块的特殊形式，可直接连接热电偶和热电阻测量温度。热电阻或热电偶扩展模块可以支持多种热电阻和热电偶。热电阻扩展模块型号为 EM AR02，温度测量分辨率为 0.1℃ /0.1 ℉，电阻测量精度为 15 位 + 符号位。热电偶扩展模块型号为 EM AT04，温度测量分辨率和电阻测量精度与热电阻相同。

1.2.6 相关设备

相关设备是为了充分和方便地利用系统硬件和软件资源而开发和使用的一些设备，主要有编程设备、人机操作界面等。

① 编程设备　主要用来进行用户程序的编制、存储和管理等，并将用户程序送入 PLC 中，在调试过程中，进行监控和故障检测。S7-200 SMART PLC 的编程软件为 STEP 7-Micro/WIN SMART。

② 人机操作界面　主要指专用操作员界面。常见的如触摸面板、文本显示器等，用户可以通过该设备轻松完成各种调整和控制任务。

1.3 S7-200 SMART PLC外形结构与接线

1.3.1 S7-200 SMART PLC的外形结构

S7-200 SMART PLC的外形结构如图1-2所示，其CPU单元、存储器单元、输入输出单元和电源集中封装在同一塑料机壳内。当系统需要扩展时，可选用需要的扩展模块与主机连接。

① 输入端子：是外部输入信号与PLC连接的接线端子，在顶部端盖下面。此外，顶部端盖下面还有输入公共端子和PLC工作电源接线端子。

② 输出端子：输出端子是外部负载与PLC连接的接线端子，在底部端盖下面。此外，底部端盖下面还有输出公共端子和24V直流电源端子，24V直流电源可以为传感器和光电开关等提供能量。

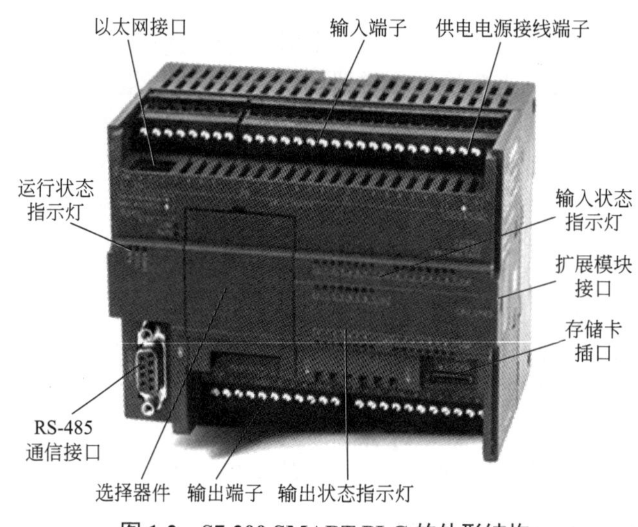

图1-2 S7-200 SMART PLC的外形结构

③ 输入状态指示灯（LED）：输入状态指示灯用于显示是否有输入控制信号接入PLC。当指示灯亮时，表示有控制信号接入PLC；当指示灯不亮时，表示没有控制信号接入PLC。

④ 输出状态指示灯（LED）：输出状态指示灯用于显示是否有输出信号驱动执行设备。当指示灯亮时，表示有输出信号驱动外部设备；当指示灯不亮时，表示没有输出信号驱动外部设备。

⑤ 运行状态指示灯：运行状态指示灯有RUN、STOP、ERROR三个，其中RUN、STOP指示灯用于显示当前工作方式。当RUN指示灯亮时，表示运行状态；当STOP指示灯亮时，表示停止状态；当ERROR指示灯亮时，表示系统故障，PLC停止工作。

⑥ 存储卡插口：该插口插入Micro SD卡，可以下载程序和PLC固件版本更新。

⑦ 扩展模块接口：用于连接扩展模块，采用插针式连接，使模块连接更加紧密。

⑧ 选择器件：可以选择信号板或通信板，实现精确化配置的同时，又可以节省控制柜的安装空间。

⑨ RS-485通信接口：可以实现PLC与计算机之间、PLC与PLC之间、PLC与其他设

备之间的通信

⑩ 以太网接口：用于程序下载和设备组态。程序下载时，只需要 1 条以太网线即可，无需购买专用的程序下载线。

1.3.2 S7-200 SMART PLC 的外部接线图

外部接线设计也是 PLC 控制系统设计的重要组成部分之一。由于 CPU 模块、输出类型和外部电源供电方式的不同，PLC 外部接线也不尽相同。鉴于 PLC 的外部接线与输入输出点数等诸多因素有关，本书给出了 S7-200 SMART PLC 标准型和经济型两大类端子排布情况，具体如表 1-2 所示。备注：最后两种为经济型，其余为标准型。

表 1-2 S7-200 SMART PLC 的 I/O 点数及相关参数

CPU 模块型号	输入输出点数	电源供电方式	公共端	输入类型	输出类型
CPU ST20	12 输入 8 输出	20.4 ～ 28.8V DC 电源	输入端 I0.0 ～ I1.3 共用 1M； 输出端 Q0.0 ～ Q0.7 共用 2L+，2M	24V DC 输入	晶体管 输出
CPU SR20	12 输入 8 输出	85 ～ 264V AC 电源	输入端 I0.0 ～ I1.3 共用 1M； 输出端 Q0.0 ～ Q0.3 共用 1L，Q0.4 ～ Q0.7 共用 2L	24V DC 输入	继电器输出
CPU ST30	18 输入 12 输出	20.4 ～ 28.8V DC 电源	输入端 I0.0 ～ I2.1 共用 1M； 输出端 Q0.0 ～ Q0.7 共用 2L+、2M； Q1.0 ～ Q1.3 共用 3L+、3M	24V DC 输入	晶体管 输出
CPU SR30	18 输入 12 输出	85 ～ 264V AC 电源	输入端 I0.0 ～ I2.1 共用 1M； 输出端 Q0.0 ～ Q0.3 共用 1L，Q0.4 ～ Q0.7 共用 2L；Q1.0 ～ Q1.3 共用 3L	24V DC 输入	继电器输出
CPU ST40	24 输入 16 输出	20.4 ～ 28.8V DC 电源	输入端 I0.0 ～ I2.7 共用 1M； 输出端 Q0.0 ～ Q0.7 共用 2M，2L+，Q1.0 ～ Q1.7 共用 3M，3L+	24V DC 输入	晶体管 输出
CPU SR40	24 输入 16 输出	85 ～ 264V AC 电源	输入端 I0.0 ～ I2.7 共用 1M； 输出端 Q0.0 ～ Q0.3 共用 1L，Q0.4 ～ Q0.7 共用 2L，Q1.0 ～ Q1.3 共用 3L；Q1.4 ～ Q1.7 共用 4L	24V DC 输入	继电器输出
CPU ST60	36 输入 24 输出	20.4 ～ 28.8V DC 电源	输入端 I0.0 ～ I4.3 共用 1M； 输出端 Q0.0 ～ Q0.7 共用 2M，2L+，Q1.0 ～ Q1.7 共用 3M，3L+；Q2.0 ～ Q2.7 共用 4M，4L+	24V DC 输入	晶体管 输出
CPU SR60	36 输入 24 输出	85 ～ 264V AC 电源	输入端 I0.0 ～ I4.3 共用 1M； 输出端 Q0.0 ～ Q0.3 共用 1L，Q0.4 ～ Q0.7 共用 2L，Q1.0 ～ Q1.3 共用 3L；Q1.4 ～ Q1.7 共用 4L；Q2.0 ～ Q2.3 共用 5L；Q2.4 ～ Q2.7 共用 6L	24V DC 输入	继电器输出
CPU CR40	24 输入 16 输出	85 ～ 264V AC 电源	输入端 I0.0 ～ I2.7 共用 1M； 输出端 Q0.0 ～ Q0.3 共用 1L，Q0.4 ～ Q0.7 共用 2L，Q1.0 ～ Q1.3 共用 3L；Q1.4 ～ Q1.7 共用 4L	24V DC 输入	继电器输出
CPU CR60	36 输入 24 输出	85 ～ 264V AC 电源	输入端 I0.0 ～ I4.3 共用 1M； 输出端 Q0.0 ～ Q0.3 共用 1L，Q0.4 ～ Q0.7 共用 2L，Q1.0 ～ Q1.3 共用 3L；Q1.4 ～ Q1.7 共用 4L；Q2.0 ～ Q2.3 共用 5L；Q2.4 ～ Q2.7 共用 6L	24V DC 输入	继电器输出

本节仅给出CPU SR30和CPU ST30的接线情况，其余类型的接线读者可查阅附录。

（1）CPU SR30的接线

如图1-3所示，CPU SR30接线图中，L1、N端子接交流电源，电压允许范围为85～264V。L+、M为PLC向外输出24V/300mA直流电源，L+为电源正，M为电源负，该电源可作为输入端电源使用，也可作为传感器供电电源。

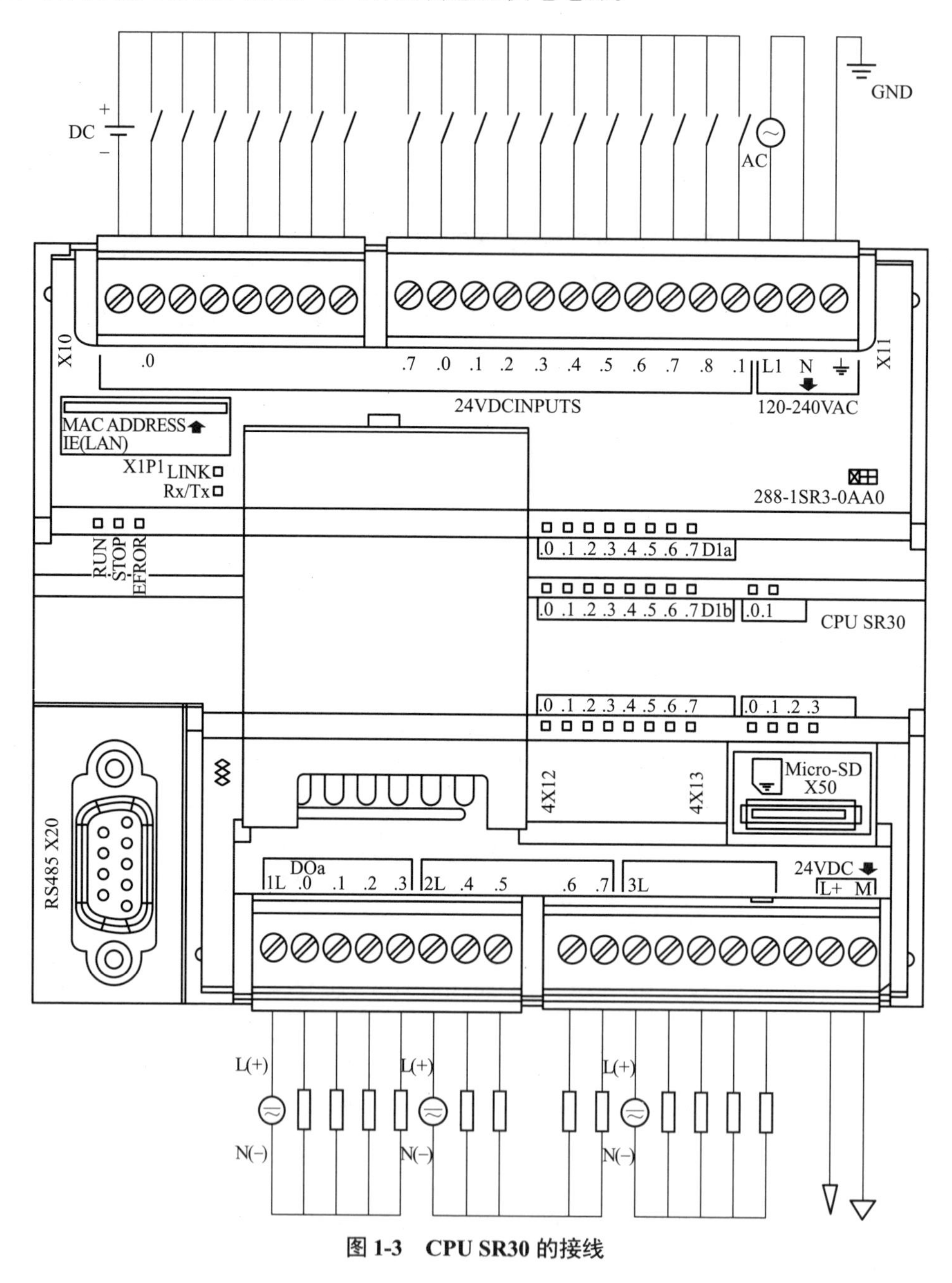

图1-3 CPU SR30的接线

• 输入端子：CPU SR30共有18点输入，端子编号采用8进制。输入端子I0.0～I2.1，公共端为1M。

• 输出端子：CPU SR30共有12点输出，端子编号也采用8进制。输出端子共分3组，Q0.0～Q0.3为第一组，公共端为1L；Q0.4～Q0.7为第二组，公共端为2L；Q1.0～Q1.3

为第三组，公共端为 3L；根据负载性质的不同，输出回路电源支持交流和直流。

（2）CPU ST30 的接线

CPU ST30 的接线如图 1-4 所示，电源为 DC24V，输入点接线与 CPU SR30 相同。不同点在于输出点的接线，输出端子共分 2 组，Q0.0 ～ Q0.7 为第一组，公共端为 2L+、2M；Q1.0 ～ Q1.3 为第二组，公共端为 2L+、2M；根据负载的性质的不同，输出回路电源只支持直流电源。

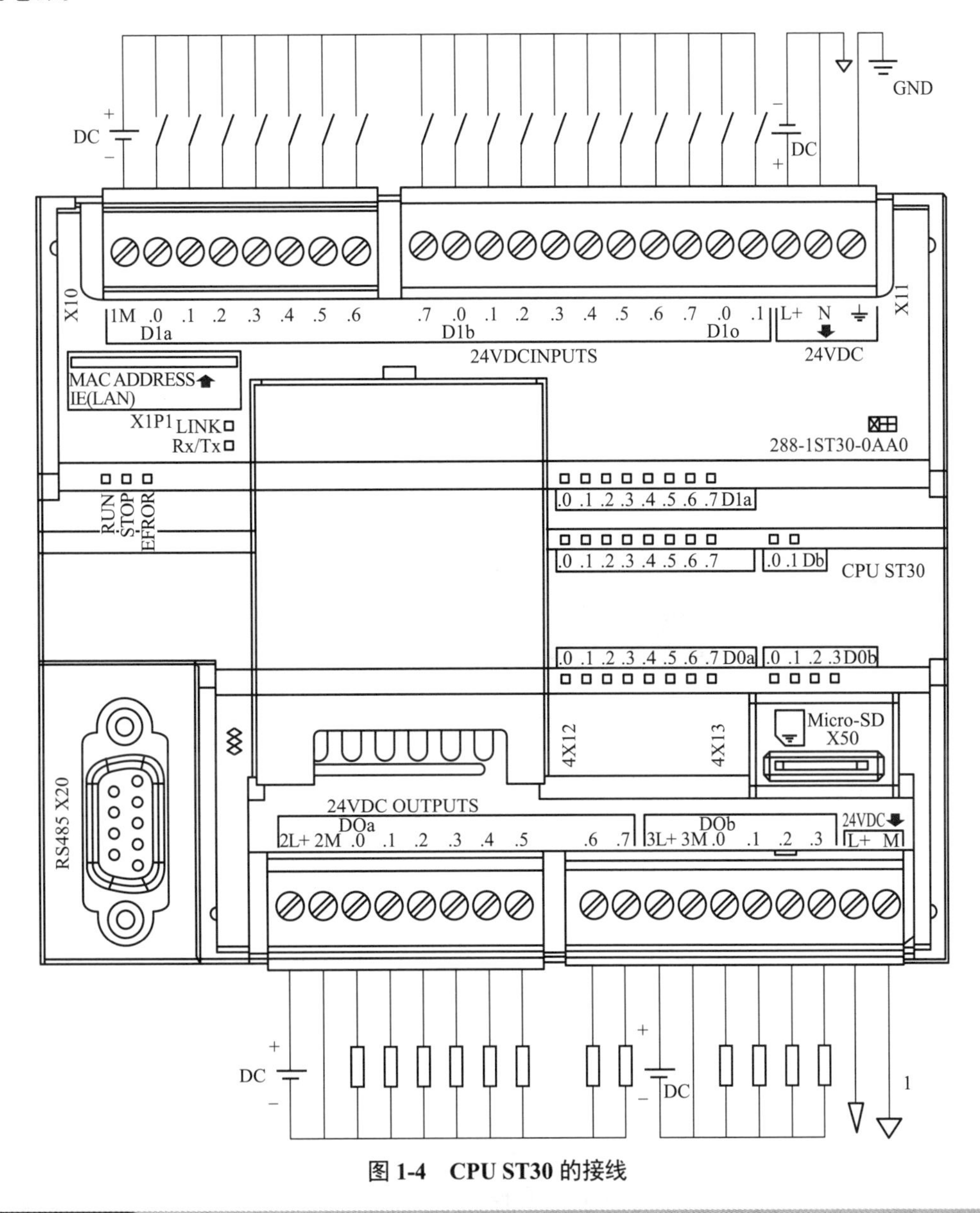

图 1-4　CPU ST30 的接线

编者心语

① CPU SRXX 模块输出回路电源既支持直流型又支持交流型，有时候交流电源用多了，以为 CPU SRXX 模块输出回路电源不支持直流型，这是误区，读者需注意。

② CPU STXX 模块输出为晶体管型，输出端能发射出高频脉冲，常用于含有伺服电机和

步进电机的运动量场合，这点 CPU SRXX 模块不具备。

③ 运动量场合，CPU STXX 模块不能直接驱动伺服电机或步进电机，需配驱动器。伺服电机需配伺服电机驱动器；步进电机需配步进电机驱动器；驱动器的厂商很多，例如西门子、三菱、松下、和利时等，读者可根据需要进行查找。

1.3.3 S7-200 SMART PLC 电源需求与计算

（1）电源需求与计算概述

S7-200 SMART PLC CPU 模块有内部电源，为 CPU 模块、扩展模块和信号板正常工作供电。

当有扩展模块时，CPU 模块通过总线为扩展模块提供 DC 5V 电源，因此要求所有的扩展模块消耗的 DC 5V 不得超出 CPU 模块本身的供电能力。

每个 CPU 模块都有 1 个 DC 24V 电源（L+、M），它可以为本机和扩展模块的输入点和输出回路继电器线圈提供 DC 24V 电源，因此要求所有输入点和输出回路继电器线圈耗电不得超出 CPU 模块本身 DC 24V 电源的供电能力。

基于以上两点考虑，在设计 PLC 控制系统时，有必要对 S7-200 SMART PLC 电源需求进行计算。计算的理论依据是 CPU 供电能力和扩展模块电流消耗，如表 1-3，表 1-4 所示。

表 1-3 CPU 供电能力

CPU 型号	电流供应	
	5V DC	24V DC（传感器电源）
CPU SR20	740mA	300mA
CPU ST20	740mA	300mA
CPU SR30	740mA	300mA
CPU ST30	740mA	300mA
CPU SR40	740mA	300mA
CPU ST40	740mA	300mA
CPU SR60	740mA	300mA
CPU ST60	740mA	300mA
CPU CR40	—	300mA
CPU CR60	—	300mA

表 1-4 扩展模块的耗电情况

模块类型	型号	电流供应	
		5V DC	24V DC（传感器电源）
数字量扩展模块	EM DE08	105mA	8×4mA
	EM DT08	120mA	—

续表

模块类型	型号	电流供应	
		5V DC	24V DC（传感器电源）
数字量扩展模块	EM DR08	120mA	8×11mA
	EM DT16	145mA	输入：8×4mA；输出：—
	EM DR16	145mA	输入：8×4mA；输出：8×11mA
	EM DT32	185mA	输入：16×4mA；输出：—
	EM DR32	185mA	输入：16×4mA；输出：16×11mA
模拟量扩展模块	EM AE04	80mA	40mA（无负载）
	EM AQ02	80mA	50mA（无负载）
	EM AM06	80mA	60mA（无负载）
热电阻扩展模块	EM AR02	80mA	40mA
信号板	SB AQ01	15mA	40mA（无负载）
	SB DT04	50mA	2×4mA
	SB RS485/RS232	50mA	不适用

（2）电源需求与计算举例

某系统有 CPU SR20 模块 1 台，2 个数字量输出模块 EM DR08，3 个数字量输入模块 EM DE08，1 个模拟量输入模块 EM AE04，试计算电流消耗，看是否能用传感器电源 24V DC 供电。

解：计算过程如表 1-5 所示。

经计算，5V DC 电流差额 =105>0，24V DC 电流差额 =−12<0，5V CPU 模块提供的电量够用，24V CPU 模块提供的电量不足，因此这种情况下 24V 供电需外接直流电源，实际工程中由外接 24V 直流电源供电，不用 CPU 模块上的传感器电源（24V DC），以免出现扩展模块不能正常工作的情况。

表 1-5　某系统扩展模块耗电计算

CPU 型号	电流供应		
	5V DC/mA	24V DC（传感器电源）/mA	备注
CPU SR20	740	300	
减去			
EM DR08	120	88	8×11mA
EM DR08	120	88	8×11mA
EM DE08	105	32	8×4mA
EM DE08	105	32	8×4mA
EM DE08	105	32	8×4mA
EM AE04	80	40	
电流差额	105.00	-12.00	

1.4 S7-200 SMART PLC 编程软件应用快速入门

STEP 7-Micro/WIN SMART 是西门子公司专门为 S7-200 SMART PLC 设计的编程软件，其功能强大，可在 Windows XP SP3 和 Windows 7 操作系统上运行，支持梯形图、语句表、功能块图 3 种语言，可进行程序的编辑、监控、调试和组态。

本书以 STEP 7-Micro/WIN SMART V2.1 编程软件为例，对相关知识进行讲解。

1.4.1 STEP 7-Micro/WIN SMART 编程软件的界面

STEP 7-Micro/WIN SMART 编程软件的界面如图 1-5 所示，主要包括快速访问工具栏、导航栏、项目树、菜单栏、程序编辑器、窗口选项卡和状态栏。

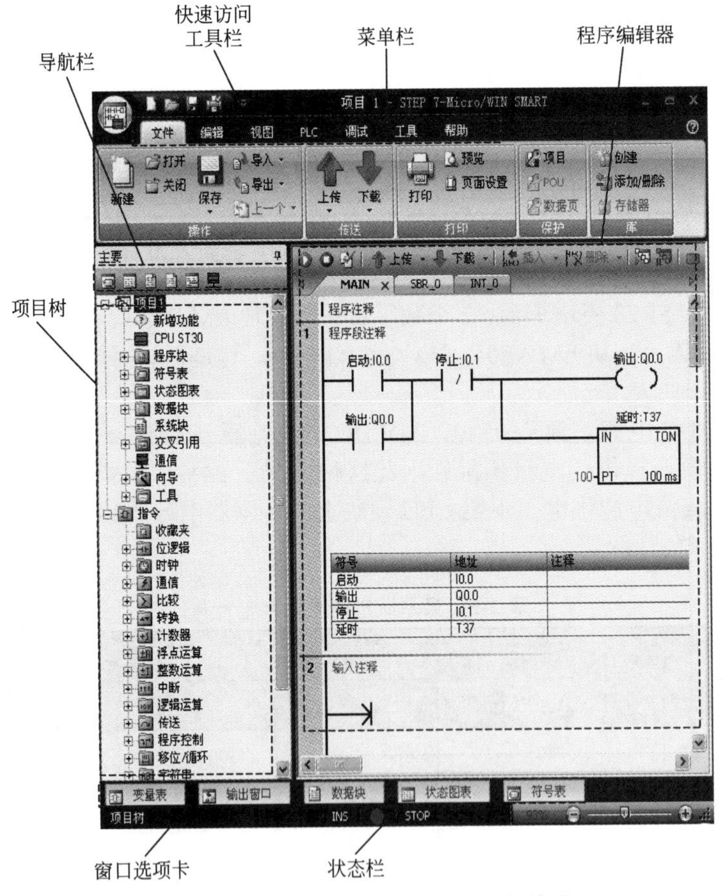

图 1-5 STEP 7-Micro/WIN SMART 操作界面

(1) 快速访问工具栏

快速访问工具栏位于菜单栏的上方，如图 1-6 所示。点击“快速访问文件”按钮，可以简捷快速地访问“文件”菜单下的大部分功能和最近文档。单击“快速访问文件”按钮出现的下拉菜单如图 1-7 所示。快速访问工具栏上的其余按钮分别为新建、打开、保存和打印等。

此外，点击▾还可以自定义快速访问工具栏。

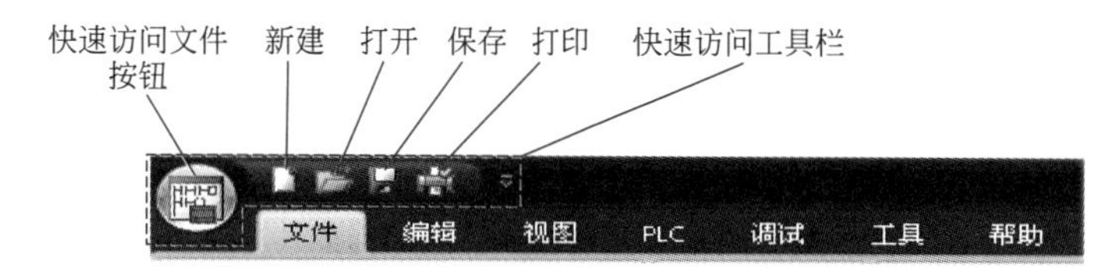

图 1-6　快速访问工具栏

（2）导航栏

导航栏位于项目树的上方，导航栏上有符号表、状态图表、数据块、系统块、交叉引用和通信几个按键，如图 1-8 所示。点击相应按键，可以直接打开项目树中的对应选项。

图 1-7　快速访问工具栏的下拉菜单

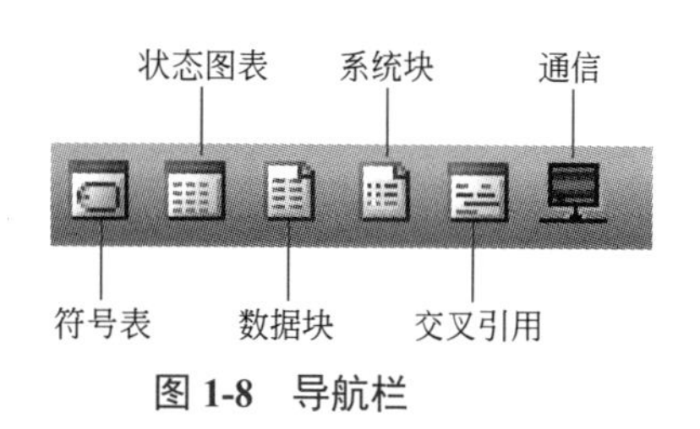

图 1-8　导航栏

编者心语

① 符号表、状态图表、系统块和通信几个选项非常重要，读者应予以重视。符号表对程序起到注释作用，以增加程序的可读性；状态图表用于调试时监控变量的状态；系统块用于硬件组态；通信按钮设置通信信息。

② 各按键的名称读者无需背会，将鼠标放在按键上，就会出现它们的名称。

（3）项目树

项目树位于导航栏的下方，如图 1-9 所示。项目树有两大功能：组织编辑项目和提供指令。

① 组织编辑项目

◆ 双击“系统块”或“▦”，可以进行硬件组态。

◆ 单击“程序块”文件夹前的⊞，“程序块”文件夹会展开。右键可以插入子程序或中断程序。

◆ 单击“符号表”文件夹前的⊞，“符号表”文件夹会展开。右键可以插入新的符号表。

◆ 单击“状态表”文件夹前的⊞，“状态表”文件夹会展开。右键可以插入新的状态表。

◆ 单击“向导”文件夹前的⊞，“向导”文件夹会展开，

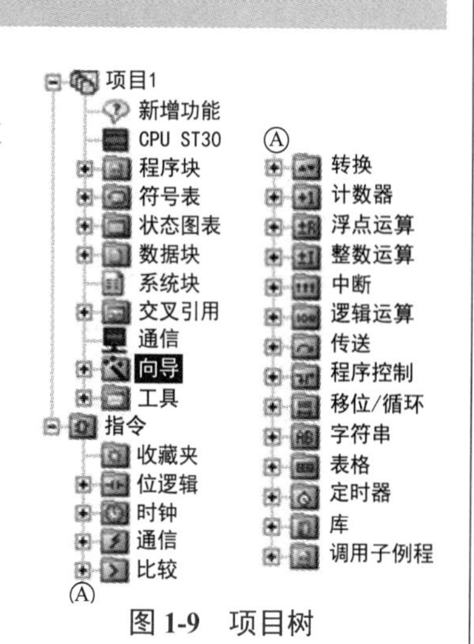

图 1-9　项目树

操作者可以选择相应的向导。常用的向导有：运动向导、PID 向导和高速计数器向导。

② 提供相应的指令

单击相应指令文件夹前的⊞，相应的指令文件夹会展开，操作者双击或拖拽相应的指令，该指令会出现在程序编辑器的相应位置。

此外，项目树右上角有一小钉，当小钉为竖放“ ”时，项目树位置会固定；当小钉为横放“ ”时，项目树会自动隐藏。小钉隐藏时，会扩大程序编辑器的区域。

（4）菜单栏

菜单栏包括文件、编辑、视图、PLC、调试、工具和帮助 7 个菜单项，前 6 个菜单的展开，如图 1-10 所示。

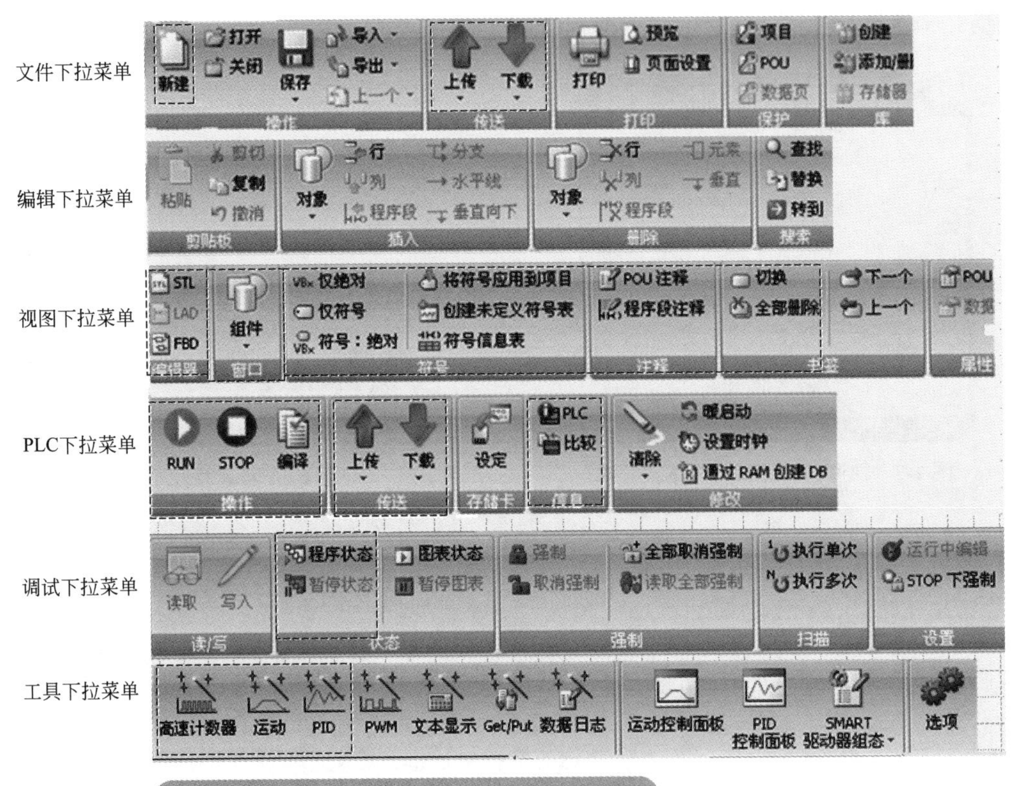

备注：虚方框内的为常用项，读者应予以重视。

图 1-10　菜单各项的下拉菜单

（5）程序编辑器

程序编辑器是编写和编辑程序的区域，如图 1-11 所示。程序编辑器主要包括工具栏、POU 选择器、POU 注释、程序段注释等。其中，工具栏详解如图 1-12 所示。POU 选择器用于主程序、子程序和中断程序之间的切换。

（6）窗口选项卡

窗口选项卡可以实现变量表窗口、符号表窗口、状态表窗口、数据块窗口和输出窗口的切换。

（7）状态栏

状态栏位于主窗口底部，提供软件中执行的操作信息。

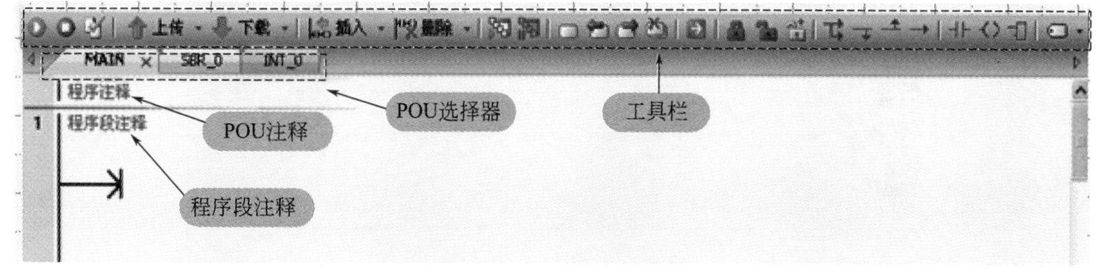

图 1-11　程序编辑器

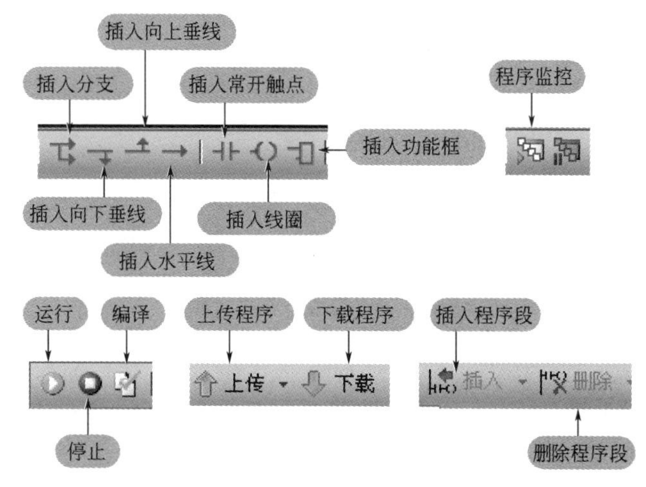

图 1-12　工具栏详解

1.4.2　项目创建与硬件组态

（1）创建与打开项目

① 创建项目

创建项目常用的有 2 种方法：

a. 单击菜单栏中的“文件→新建”；

b. 单击“快速访问文件”按钮，执行“新建”。

② 打开项目

打开项目常用的也有 2 种方法：

a. 单击菜单栏中的“文件→打开”；

b. 单击“快速访问文件”按钮，点击“打开”。

（2）硬件组态

硬件组态的目的是生成 1 个与实际硬件系统完全相同的系统。硬件组态包括 CPU 型号、扩展模块和信号板的添加，以及它们相关参数的设置。

硬件配置前，首先打开系统块。打开系统块有 2 种方法：

a. 双击项目树中的系统块图标；

b. 单击导航栏中的系统块按钮。

系统块打开的界面，如图 1-13 所示。

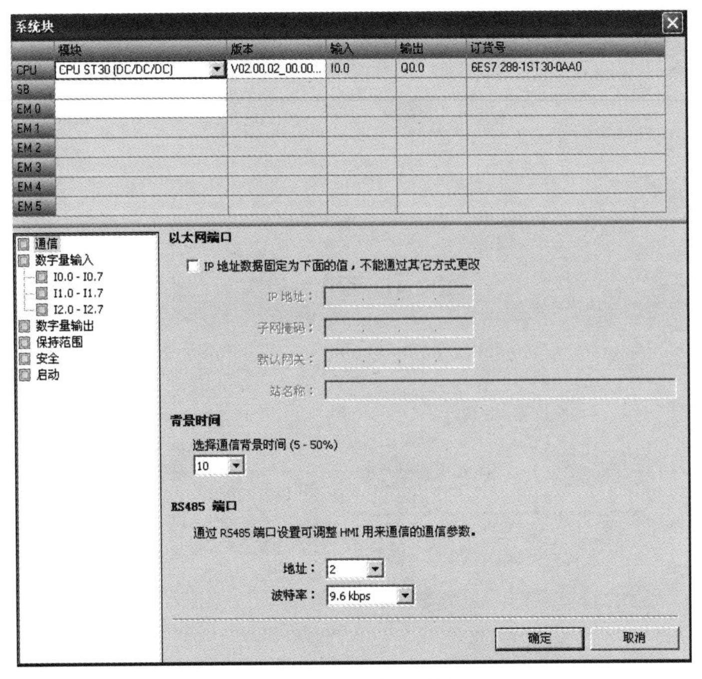

图 1-13　系统块打开的界面

◆ 系统块表格的第一行是 CPU 型号的设置；在第一行的第一列处，可以单击图标，选择与实际硬件匹配的 CPU 型号；在第一行的第三列处，显示的是 CPU 输入点的起始地址；在第一行的第四列处，显示的是 CPU 输出点的起始地址；两个起始地址均自动生成，不能更改；在第一行的第五列处，是订货号，选型时需要填写。

◆ 系统块表格的第二行是信号板的设置；在第二行的第一列处，可以单击图标，选择与实际信号板匹配的类型；信号板有通信信号板、数字量扩展信号板、模拟量扩展信号板和电池信号板。

◆ 系统块表格的第三行至第八行可以设置扩展模块；扩展模块包括数字量扩展模块、模拟量扩展模块、热电阻扩展模块和热电偶扩展模块。

案例

某系统硬件选择了 CPU ST30、1 块模拟量输出信号板、1 块 4 点模拟量输入模块和 1 块 8 点数字量输入模块，请在软件中做好组态，并说明所占的地址。

解析：硬件组态结果，如图 1-14 所示。

	模块	版本	输入	输出	订货号
CPU	CPU ST30 (DC/DC/DC)	V02.00.02_00.00...	I0.0	Q0.0	6ES7 288-1ST30-0AA0
SB	SB AQ01 (1AQ)			AQW12	6ES7 288-5AQ01-0AA0
EM 0	EM AE04 (4AI)		AIW16		6ES7 288-3AE04-0AA0
EM 1	EM DE08 (8DI)		I12.0		6ES7 288-2DE08-0AA0
EM 2					
EM 3					
EM 4					
EM 5					

图 1-14　硬件组态举例

a．CPU ST30 的输入点起始地址为 I0.0，占 IB0 和 IB1 两个字节，还有 I2.0、I2.1 两点（注意不是整个 IB2 字节，当鼠标在 CPU 型号这行时，按图 1-15 方法确定实际的输入点）。CPU ST30 的输出点起始地址为 Q0.0，占 QB0 一个字节，还有 Q1.0 ~ Q1.3 四点，确定方法如图 1-16 所示。

b．SB AQ01（1AQ）只有 1 个模拟量输出点，模拟量输出起始地址 AQW12。

c．EM AE04（4AI）的模拟量输入点起始地址为 AIW16，模拟量输入模块共有 4 路通道，此后地址为 AIW18、AIW20、AIW22。

d．EM DE08（8DI）的数字量输入点起始地址为 I12.0，占 IB12 一个字节。

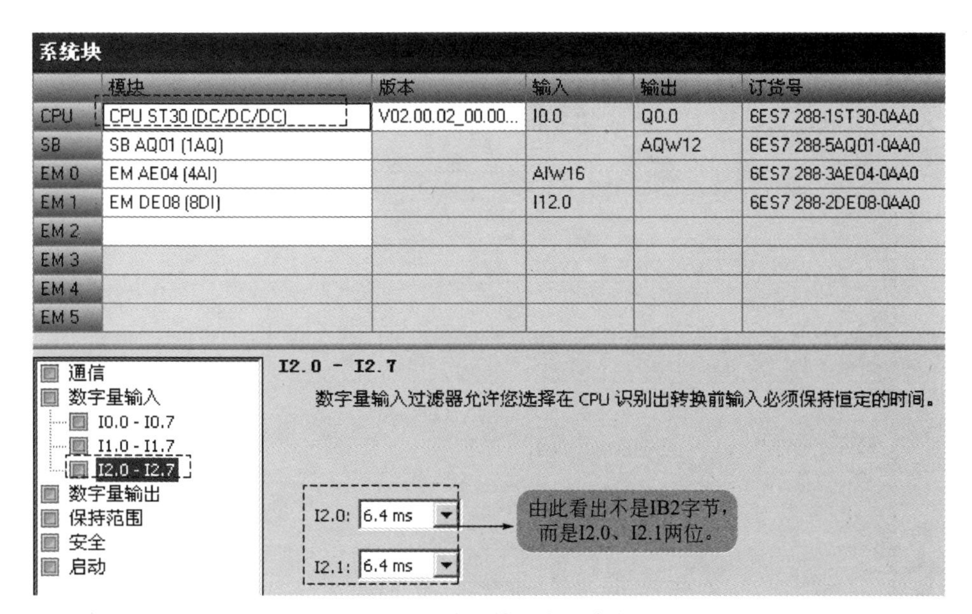

图 1-15　实际输入点的确定

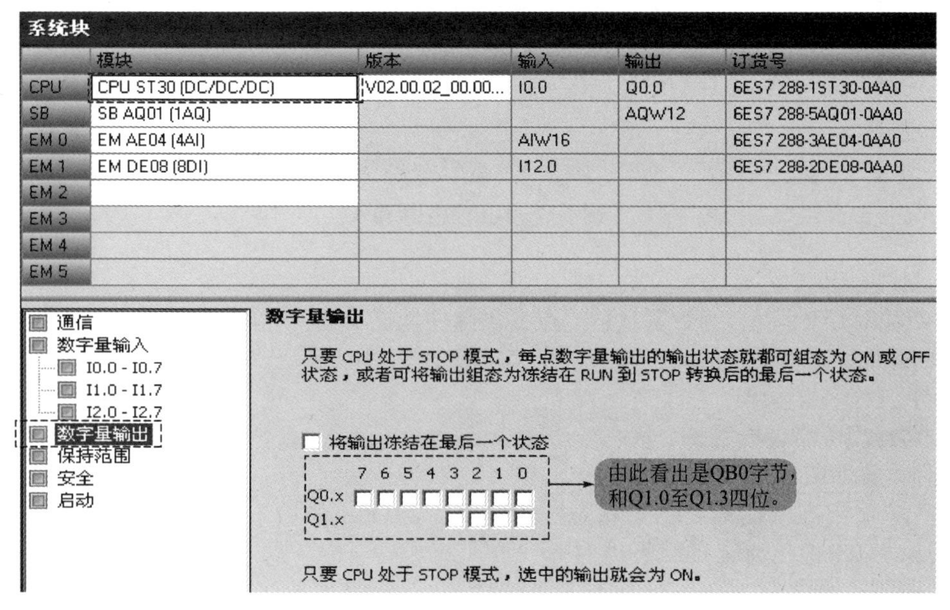

图 1-16　实际输出点确定

编者心语

① S7-200 SMART 硬件组态有些类似 S7-1200 PLC 和 S7-300/400 PLC，注意输入输出点的地址是系统自动分配的，操作者不能更改，编程时要严格遵守系统的地址分配。

② 硬件组态时，设备的选择型号必须和实际硬件完全匹配，否则控制无法实现。

（3）相关参数设置

① 组态数字量输入

a．设置滤波时间

S7-200 SMART PLC 可允许为数字量输入点设置 1 个延时输入滤波器，通过设置延时时间，可以减小因触点抖动等因素造成的干扰。具体设置如图 1-17 所示。

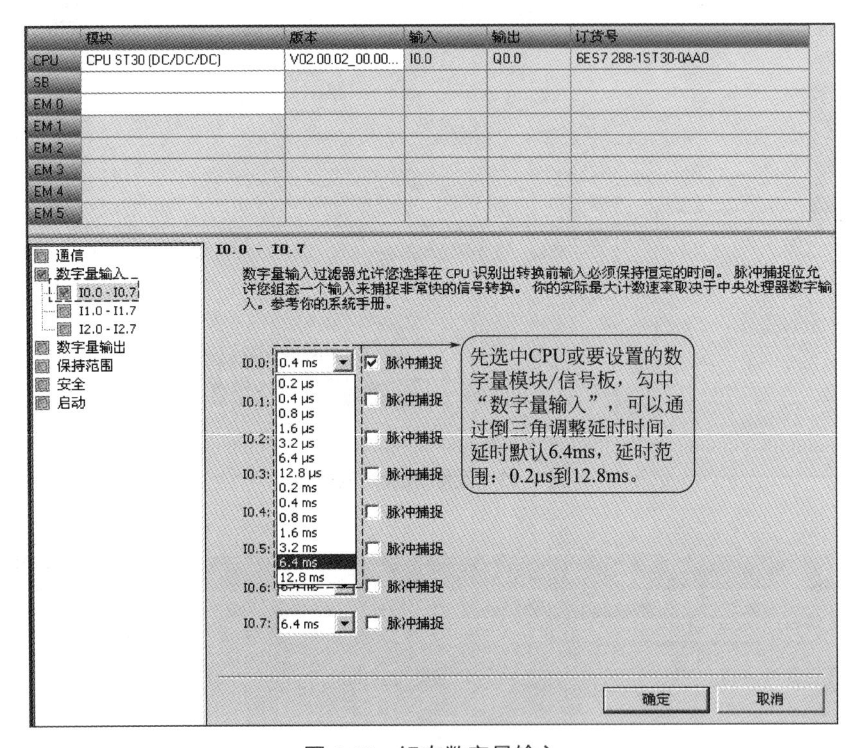

图 1-17　组态数字量输入

b．脉冲捕捉设置

S7-200 SMART PLC 为数字量输入点提供脉冲捕捉功能，脉冲捕捉可以捕捉到比扫描周期还短的脉冲。具体设置如图 1-17 所示，勾选脉冲捕捉即可。

② 组态数字量输出

a．将输出冻结在最后一个状态

具体设置如图 1-18 所示。

关于“输出冻结在最后一个状态”的理解：若 Q0.1 最后 1 个状态是 1，那么 CPU 由 RUN 转为 STOP 时，Q0.1 的状态仍为 1。

b．强制输出设置

具体设置如图 1-19 所示。

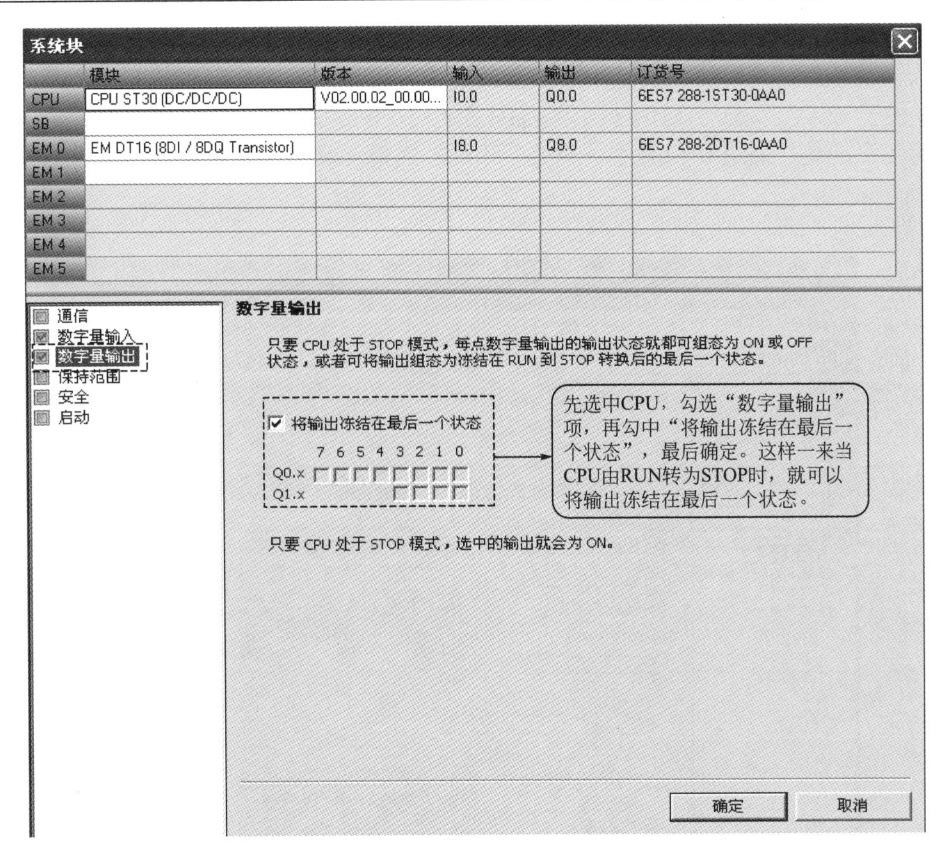

图 1-18　“输出冻结在最后一个状态”的设置

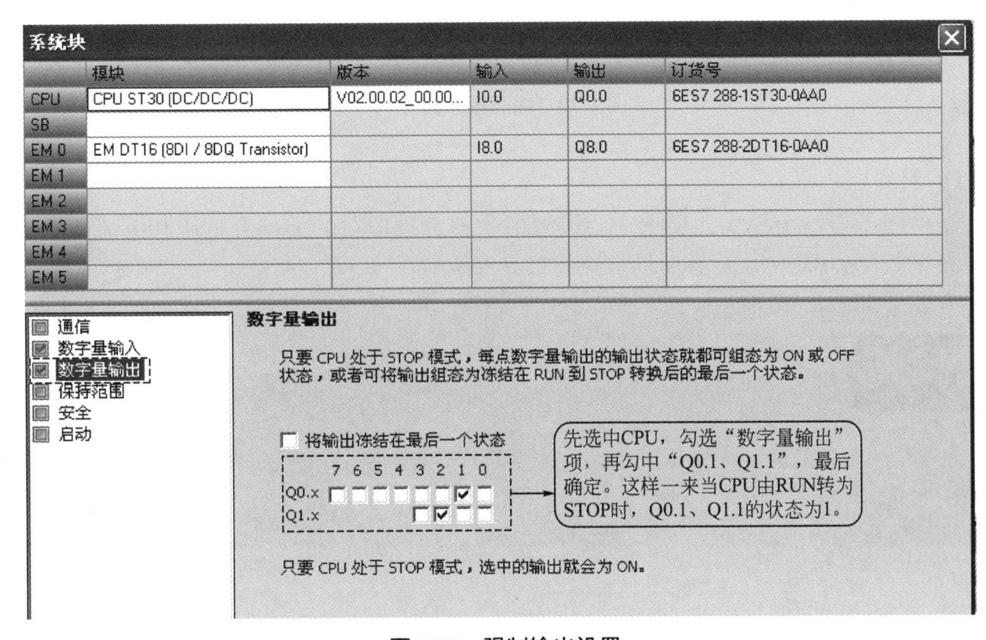

图 1-19　强制输出设置

③ 组态模拟量输入

了解西门子 S7-200 PLC 的读者都知道，模拟量模块的类型和范围均由拨码开关来设置，而 S7-200 SMART PLC 模拟量模块的类型和范围由软件来设置。

先选中模拟量输入模块，再选中要设置的通道，模拟量的类型有电压和电流两类，电压范围有 3 种：±2.5V、±5V、±10V；电流范围只 1 种：0 ～ 20mA。

值得注意的是，通道 0 和通道 1 的类型相同；通道 2 和通道 3 的类型相同。具体设置如图 1-20 所示。

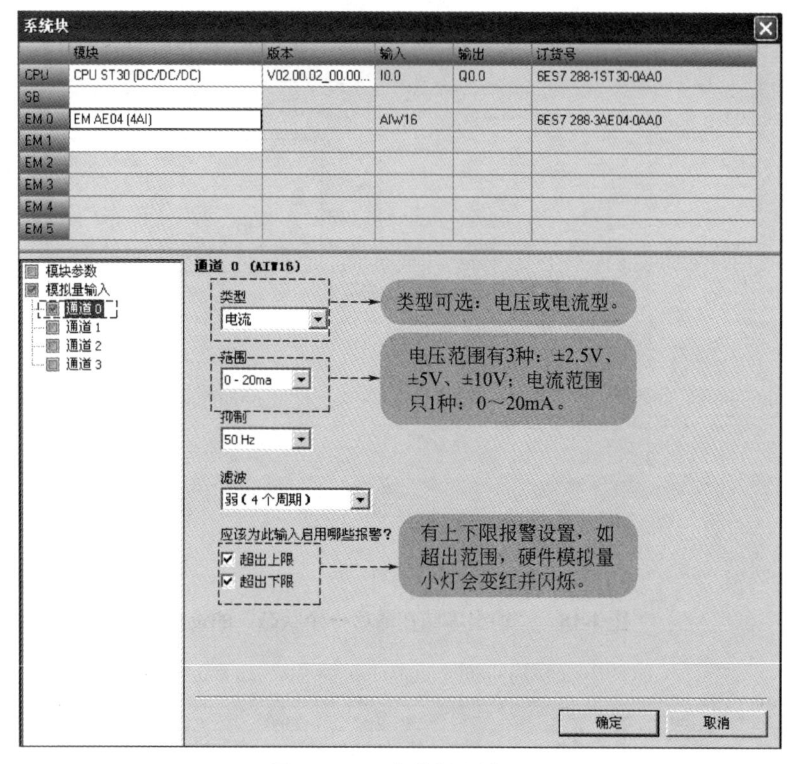

图 1-20　组态模拟量输入

④ 组态模拟量输出

先选中模拟量输出模块，再选中要设置的通道，模拟量的类型有电压和电流两类，电压范围只有 1 种：±10V；电流范围只 1 种：0 ～ 20mA。

具体设置如图 1-21 所示。

编者心语

① S7-200 PLC 模拟量模块的类型和范围均由拨码开关来设置，而 S7-200 SMART PLC 模拟量模块的类型和范围由软件来设置。

② 模拟量模块带有超限、断线和断电提示，如发生红灯闪烁，请考虑这几种情况。

(4) 启动模式组态

打开“系统块”对话框，在选中 CPU 时，点击“启动”，操作者可以对 CPU 的启动模式进行选择。CPU 的启动模式有 3 种，即 STOP、RUN 和 LAST，操作者可以根据自己的需要进行选择。具体操作如图 1-22 所示。

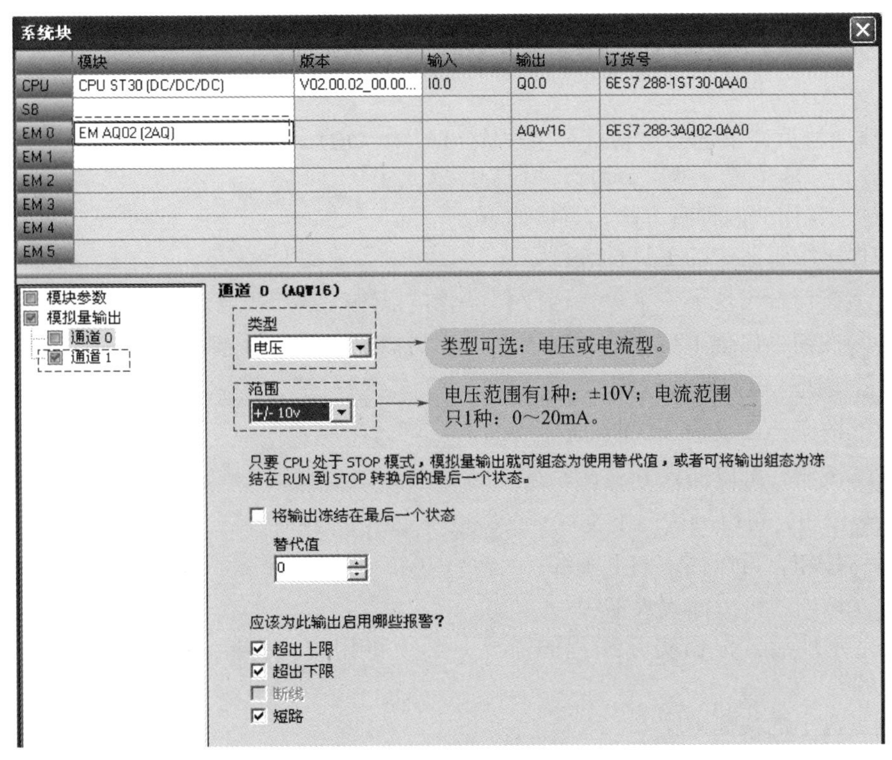

图 1-21　组态模拟量输出

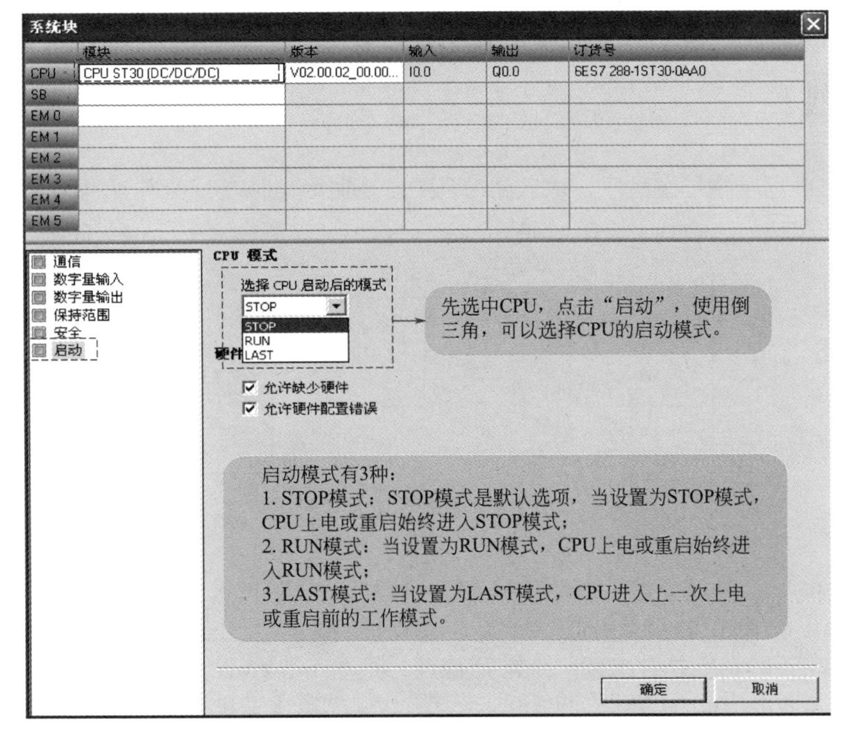

图 1-22　启动模式设置

1.4.3 程序编辑、传送与调试

（1）程序编辑

生成新项目后，系统会自动打开主程序 MAIN（OB1），操作者先将光标定位在程序编辑器中要放元件的位置，然后就可以进行程序输入了。

程序输入常用的两种有方法，具体如下。

a．用程序编辑器中的工具栏进行输入

点击按钮，出现下拉菜单，选择┤ ├，可以输入常开触点；

点击按钮，出现下拉菜单，选择┤/├，可以输入常闭触点；

点击按钮，可以输入线圈；

点击按钮，可以输入功能框；

点击按钮，可以插入分支；

点击按钮，可以插入向下垂线；

点击按钮，可以插入向上垂线；

点击按钮，可以插入水平线。

输入完元件后，根据实际编程的需要，必须将相应元件赋予相应的地址，如 I0.0、Q0.1、T37 等。

b．用键盘上的快捷键输入

触点快捷键 F4；　　线圈快捷键 F6；

功能块快捷键 F9；　　分支快捷键“Ctrl+↓”；

向上垂线快捷键“Ctrl+↑”；水平线快捷键“Ctrl+→”。

输入完元件后，根据实际编程的需要，必须将相应元件赋予相应的地址。

将图 1-23 所示梯形图程序，输入到 STEP 7-Micro/WIN SMART 编程软件中。输入结果如图 1-24 所示。

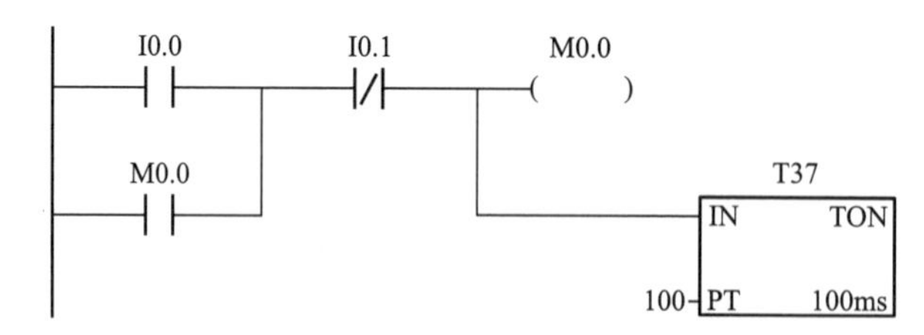

图 1-23　梯形图输入案例

解法一：用工具栏输入：生成项目后，将矩形光标定位在程序段 1 的最左边，见图 1-24（a）；单击程序编辑器工具栏上的触点按钮，会出现一个下拉菜单，选择常开触点┤ ├，在矩形光标处会出现一个常开触点，见图 1-24（b），由于未给常开触点赋予地址，因此此时触点上方有红色问号??.?；将常开触点赋予地址 I0.0，光标会移动到常开触点的右侧，见图 1-24（c）。

单击工具栏上的触点按钮，会出现 1 个下拉菜单，选择常闭触点┤/├，在矩形光标处会出现一个常闭触点，见图 1-24（d），将常闭触点赋予地址 I0.1，光标会移动到常闭触点的右侧，见图 1-24（e）。

单击工具栏上的线圈按钮，会出现一个下拉菜单，选择线圈-[ ]，在矩形光标处会出现一个线圈，将线圈赋予地址 M0.0，见图 1-24（f）。

将光标放在常开触点 I0.0 下方，之后生成常开触点 M0.0，见图 1-24（g）；将光标放在新生成的触点 M0.0 上，单击工具栏上的“插入向上垂线”按钮，将 M0.0 触点并联到 I0.0 触点上，见图 1-24（h）。

将光标放在常闭触点 I0.1 上方，单击工具栏上的“插入向下垂线”按钮，会生成双箭头折线，见图 1-24（i）。单击工具栏上的“功能框”按钮，会出现下拉菜单，在键盘上输入 TON，下拉菜单光标会跳到 TON 指令处，选择 TON 指令，在矩形光标处会出现一个 TON 功能块，见图 1-24（j）。之后给 TON 功能框输入地址 T37 和预设值 100，便得到了最终的结果。

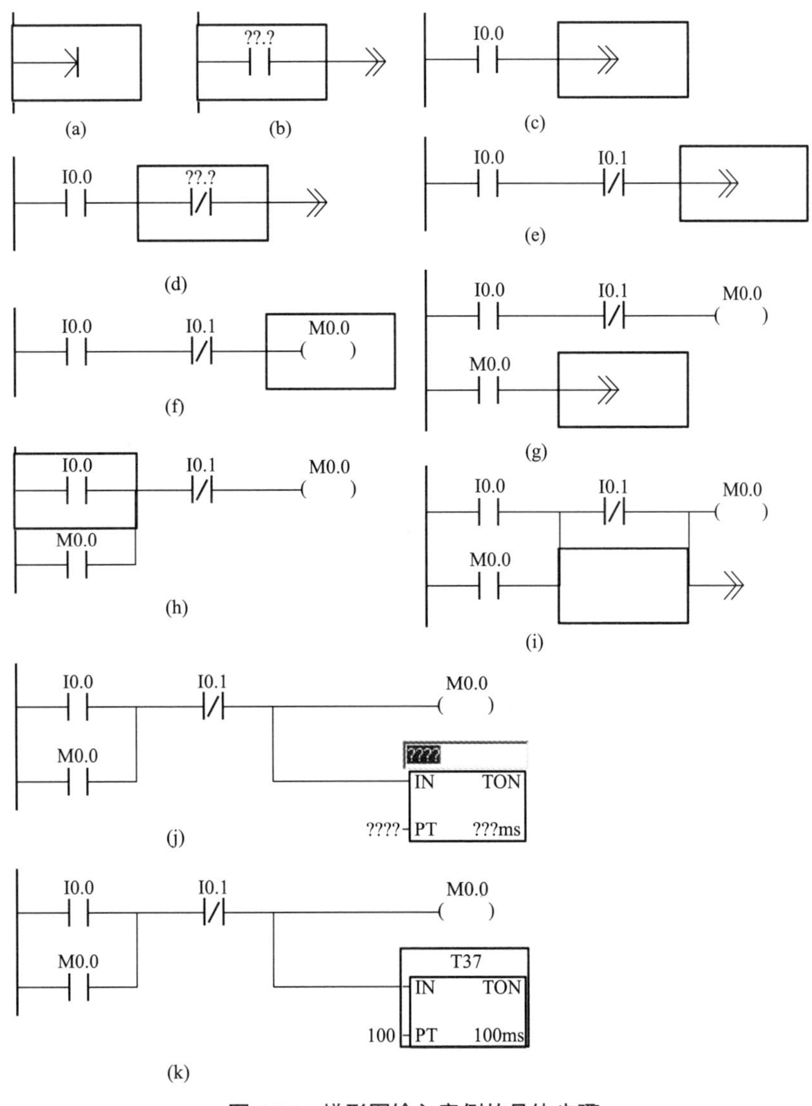

图 1-24　梯形图输入案例的具体步骤

解法二：和解法一基本相同，只不过点击工具栏按钮换成了按快捷键，故这里不再赘述。

（2）程序描述

一个程序，特别是较长的程序，如果要很容易被别人看懂，做好程序描述是必要的。程序描述包括 3 个方面，分别是 POU 注释、程序段注释和符号表。其中，以符号表最为重要。

① POU 注释：显示在 POU 中第一个程序段上方，提供详细的多行 POU 注释功能。每条 POU 注释最多可以有 4096 个字符。这些字符可以是中文，也可是英文，主要对整个 POU 功能等进行说明。

② 程序段注释：显示在程序段上边，提供详细的多行注释附加功能。每条程序段注释最多可以有 4096 个字符。这些字符可以是中文，也可是英文。

③ 符号表：

a．符号表的打开有三种方法。

◆ 单击导航栏中的“符号表”按钮；

◆ 执行“视图→组件→符号表”；

◆ 双击项目树中的“符号表”文件夹图标，打开符号表；

通过以上的方法，均可以打开符号表。

b．符号表组成：符号表由表格 1、系统符号表、POU 符合表和 I/O 符号表 4 部分组成，如图 1-25 所示。

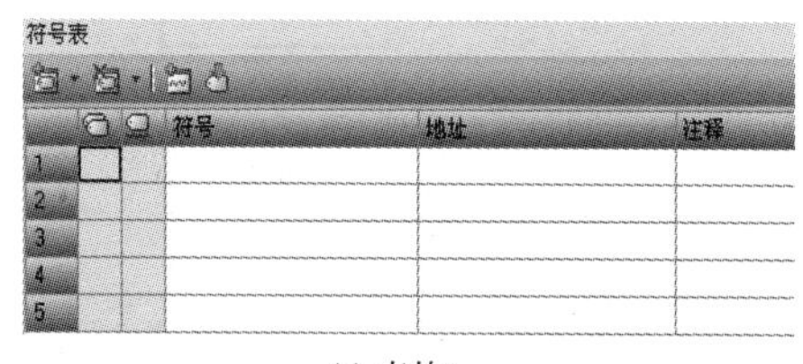

符号表

	符号	地址	注释
1			
2			
3			
4			
5			

(a) 表格1

符号表

	符号	地址	注释
1	SBR_0	SBR0	子程序注释
2	INT_0	INT0	中断例程注释
3	MAIN	OB1	程序注释

(b) POU符合

符号表

	符号	地址	注释
1	CPU_输入0	I0.0	
2	CPU_输入1	I0.1	
3	CPU_输入2	I0.2	
4	CPU_输入3	I0.3	
5	CPU_输入4	I0.4	
6	CPU_输入5	I0.5	
7	CPU_输入6	I0.6	
8	CPU_输入7	I0.7	
9	CPU_输入8	I1.0	

表格 1 / 系统符号 / POU 符号 / I/O 符号

(c) I/O符合

符号表

	符号	地址	注释
1	Always_On	SM0.0	始终接通
2	First_Scan_On	SM0.1	仅在第一个扫描周期时接通
3	Retentive_Lost	SM0.2	在保持性数据丢失时开启一个周期
4	RUN_Power_Up	SM0.3	从上电进入 RUN 模式时，接通一个扫描周期
5	Clock_60s	SM0.4	针对 1 分钟的周期时间，时钟脉冲接通 30 s...
6	Clock_1s	SM0.5	针对 1 s的周期时间，时钟脉冲接通 0.5 s，...
7	Clock_Scan	SM0.6	扫描周期时钟，一个周期接通，下一个周期...
8	RTC_Lost	SM0.7	如果系统时间在上电时丢失，则该位将接通...
9	Result_0	SM1.0	特定指令的运算结果 = 0时，置位为 1
10	Overflow_Illegal	SM1.1	特定指令执行结果溢出或数值非法时，置位...
11	Neg_Result	SM1.2	当数学运算产生负数结果时，置位为 1

表格 1 / 系统符号 / POU 符号 / I/O 符号

(d) 系统符号

图 1-25　符号表

表格 1 是空表格，可以在符号和地址列输入相关信息，生成新的符号，对程序进行注释；POU 符号表为只读表格，可以显示主程序、子程序和中断程序的默认名称；系统符号表中可以看到特殊存储器 SM 的符号、地址和功能；I/O 符号表中可以看到输入输出的符号和地址。

c．例说符号的生成、符号信息表和显示方式。

案例

对图 1-23 这段程序进行注释。

解析：用表格 1 注释前，先把系统默认输入输出注释 I/O 符号表删除，否则程序仍按系统默认的情况来注释。

◆ 符号生成：打开表格1，在“符号”列输入符号名称，符号名最多可以包含23个符号；在“地址”列输入相应的地址；“注释”列可以进一步详细注释，最多可注释79个字符。图1-23的注释信息填完后，点击符号表中的，将符号应用于项目。

◆ 显示方式

显示方式有3种，分别为“仅显示符号”“仅显示绝对地址”和“显示地址和符号”，显示方式调节，如图1-26所示。

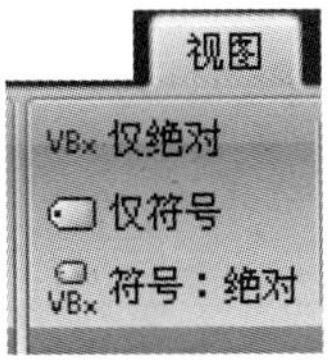

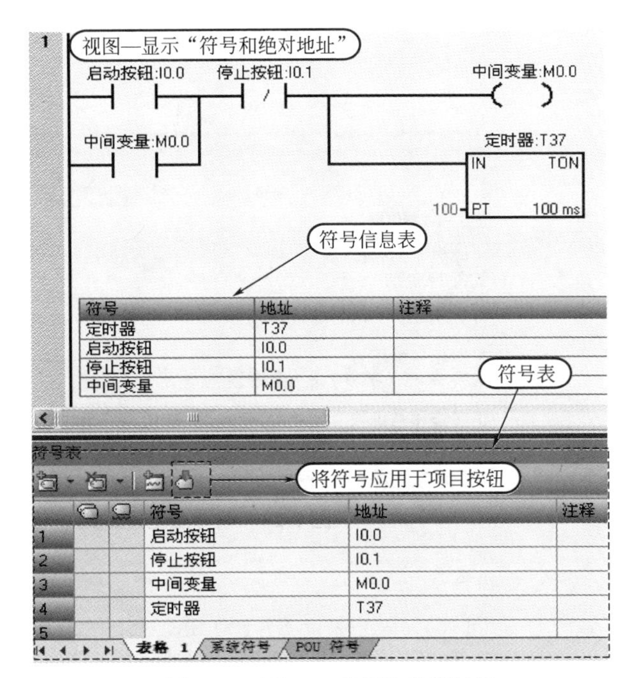

图1-26　显示方式调节

图1-27　图1-23的最终注释结果

◆ 符号信息表

单击“视图”菜单下的“符号信息表”按钮，可以显示符号信息表。

通过以上几步，图1-23的最终注释结果如图1-27所示。

编者心语

符号表是注释的主要手段，掌握符号表的相关内容对于读者非常重要，图1-27的注释案例给出了符号表注释的具体步骤，读者应细细品味。

（3）程序编译

在程序下载前，为了避免程序出错，最好进行程序编译。

程序编译的方法：单击程序编辑器工具栏上的“编译”按钮，输入程序就可编译了。如果语法有错误，将会在输出窗口中显示错误的个数、错误的原因和错误的位置，如图1-28所示。双击某一条错误，将会打开出错的程序块，用光标指示出出错的位置，待错误改正后，方可下载程序。

需要指出，程序如果未编译，下载前软件会自动编译，编译结果会显示在输出窗口。

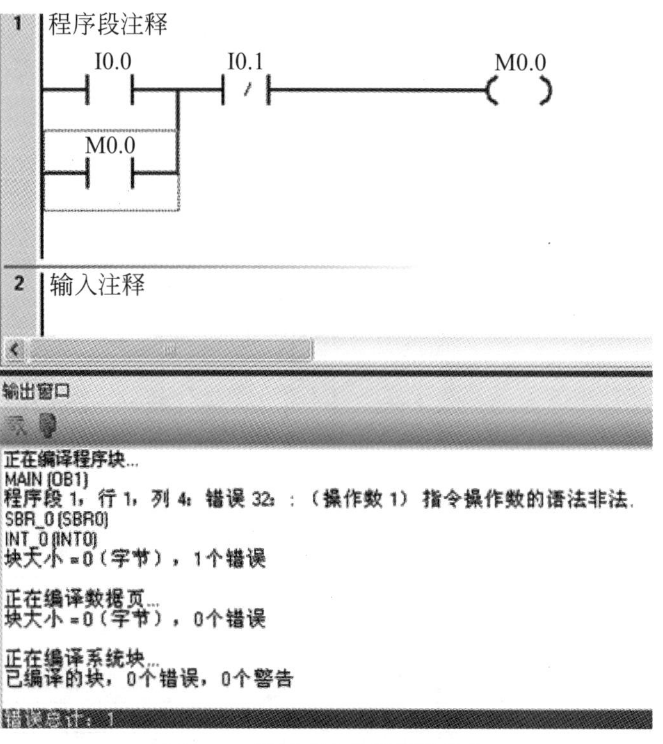

图 1-28　编译后出现的错误信息

（4）程序下载

在下载程序之前，必须先保证 S7-200 SMART 的 CPU 和计算机之间能正常通信。设备能实现正常通信的前提是：a. 设备之间进行了物理连接；若单台 S7-200 SMART PLC 与计算机之间连接，只需要 1 条普通的以太网线；若多个 S7-200 SMART PLC 与计算机之间连接，还需要交换机；b. 设备进行了正确通信设置。

① 通信设置

a．CPU 的 IP 地址设置

双击项目树或导航栏中的“通信”图标，打开通信对话框，如图 1-29 所示。点击“网络接口卡”后边的，会出现下拉菜单，本例选择了TCP/IP(Auto) -> Realtek PCIe GBE Famil...，之后点击左下角“查找”按钮，CPU 的地址会被搜上来，S7-200 SMART PLC 默认地址为“192.168.2.1”，点击“闪烁指示灯”按钮，硬件中的 STOP、RUN 和 ERROR 指示灯会同时闪烁，再按一下，闪烁停止，这样做的目的是当有多个 CPU 时，便于找到你所选择的那个 CPU。

点击“编辑”按钮，可以改变 IP 地址，若“系统块”中组态了“IP 地址数据固定为下面的值，不能通过其他方式更改”（见图 1-30），点击“设置”，会出现错误信息，则证明这里 IP 地址不能改变。

最后，点击“确定”按钮，CPU 所有通信信息设置完毕。

b．计算机网卡的 IP 地址设置

打开计算机的控制面板，双击“网络连接”图标，对话框会打开，按如图 1-31 设置 IP 地址即可。这里的 IP 地址设置为“192.168.2.170”，子网掩码默认为“255.255.255.0”，网关无需设置。

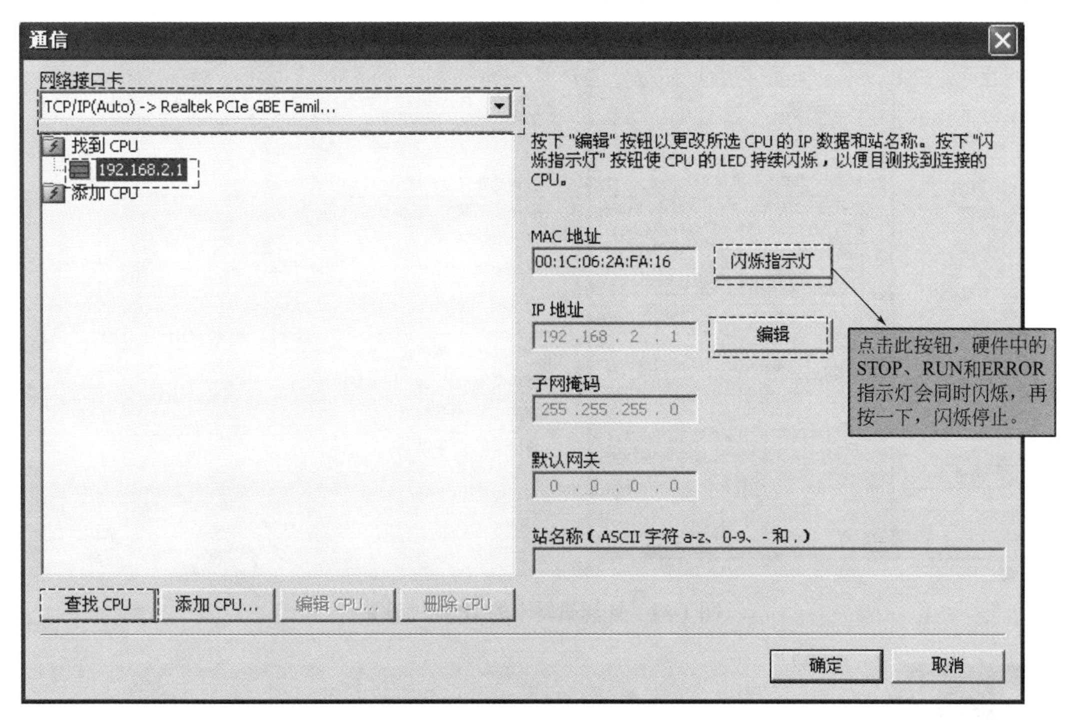

图 1-29　CPU 的 IP 地址设置

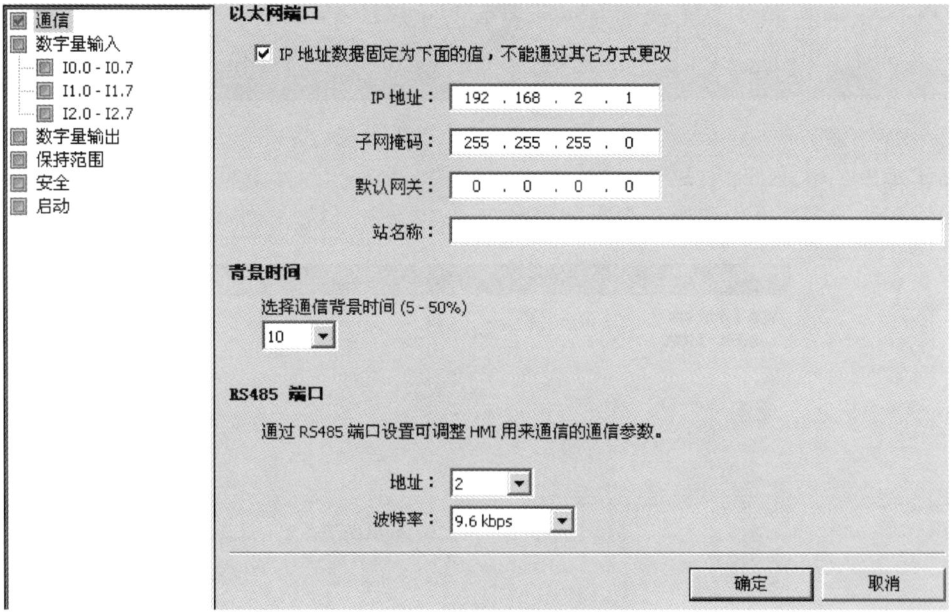

通信
数字量输入
I0.0 - I0.7
I1.0 - I1.7
I2.0 - I2.7
数字量输出
保持范围
安全
启动

以太网端口
IP 地址数据固定为下面的值，不能通过其它方式更改
IP 地址：192 . 168 . 2 . 1
子网掩码：255 . 255 . 255 . 0
默认网关：0 . 0 . 0 . 0
站名称：
背景时间
选择通信背景时间 (5 - 50%)
10
RS485 端口
通过 RS485 端口设置可调整 HMI 用来通信的通信参数。
地址：2
波特率：9.6 kbps
确定
取消

图 1-30　系统块的 IP 地址设置

最后点击“确定”，计算机网卡的 IP 地址设置完毕。

通过以上两方面的设置，S7-200 SMART PLC 与计算机之间就能通上信了，能通上信的标准是，软件状态栏上的绿色指示灯不停闪烁。

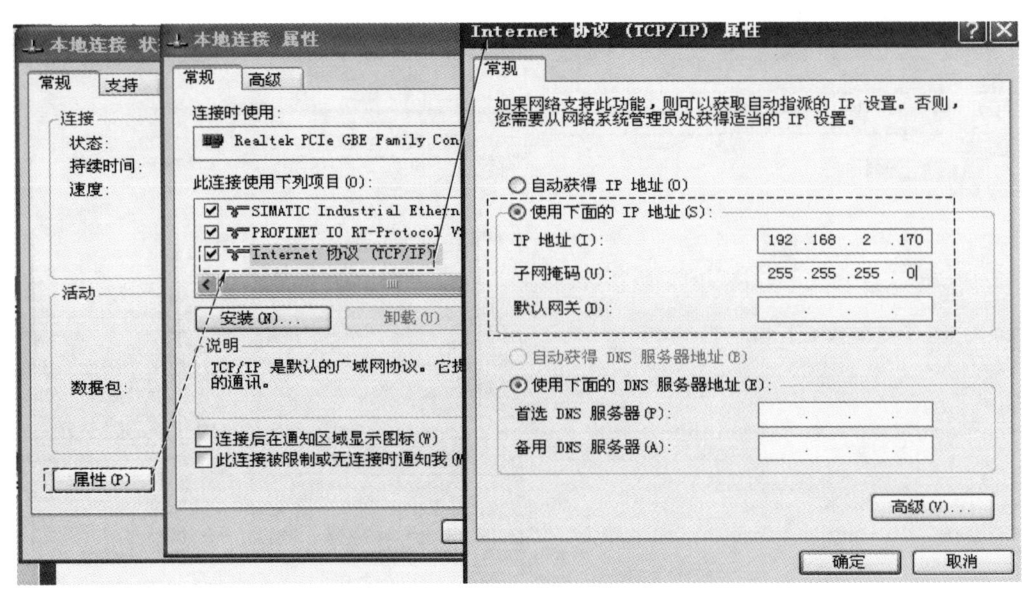

图 1-31　计算机网卡的 IP 地址设置

> **编者心语**
>
> 读者需注意，两个设备要通过以太网通信，必须在同一子网中，简单地讲，IP 地址的前三段相同，第四段不同。如上文中，CPU 的 IP 地址为“192.168.2.1”，计算机网卡 IP 地址为“192.168.2.170”，它们的前三段相同，第四段不同，因此二者能通信。

② 程序下载

单击程序编辑器中工具栏上的“下载”按钮，会弹出“下载”对话框，如图 1-32 所示。用户可以在块的多选框中选择是否下载程序块、数据块和系统块，如选择，则在其前面打对勾。

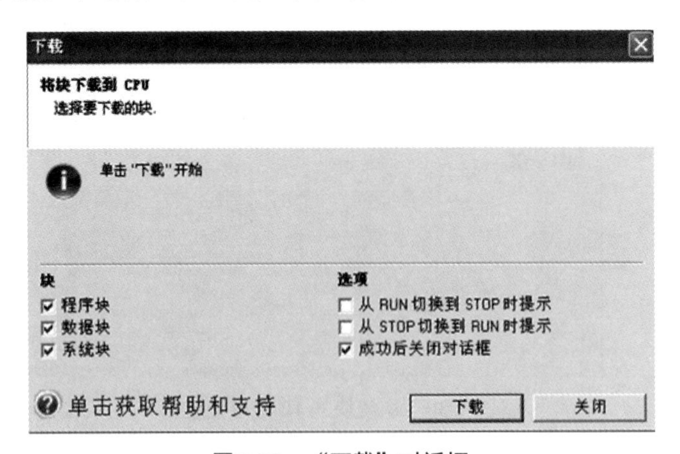

图 1-32　“下载”对话框

③ 运行与停止模式

要运行下载到 PLC 中的程序，单击工具栏中的“运行”按钮；如需停止运行，单击工具栏中的“停止”按钮。

（5）程序监控与调试

首先，打开要进行监控的程序，单击工具栏上的“程序监控”按钮，开始对程序进行监控。

CPU 中存在的程序与打开的程序可能不同，这时点击“程序监控”按钮后，会出现“时间戳不匹配”对话框，如图 1-33 所示，单击“比较”按键，确定 CPU 中的程序打开程序是否相同，如果相同，对话框会显示“已通过”，单击“继续”按钮，开始监控。

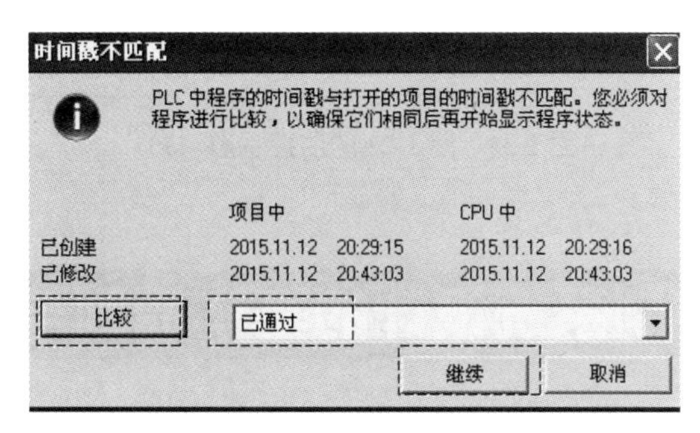

图 1-33　时间戳不匹配

在监控状态下，接通的触点、线圈和功能块均会显示深蓝色，表示有能流流过；如无能流流过，则显灰色。

对图 1-23 这段程序进行监控调试。

解析：打开要进行监控的程序，单击工具栏上的“程序监控”按钮，开始对程序进行监控，此时仅有左母线和 I0.1 触点显示深蓝色，其余元件为灰色，如图 1-34 所示。

图 1-34　图 1-23 的监控状态（1）

闭合 I0.0，M0.0 线圈得点并自锁，定时器 T37 也得电，因此，所有元件均有能流流过，在电脑上会显示深蓝色，如图 1-35 所示。

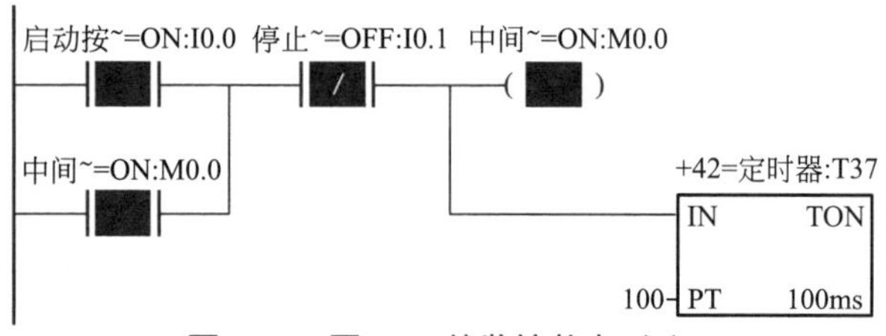

图 1-35　图 1-23 的监控状态（2）

断开 I0.1，M0.0 和定时器 T37 均失电，因此，除 I0.0 外（I0.0 为常动）其余元件均显灰色，如图 1-36 所示。

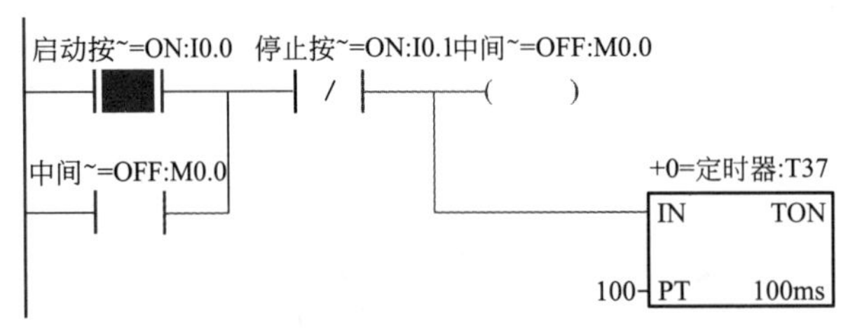

图 1-36 图 1-23 的监控状态（3）

1.5 PLC 控制系统设计的基本原则与步骤

1.5.1 PLC 控制系统设计的应用环境

由于 PLC 是一种计算机化了的高科技产品，相对继电器来说价格较高，因此在 PLC 控制系统设计之前，就要考虑是否有必要使用 PLC。

通常在以下情况可以考虑使用 PLC：

① 控制系统的数字量 I/O 点数较多，控制要求复杂。若使用继电器控制，则需要大量的中间继电器、时间继电器等器件；

② 对控制系统的可靠性要求较高，继电器控制系统难以满足控制要求；

③ 由于生产工艺流程或产品的变化，需要经常改变控制系统的控制关系或控制参数；

④ 可以用一台 PLC 控制多个生产设备。

对于控制系统简单、I/O 点数少，控制要求并不复杂的情况，则无需使用 PLC 控制，使用继电器控制就完全可以了。

1.5.2 PLC 控制系统设计的基本原则

在实际生产过程中，任何一种控制都是以满足生产工艺的控制要求、提高产品质量和生产效率为目的的，因此在 PLC 控制系统的设计时，应遵循以下基本原则。

① 最大限度地满足生产工艺的控制要求。这是 PLC 控制系统设计的首要前提。这就需要设计人员深入现场进行调查研究，收集资料，同时要注意与操作员和工程管理人员密切配合，共同讨论，解决设计中出现的问题。

② 确保控制系统的工作安全可靠。这是设计的重要原则。这就要求设计者在设计时，应全面的考虑控制系统硬件和软件。

③ 力求使系统简单、经济，使用和维修方便。在满足生产工艺的控制要求前提下，要注意降低工程成本，提高工程效益，符合用户的操作习惯和方便维修。

④ 应考虑生产的发展和改进，在设计时应适当留有裕量。

1.5.3 PLC 控制系统设计的一般步骤

PLC 控制系统设计的流程图如图 1-37 所示。

（1）深入了解被控系统的工艺过程和控制要求

深入了解被控系统的工艺过程和控制要求是系统设计的关键，这一步的好坏，直接影响着系统设计和施工的质量。首先应该详细分析被控对象的工艺过程及工作特点，了解被控对象机、电、液之间的关系，提出被控对象对PLC控制系统的要求。控制要求包括：

① 控制的基本方式：行程控制、时间控制、速度控制、电流和电压控制等；

② 需要完成的动作：动作及其顺序、动作条件；

③ 操作方式：手动（点动、回原点）、自动（单步、单周、自动运行）以及必要的保护、报警、连锁和互锁；

④ 确定软硬件分工；根据控制工艺的复杂程度，确定软硬件分工，可从技术方案、经济性、可靠性等方面做好软硬件的分工。

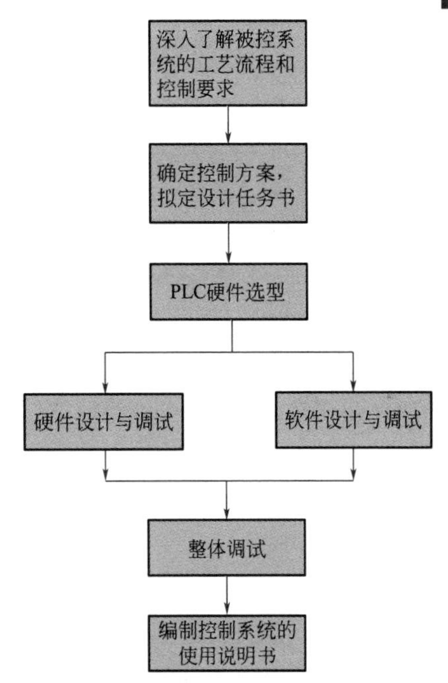

图 1-37 PLC 控制系统设计的流程图

（2）确定控制方案，拟定设计说明书

在分析完被控对象的控制要求基础上，可以确定控制方案。通常有以下几种方案供参考。

① 单控制器系统：单控制器系统指采用一台PLC控制一台或多台被控设备的控制系统，如图1-38所示。

② 多控制器系统：多控制器系统即分布式控制系统，该系统中每个控制对象都是由一台PLC控制器来控制的，各台PLC控制器之间可以通过信号传递进行内部连锁，或由上位机通过总线进行通信控制，如图1-39所示。

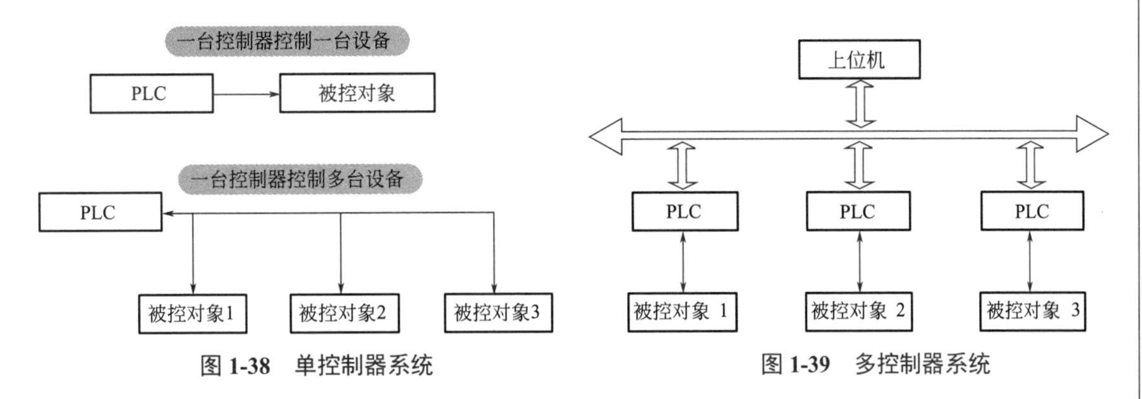

图 1-38 单控制器系统　　图 1-39 多控制器系统

③ 远程I/O控制系统：远程I/O系统是I/O模块，不与控制器放在一起，而是远距离放在被控设备附近，如图1-40所示。

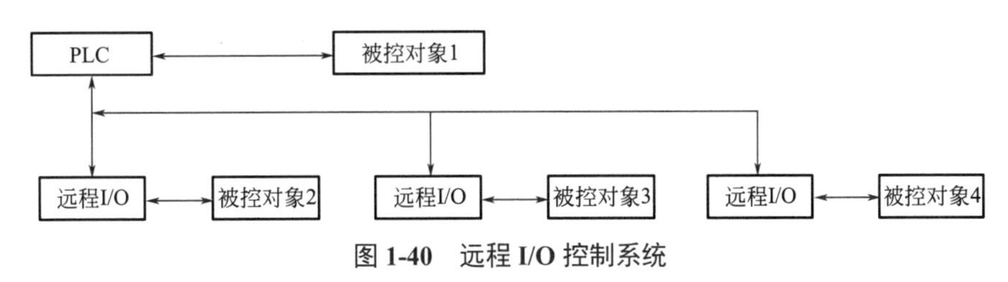

图 1-40 远程 I/O 控制系统

（3）PLC硬件选型

PLC 硬件选型的基本原则：在功能满足的条件下，保证系统安全可靠运行，尽量兼顾价格。具体应考虑以下几个方面。

① PLC 的硬件功能

对于开关量控制系统，主要考虑 PLC 的最大 I/O 点数是否满足要求，如有特殊要求，如通信控制、模拟量控制等，则应考虑是否有相应的特殊功能模块。

此外还要考虑扩展能力、程序存储器与数据存储器的容量等。

② 确定输入输出点数

确定输入输出点数前，应确定哪些信号需要输入给 PLC，哪些负载需要 PLC 来驱动，还要确定哪些是数字量，哪些是模拟量，哪些是直流量，哪些是交流量，电压等级以及是否有特殊要求。在确定时，应考虑今后系统改进和扩充的需求，应留有一定的裕量。

③ PLC 供电电源类型、输入和输出模块的类型

PLC 供电电源类型一般有两种，分别为交流型和直流型。交流型供电通常为 220V，直流型供电通常为 24V。

数字量输入模块的输入电压一般为 DC24V。直流输入电路的延迟时间较短，可直接与光电开关、接近开关等电子输入设备直接相连。

如有模拟量还需考虑变送器、执行机构的量程与模拟量输入输出模块的量程是否匹配等。

继电器型输出模块的工作电压范围广，触点导通电压降小，承受瞬间过电压和瞬间过电流能力强，但触点寿命有限制，动作速度较慢。若系统的输出信号变化不是很频繁，建议优先选择继电器输出型模块。继电器型输出模块可用于交直流负载。

晶体管输出型用于直流负载，它们具有可靠性高、执行速度快、寿命长等优点，但过载能力较差。

④ PLC 的结构及安装方式

PLC 分为整体式和模块式两种，整体式每点的价格比模块式的便宜。模块式的功能扩展灵活，安装方便，特殊模块选择的余地大，一般较复杂的系统选择模块式 PLC。

（4）硬件设计

PLC 控制系统的硬件设计主要包括 I/O 地址分配、系统主回路和控制回路的设计、PLC 输入输出电路的设计、控制柜或操作台电气元件安装布置设计等。

① I/O 地址分配

输入点和输入信号、输出点和输出控制是一一对应的。通常按系统配置通道与触点号来分配每个输入输出信号，即进行编号。在编号时要注意，不同型号的 PLC，其输入输出通道范围不同，要根据所选 PLC 的型号进行确定，切不可“张冠李戴”。

② 系统主回路和控制回路设计

a．系统主回路设计：主回路通常是指电流较大的电路，如电动机主电路、控制变压器的一次侧输入回路、控制系统的电源输入和控制电路等。

在设计主电路时，主要要考虑以下几个方面。

◆ 总开关的类型、容量、分段能力和所用的场合等。

◆ 保护装置的设置。短路保护要设置熔断器或断路器，过载保护要设置热继电器，漏电保护要设置漏电保护器等。

◆ 接地。从安全的角度考虑，控制系统应设置保护接地。

b．系统控制回路设计：控制回路通常是指电流较小的电路。控制回路设计一般包括保护电路、安全电路、信号电路和控制电路设计等。

③ PLC 输入输出电路的设计

设计输入输出电路通常考虑以下问题。

◆ 输入电路可由 PLC 内部提供 DC24V 电源，也可外接电源；输出点需根据输出模块类型选择电源。

◆ 为了防止负载短路损坏 PLC，输入输出电路公共端需加熔断器保护。

◆ 为了防止接触器相间短路，通常要设置互锁电路，例如正反转电路。

◆ 输出电路有感性负载，为了保证输出点的安全和防止干扰，直流电路需在感性负载两端并联续流二极管，交流电路需在感性负载两端并联阻容电路，如图 1-41 所示。

◆ 应减少输入输出点数，具体方法可参考 4.2 节。

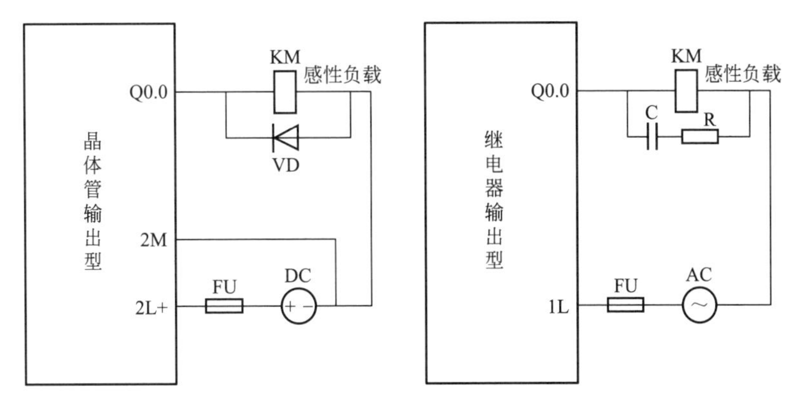

图 1-41 输出电路感性负载的处理

④ 控制柜或操作台电气元件安装布置设计

设计的目的是用于指导、规范现场生产和施工，并提高可靠性和标准化程度。

（5）软件设计

在软件设计之前，S7-200 SMART PLC 需先对硬件进行组态，看该系统需要的 CPU 模块、信号板和扩展模块都是哪些，对应选择相应的型号。硬件组态完后，可以对软件进行设计了。

软件设计包括系统初始化程序、主程序、子程序、中断程序等，小型数字量控制系统往往只有主程序。

软件设计主要包括以下几步。

① 首先应根据总体要求和控制系统的具体情况，确定程序的基本结构。

② 绘制控制流程图或顺序功能图。

③ 根据控制流程图或顺序功能图设计梯形图；简单系统可用经验设计法，复杂系统可用顺序控制设计法。

（6）软、硬件调试

调试分为模拟调试和联机调试。

在软件设计完成后一般作模拟调试。模拟调试可以通过仿真软件来代替 PLC 硬件，在计算机上调试程序。若有 PLC 硬件，可以用小开关和按钮模拟 PLC 的实际输入信号，再通过输出模块上个输出位对应的指示灯，观察输出信号是否满足设计要求。若需要模拟信号 I/O 时，可用电位器和万用表配合进行。

硬件模拟调试主要是对控制柜或操作台的接线进行测试，可在操作台的接线端子上模拟 PLC 外部数字输入信号，或者操作按钮指令开关，观察对应 PLC 输入点的状态。

在联机调试时，把编制好的程序下载到现场的 PLC 中，调试时，主电路一定要断电，只对控制电路进行调试。通过现场联机调试，还会发现新的问题或需要对某些控制功能进行改进。

如软硬件调试均没问题，就可以整体调试了。

（7）编制控制系统的使用说明书

系统交付使用后，应根据调试的最终结果整理出完整的技术文件，单位存档，部分资料提供给用户，以利于系统的维修和改进。

编制的文件有：PLC 的硬件接线图和其他的电气样图，PLC 编程元件表和带有文字说明的梯形图。此外若使用的是顺序控制法，顺序功能图也需要加以整理。

第2章 S7-200 SMART PLC开关量控制程序设计

本章要点

- 常用的经典编程环节
- 送料小车控制程序的设计
- 锯床控制程序的设计
- 冲床控制程序的设计
- 大小球分类传送系统的程序设计
- 交通灯控制程序的设计
- 机械手控制系统的设计

一个完整的 PLC 控制系统，由硬件和软件两部分构成，其中软件程序质量的好坏，直接影响着整个控制系统性能。因此，本书第 2 章、第 3 章重点讲解开关量控制程序设计和模拟量控制程序设计。

2.1 常用的经典编程环节

实际的 PLC 程序往往是某些典型电路的扩展与叠加，因此掌握一些典型电路对大型复杂程序编写非常有利。鉴于此，本节将给出一些典型的电路，即基本编程环节，供读者参考。

2.1.1 启保停电路与置位复位电路

（1）启保停电路

启保停电路在梯形图中应用广泛，其最大的特点是利用自身的自锁（又称自保持）可以获得“记忆”功能。电路模式如图 2-1 所示。

当按下启动按钮，常开触点 I0.0 接通，在未按停止按钮的情况下（即常闭触点 I0.1 为 ON），线圈 Q0.0 得电，其常开触点闭合；松开启动按钮，常开触点 I0.0 断开，这时“能流”经过常开触点 Q0.0 和常闭触点 I0.1 流至线圈 Q0.0，Q0.0 仍得电，这就是“自锁”和“自保持”功能。

当按下停止按钮，其常闭触点 I0.1 断开，线圈 Q0.0 失电，常开触点断开；松开停止按钮，线圈 Q0.0 仍保持断电状态。

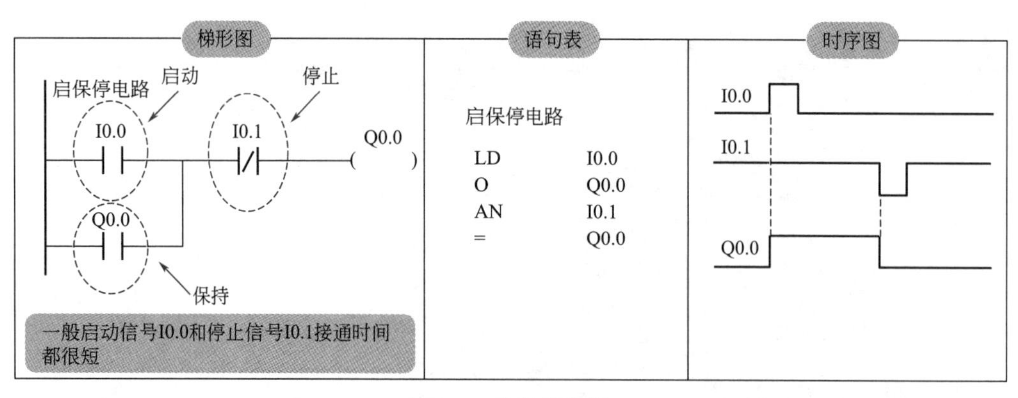

图 2-1 启保停电路

编者心语

① 启保停电路“自保持”功能实现条件：将输出线圈的常开触点并于启动条件两端。

② 实际应用中，启动信号和停止信号可能由多个触点串联组成，形式如下图，请读者活学活用。

I0.0 I0.1 I0.2 I0.3 Q0.0
Q0.0

③ 启保停电路是在三相异步电动机单相连续控制电路的基础上演绎过来的，如果参照单相连续控制电路来理解启保停电路，就会非常方便。演绎过程如（翻译法）图所示。

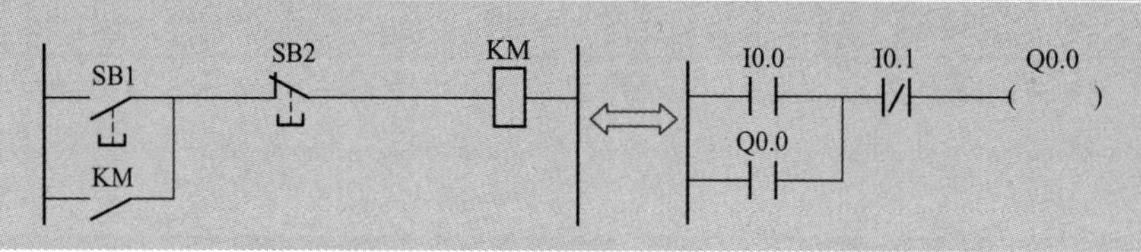

（2）置位复位电路

和启保停电路一样，置位复位电路也具有“记忆”功能。置位复位电路由置位、复位指令实现。电路模式如图 2-2 所示。

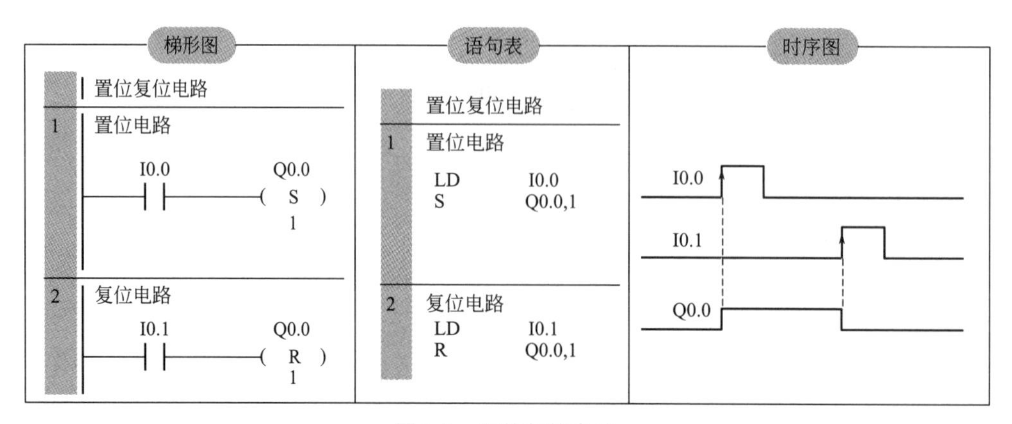

图 2-2 置位复位电路

按下启动按钮，常开触点 I0.0 闭合，置位指令被执行，线圈 Q0.0 得电，当 I0.0 断开后，线圈 Q0.0 继续保持得电状态；按下停止按钮，常开触点 I0.1 闭合，复位指令被执行，线圈 Q0.0 失电，当 I0.1 断开后，线圈 Q0.0 继续保持失电状态。

2.1.2 互锁电路

有些情况下，两个或多个继电器不能同时输出，为了避免它们同时输出，往往相互将自身的常闭触点串在对方的电路中，这样的电路就是互锁电路。电路模式如图 2-3 所示。

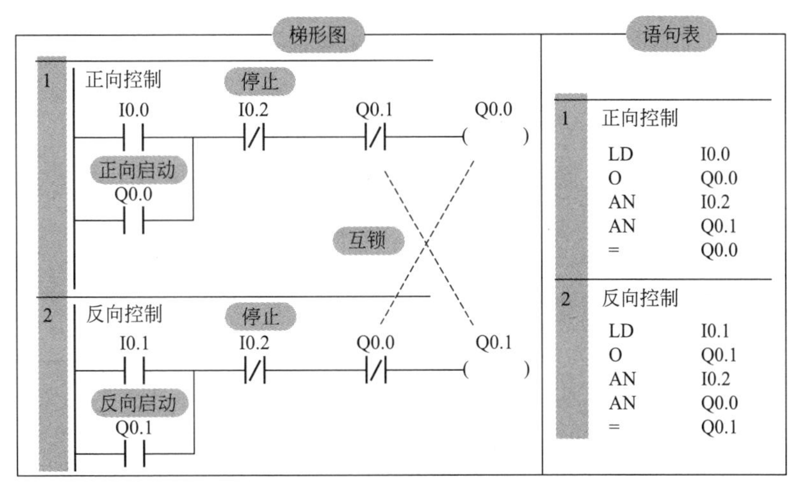

图 2-3 互锁电路

按下正向启动按钮，常开触点 I0.0 闭合，线圈 Q0.0 得电并自锁，其常闭触点 Q0.0 断开，这时即使 I0.1 接通，线圈 Q0.1 也不会动作。

按下反向启动按钮，常开触点 I0.1 闭合，线圈 Q0.1 得电并自锁，其常闭触点 Q0.1 断开，这时即使 I0.0 接通，线圈 Q0.0 也不会动作。

按下停止按钮，常闭触点 I0.2 断开，线圈 Q0.0、Q0.1 均失电。

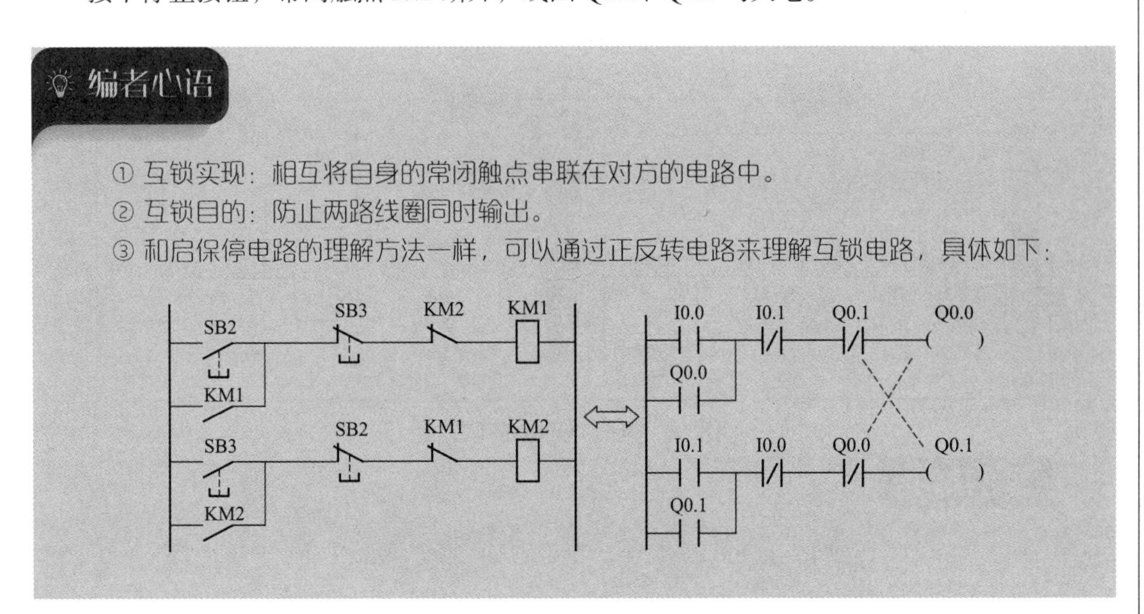

2.1.3 延时断开电路与延时接通 / 断开电路

（1）延时断开电路

① 控制要求

当输入信号有效时，立即有输出信号；而当输入信号无效时，输出信号要延时一段时间后再停止。

② 解决方案

解法一，如图 2-4 所示。

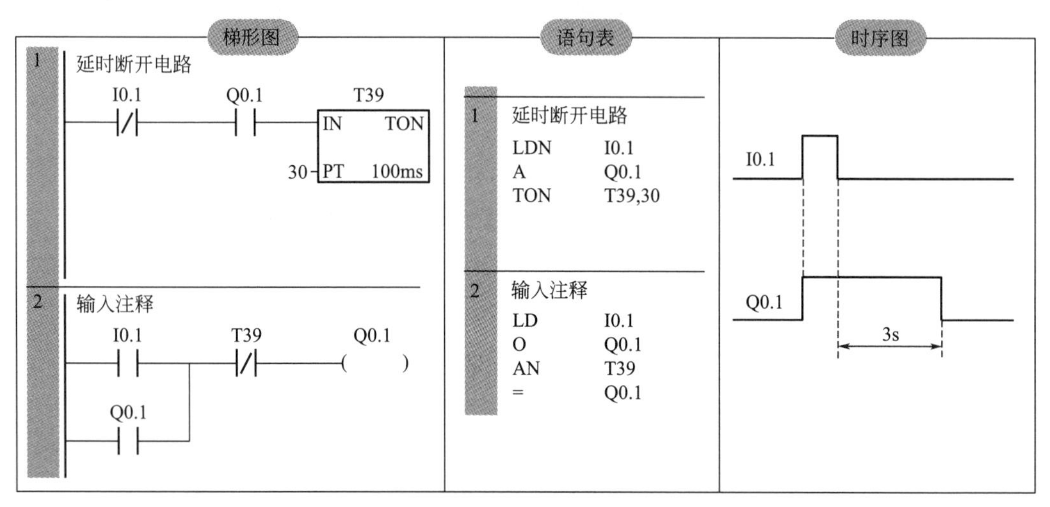

图 2-4　延时断开电路（一）

案例解析

当按下启动按钮，I0.1 接通，Q0.1 立即有输出并自锁，当启动按钮松开后，定时器 T39 开始定时，延时 3s 后，Q0.1 断开，且 T39 复位。

解法二，如图 2-5 所示。

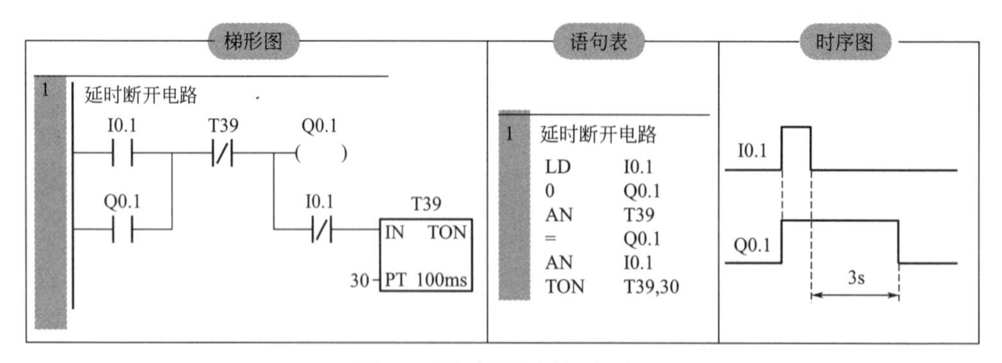

图 2-5　延时断开电路（二）

案例解析

当按下启动按钮，I0.1 接通，Q0.1 立即有输出并自锁，当启动按钮松开后，定时器 T39 开始定时，延时 3s 后，Q0.1 断开，且 T39 复位。

（2）延时接通/断开电路

① 控制要求

输入信号有效时，延时一段时间后输出信号才接通。输入信号无效时，延时一段时间后输出信号才断开。

② 解决方案

解法一，如图2-6所示。

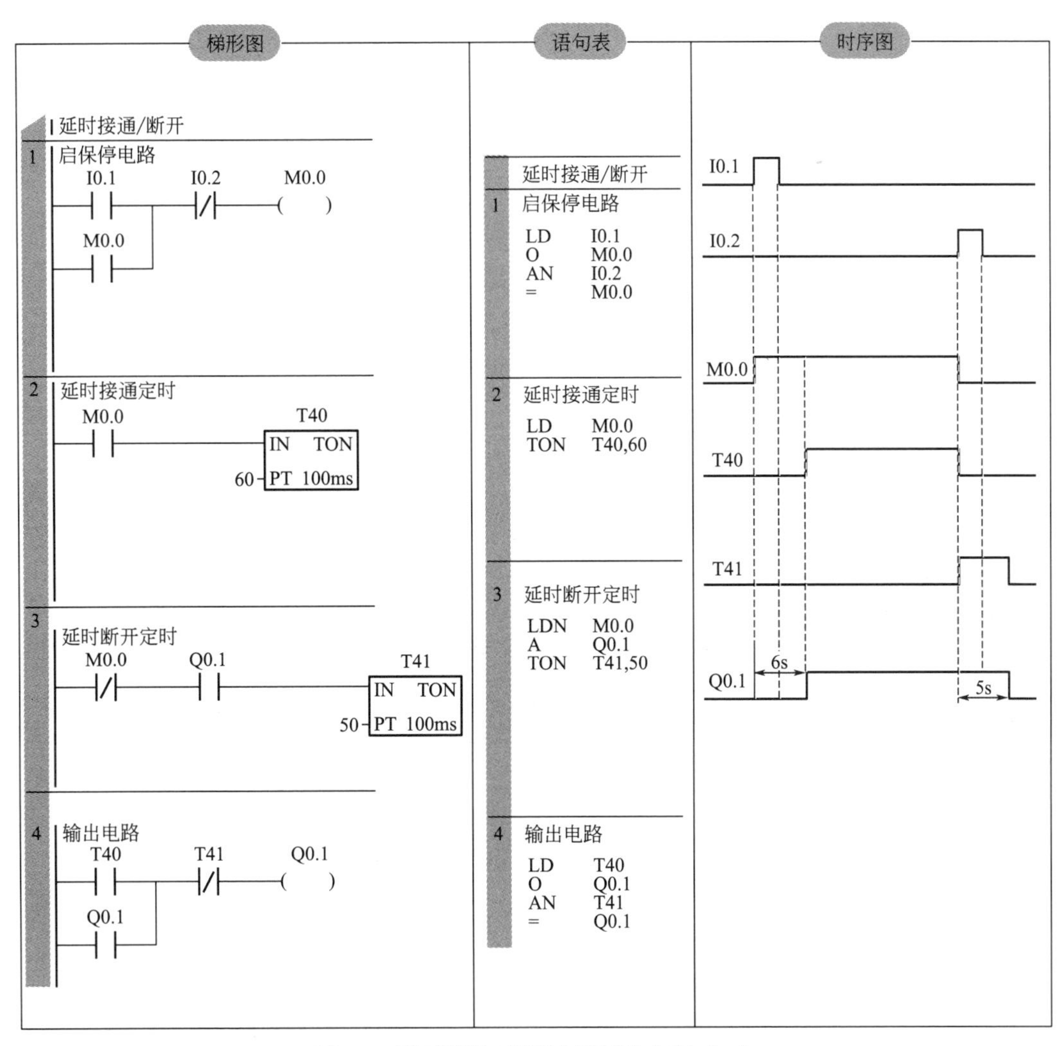

图2-6 延时接通/断开电路解决方案（一）

案例解析

当按下启动按钮，I0.1接通，线圈M0.0得电并自锁，其常开触点M0.0闭合，定时器T40开始定时，6s后定时器常开触点T40闭合，线圈Q0.1接通；当按下停止按钮，I0.2的常闭触点断开，M0.0失电，T40停止定时，与此同时T41开始定时，5s后定时器常闭触点T41断开，致使线圈Q0.1断电，T41也被复位。

解法二，如图2-7所示。

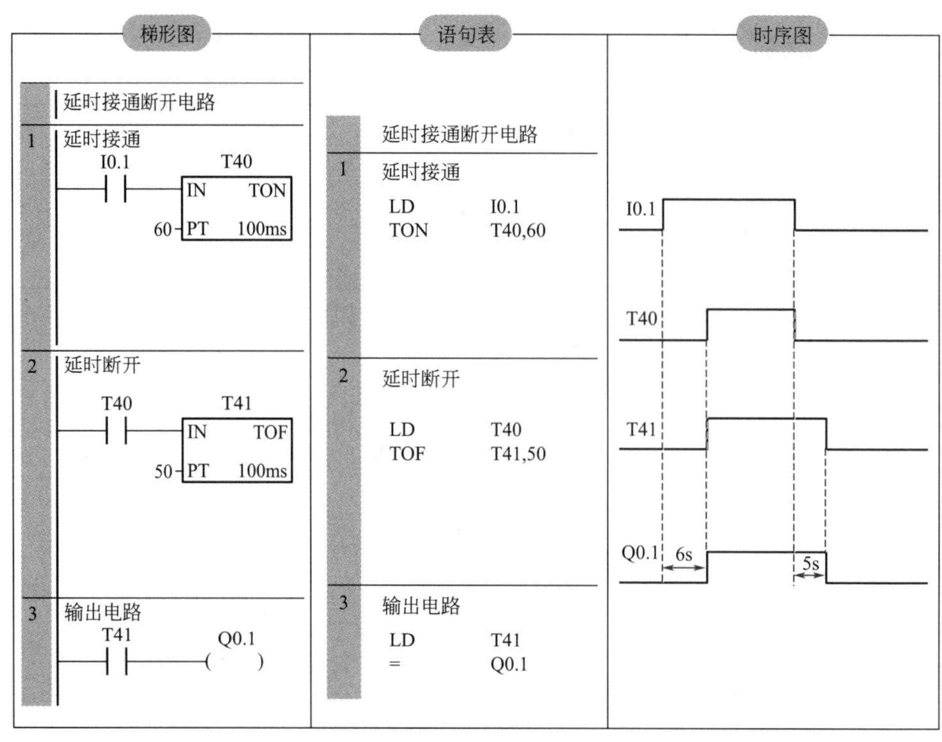

图 2-7 延时接通 / 断开电路解决方案（二）

案例解析

当 I0.1 接通后，定时器 T40 开始计时，6s 后 T40 常开触点闭合，断电延时定时器 T41 通电，其常开触点闭合，Q0.1 有输出；当 I0.1 断开后，断电延时定时器 T41 开始定时，5s 后，T41 定时时间到，其常开触点断开，线圈 Q0.1 的状态由接通到断开。

2.1.4 长延时电路

在 S7-200 SMART PLC 中，定时器最长延时时间为 3276.7s，如果需要更长的延时时间，则应该考虑多个定时器、计数器的联合使用，以扩展其延时时间。

（1）应用定时器的长延时电路

该解决方案的基本思路是利用多个定时器的串联来实现长延时控制。定时器串联使用时，总的定时时间等于各定时器定时时间之和即 T=T1+T2，具体如图 2-8 所示。

（2）应用计数器的长延时电路

只要提供一个时钟脉冲信号作为计数器的计数输入信号，计数器即可实现定时功能。其定时时间等于时钟脉冲信号周期乘以计数器的设定值，即 T=T1×Kc，其中 T1 为时钟脉冲周期，Kc 为计数器设定值，时钟脉冲可以由 PLC 内部特殊标志位存储器产生，如 SM0.4（分脉冲）、SM0.5（秒脉冲），也可以由脉冲发生电路产生。

- 含有 1 个计数器的长延时电路如图 2-9 所示。
- 含有多个计数器的长延时电路如图 2-10 所示。

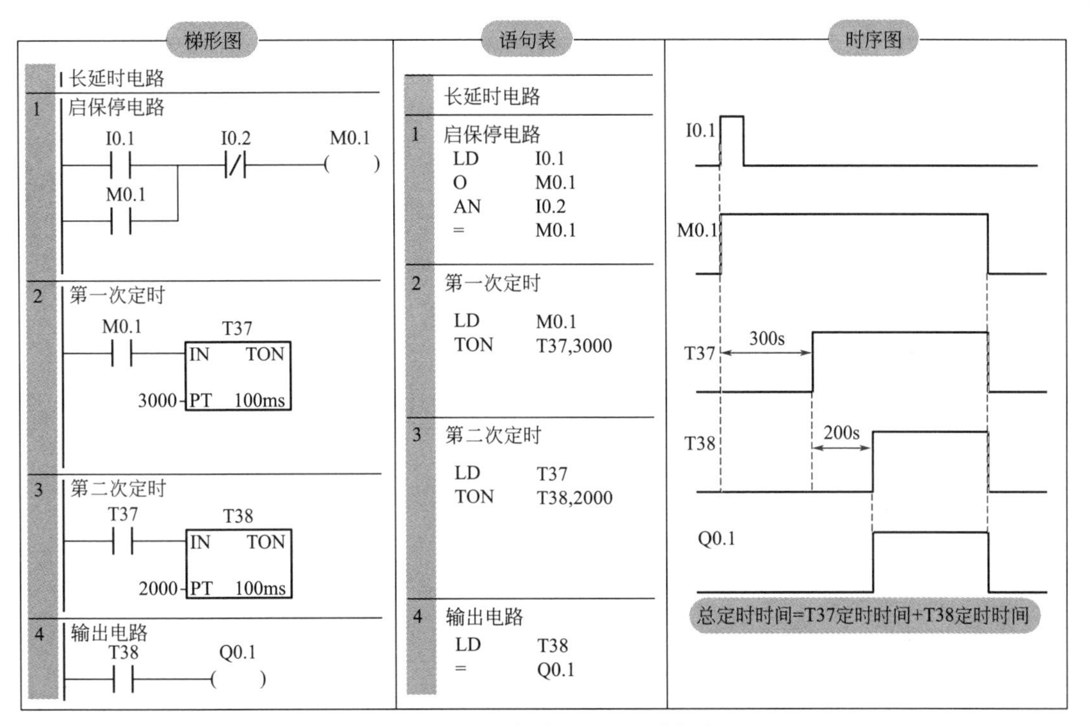

图 2-8　应用定时器的长延时电路

案例解析

按下启动按钮，I0.1 接通，线圈 M0.1 得电，其常开触点闭合，定时器 T37 开始定时，300s 后 T37 常开触点闭合，T38 开始定时，200s 后 T38 常开触点闭合，线圈 Q0.1 有输出。I0.1 从接通到 Q0.1 接通总共延时时间 =300s+200s=500s。

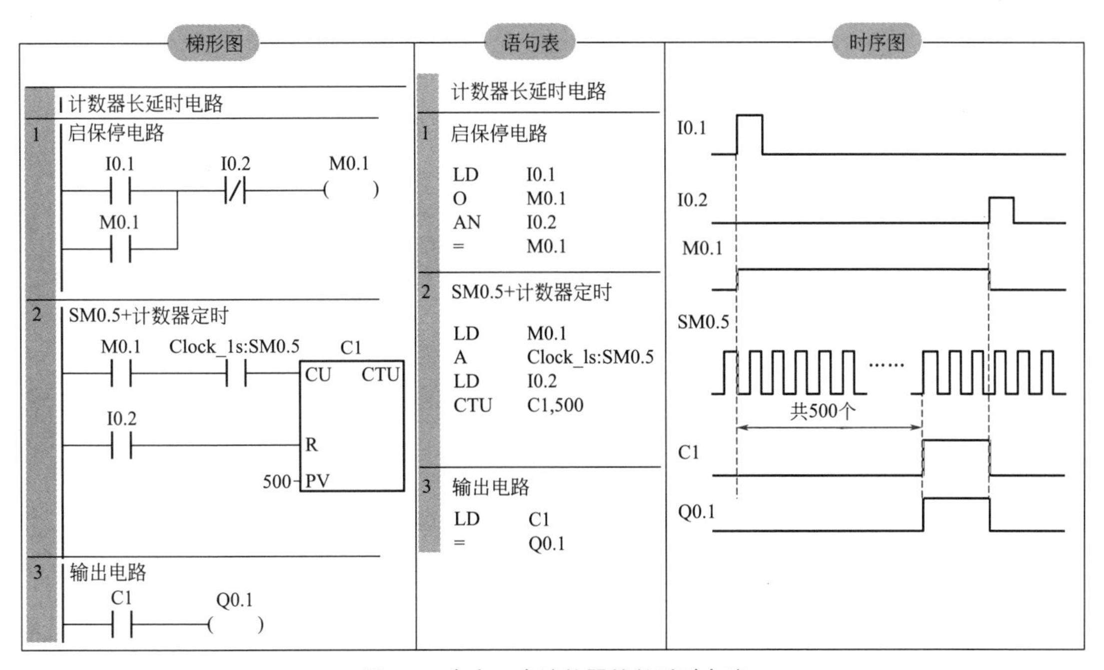

图 2-9　含有 1 个计数器的长延时电路

案例解析

本程序将 SM0.5 产生周期为 1s 的脉冲信号加到 CU 端，按下启动按钮，I0.1 闭合，线圈 M0.1 得电并自锁，其常开触点闭合，当 C1 累计到 500 个脉冲后，C1 常开触点动作，线圈 Q0.1 接通；I0.1 从闭合到 Q0.1 动作共计延时 500 × 1s=500s。

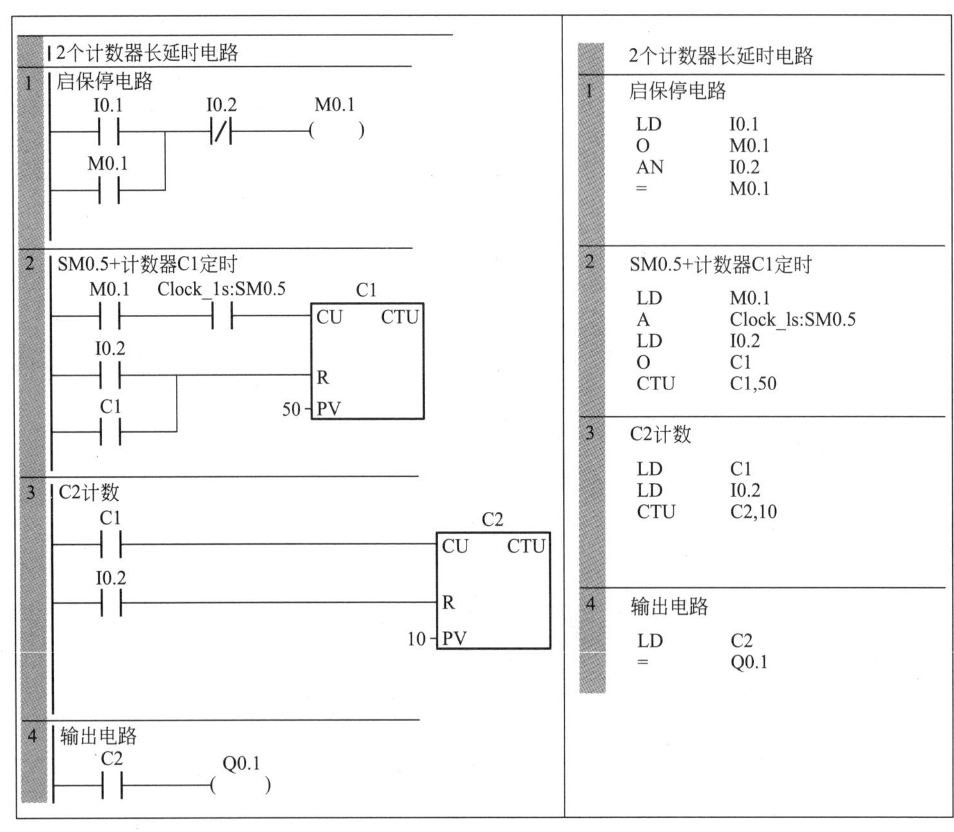

图 2-10　含有多个计数器的长延时电路

案例解析

本程序采用两级计时器串联实现长延时控制，其中 SM0.5 与计数器 C1 构成一个 50s 的定时器，计数器 C1 的复位端并联了 C1 的一个常开触点，因此当计数到达预置值 50 时，C1 复位一次再重新计数，C1 每计数到一次，C1 都会给 C2 一个脉冲，当 C2 脉冲计到 10 后，C2 状态位得电 Q0.1 有输出。从 I0.1 接通到 Q0.1 有输出总共延时时间为（50 × 1 × 10）s=500s。

（3）应用定时器和计数器组合的长延时电路

该解决方案的基本思路是将定时器和计数器连接，来实现长延时，其本质是形成一个等效倍乘定时器，具体如图 2-11 所示。

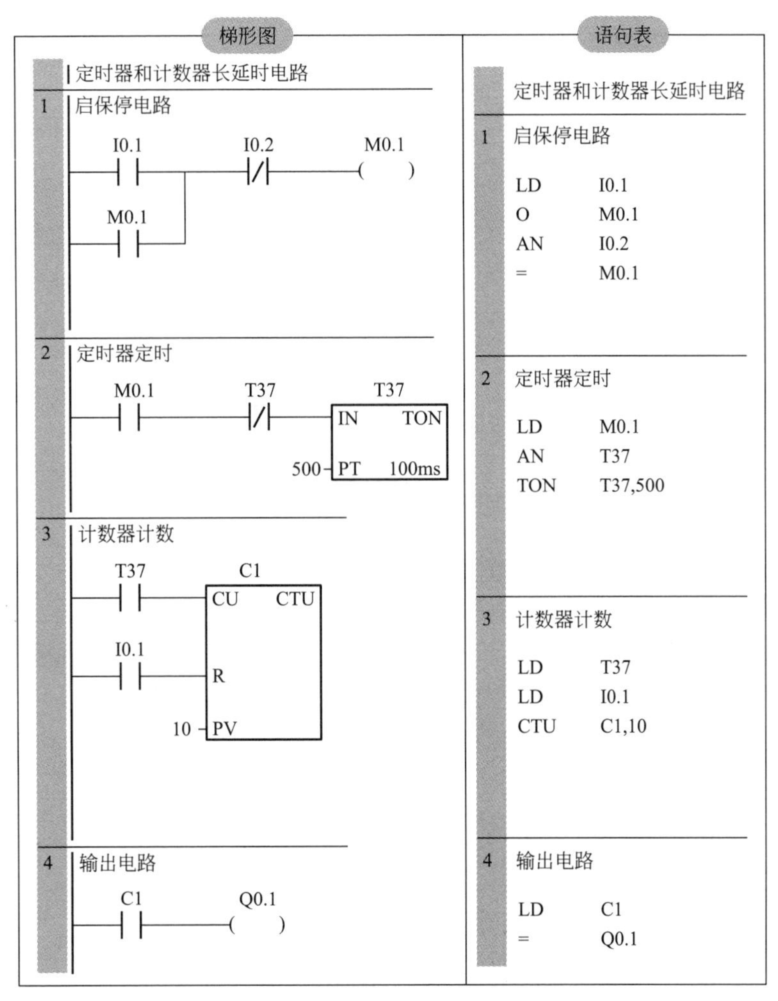

图 **2-11** 应用定时器和计数器组合的长延时电路

案例解析

网络 1 和网络 2 形成一个 50s 自复位定时器，该定时器每 50s 接通一次，都会给 C1 一个脉冲，当计数到达预置值 10 时，计数器常开触点闭合，Q0.1 有输出。从 I0.1 接通到 Q0.1 有输出总共延时时间为 50s × 10=500s。

2.1.5 脉冲发生电路

脉冲发生电路是应用广泛的一种控制电路，它的构成形式很多，具体如下。

（1）由 SM0.4 和 SM0.5 构成的脉冲发生电路

SM0.4 和 SM0.5 构成的脉冲发生电路最为简单，SM0.4 和 SM0.5 是最为常用的特殊内部标志位存储器，SM0.4 为分脉冲，在一个周期内接通 30s 断开 30s，SM0.5 为秒脉冲，在一个周期内接通 0.5s 断开 0.5s。具体如图 2-12 所示。

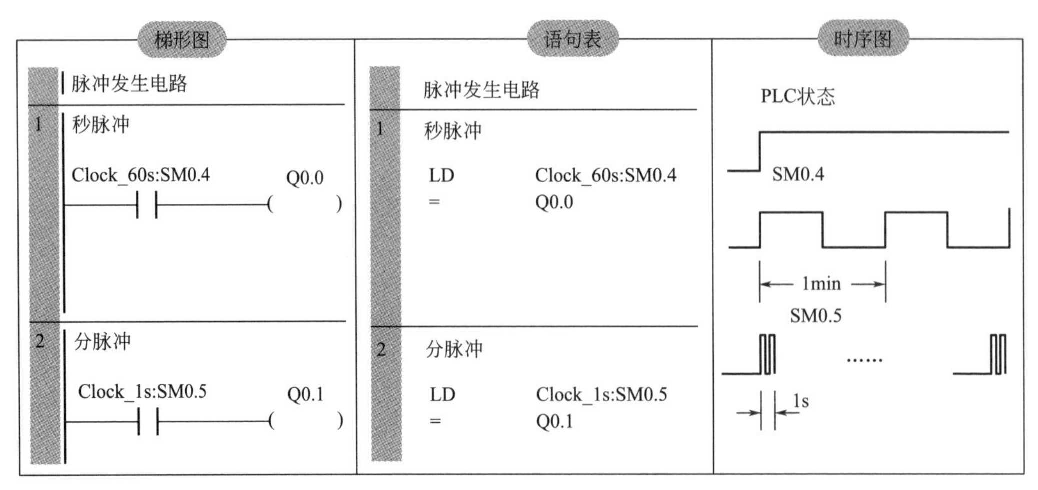

图 2-12　由 SM0.4 和 SM0.5 构成的脉冲发生电路

（2）单个定时器构成的脉冲发生电路

周期可调脉冲发生电路，如图 2-13 所示。

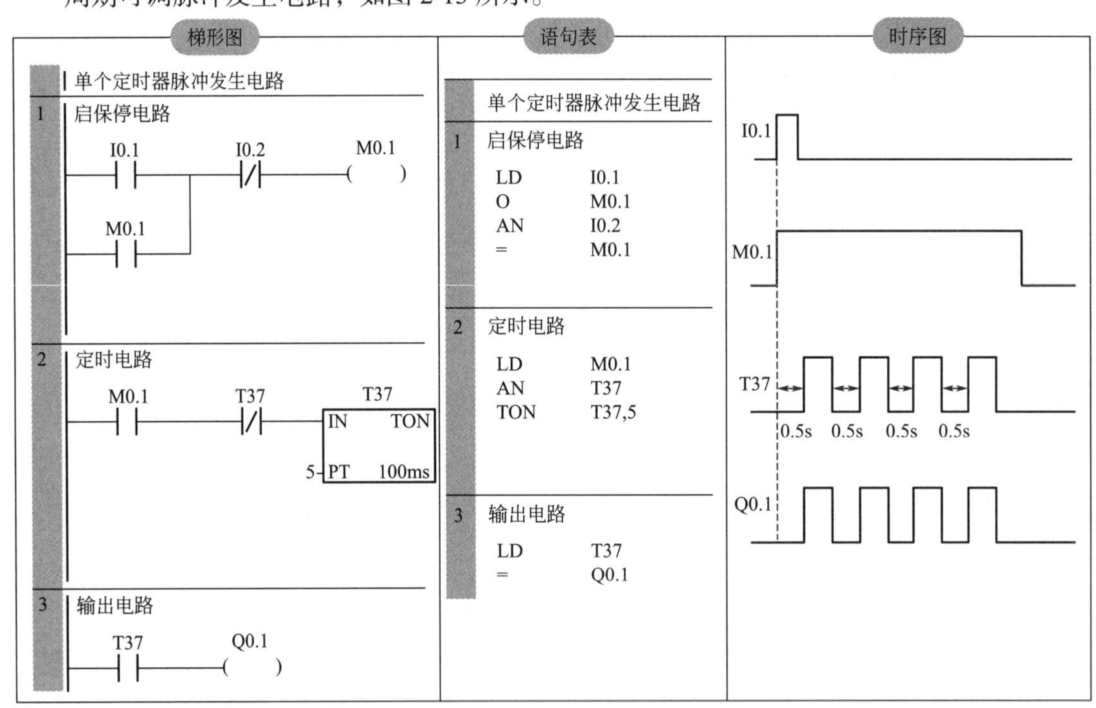

图 2-13　单个定时器构成的脉冲发生电路

案例解析

单个定时器构成的脉冲发生电路的脉冲周期可调，通过改变 T37 的预置值，改变脉冲的延时时间，进而改变脉冲的发生周期。当按下启动按钮时，I0.1 闭合，线圈 M0.1 接通并自锁，M0.1 的常开触点闭合，T37 计时，0.5s 后 T37 定时时间到，其线圈得电，常开触点闭合，Q0.1 接通，当 T37 常开触点接通的同时，常闭触点断开，T37 线圈断电，Q0.1 失电，接着 T37 再从 0 开始计时，如此周而复始会产生间隔为 0.5s 的脉冲，直到按下停止按钮，才停止脉冲发生。

（3）多个定时器构成的脉冲发生电路

◆ 方案一，如图 2-14 所示。

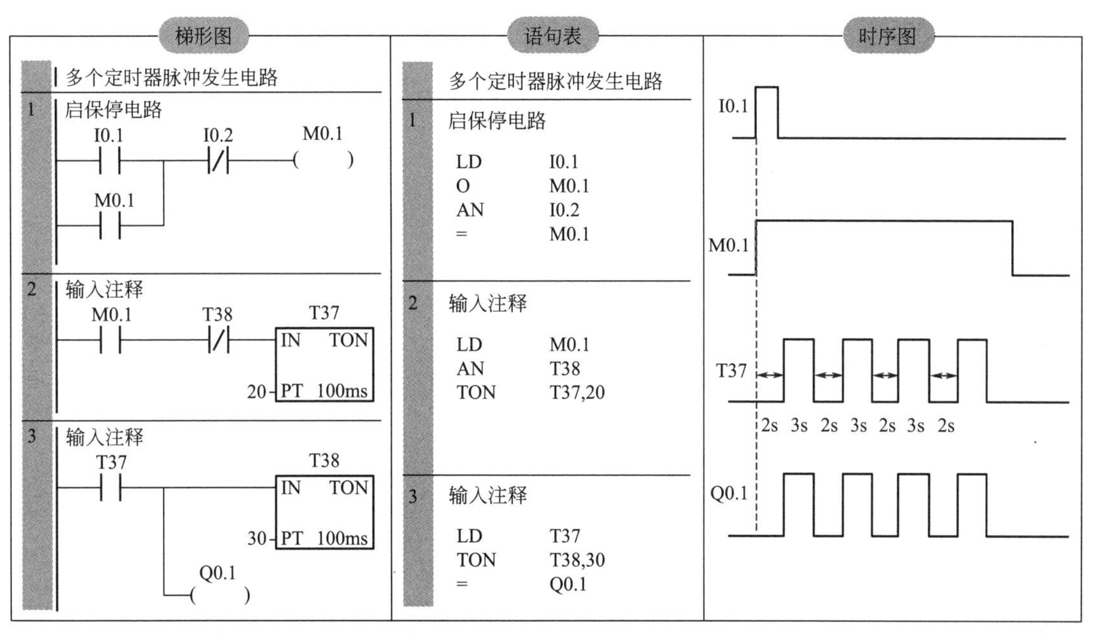

图 2-14　多个定时器构成的脉冲发生电路（一）

案例解析

当按下启动按钮时，I0.1 闭合，线圈 M0.1 接通并自锁，M0.1 的常开触点闭合，T37 计时，2s 后 T37 定时时间到，其线圈得电，其常开触点闭合，Q0.1 接通，与此同时 T38 定时，3s 后定时时间到，T38 线圈得电，常闭触点断开，T37 断电，常开触点断开，Q0.1 和 T38 线圈断电，T38 的常闭触点复位，T37 又开始定时，如此反复，会发出一个个脉冲。

◆ 方案二，如图 2-15 所示。

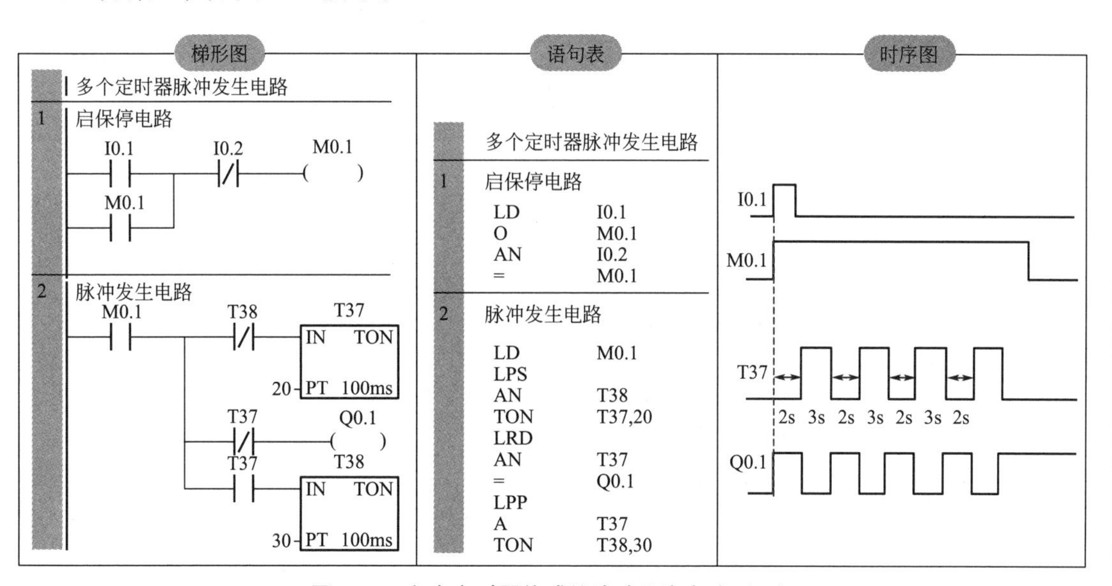

图 2-15　多个定时器构成的脉冲发生电路（二）

方案二的实现与方案一几乎一致，只不过方案二的 Q0.1 先得电且得电 2s 断 3s，方案一的 Q0.1 后得电且得电 3s 断 2s 而已。

（4）顺序脉冲发生电路

如图 2-16 所示，为 3 个定时器顺序脉冲发生电路。

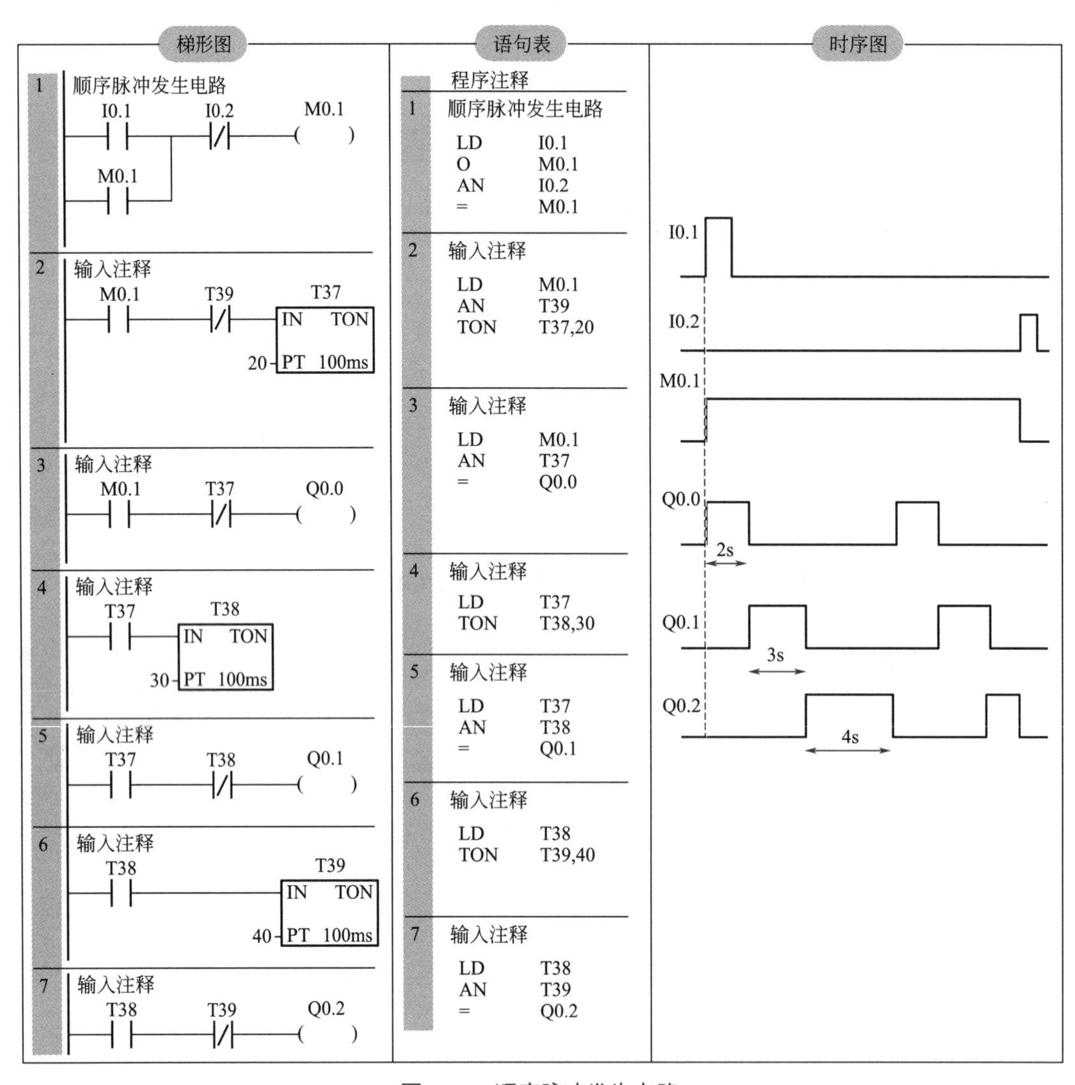

图 2-16 顺序脉冲发生电路

案例解析

按下启动按钮，常开触点 I0.1 接通，辅助继电器 M0.1 得电并自锁，常开触点闭合，T37 开始定时，同时 Q0.0 接通，T37 定时 2s 时间到，T37 的常闭触点断开，Q0.0 断电；T37 常开触点闭合，T38 开始定时，同时 Q0.1 接通，T38 定时 3s 时间到，Q0.1 断电；T38 常开触点闭合，T39 开始定时，同时 Q0.2 接通，T39 定时 4s 时间到，Q0.2 断电；若 M0.1 线圈仍接通，该电路会重新开始产生顺序脉冲，直到按下停止按钮常闭触点，I0.2 断开；当按下停止按钮，常闭触点 I0.2 断开，线圈 M0.1 失电，定时器全部断电复位，线圈 Q0.0、Q0.1 和 Q0.2 全部断电。

2.2 自动上料小车控制

2.2.1 任务引入

送料小车的自动控制系统，如图 2-17 所示。送料小车首先在轨道的最左端，左限位开关 SQ1 压合，小车装料，25s 后小车装料结束并右行；当小车碰到右限位开关 SQ2 后，小车停止右行并停下来卸料，20s 后卸料完毕并左行；当再次碰到左限位开关时，SQ1 小车停止左行，并停下来装料。小车总是按“装料→右行→卸料→左行”模式循环工作，直到按下停止按钮，才停止整个工作过程。

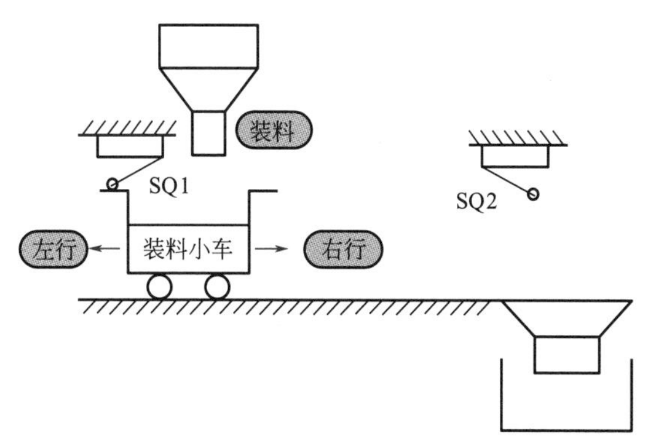

图 2-17　送料小车的自动控制系统

由小车运动过程可知，该控制属于简单控制，因此用经验设计法就可解决。

编者心语

经验设计法简介

经验设计法顾名思义是一种根据设计者的经验进行设计的方法。该方法需要在一些经典控制程序的基础上，根据被控对象的具体要求，不断地修改和完善梯形图。有时需多次反复调试和修改梯形图，增加一些辅助触点和中间编程元件，最后才能得到一个较为满意的结果。

该方法没有普遍的规律可循，具有很大的试探性和随意性，最后的结果不唯一，设计所用的时间、设计的质量与设计者的经验有很大关系。该方法适用于简单控制方案（如手动程序）的设计。

2.2.2 设计步骤

① 准确了解系统的控制要求，合理确定输入输出端子。

② 根据输入输出关系，表达出程序的关键点。关键点往往通过一些典型的环节来表达，如启保停电路、互锁电路、延时电路等，这些基本编程环节以前已经介绍过，这里不再重复。但需要强调的是，这些典型电路是掌握经验设计法的基础，需读者熟记。

③ 在完成关键点的基础上，针对系统的最终输出进行梯形图程序的编制，即初步绘出

草图。

④ 检查完善梯形图程序。在草图的基础上，按梯形图的编制原则检查梯形图，补充遗漏功能，更改错误、合理优化，从而达到最佳的控制要求。

2.2.3 任务实施

① 明确控制要求，确定I/O端子，如表2-1所示。

表2-1　送料小车的自动控制I/O分配

输入量		输出量	
左行启动按钮	I0.0	左行	Q0.0
右行启动按钮	I0.1	右行	Q0.1
停止按钮	I0.2	装料	Q0.2
左限位	I0.3	卸料	Q0.3
右限位	I0.4		

② 确定关键点。由小车运动过程可知，小车左行、右行由电动机的正反转实现，在此基础上增加了装料、卸料环节，所以该控制属于简单控制，因此用经验设计法就可解决。

③ 编制并完善梯形图如图2-18所示。

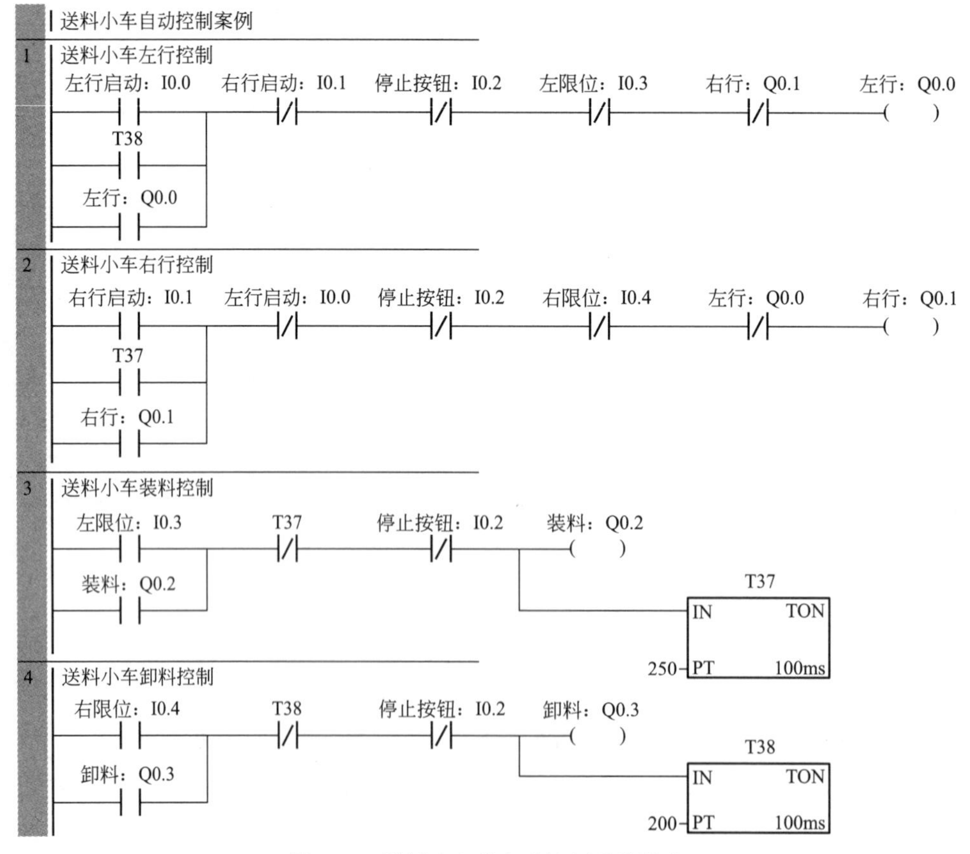

图2-18　送料小车的自动控制系统程序

a. 梯形图设计思路：

◆ 绘出具有双重互锁的正反转控制梯形图；

◆ 为实现小车自动启动，将控制装料、卸料定时器的常开分别与右行、左行启动按钮常开触点并联；

◆ 为实现小车自动停止，分别在左行、右行电路中串入左、右限位的常闭触点；

◆ 为实现自动装、卸料，在小车左行、右行结束时，用左、右限常开作为装、卸料的启动信号。

b. 小车自动控制梯形图解析，如图 2-19 所示。

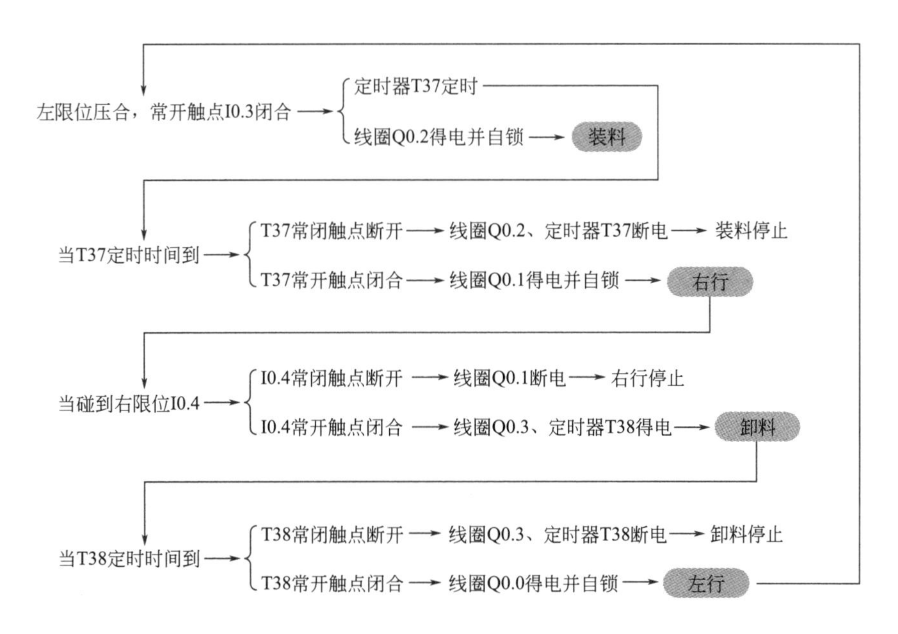

图 2-19 小车自动控制梯形图解析

2.3 锯床控制

2.3.1 任务引入

锯床基本运动过程：下降→切割→上升，如此往复。锯床工作原理如图 2-20 所示。在图中，合上空开 QF、QF1 和 QF2，按下下降启动按钮 SB4 时，中间继电器 KA1 得电并自锁，其常开触点闭合，接触器 KM2 闭合，液压电动机启动，电磁阀 YV2 和 YV3 得电，锯床切割机构下降。接着按下切割启动按钮 SB2，KM1 线圈吸合，锯轮电动机 M1，冷却泵电动机 M2 启动，机床进行切割工件。工件切割完毕后，SQ1 被压合，其常闭触点断开，KM1、KA1、YV2、YV3 均失电，SQ1 常开触点闭合，KA2 得电并自锁，电磁阀 YV1 得电，切割机构上升，当碰到上限位 SQ4 时，KA2、YV1 和 KM2 均失电，上升停止。当按下相应停止按钮，其相应动作停止。根据上边的控制要求，试将锯床控制由原来的继电器控制系统改造成 PLC 控制系统。

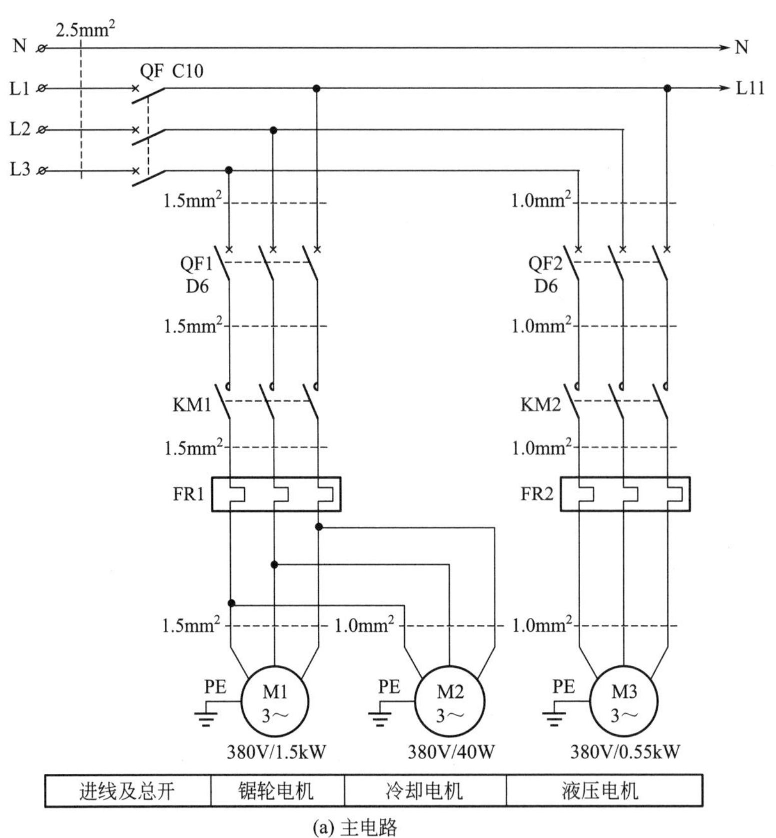

(a) 主电路

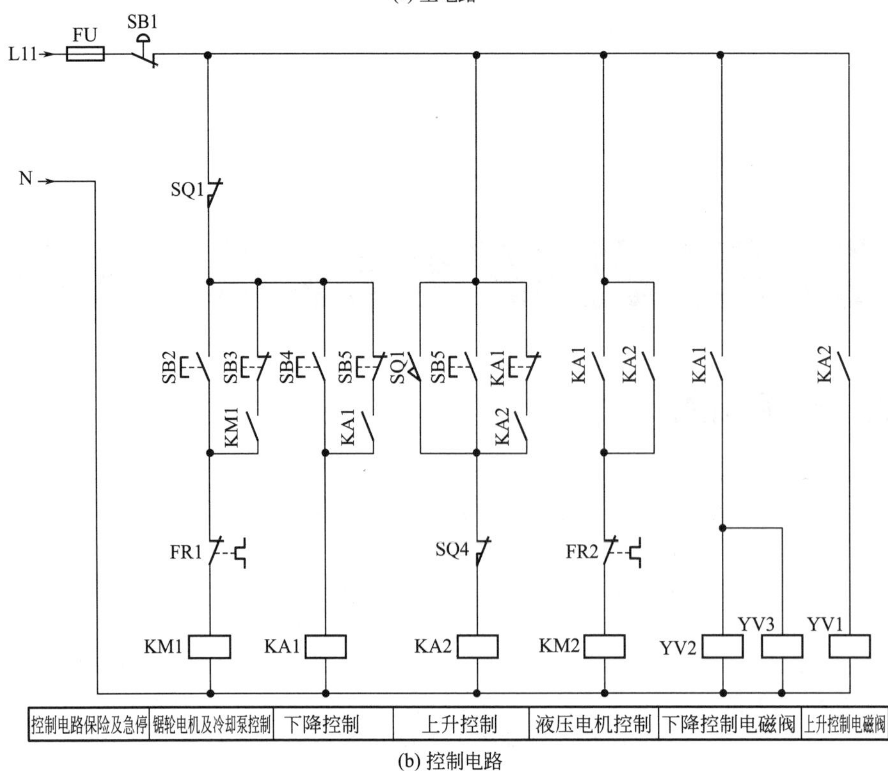

(b) 控制电路

图 2-20　锯床控制

方法链接

涉及将传统的继电器控制改为 PLC 控制的问题，多采用翻译设计法。

PLC 使用与继电器电路极为相似的语言，如果将继电器控制改为 PLC 控制，根据继电器电路图设计梯形图是一条捷径。因为原有的继电器控制系统经长期的使用和考验，已有一套完整方案。鉴于继电器电路图与梯形图有很多相似之处，因此可以将经过验证的继电器电路直接转换为梯形图，这种方法被称为翻译设计法。

继电器控制电路符号与梯形图电路符号对应情况如表 2-2 所示。

表 2-2　继电器控制电路符号与梯形图电路符号对应表

<table>
<tr><th colspan="4">梯形图电路</th><th colspan="2">继电器电路</th></tr>
<tr><th colspan="2">元件</th><th>符号</th><th>常用地址</th><th>元件</th><th>符号</th></tr>
<tr><td colspan="2">常开触点</td><td>—| |—</td><td>I、Q、M、T、C</td><td>按钮、接触器、时间继电器、中间继电器的常开触点</td><td></td></tr>
<tr><td colspan="2">常闭触点</td><td>—|/|—</td><td>I、Q、M、T、C</td><td>按钮、接触器、时间继电器、中间继电器的常闭触点</td><td></td></tr>
<tr><td colspan="2">线圈</td><td>—(　)</td><td>Q、M</td><td>接触器、中间继电器线圈</td><td></td></tr>
<tr><td rowspan="2">功能框</td><td>定时器</td><td>Tn
IN TON
PT 10ms</td><td>T</td><td>时间继电器</td><td></td></tr>
<tr><td>计数器</td><td>Cn
CU CTU
R
PV</td><td>C</td><td>无</td><td>无</td></tr>
</table>

重点提示

表 2-2 是翻译设计法的关键，请读者熟记此对应关系。

2.3.2　设计步骤

① 了解原系统的工艺要求，熟悉继电器电路图。

② 确定 PLC 的输入信号和输出负载，以及与它们对应的梯形图中的输入位和输出位的地址，画出 PLC 外部接线图。

③ 将继电器电路图中的时间继电器、中间继电器用 PLC 的辅助继电器、定时器代替，并赋予它们相应的地址，以上两步建立是继电器电路元件与梯形图编程元件的对应关系，继电器电路符号与梯形图电路符号的对应符号，如表 2-2 所示。

④ 根据上述关系，画出全部梯形图，并予以简化和修改。

使用翻译法的几点注意

① 应遵守梯形图的语法规则

在继电器电路中，触点可以在线圈的左边，也可以在线圈的右边，但在梯形图中，线圈必须在最右边，如图 2-21 所示。

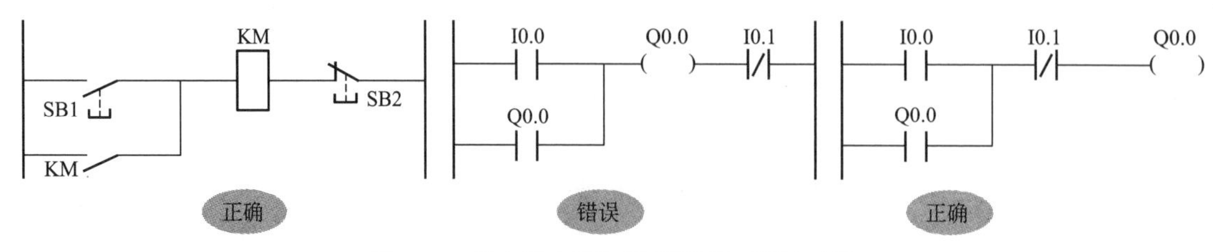

图 2-21　继电器电路与梯形图书写语法对照

② 设置中间单元

在梯形图中，若多个线圈受某一触点串、并联电路控制，为了简化电路，可设置辅助继电器作为中间编程元件，如图 2-22 所示。

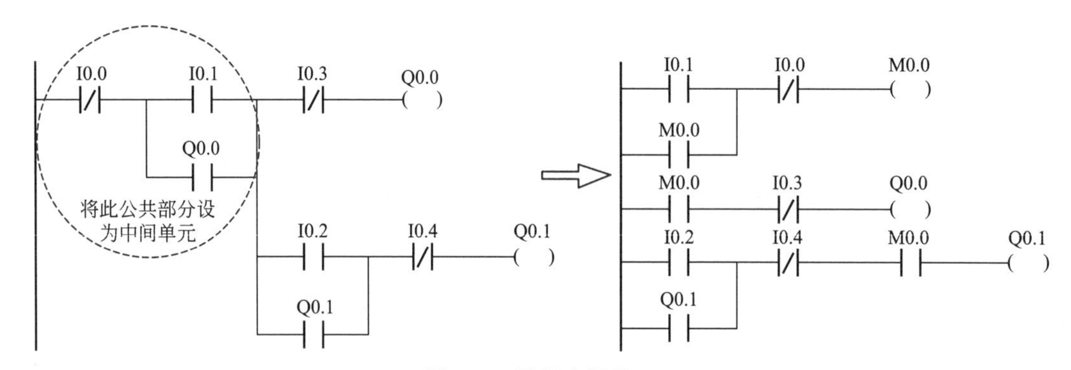

图 2-22　设置中间单元

③ 尽量减少 I/O 点数

PLC 的价格与 I/O 点数有关，减少 I/O 点数可以降低成本，减少 I/O 点数具体措施如下。

a．几个常闭串联或常开并联的触点可合并后与 PLC 相连，只占一个输入点，如图 2-23 所示。

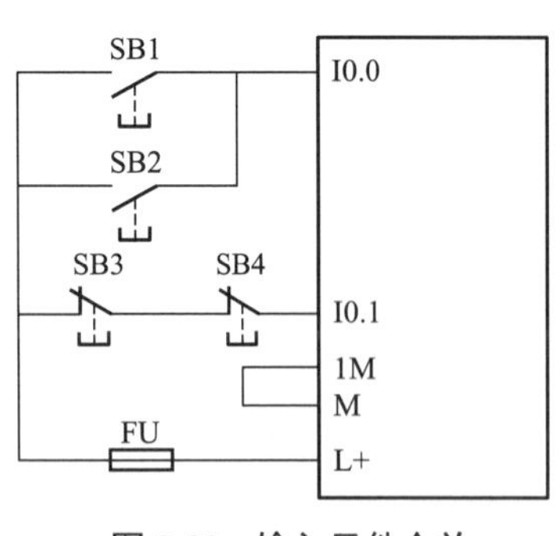

图 2-23　输入元件合并

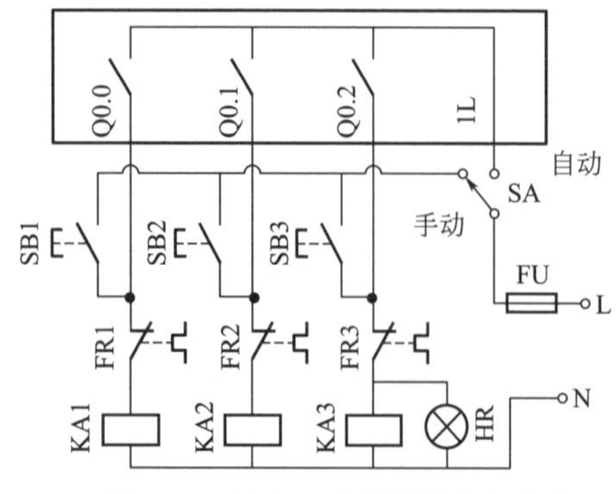

图 2-24　输入元件处理及并行输出

编者心语

图 2-24 给出了自动手动的一种处理方案，值得读者学习，在工程中经常可以见到这种方案。值得说明的是，此方案只适用继电器输出型的 PLC，晶体管输出型的 PLC 采取这种手动自动方案会导致晶体管的反向击穿，进而损坏 PLC，这是笔者长期工程经验的总结，实际应用时，读者务必注意。

b. 利用单按钮启停电路，使启停控制只通过一个按钮来实现，既可节省 PLC 的 I/O 点数，又可减少按钮和接线。

c. 系统某些输入信号功能简单、涉及面窄，没有必要作为 PLC 的输入，可将其设置在 PLC 外部硬件电路中，如热继电器的常闭触点 FR 等，如图 2-24 所示。

d. 通断状态完全相同的两个负载，可将其并联后共用一个输出点，如图 2-24 中的 KA3 和 HR。

④ 设立互锁电路

为了防止接触器相间短路，可以在软件和硬件上设置互锁电路，如正反转控制，如图 2-25 所示。

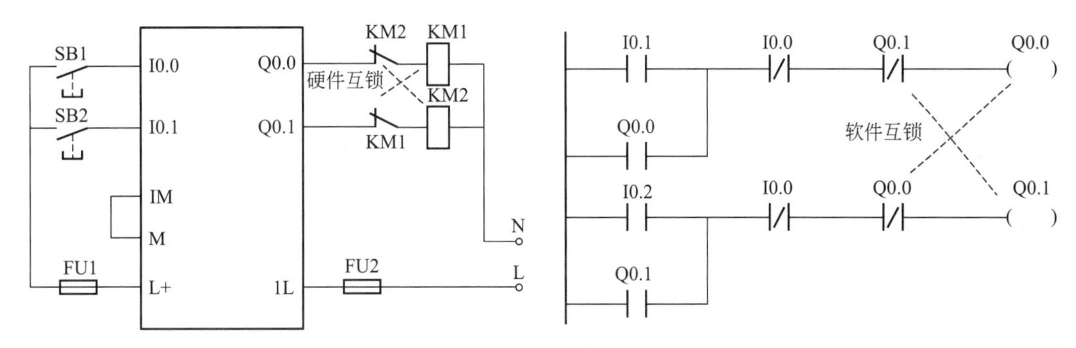

图 2-25　硬件与软件互锁

⑤ 外部负载额定电压

PLC 的输出模块（如继电器输出模块）只能驱动额定电压最高为 AC220V 的负载，若原系统中的接触器线圈为 AC380V，应将其改成线圈为 AC220V 的接触器或者设置中间继电器。

2.3.3 任务实施

① 了解原系统的工艺要求，熟悉继电器电路图。

编者心语

涉及正反转问题，必须在硬件上设置互锁电路，如果仅有软件上的互锁，没有硬件互锁，软件扫描时间非常快，而硬件响应时间较慢，那么依然会出现相间短路问题，这是笔者长期工程经验的总结，读者需引起注意。

② 确定 I/O 点数，并画出外部接线图。I/O 分配如表 2-3 所示，外部接线图如图 2-26 所示。注意：主电路与图 2-20（a）一致。

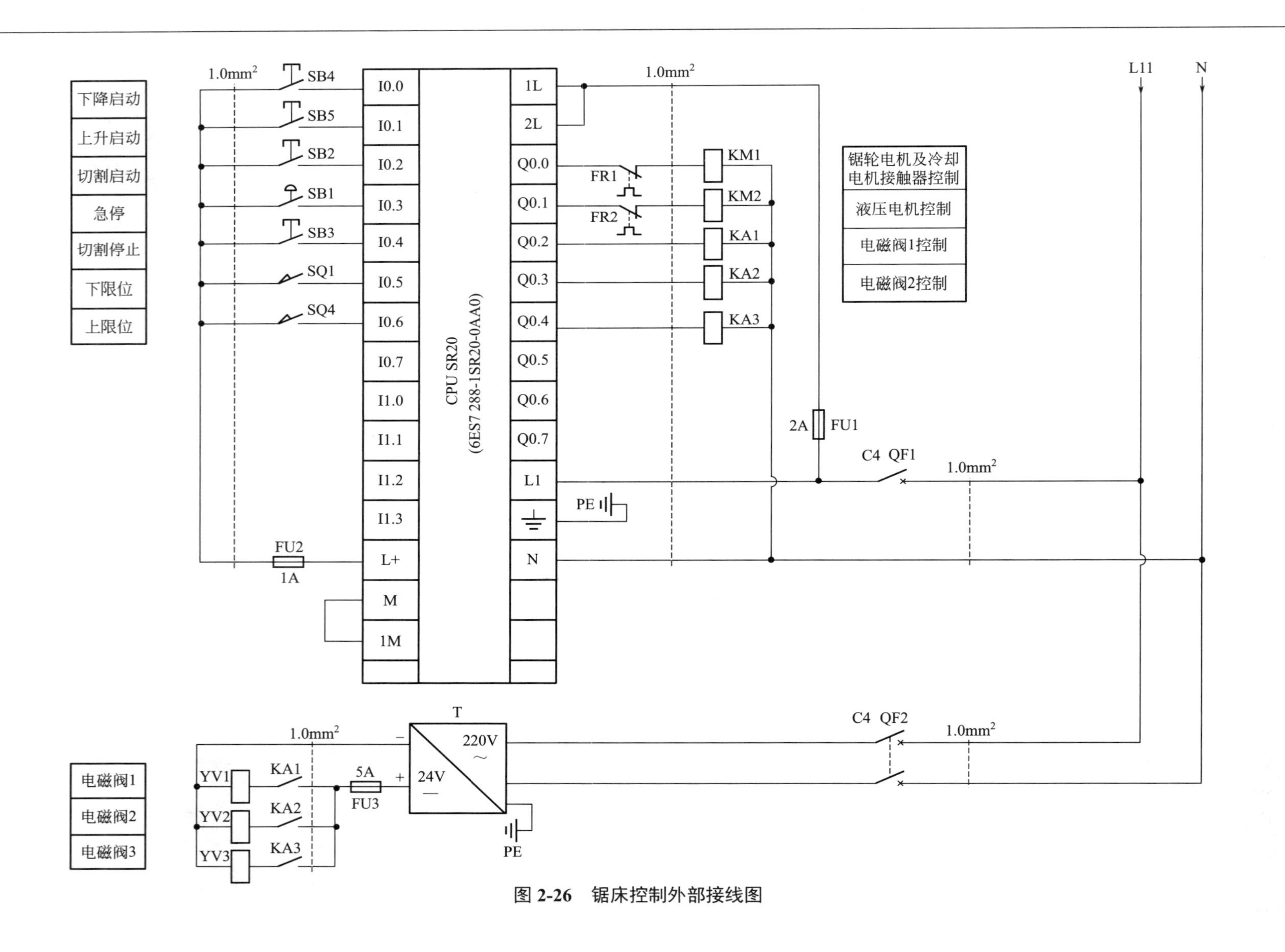

图 2-26　锯床控制外部接线图

表 2-3 锯床控制 I/O 分配

输入量		输出量	
下降启动按钮 SB4	I0.0	接触器 KM1	Q0.0
上升启动按钮 SB5	I0.1	接触器 KM2	Q0.1
切割启动按钮 SB2	I0.2	电磁阀 YV1	Q0.2
急停	I0.3	电磁阀 YV2	Q0.3
切割停止按钮 SB3	I0.4	电磁阀 YV3	Q0.4
下限位 SQ1	I0.5		
上限位 SQ4	I0.6		

③ 将继电器电路翻译成梯形图并化简，锯床控制程序如图 2-27 所示，最终结果如图 2-28 所示。

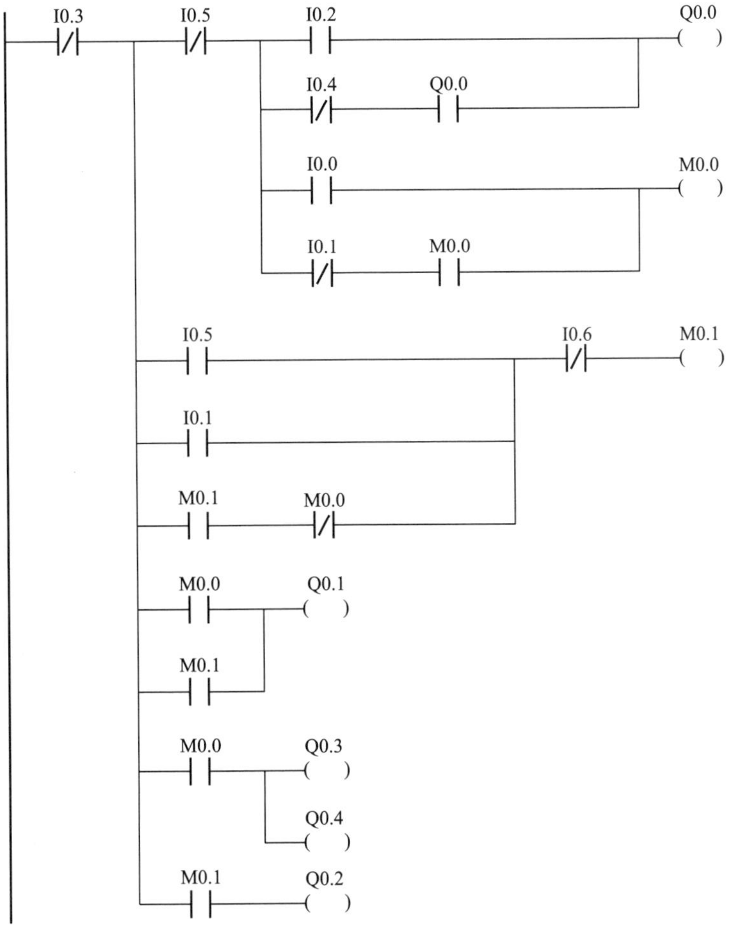

图 2-27 锯床控制程序

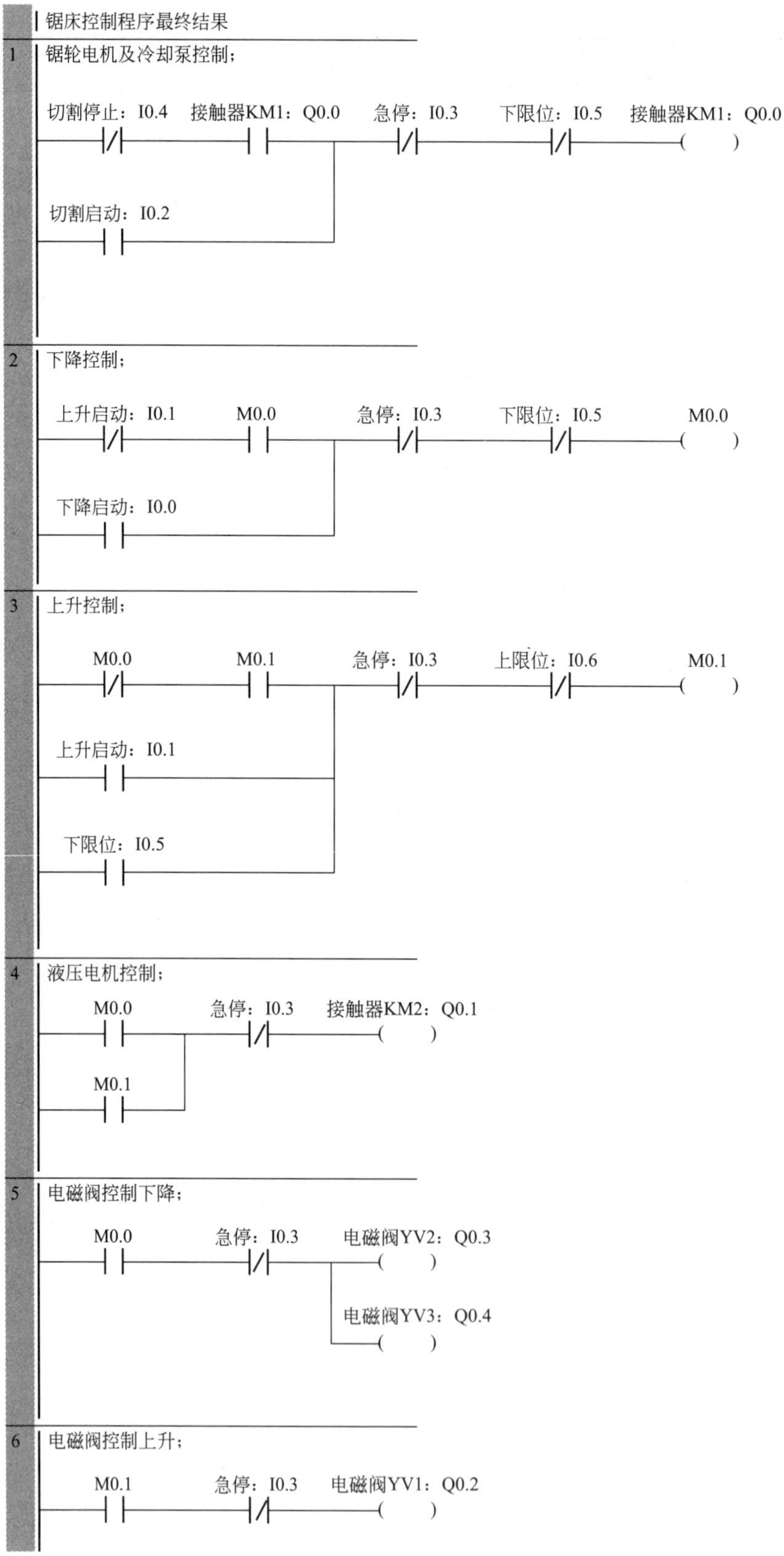

锯床控制程序最终结果

1 锯轮电机及冷却泵控制；

切割停止：I0.4 接触器KM1：Q0.0 急停：I0.3 下限位：I0.5 接触器KM1：Q0.0

切割启动：I0.2

2 下降控制；

上升启动：I0.1 M0.0 急停：I0.3 下限位：I0.5 M0.0

下降启动：I0.0

3 上升控制；

M0.0 M0.1 急停：I0.3 上限位：I0.6 M0.1

上升启动：I0.1

下限位：I0.5

4 液压电机控制；

M0.0 急停：I0.3 接触器KM2：Q0.1

M0.1

5 电磁阀控制下降；

M0.0 急停：I0.3 电磁阀YV2：Q0.3

电磁阀YV3：Q0.4

6 电磁阀控制上升；

M0.1 急停：I0.3 电磁阀YV1：Q0.2

图 2-28 锯床控制程序最终结果

2.4 顺序控制设计法与顺序功能图

2.4.1 顺序控制设计法

（1）顺序控制设计法简介

采用经验设计法设计梯形图程序时，由于经验设计法本身没有一套固定的方法可循，且在设计过程中又存在着较大的试探性和随意性，给一些复杂程序的设计带来了很大的困难。即使勉强设计出来了，对于程序的可读性、时间的花费和设计结果来说，也不尽人意。鉴于此，本章将介绍一种有规律且比较通用的方法——顺序控制设计法。

顺序控制设计法是指按照生产工艺预先规定顺序，在各输入信号作用下，根据内部状态和时间顺序，使生产过程各个执行机构自动有序进行操作的一种方法。该方法是一种比较简单且先进的方法，很容易被初学者接受，对于有经验的工程师来说，也会提高设计效率，对于程序的调试和修改来说也非常方便，可读性很高。

（2）顺序控制设计法基本步骤

使用顺序控制设计法时的基本步骤是：首先进行 I/O 分配；接着根据控制系统的工艺要求，绘制顺序功能图；最后，根据顺序功能图设计梯形图。其中在顺序功能图的绘制中，往往是根据控制系统的工艺要求，将生产过程的一个周期划分为若干个顺序相连的阶段，每个阶段都对应顺序功能图一步。

（3）顺序控制设计法分类

顺序控制设计法大致可分为：启保停电路编程法、置位复位指令编程法、顺序控制继电器指令编程法和移位寄存器指令编程法。本章将根据顺序功能图基本结构的不同，对以上 4 种方法进行详细讲解。

使用顺序控制设计法时，绘制顺序功能图是关键，因此下面要对顺序功能图进行详细介绍。

编者心语

顺序控制设计法的基本步骤和方法分类是重点，读者需熟记。

2.4.2 顺序功能图简介

（1）顺序功能图的组成要素

顺序功能图是一种图形语言，用来编制顺序控制程序。在 IEC 的 PLC 编程语言标准（IEC61131-3）中，顺序功能图被确定为 PLC 首选编程语言。在编写程序的时候，往往根据控制系统的工艺过程，先画出顺序功能图，然后再根据顺序功能图写出梯形图。顺序功能图主要由步、有向连线、转换、转换条件和动作（或命令）这 5 大要素组成，如图 2-29 所示。

① 步：步就是将系统的一个周期划分为若干个顺序相连的阶段，这些阶段就叫步。步是根据输出量的状态变化来划分的，通常用编程元件代表，编程元件是指辅助继电器 M 和状态继电器 S。步通常涉及以下几个概念。

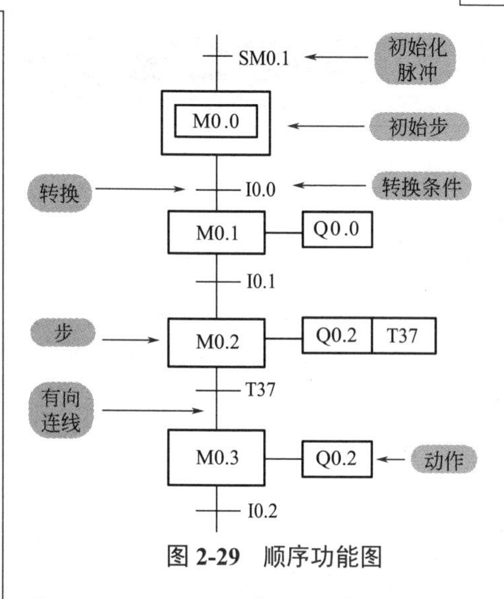

图 2-29　顺序功能图

◆ 初始步：一般在顺序功能图的最顶端，与系统的初始化有关，通常用双方框表示。注意每一个顺序功能图中至少有一个初始步，初始步一般由初始化脉冲 SM0.1 激活。

◆ 活动步：系统所处的当前步为活动状态，就称该步为活动步。当步处于活动状态时，相应的动作被执行，步处于不活动状态，相应的非记忆性动作被停止。

◆ 前级步和后续步：前级步和后续步是相对的，如图 2-30 所示。对于 M0.2 步来说，M0.1 是它的前级步，M0.3 步是它的后续步；对于 M0.1 步来说，M0.2 是它的后续步，M0.0 步是它的前级步；需要指出，一个顺序功能图中可能存在多个前级步和多个后续步，如 M0.0 就有两个后续步，分别为 M0.1 和 M0.4；M0.7 也有两个前级步，分别为 M0.3 和 M0.6。

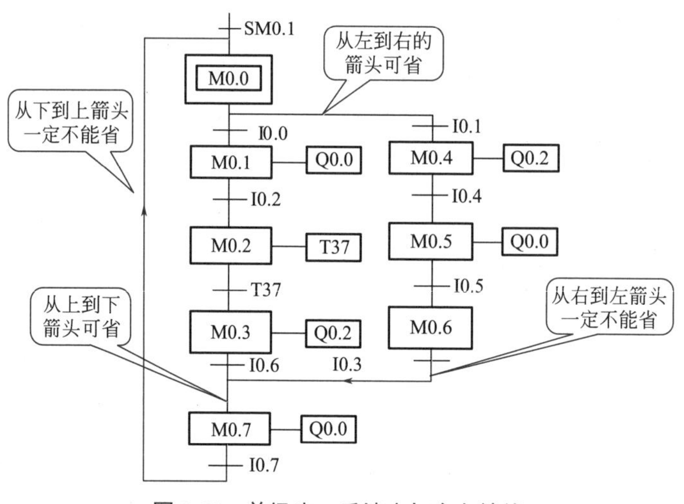

图 2-30　前级步、后续步与有向接线

② 有向连线：即连接步与步之间的连线，有向连线规定了活动步的进展路径与方向。通常规定有向连线的方向从左到右或从上到下箭头可省，从右到左或从下到上箭头一定不可省，如图 2-30 所示。

③ 转换：转换用一条与有向连线垂直的短划线表示，转换将相邻的两步分隔开。步的活动状态的进展由转换的实现来完成，并与控制过程的发展相对应。

④ 转换条件：转换条件就是系统从上一步跳到下一步的信号。转换条件可以由外部信号提供，也可由内部信号提供。外部信号如按钮、传感器、接近开关、光电开关等的通断信号；内部信号如定时器和计数器常开触点的通断信号等。转换条件可以用文字语言、布尔代数表达式或图形符号标注在表示转换的短划线旁，使用较多的是布尔代数表达式，如图 2-31 所示。

⑤ 动作：被控系统每一个需要执行的任务或者是施控系统每一个要发出的命令都叫动作。注意动作是指最终的执行线圈或定时器计数器等，一步中可能有一个动作或几个动作。通常动作用矩形框表示，矩形框内标有文字或符号，矩形框用相应的步符号相连。需要指出，

涉及多个动作时，处理方案如图 2-32 所示。

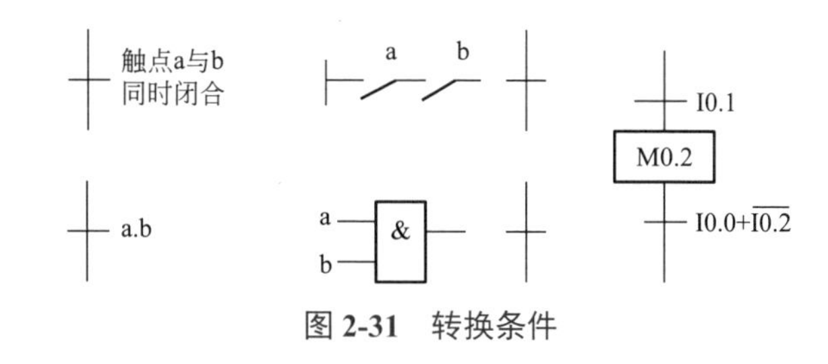

图 **2-31** 转换条件

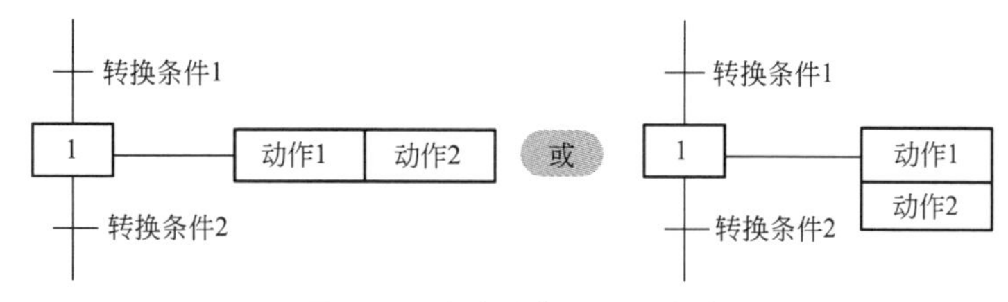

图 **2-32** 多个动作的处理方案

对顺序功能图组成的五大要素进行梳理：

① 步的划分是绘制顺序功能图的关键，划分标准是根据输出量状态的变化。如小车开始右行，当碰到右限位转为左行，由此可见输出状态有明显变化，因此画顺序功能图时，一定要分为两步，即左行步和右行步。

② 一个顺序功能图至少有一个初始步，初始步在顺序功能图的最顶端，用双方框表示，一般用 SM0.1 激活。

③ 动作是最终的执行线圈 Q、定时器 T 和计数器 C，辅助继电器 M 和顺序控制继电器 S 只是中间变量，不是最终输出，这点一定要注意。

（2）顺序功能图的基本结构

① 单序列：所谓的单序列就是指没有分支和合并，步与步之间只有一个转换，每个转换两端仅有一个步，如图 2-33（a）所示。

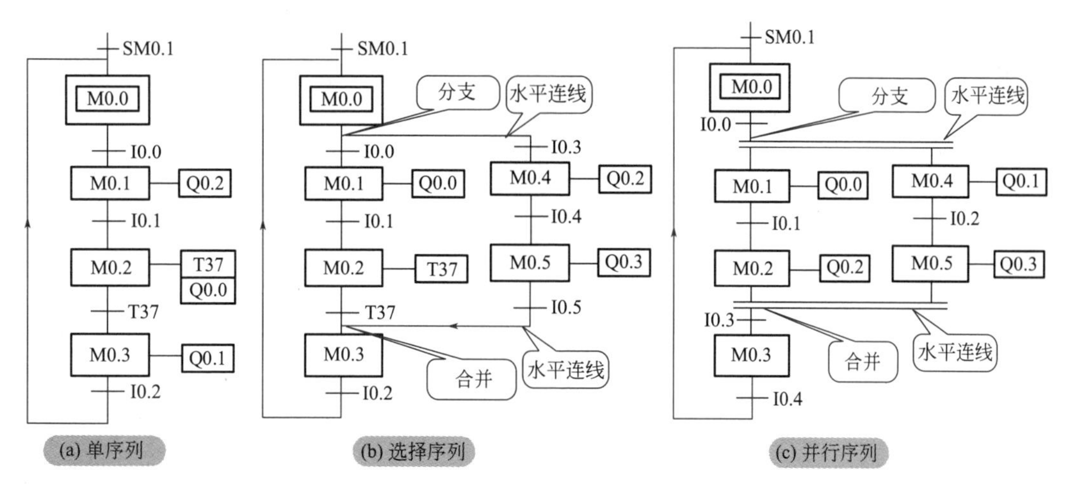

图 **2-33** 顺序功能图的基本结构

② 选择序列：选择序列既有分支又有合并，选择序列的开始叫分支，选择序列的结束叫合并，如图 2-33（b）所示。在选择序列的开始，转换符号只能标在水平连线之下，如 I0.0、I0.3 对应的转换就标在水平连线之下；选择序列的结束，转换符号只能标在水平连线之上，如 T37、I0.5 对应的转换就标在水平连线之上；当 M0.0 为活动步，并且转换条件 I0.0=1，则发生由步 M0.0 →步 M0.1 的跳转；当 M0.0 为活动步，并且转换条件 I0.3=1，则发生由步 M0.0 →步 M0.4 的跳转；当 M0.2 为活动步，并且转换条件 T37=1，则发生由步 M0.2 →步 M0.3 的跳转；当 M0.5 为活动步，并且转换条件 I0.5=1，则发生由步 M0.5 →步 M0.3 的跳转。

需要指出，在选择程序中，某一步可能存在多个前级步或后续步，如 M0.0 就有两个后续步 M0.1、M0.4，M0.3 就有两个前级步 M0.2、M0.5。

③ 并行序列：并行序列用来表示系统几个同时工作的独立部分的工作情况，如图 2-33（c）所示。并行序列的开始叫分支，当转换满足的情况下，导致几个序列同时被激活，为了强调转换的同步实现，水平连线用双线表示，且水平双线之上只有一个转换条件，如步 M0.0 为活动步，并且转换条件 I0.0=1 时，步 M0.1、M0.4 同时变为活动步，步 M0.0 变为不活动步，水平双线之上只有转换条件 I0.0；并行序列的结束叫合并，当直接连在双线上的所有前级步 M0.2、M0.5 为活动步，并且转换条件 I0.3=1，才会发生步 M0.2、M0.5 → M0.3 的跳转，即 M0.2、M0.5 为不活动步，M0.3 为活动步，在同步双水平线之下只有一个转换条件 I0.3。

（3）梯形图中转换实现的基本原则

① 转换实现的基本条件

在顺序功能图中，步的活动状态的进展是由转换的实现来完成的。转换的实现必须同时满足两个条件：

◆ 该转换的所有前级步都为活动步；

◆ 相应的转换条件得到满足。

以上两个条件缺一不可，若转换的前级步或后续步不止一个时，转换的实现称为同时实现，为了强调同时实现，有向连线的水平部分用双线表示。

② 转换实现完成的操作

◆ 使所有由有向连线与相应转换符号连接的后续步都变为活动步；

◆ 使所有由有向连线与相应转换符号连接的前级步都变为不活动步。

编者心语

① 转换实现的基本原则口诀：

当前级步为活动步时，满足转换条件，程序立即跳转到下一步；

当后续步为活动步时，前级步停止；

② 转换实现的基本原则是根据顺序功能图设计梯形图的基础，它适用于顺序功能图中的各种结构和各种顺序控制梯形图的编程方法。

（4）绘制顺序功能图时的注意事项

① 两步绝对不能直接相连，必须用一个转换将其隔开；

② 两个转换也不能直接相连，必须用一个步将其隔开；

以上两条是判断顺序功能图绘制正确与否的依据。

③ 顺序功能图中初始步必不可少，它一般对应于系统等待启动的初始状态，这一步可能没有什么动作执行，因此很容易被遗忘。但若无此步，则无法进入初始状态，系统也无法返回停止状态；

④ 自动控制系统应能多次重复执行同一工艺过程，因此在顺序功能图中一般应有由步和有向连线组成的闭环，即在完成一次工艺过程的全部操作后，应从最后一步返回到初始步，系统停留在初始步（单周期操作）；在执行连续循环工作方式时，应从最后一步返回下一周期开始运行的第一步。

2.5 冲床运动控制

2.5.1 任务导入

图 2-34 为某冲床的运动示意图。初始状态机械手在最左边，左限位 SQ1 压合，机械手处于放松状态（机械手的放松与夹紧受电磁阀控制，松开电磁阀失电，夹紧电磁阀得电），冲头在最上面，上限位 SQ2 压合；当按下启动按钮 SB 时，机械手夹紧工件并保持，3s 后机械手右行，当碰到右限位 SQ3 后，机械手停止运动，同时冲头下行；当碰到下限位 SQ4 后，冲头上行；冲头碰到上限位 SQ2 后，停止运动，同时机械手左行；当机械手碰到左限位 SQ1 后，机械手放松，延时 4s 后，系统返回到初始状态。

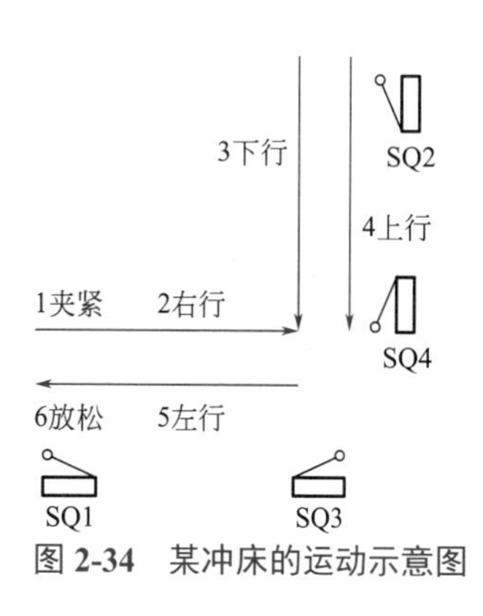

图 2-34　某冲床的运动示意图

2.5.2 启保停电路编程法介绍

本案例属于顺序控制，2.4 节讲到解决此类问题有 4 种方法，分别为启保停电路编程法、置位复位指令编程法、顺序控制继电器指令编程法和移位寄存器指令编程法，那么先看第一种方法。

启保停电路编程法，其中间编程元件为辅助继电器 M，在梯形图中，为了实现当前级步为活动步且满足转换条件成立时，才进行步的转换，总是将代表前级步的辅助继电器的常开触点与对应的转换条件触点串联，作为激活后续步辅助继电器的启动条件；当后续步被激活，对应的前级步停止，所以用代表后续步的辅助继电器的常闭触点与前级步的电路串联作为停止条件。

2.4 节也讲到顺序功能图有三种基本结构，因此启保停电路编程法也因顺序功能图结构不同而不同，本节先看单序列启保停电路编程法。单序列顺序功能图与梯形图的对应关系如图 2-35 所示。在图 2-35 中，Mi−1，Mi，Mi+1 是顺序功能图中连续 3 步。Ii，Ii+1 为转换条件。对于 Mi 步来说，它的前级步为 Mi−1，转换条件为 Ii，因此 Mi 的启动条件为辅助继电器的常开触点 Mi-1 与转换条件常开触点 Ii 的串联组合；对于 Mi 步来说，它的后续步为 Mi+1，因此 Mi 的停止条件为 Mi+1 的常闭触点。

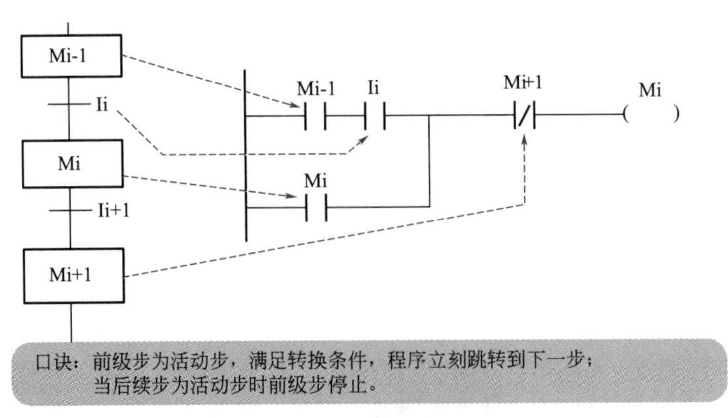

图 2-35　顺序功能图与梯形图的转化

2.5.3　启保停电路编程法任务实施

（1）根据控制要求，进行I/O分配

如表 2-4 所示。

表 2-4　冲床的运动控制的 I/O 分配

输入量		输出量	
启动按钮 SB	I0.0	机械手电磁阀	Q0.0
左限位 SQ1	I0.1	机械手左行	Q0.1
右限位 SQ3	I0.2	机械手右行	Q0.2
上限位 SQ2	I0.3	冲头上行	Q0.3
下限位 SQ4	I0.4	冲头下行	Q0.4

（2）绘制顺序功能图

如图 2-36 所示。

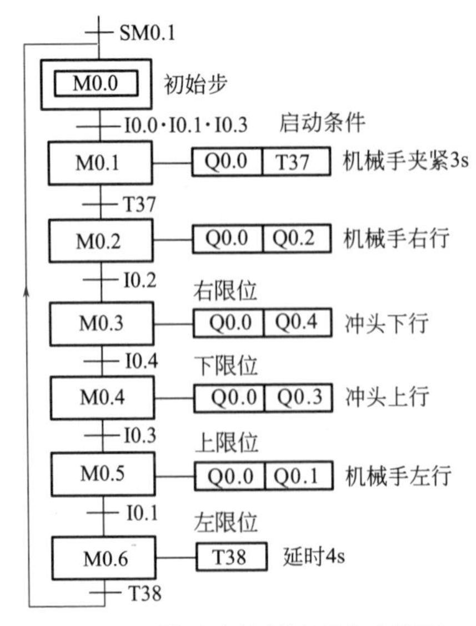

图 2-36　某冲床控制的顺序功能图

（3）将顺序功能图转化为梯形图

如图 2-37 所示。

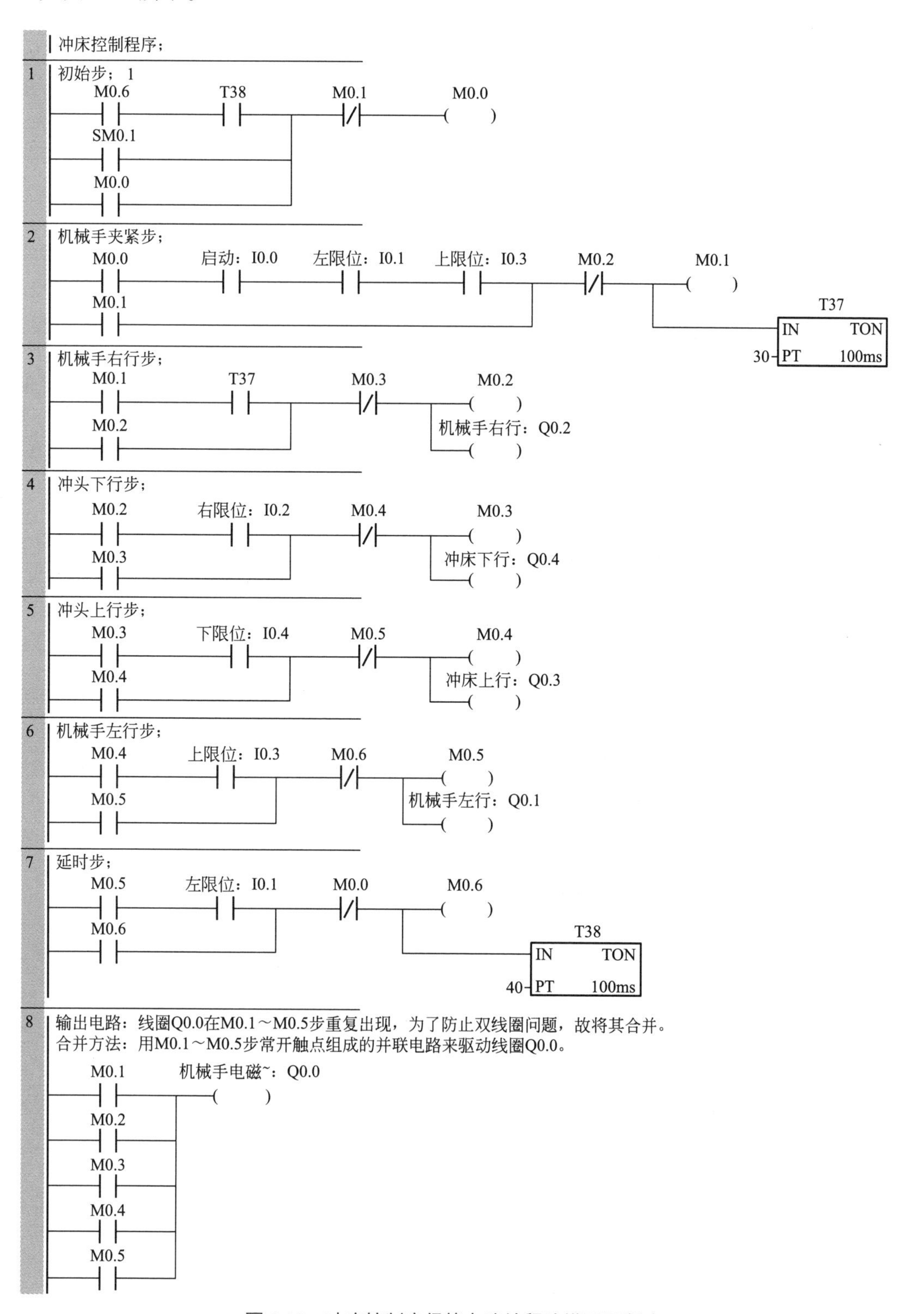

图 2-37　冲床控制启保停电路编程法梯形图程序

（4）冲床控制顺序功能图转化梯形图过程分析

以M0.0步为例，介绍顺序功能图转化为梯形图的过程。从图2-36顺序功能图中不难看出，M0.0的一个启动条件为M0.6的常开触点和转换条件T38的常开触点组成的串联电路。此外，PLC刚运行时，应将初始步M0.0激活，否则系统无法工作，所以初始化脉冲SM0.1为M0.0的另一个启动条件，这两个启动条件应并联。为了保证活动状态能持续到下一步活动为止，还需并上M0.0的自锁触点。当M0.0、I0.0、I0.1、I0.3的常开触点同时为1时，步M0.1变为活动步，M0.0变为不活动步，因此将M0.1的常闭触点串入M0.0的回路中作为停止条件。此后M0.1～M0.6步梯形图的转换与M0.0步梯形图的转换一致。

下面介绍顺序功能图转化为梯形图时输出电路的处理方法，分以下两种情况讨论：

① 某一输出量仅在某一步中为接通状态，这时可以将输出量线圈与辅助继电器线圈直接并联，也可以用辅助继电器的常开触点与输出量线圈串联。图2-37中，Q0.1、Q0.2、Q0.3、Q0.4分别仅在M0.5、M0.2、M0.4、M0.3步出现一次，因此将Q0.1、Q0.2、Q0.3、Q0.4的线圈分别与M0.5、M0.2、M0.4、M0.3的线圈直接并联；

② 某一输出量在多步中都为接通状态，为了避免双线圈问题，将代表各步的辅助继电器的常开触点并联后，驱动该输出量线圈。图2-37中，线圈Q0.0在M0.1～M0.5这5步均接通了，为了避免双线圈输出，所以用辅助继电器M0.1～M0.5的常开触点组成的并联电路来驱动线圈Q0.0。

（5）冲床控制梯形图程序解析

如图2-38所示。

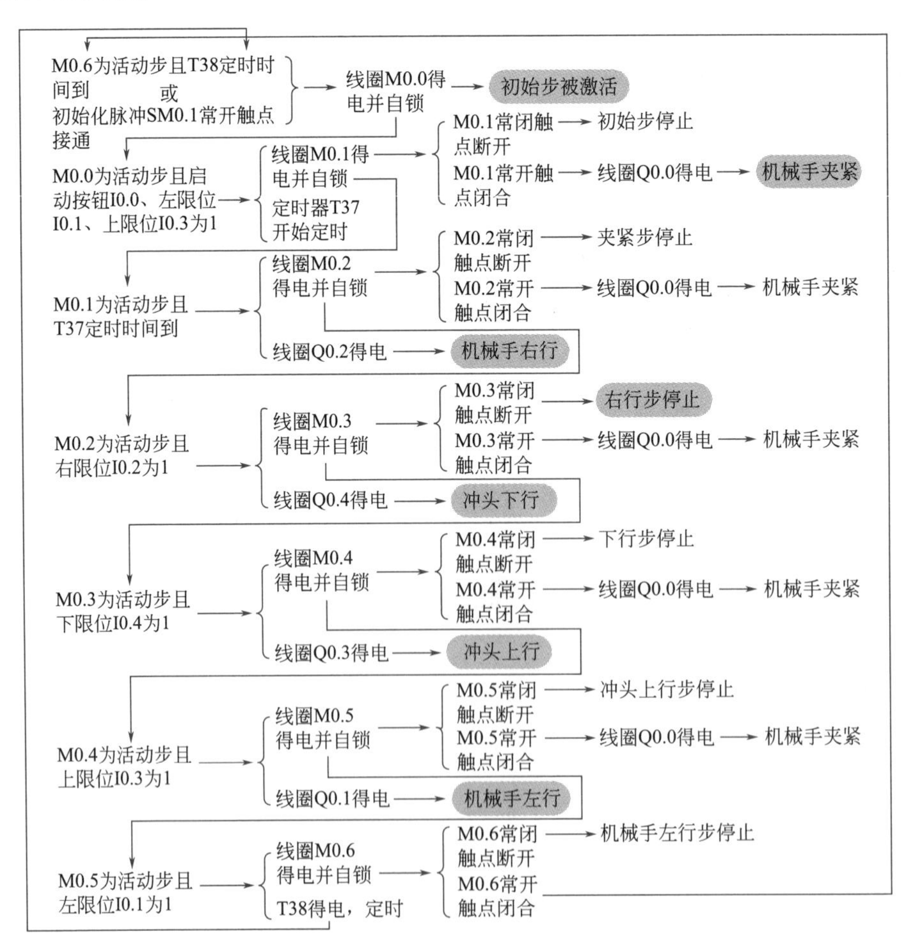

图2-38　冲床控制启保停电路编程法梯形图程序解析

编者心语

在使用启保停电路编程时，要注意以下三点：

① 要注意最后一步的常开触点与转换条件的常开触点组成的串联电路、初始化脉冲、触点自锁这三者的并联问题。

② 当某一输出仅出现一次时，可以将它的线圈与辅助继电器的线圈并联，也可以用辅助继电器的常开触点来驱动该输出量线圈，采用与辅助继电器线圈并联的方式比较节省网络。

③ 如果出现双线圈问题，务必合并双线圈，否则程序无法正常运行；采取合并的措施为用 M 常开触点组成的并联电路来驱动输出量线圈。

2.5.4 置位复位指令编程法介绍

置位复位指令编程法，其中间编程元件仍为辅助继电器 M，当前级步为活动步且满足转换条件的情况下，后续步被置位，同时前级步被复位。

需要说明，置位复位指令也称以转换为中心的编程法，其中有一个转换就对应有一个置位复位电路块，有多少个转换就有多少个这样电路块。

与启保停电路编程法一样，置位复位指令编程法同样因顺序功能图结构不同而不同，本节先看下单序列置位复位指令编程法。单序列顺序功能图与梯形图的对应关系，如图 2-39 所示。在图 2-39 中，当 Mi−1 为活动步，且转换条件 Ii 满足，Mi 被置位，同时 Mi−1 被复位，因此将 Mi−1 和 Ii 的常开触点组成的串联电路作为 Mi 步的启动条件，同时它有作为 Mi−1 步的停止条件。这里只有一个转换条件 Ii，故仅有一个置位复位电路块。

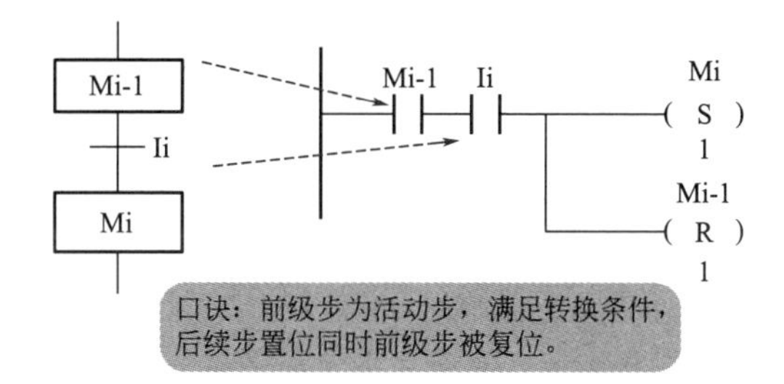

图 2-39　置位复位指令顺序功能图与梯形图的转化

需要说明，输出继电器 Qi 线圈不能与置位、复位指令直接并联，原因在于 Mi-1 与 Ii 常开触点组成的串联电路接通时间很短，当转换条件满足后，前级步立即复位，而输出继电器至少应在某步为活动步的全部时间内接通。处理方法：用所需步的常开触点驱动输出线圈 Qi，如图 2-40 所示。

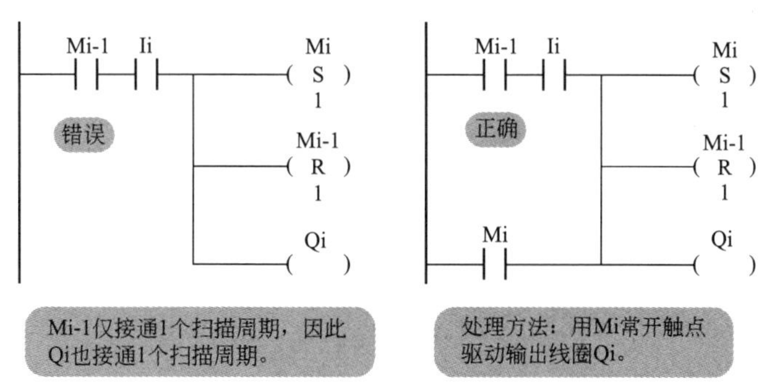

图 2-40　置位复位指令编程方法注意事项

2.5.5 置位复位指令编程法任务实施

置位复位指令编程法任务实施前两步与启保停电路编程法一样，这里不再赘述，关键是第三步，顺序功能图转化为梯形图与启保停电路编程法不同。

① 将顺序功能图转化为梯形图，如图 2-41 所示。

② 冲床控制置位复位指令编程法程序解析，如图 2-42 所示。

冲床的置位复位指令编程法

1 初始步：
SM0.1 M0.0 (S) 1

2 夹紧步：
M0.0 启动：I0.0 左限位：I0.1 上限位：I0.3 M0.1 (S) 1
M0.0 (R) 1

3 右行步：
M0.1 T37 M0.2 (S) 1
M0.1 (R) 1

4 下行步：
M0.2 右限位：I0.2 M0.3 (S) 1
M0.2 (R) 1

5 上行步：
M0.3 下限位：I0.4 M0.4 (S) 1
M0.3 (R) 1

6 左行步：
M0.4 上限位：I0.3 M0.5 (S) 1
M0.4 (R) 1

7 延时步：
M0.5 左限位：I0.1 M0.6 (S) 1
M0.5 (R) 1

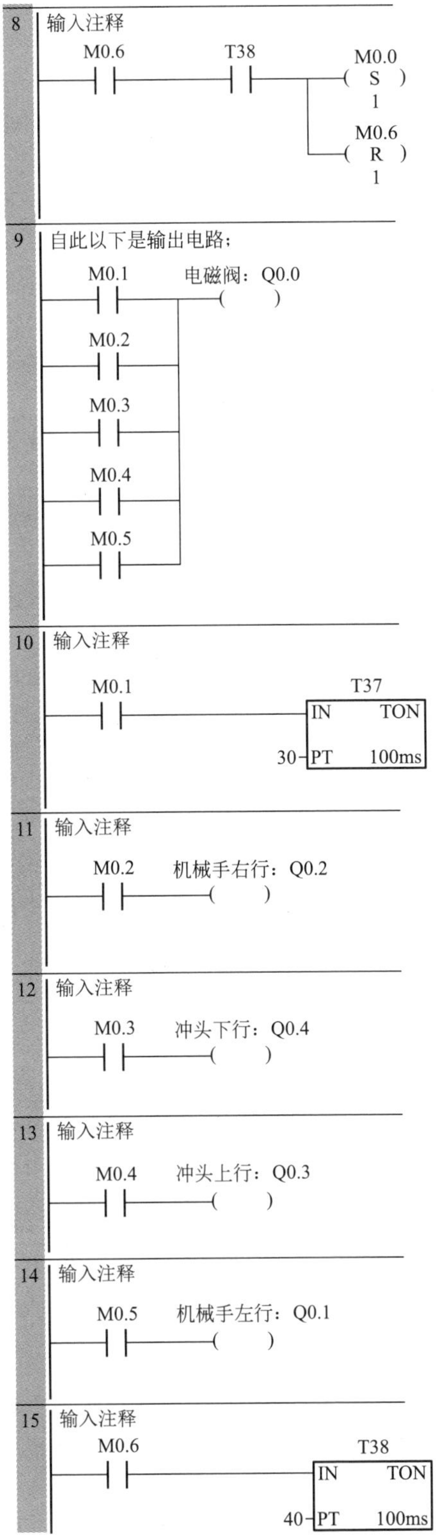

8 输入注释

M0.6 T38 M0.0 (S) 1

M0.6 (R) 1

9 自此以下是输出电路；

M0.1 电磁阀：Q0.0 ( )

M0.2

M0.3

M0.4

M0.5

10 输入注释

M0.1 T37 IN TON

30-PT 100ms

11 输入注释

M0.2 机械手右行：Q0.2 ( )

12 输入注释

M0.3 冲头下行：Q0.4 ( )

13 输入注释

M0.4 冲头上行：Q0.3 ( )

14 输入注释

M0.5 机械手左行：Q0.1 ( )

15 输入注释

M0.6 T38 IN TON

40-PT 100ms

图 **2-41** 冲床控制置位复位指令编程法梯形图程序

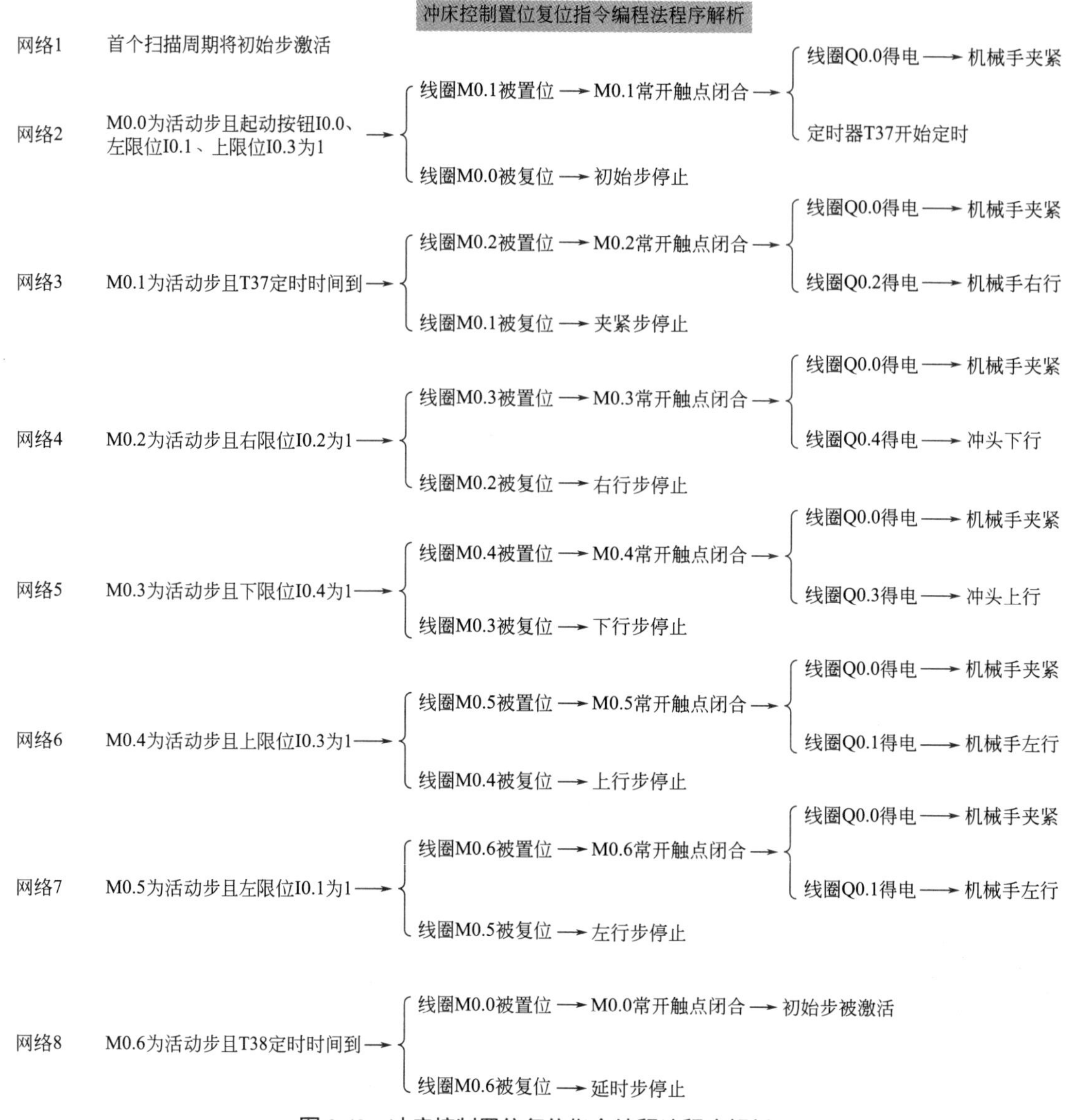

图 2-42 冲床控制置位复位指令编程法程序解析

以 M0.1 步为例，讲解顺序功能图转化为梯形图的过程。由顺序功能图可知，M0.1 的前级步为 M0.0，转换条件为 I0.0 • I0.1 • I0.3，因此将 M0.0 的常开触点和转换条件 I0.0 • I0.1 • I0.3 的常开触点串联组成的电路，作为 M0.1 的置位条件和 M0.0 的复位条件，当 M0.0 的常开触点和转换条件 I0.0 • I0.1 • I0.3 的常开触点都闭合时，M0.1 被置位，同时 M0.0 被复位。

使用置位复位指令编程法时，不能将输出量的线圈与置位复位指令直接并联，原因在于置位复位指令所在的电路只接通一个扫描周期，当转换条件满足后前级步马上被复位，该串联电路立即断开，这样一来输出量线圈不能在某步对应的全部时间内接通。鉴于此，在处理梯形图输出电路时，用代表步的辅助继电器的常开触点或者常开触点的并联电路来驱动输出量线圈。图 2-41 中，Q0.1、Q0.2、Q0.3、Q0.4 分别用 M0.5、M0.2、M0.4、M0.3 的常开触点驱动，而 Q0.0 在 M0.1 ～ M0.5 这 5 步都出现，为了防止出现双线圈问题，用辅助继电器 M0.1 ～ M0.5 常开触点组成的并联电路来驱动线圈 Q0.0。

2.5.6 顺序控制继电器指令编程法介绍

与其他的PLC一样，西门子S7-200 SMART PLC也有一套自己专门编程法，即顺序控制继电器指令编程法，它用来专门编制顺序控制程序。顺序控制继电器指令编程法通常由顺序控制继电器指令实现。

顺序控制继电器指令不能与辅助继电器M联用，只能和状态继电器S联用才能实现顺控功能。

（1）顺序控制继电器指令格式

顺序控制继电器指令格式，如表2-5所示。

表2-5 顺序控制继电器指令格式

指令名称	梯形图	语句表	功能说明	数据类型及操作数
顺序步开始指令	S bit SCR	LSCR S bit	该指令标志着一个顺序控制程序段的开始，当输入为1时，允许SCR段动作，SCR段必须用SCRE指令结束	BOOL，S
顺序步转换指令	S bit (SCRT)	SCRT S bit	SCRT指令执行SCR段的转换。当输入为1时，对应下一个SCR使能位被置位，同时本使能位被复位，即本SCR段停止工作	BOOL，S
顺序步结束指令	(SCRE)	SCRE	执行SCRE指令，结束由SCR开始到SCRE之间顺序控制程序段的工作	无

（2）单序列顺序控制编程法

单序列顺序功能图与梯形图的对应关系如图2-43所示。在图2-43中，当Si-1为活动步时，Si-1步开始，线圈Qi-1有输出；当转换条件Ii满足时，Si被置位，即转换到下一步Si步，Si-1步停止。对于单序列程序，每步都是这样的结构。

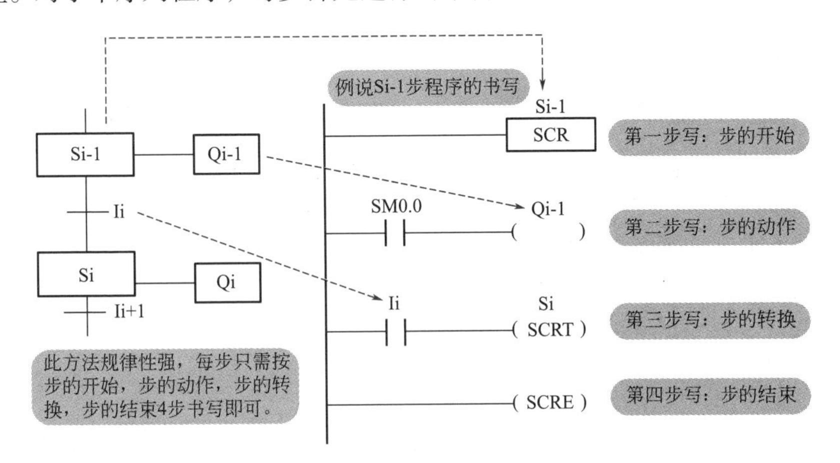

图2-43 顺序控制继电器指令编程法顺序功能图与梯形图的转化

2.5.7 顺序控制继电器指令编程法任务实施

顺序控制继电器指令编程法I/O分配与前两种方法一样，顺序功能图和顺序功能图与梯形图的转化与前两种方法不同。

① 冲床顺序功能图的绘制，如图 2-44 所示。

② 将顺序功能图转化为梯形图，如图 2-45 所示。

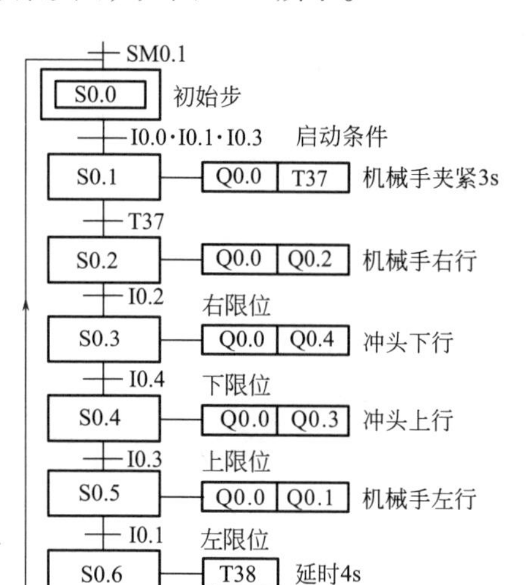

图 2-44 冲床控制的顺序功能图

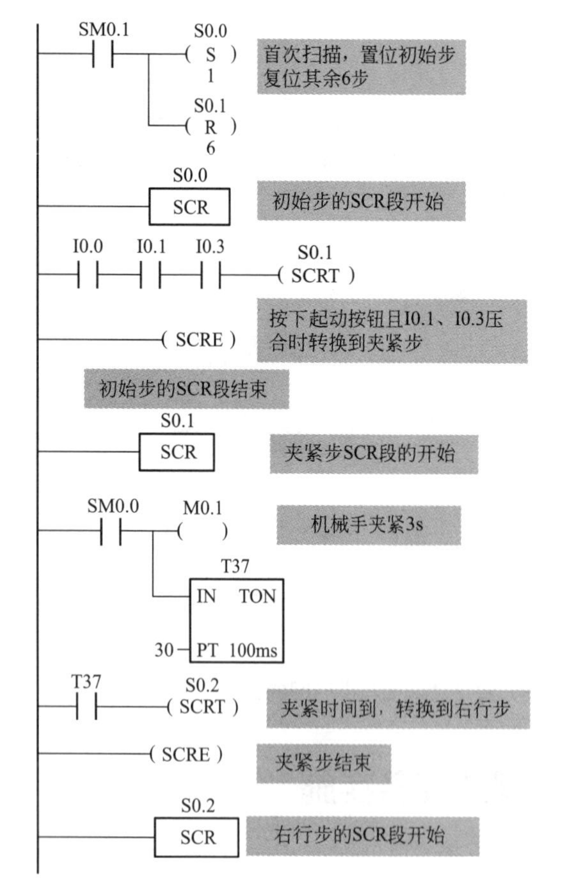

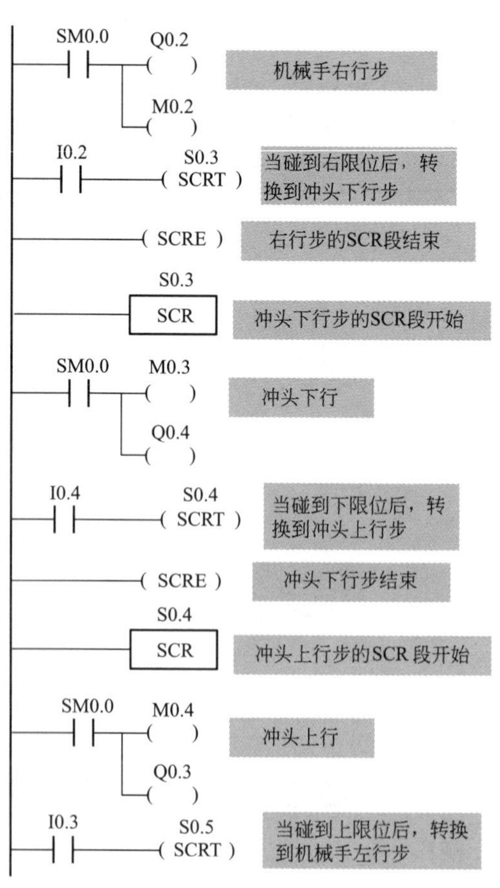

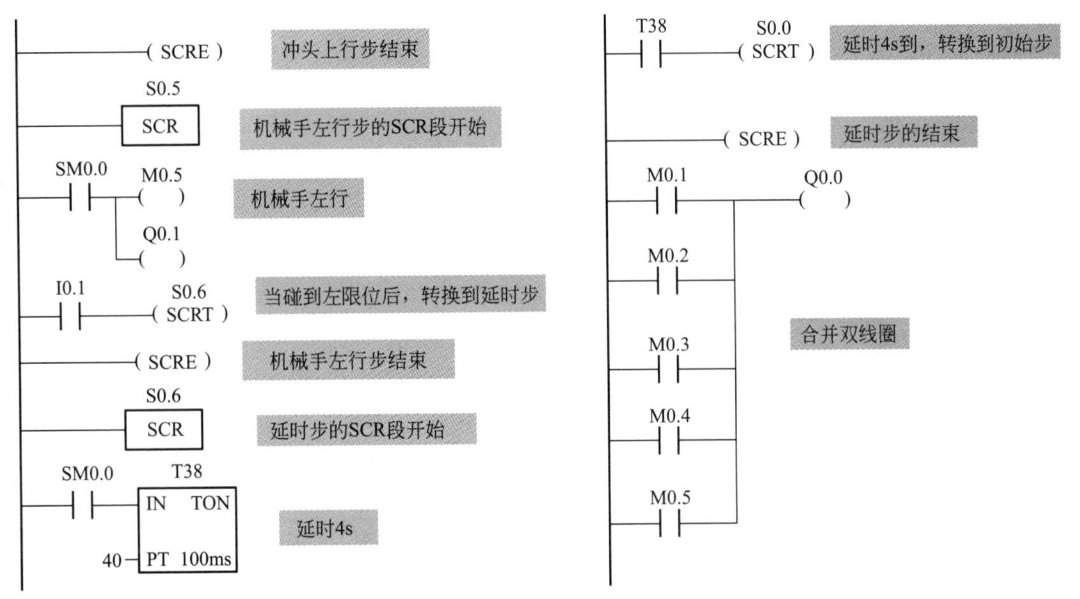

图 2-45　冲床的运动控制的顺序控制继电器指令编程法

编者心语

使用顺序控制继电器指令编程法时，和前面介绍的两种方法一样，也要注意双线圈的合并问题。

2.5.8　移位寄存器指令编程法介绍

单序列顺序功能图中的各步总是顺序通断，且每一时刻只有一步接通，因此可以用移位寄存器指令进行编程。使用移位寄存器指令，在顺序功能图转化为梯形图时，需完成以下四步，如图 2-46 所示。

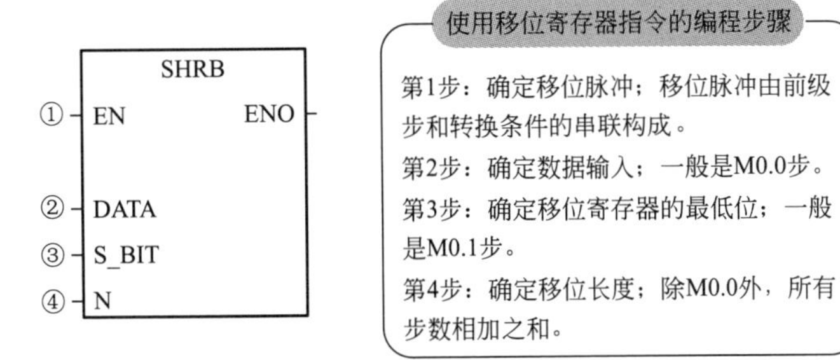

图 2-46　使用移位寄存器指令的编程步骤

2.5.9　移位寄存器指令编程法任务实施

冲床控制的顺序功能图与启保停电路编程法、置位复位指令编程法的顺序功能图一致。冲床控制移位寄存器指令编程法如图 2-47 所示。

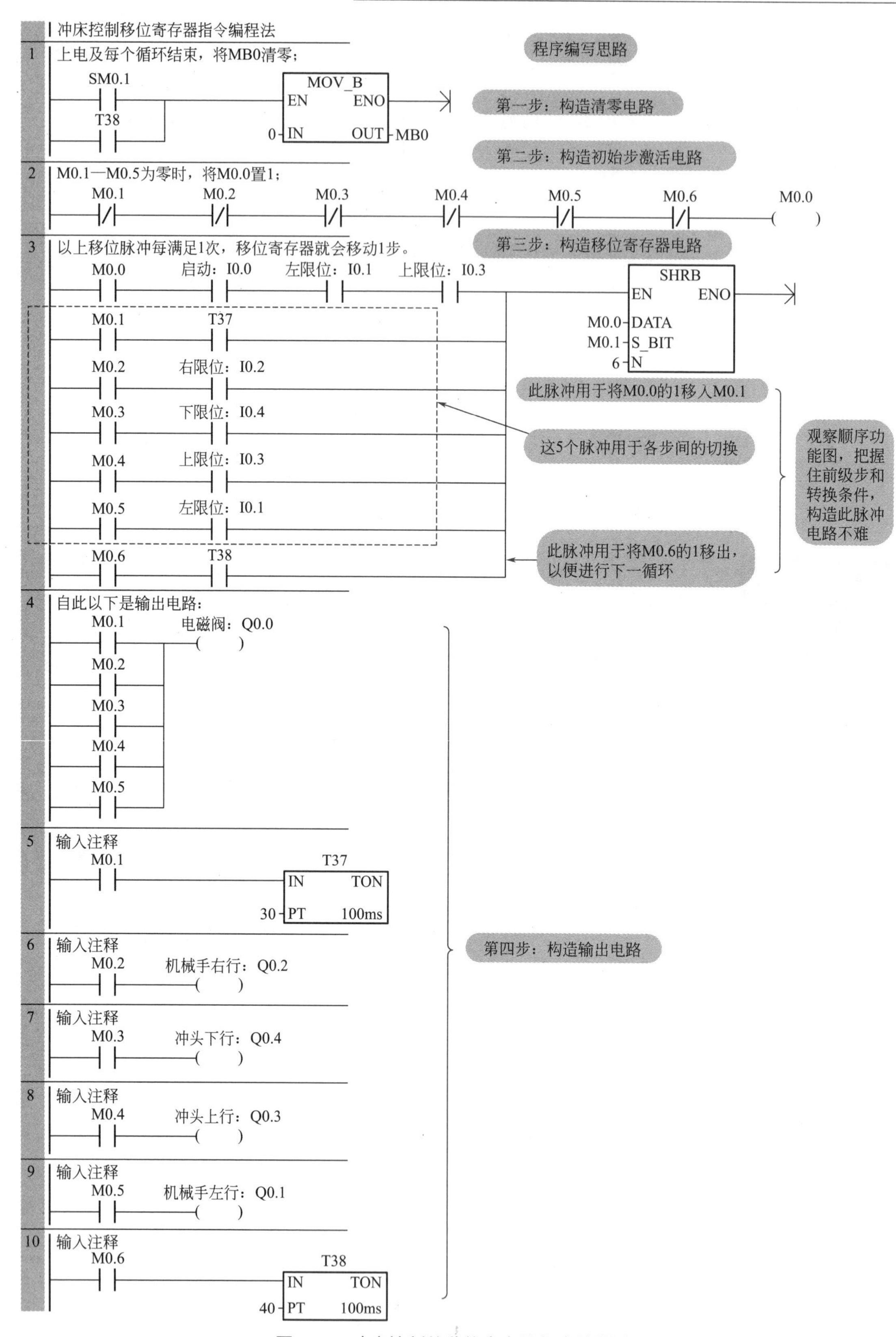

图 2-47 冲床控制的移位寄存器指令编程法

图 2-47 梯形图中，用移位寄存器 M0.1 ～ M0.6 这 6 位代表夹紧、下行、上行、左行、右行和延时 6 步。移位寄存器的移位输入端由若干串联电路并联而成，每条串联电路由某一步的辅助继电器的常开触点和对应的转换条件组成。网络 1 和网络 2 的作用是使 M0.1 ～ M0.6 清零，使 M0.0 置 1。M0.0 置 1 使数据输入端 DATA 移入 1。当左限位 I0.1、上限位 I0.3 为 1 时，按下启动按钮 I0.0，移位输入电路第一行接通，使 M0.0 中的 1 移入 M0.1 中，M0.1 被激活，M0.1 的常开触点使输出量 T37、Q0.0 接通，机械手夹紧 2s。同理，各转换条件 T37、I0.2、I0.4、I0.3、I0.1、T38 接通产生的移位脉冲使 1 状态向下移动，并最终返回 M0.0。在整个过程中，M0.1 ～ M0.6 接通，它们的相应常开触点断开，使接在移位寄存器数据输入端 DATA 的 M0.0 总是断开的，直到 T38 接通产生移位脉冲使 1 溢出。T38 接通产生移位脉冲另一个作用是使 M0.1 ～ M0.6 清零，这时网络二 M0.0 所在的电路再次接通，使数据输入端 DATA 移入 1，当再按下启动按钮 I0.0 时，系统重新开始运行。

编者心语

注意移位寄存器指令编程法只适用于单序列程序。

2.6 电葫芦升降控制

2.6.1 任务导入

（1）控制要求

电葫芦升降控制分为单周和连续两种模式，具体控制要求如下：

a. 单周：按下启动按钮，电葫芦执行“上升 4s →停止 6s →下降 4s →停止 6s”的运行，往复运动一次后，停在初始位置，等待下一次的启动。

b. 连续：按下启动按钮，电葫芦连续执行“上升 4s →停止 6s →下降 4s →停止 6s”。

试根据上述控制要求，编制程序。

（2）案例考察点

本例考察用启保停电路编程法、置位复位指令编程法和顺序控制继电器指令编程法设计选择序列程序。

2.6.2 选择序列启保停电路编程法介绍

选择序列顺序功能图转化为梯形图的关键点在于分支处和合并处程序的处理，其余部分与单序列的处理方法一致。

（1）分支处编程

若某步后有一个由 N 条分支组成的选择程序，该步可能转换到不同的 N 步去，则应将这 N 个后续步对应的辅助继电器的常闭触点与该步线圈串联，作为该步的停止条件。分支序列顺序功能图与梯形图的转化，如图 2-48 所示。

（2）合并处编程

对于选择程序的合并，若某步之前有 N 个转换，即有 N 条分支进入该步，则控制代表该步的辅助继电器的启动电路由N条支路并联而成，每条支路都由前级步辅助继电器的常开触点与转换条件的触点构成的串联电路组成。合并处顺序功能图与梯形图的转化如图2-49所示。

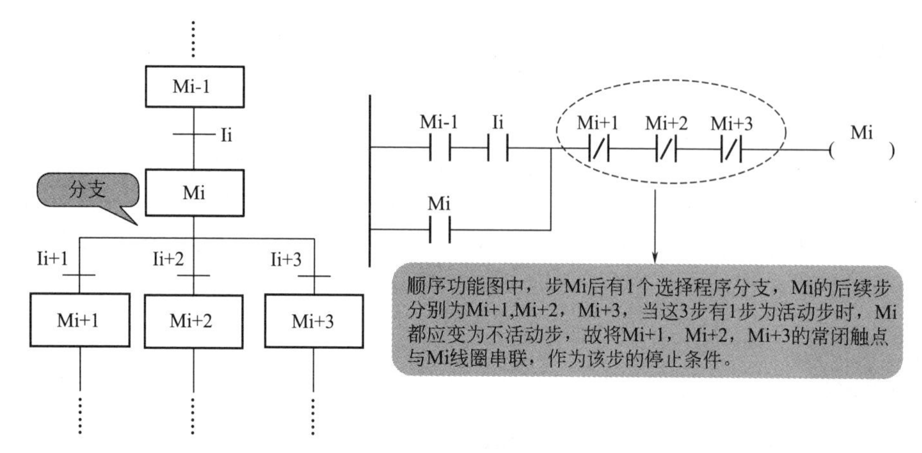

图2-48　分支序列顺序功能图与梯形图的转化

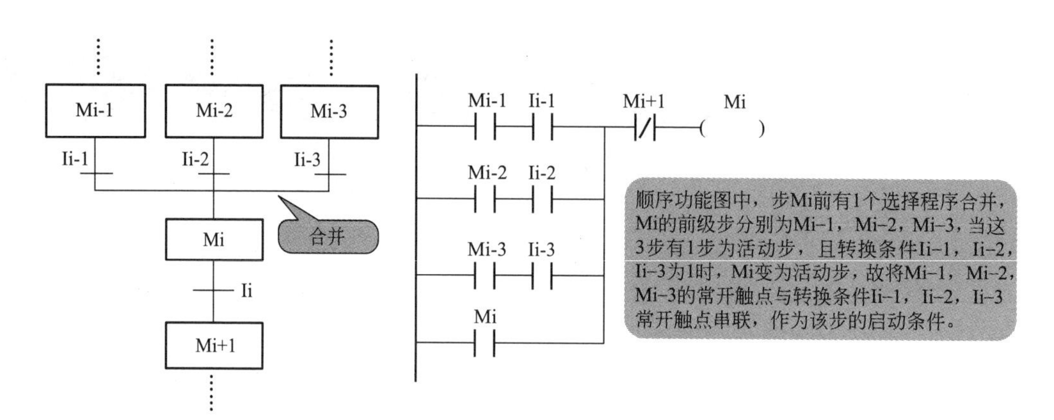

图2-49　合并处顺序功能图与梯形图的转化

2.6.3　选择序列启保停电路编程法任务实施

①根据控制要求，进行I/O分配，如表2-6所示。

表2-6　电葫芦升降机构控制的I/O分配

输入量		输出量	
启动按钮SB	I0.0	上升	Q0.0
单周按钮	I0.2	下降	Q0.1
连续按钮	I0.3		

②根据控制要求，绘制顺序功能图，如图2-50所示。

③将顺序功能图转化为梯形图，如图2-51所示。

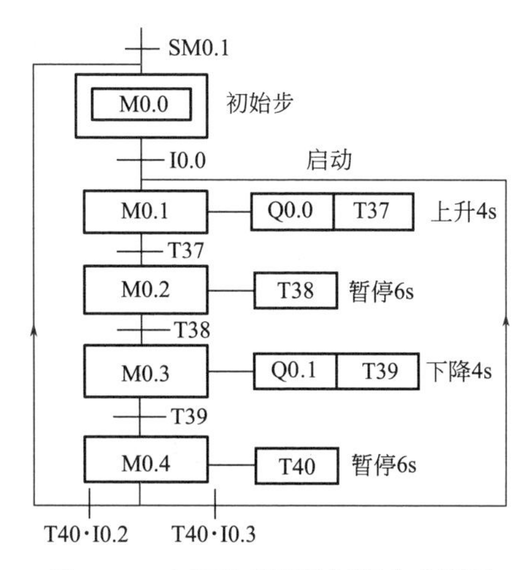

图 2-50　电葫芦升降控制顺序功能图

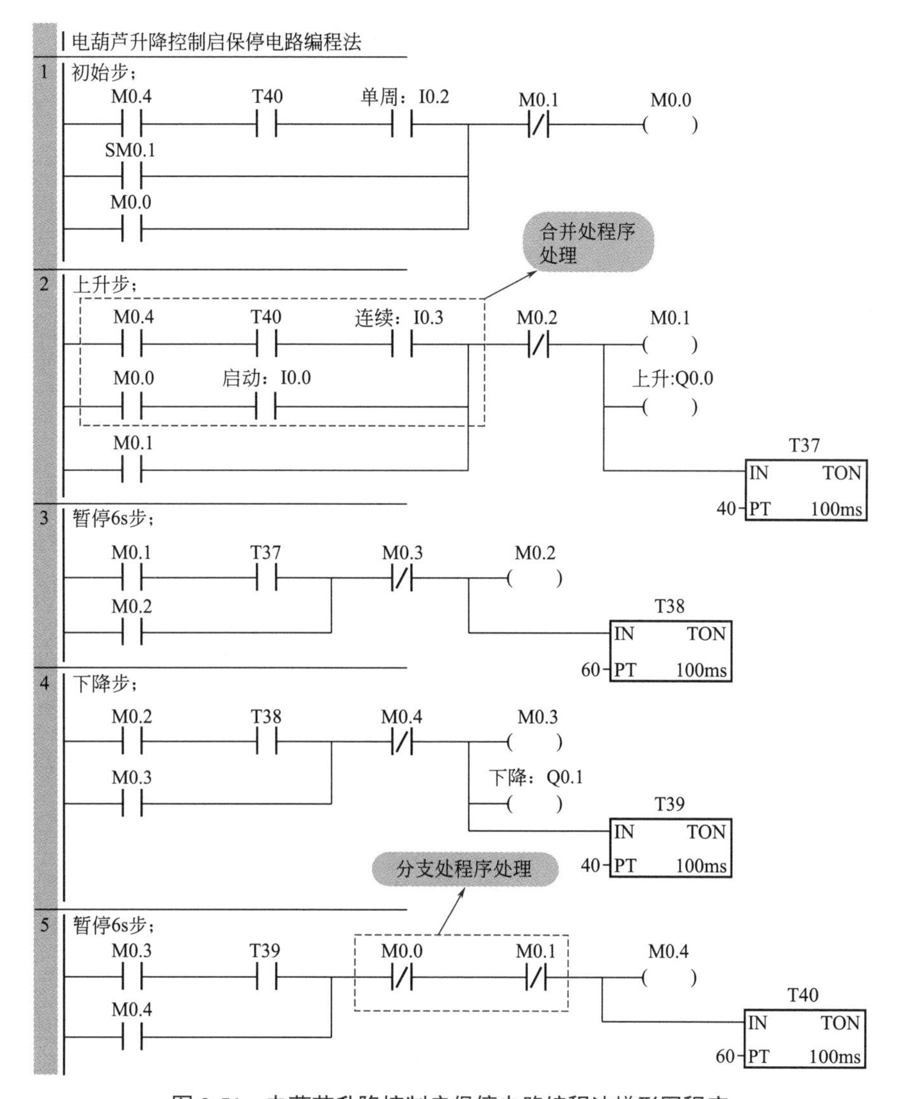

图 2-51　电葫芦升降控制启保停电路编程法梯形图程序

④ 电葫芦升降控制顺序功能图转化为梯形图的过程分析。

a. 选择序列分支处的处理方法：图 2-50 中，步 M0.4 之后有一个选择序列的分支，设 M0.4 为活动步，当它的后续步 M0.0 或 M0.1 为活动步时，它应变为不活动步，故图 2-51 梯形图中将 M0.0 和 M0.1 的常闭触点与 M0.4 线圈串联。

b. 图 2-50 中，步 M0.1 之前有一个选择序列的合并，当步 M0.0 为活动步且转换条件 I0.0 满足或 M0.4 为活动步且转换条件 T40 • I0.3 满足时，步 M0.1 应变为活动步，故图 2-51 梯形图中 M0.1 的启动条件为 M0.0 • I0.0+M0.4 • T40 • I0.3，对应的启动电路由两条并联分支组成，并联支路分别由 M0.0 • I0.0 和 M0.4 • T40 • I0.3 的触点串联组成。

2.6.4 选择序列置位复位指令编程法介绍

选择序列顺序功能图转化为梯形图的关键点在于分支处和合并处程序的处理，置位复位指令编程法核心是转换，因此选择序列在处理分支和合并处编程上与单序列的处理方法一致，无需考虑多个前级步和后续步的问题，只考虑转换即可。

2.6.5 选择序列置位复位指令编程法任务实施

I/O 分配和绘制顺序功能图与选择序列启保停电路编程法一致，故不赘述。将顺序功能图转化为梯形图，如图 2-52 所示。

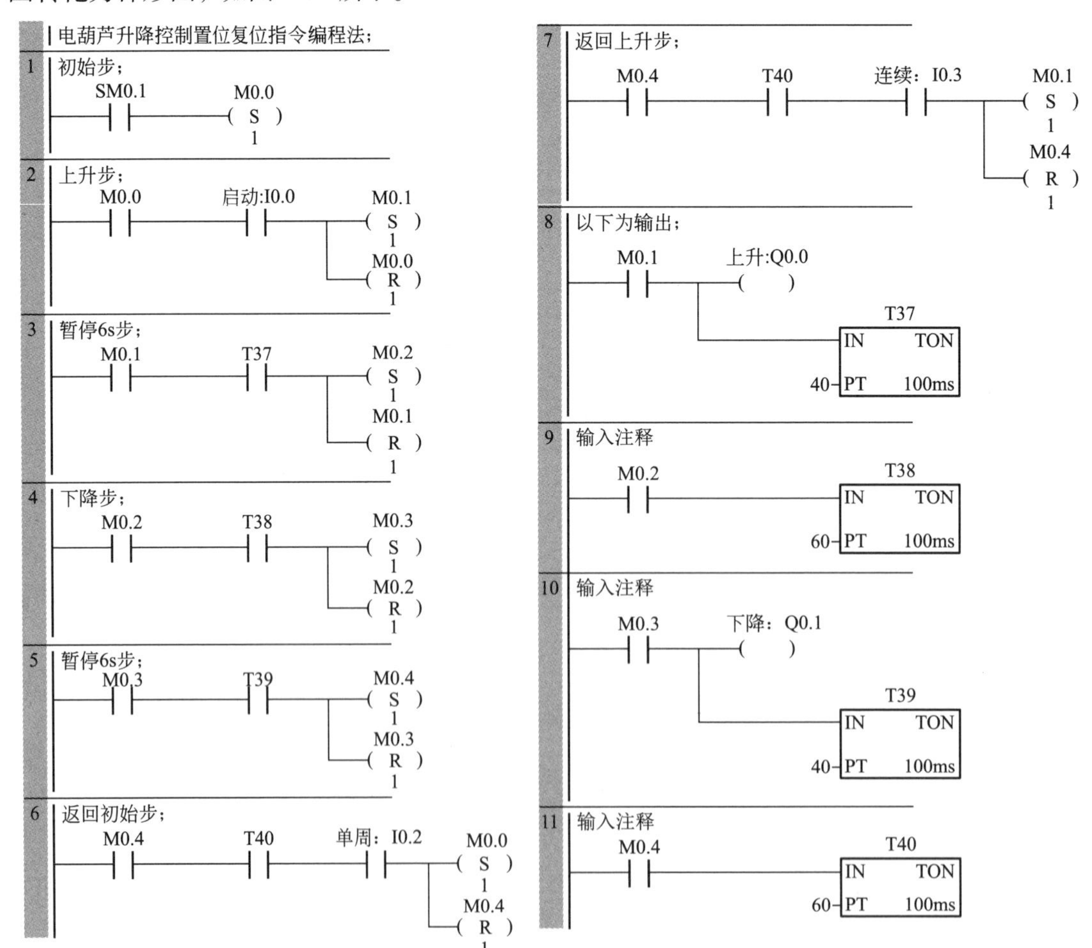

图 2-52 电葫芦升降控制置位复位指令编程法梯形图程序

2.6.6 选择序列顺序控制继电器指令编程法介绍

选择序列每个分支的动作由转换条件决定，但每次只能选择一条分支进行转移。

（1）分支处编程

顺序控制继电器指令编程法选择序列分支处顺序功能图与梯形图的对应关系如图 2-53 所示。

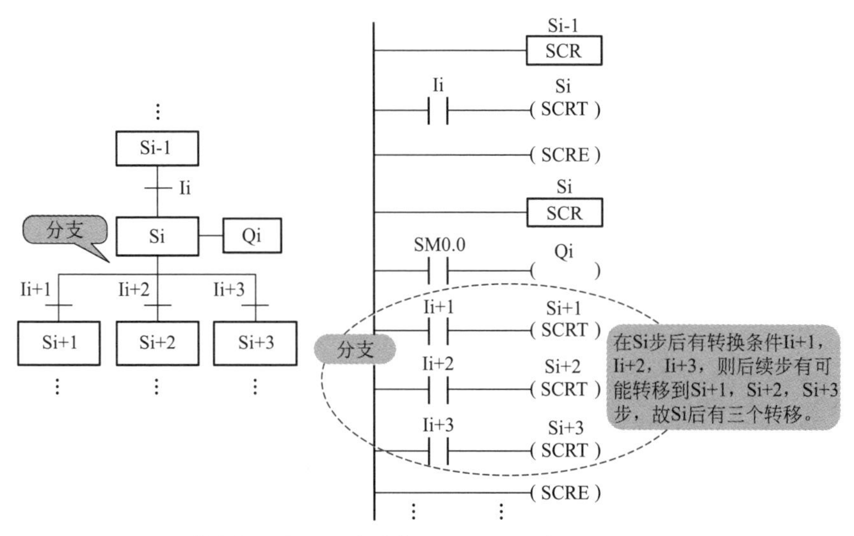

图 2-53 顺序控制继电器指令编程法分支处顺序功能图与梯形图的转化

（2）合并处编程

顺序控制继电器指令编程法选择序列合并处顺序功能图与梯形图的对应关系，如图 2-54 所示。

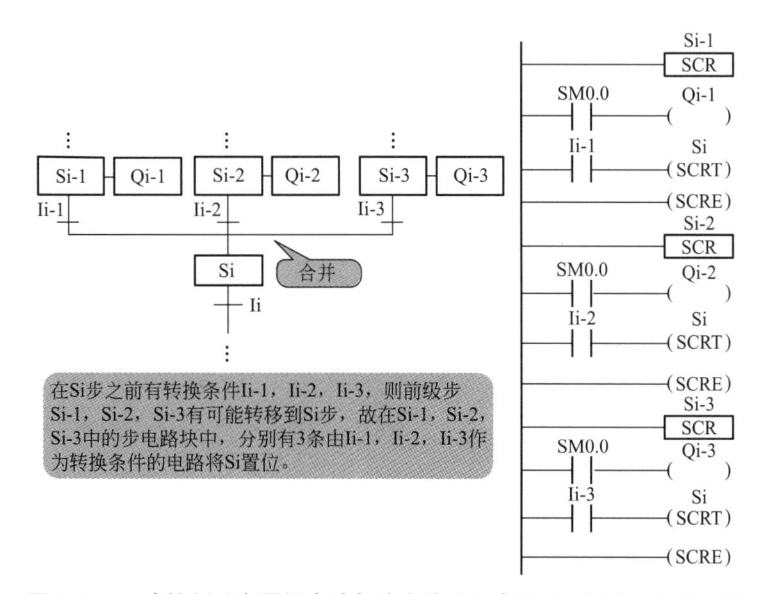

图 2-54 顺序控制继电器指令编程法合并处顺序功能图与梯形图的转化

2.6.7 选择序列顺序控制继电器指令编程法任务实施

① 根据控制要求绘制顺序功能图，如图 2-55 所示。

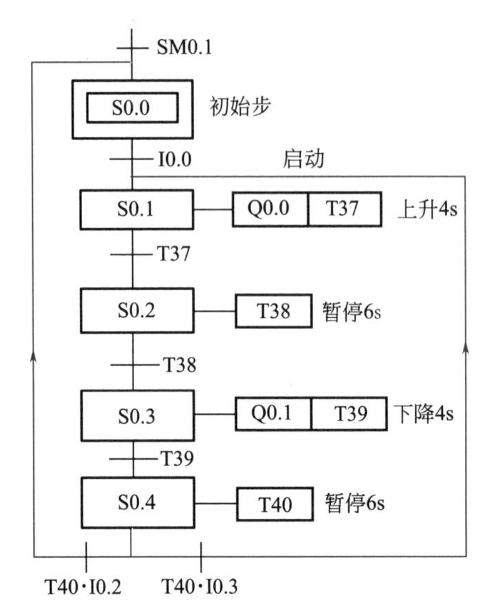

图 2-55 电葫芦升降控制顺序功能图

② 将顺序功能图转化为梯形图，如图 2-56 所示。

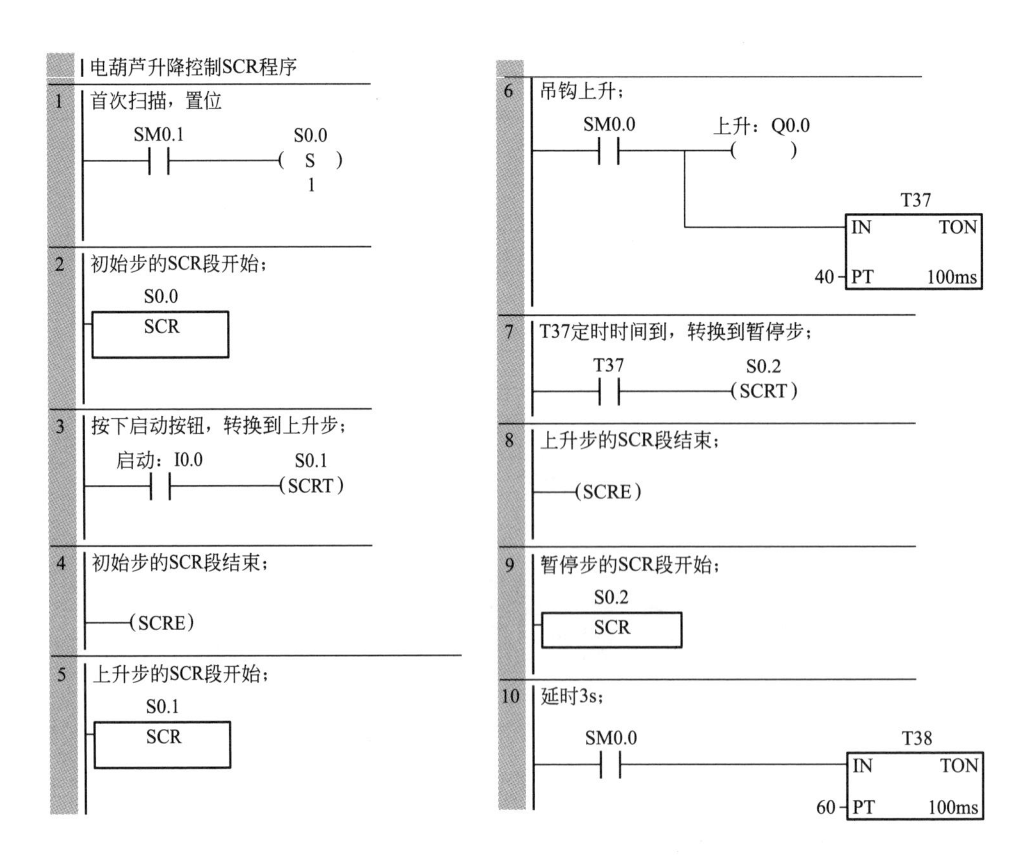

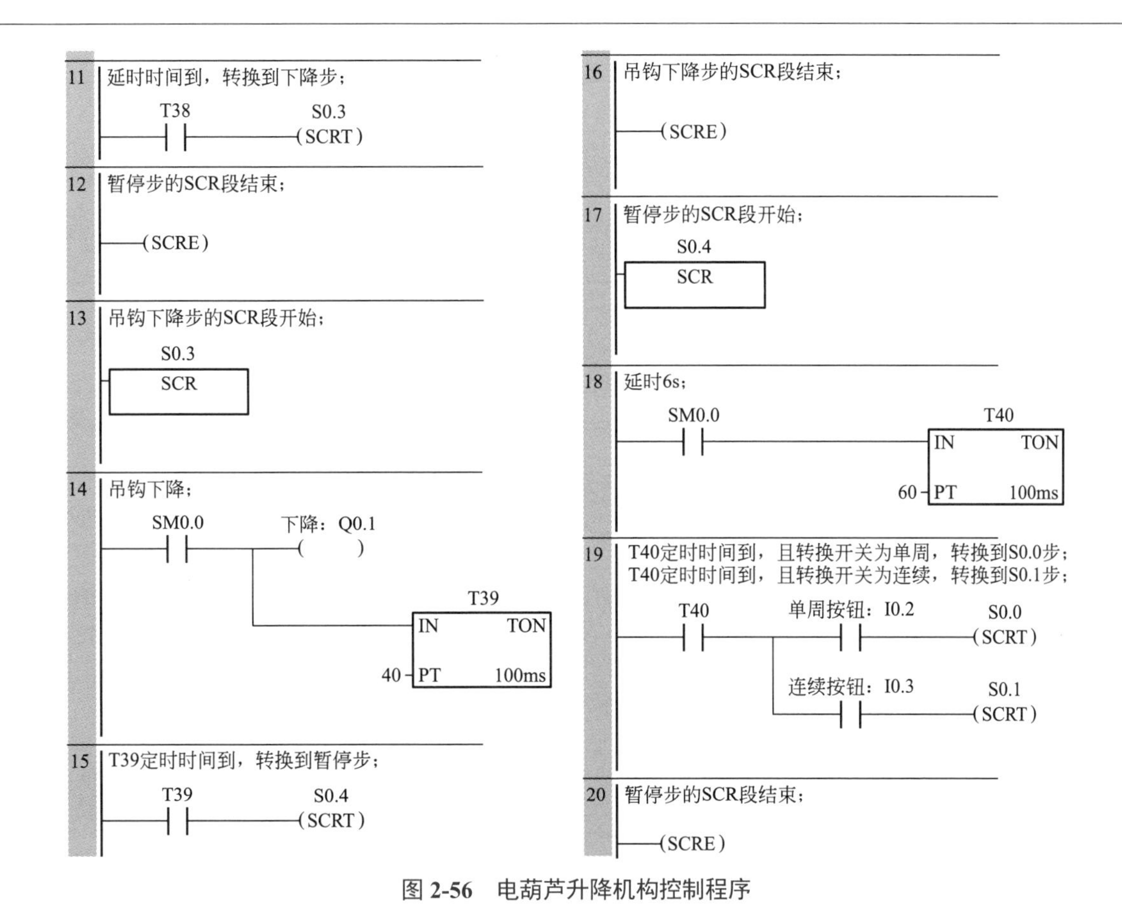

图 2-56　电葫芦升降机构控制程序

2.7　交通灯控制

2.7.1　任务导入

（1）控制要求

交通信号灯布置如图 2-57 所示。按下启动按钮，东西绿灯亮 25s 后闪烁 3s 后熄灭，然后黄灯亮 2s 后熄灭，紧接着红灯亮 30s 后再熄灭，再接着绿灯亮……，如此循环；在东西绿灯亮的同时，南北红灯亮 30s，接着绿灯亮 25s 后闪烁 3s 熄灭，然后黄灯亮 2s 后熄灭，红灯亮……，如此循环，具体如表 2-7 所示。

试根据上述控制要求，编制程序。

图 2-57　交通信号灯布置图

表 2-7 交通灯工作情况表

<table>
<tr><td rowspan="2">东西</td><td>绿灯</td><td>绿闪</td><td>黄灯</td><td colspan="3">红灯</td></tr>
<tr><td>25s</td><td>3s</td><td>2s</td><td colspan="3">30s</td></tr>
<tr><td rowspan="2">南北</td><td colspan="3">红灯</td><td>绿灯</td><td>绿闪</td><td>黄灯</td></tr>
<tr><td colspan="3">30s</td><td>25s</td><td>3s</td><td>2s</td></tr>
</table>

（2）本例考察点

本例考察用启保停电路编程法、置位复位指令编程法和顺序控制继电器指令编程法设计并列序列程序。

2.7.2 并列序列启保停电路编程法介绍

（1）分支处编程

若并列程序某步后有N条并列分支，若转换条件满足，则并列分支的第一步同时被激活。这些并列分支的第一步的启动条件均相同，都是前级步的常开触点与转换条件的常开触点组成的串联电路，不同的是各个并列分支的停止条件。串入各自后续步的常闭触点作为停止条件。并行序列顺序功能图与梯形图的转化如图2-58所示。

（2）合并处编程

对于并行程序的合并，若某步之前有N分支，即有N条分支进入该步，则并列分支的最后一步同时为1，且转换条件满足，方能完成合并。因此合并处的启动电路为所有并列分支最后一步的常开触点串联和转换条件的常开触点的组合。停止条件仍为后续步的常闭触点。并行序列顺序功能图与梯形图的转化，如图2-58所示。

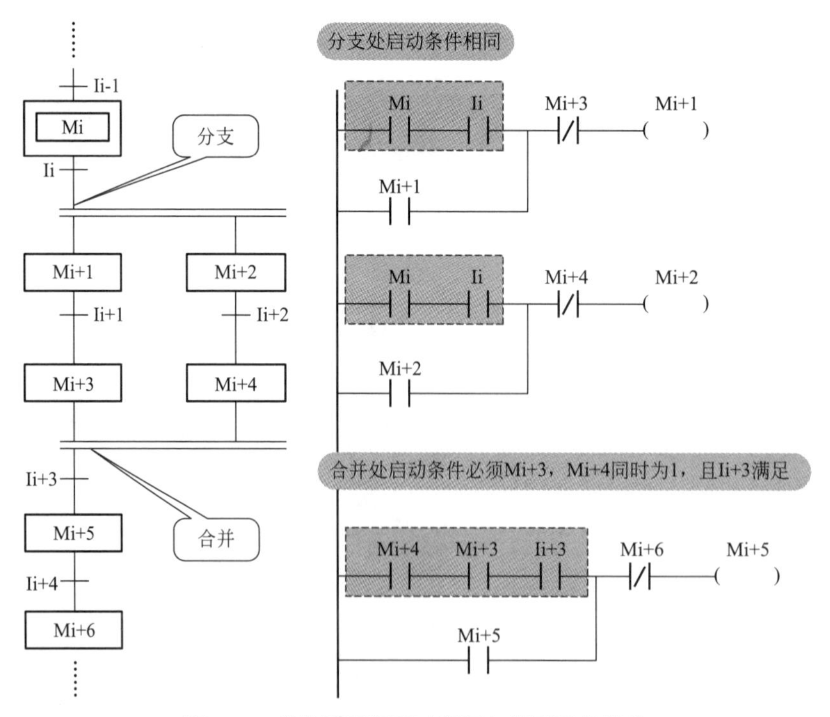

图 2-58 并行序列顺序功能图与梯形图的转化

2.7.3 并列序列启保停电路编程法任务实施

(1) 根据控制要求进行I/O分配

如表2-8所示。

表2-8 交通信号灯I/O分配表

输入量		输出量	
启动按钮	I0.0	东西绿灯	Q0.0
停止按钮	I0.1	东西黄灯	Q0.1
		东西红灯	Q0.2
		南北绿灯	Q0.3
		南北黄灯	Q0.4
		南北红灯	Q0.5

(2) 绘制顺序功能图

如图2-59所示。

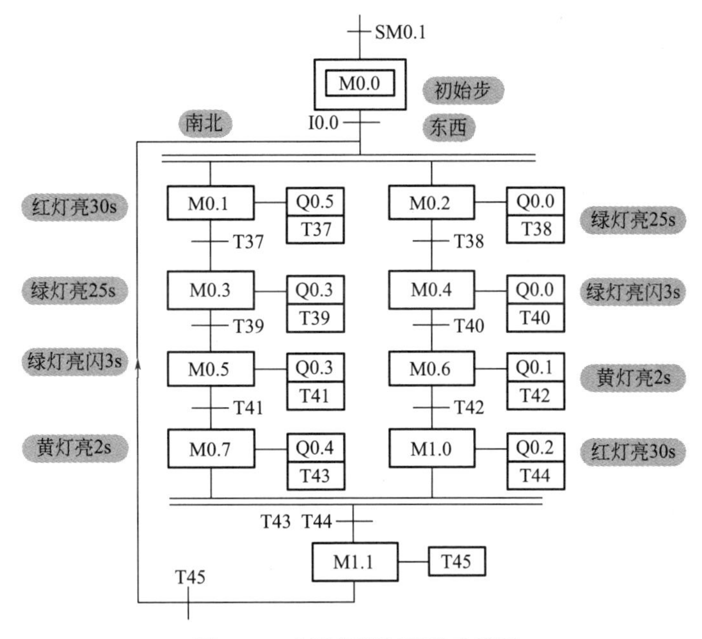

图2-59 交通灯控制顺序功能图

(3) 将顺序功能图转化为梯形图

如图2-60所示。

(4) 交通信号灯控制顺序功能图转化梯形图过程分析

① 并行序列分支处的处理方法

图2-59中，步M0.0之后有一个并列序列的分支，设M0.0为活动步且I0.0为1时，则M0.1，M0.2步同时激活，故梯形图2-60中，M0.1，M0.2的启动条件相同，都为M0.0 • I0.0；其停止条件不同，M0.1的停止条件是M0.1步需串M0.3的常闭触点，M0.2的

停止条件是M0.2步需串M0.4的常闭触点。M1.1后也有1个并列分支，道理与M0.0步相同，这里不再赘述。

② 并行序列合并处的处理方法

图2-59中，步M1.1之前有1个并行序列的合并，当M0.7，M1.0同时为活动步且转换条件T43・T44满足时，M1.1应变为活动步，故梯形图2-60中，M1.1的启动条件为M0.7・M1.0・T43・T44，停止条件为M1.1步中应串入M0.1和M0.2的常闭触点。这里的M1.1比较特殊，它既是并行分支又是并行合并，故启动和停止条件有些特别。特别指出M1.1步本应没有，出于编程方便考虑，设置此步，T45的时间非常短，仅为0.1s，因此不影响程序的整体。

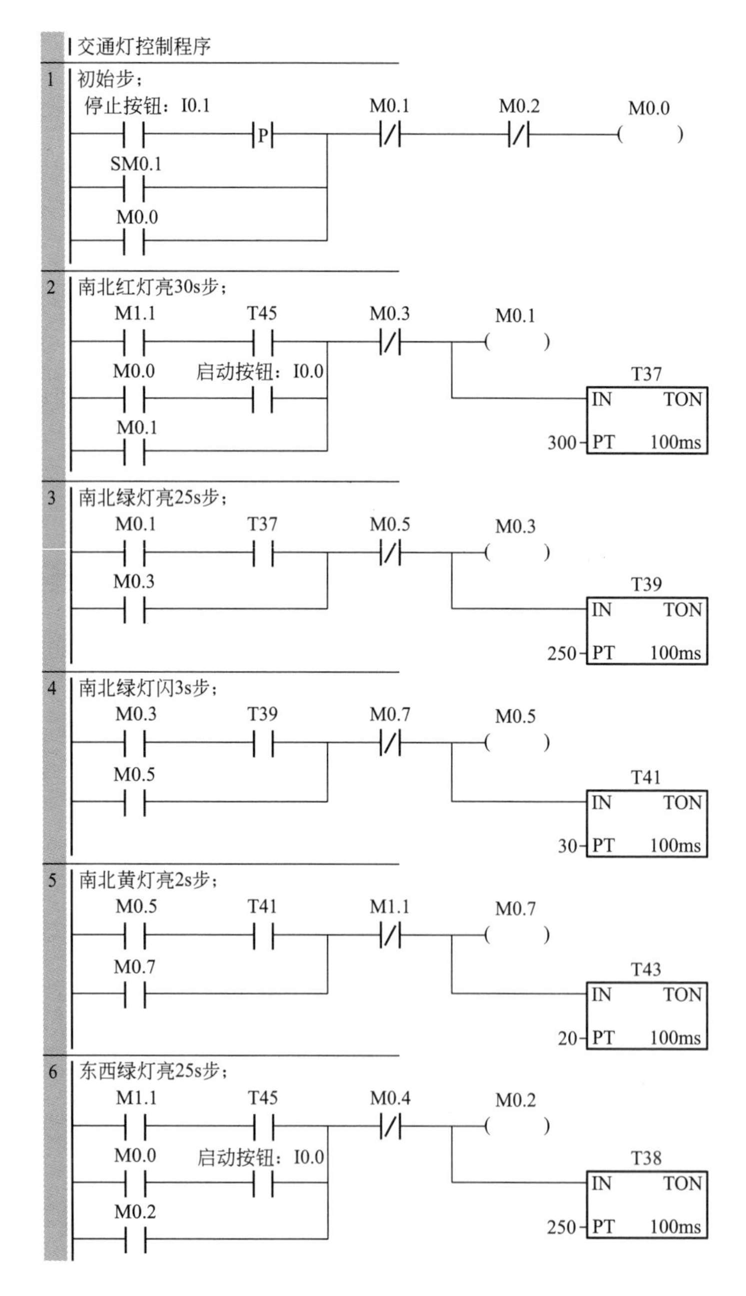

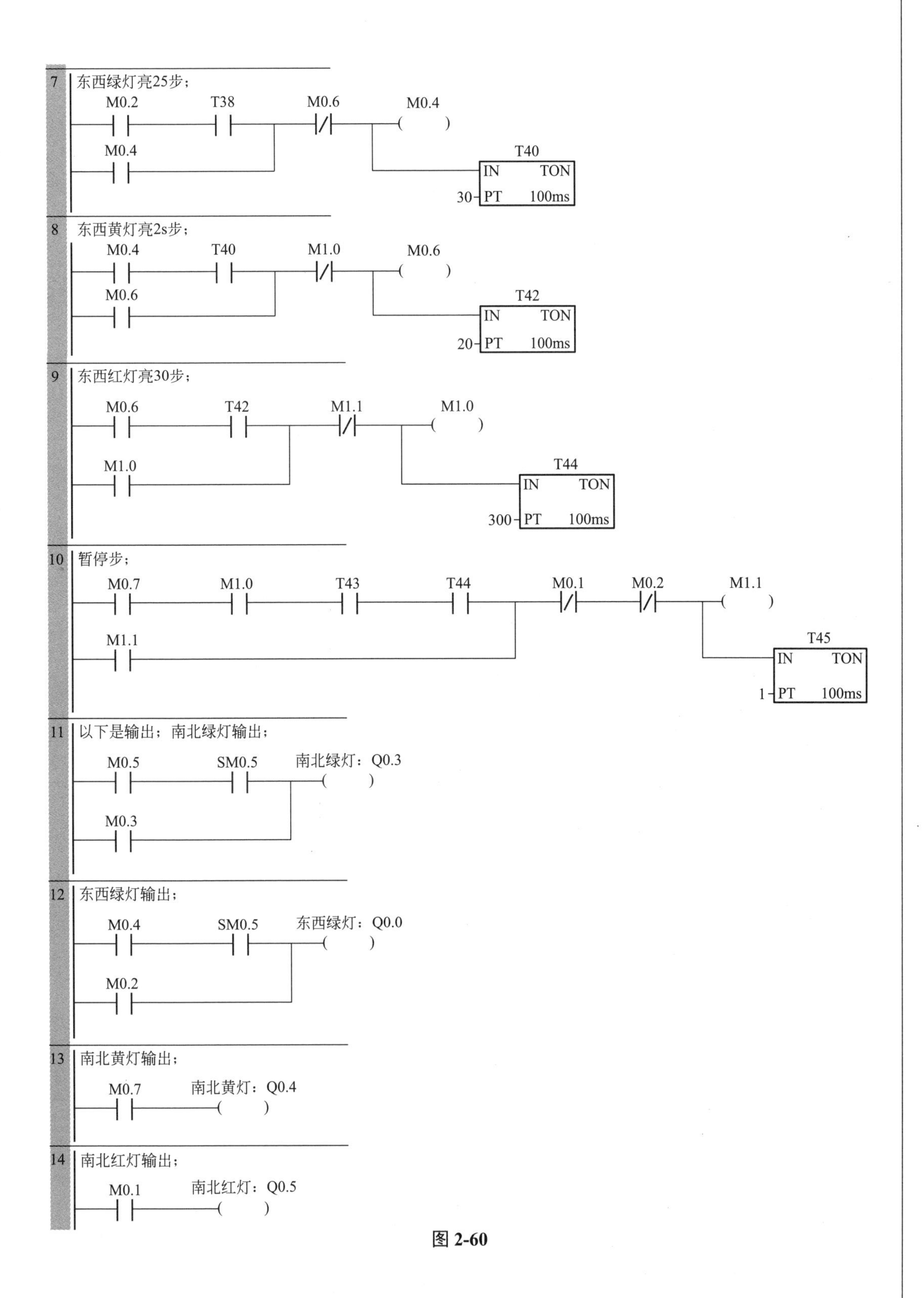
7
东西绿灯亮25步；
M0.2
T38
M0.6
M0.4
M0.4
T40
IN TON
30 PT 100ms
8
东西黄灯亮2s步；
M0.4
T40
M1.0
M0.6
M0.6
T42
IN TON
20 PT 100ms
9
东西红灯亮30步；
M0.6
T42
M1.1
M1.0
M1.0
T44
IN TON
300 PT 100ms
10
暂停步；
M0.7
M1.0
T43
T44
M0.1
M0.2
M1.1
M1.1
T45
IN TON
1 PT 100ms
11
以下是输出；南北绿灯输出；
M0.5
SM0.5
南北绿灯：Q0.3
M0.3
12
东西绿灯输出；
M0.4
SM0.5
东西绿灯：Q0.0
M0.2
13
南北黄灯输出；
M0.7
南北黄灯：Q0.4
14
南北红灯输出；
M0.1
南北红灯：Q0.5

图 2-60

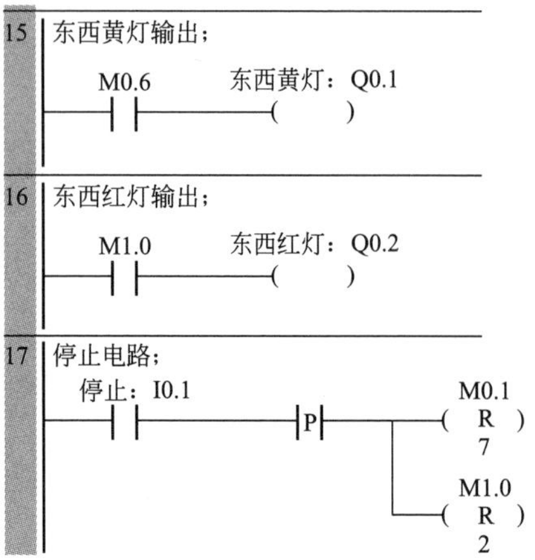

15 东西黄灯输出；
M0.6 东西黄灯：Q0.1

16 东西红灯输出；
M1.0 东西红灯：Q0.2

17 停止电路；
停止：I0.1 P M0.1 R 7
M1.0 R 2

图 2-60 交通灯控制梯形图

2.7.4 并列序列置位复位指令编程法介绍

（1）分支处编程

如果某一步 Mi 的后面由 N 条分支组成，当 Mi 为活动步且满足转换条件后，其后的 N 个后续步同时激活，故 Mi 与转换条件的常开触点串联来置位后 N 步，同时复位 Mi 步。并行序列顺序功能图与梯形图的转化，如图 2-61 所示。

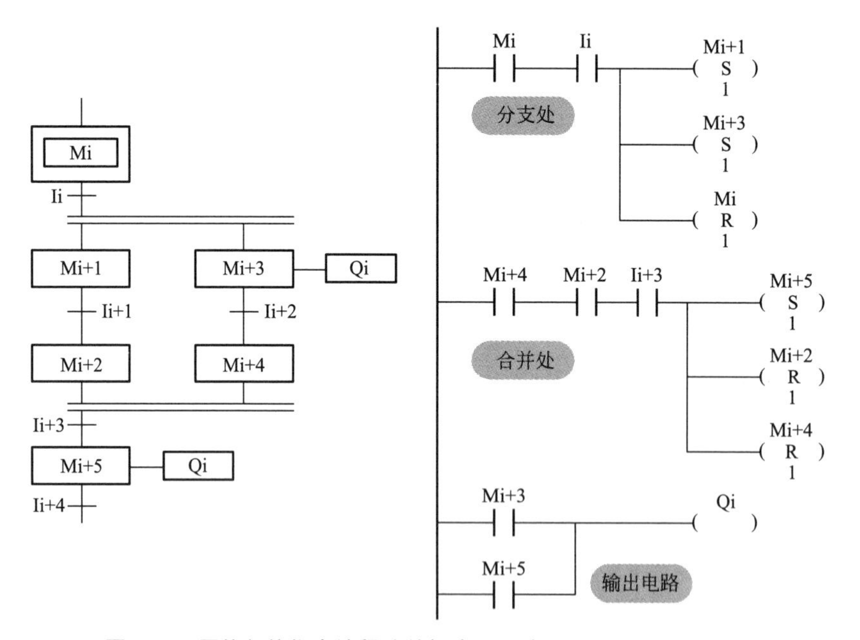

图 2-61 置位复位指令编程法并行序列顺序功能图转化为梯形图

（2）合并处编程

对于并行程序的合并，若某步之前有 N 分支，即有 N 条分支进入该步，则并列 N 个分支的最后一步同时为 1，且转换条件满足，方能完成合并。因此合并处的 N 个分支最后一步常开触点与转换条件的常开触点串联，置位 Mi 步同时复位 Mi 所有前级步。并行序列顺序功能图与梯形图的转化，如图 2-61 所示。

编者心语

① 使用置位复位指令编程法，当前级步为活动步且满足转换条件的情况下，后续步被置位，同时前级步被复位；对于并联序列来说，分支处有多个后续步，那么这些后续步都同时置位，仅有 1 个前级步复位；合并处有多个前级步，那么这些前级步都同时复位，仅有 1 个后续步置位。

② 置位复位指令也称以转换为中心的编程法，其中有一个转换就对应有一个置位复位电路块，有多少个转换就有多少个这样电路块。

③ 输出继电器 Q 线圈不能与置位复位指令并联，原因在于前级步与转换条件常开触点组成的串联电路接通时间很短，当转换条件满足后，前级步立即复位，而输出继电器至少应在某步为活动步的全部时间内接通。处理方法：用所需步的常开触点驱动输出线圈 Q。

2.7.5 并列序列置位复位指令编程法任务实施

交通灯控制并列程序，用置位复位指令编程法将顺序功能图转化为梯形图，如图 2-62 所示。

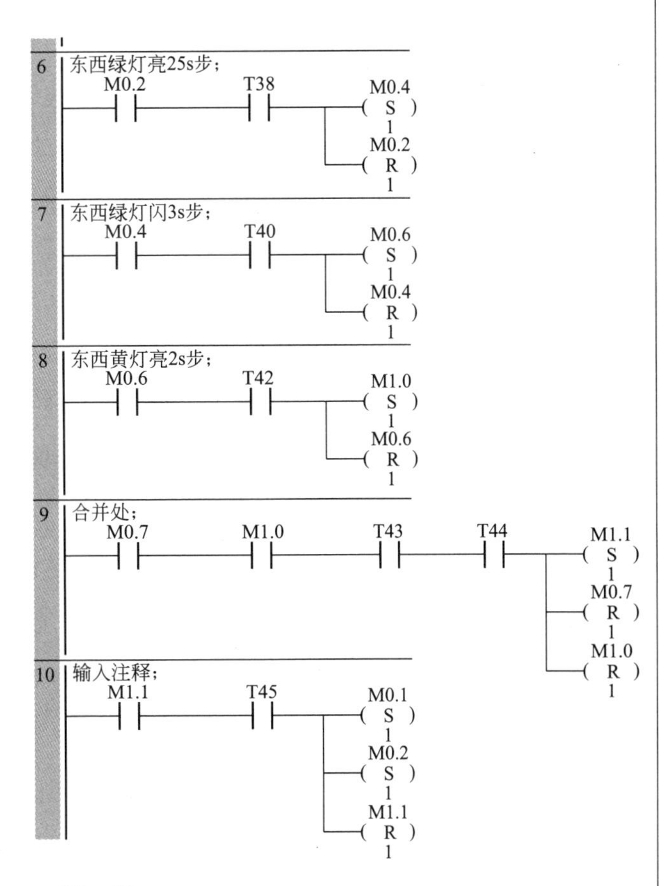

图 2-62

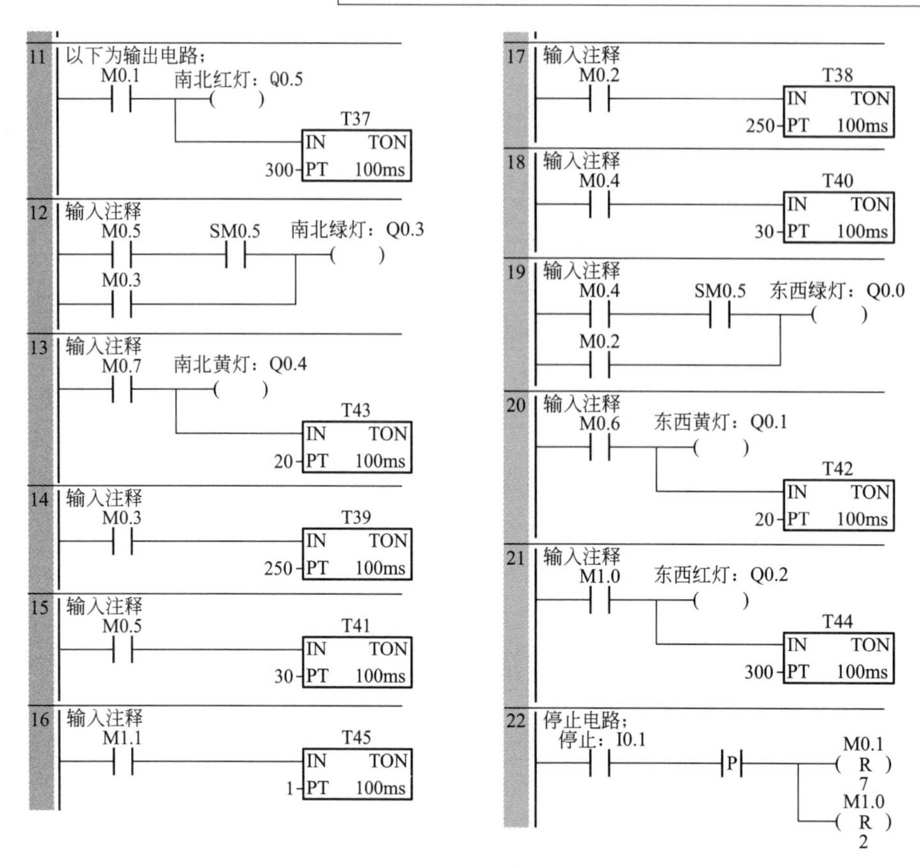

图 2-62　交通灯控制并行序列置位复位指令编程法的梯形图程序

2.7.6　并列序列顺序控制继电器编程法介绍

用顺序控制继电器指令编程法将并行序列顺序功能图转化为梯形图，也有两个关键点。

（1）分支处编程

并行序列分支处顺序功能图与梯形图的转化，如图 2-63 所示。

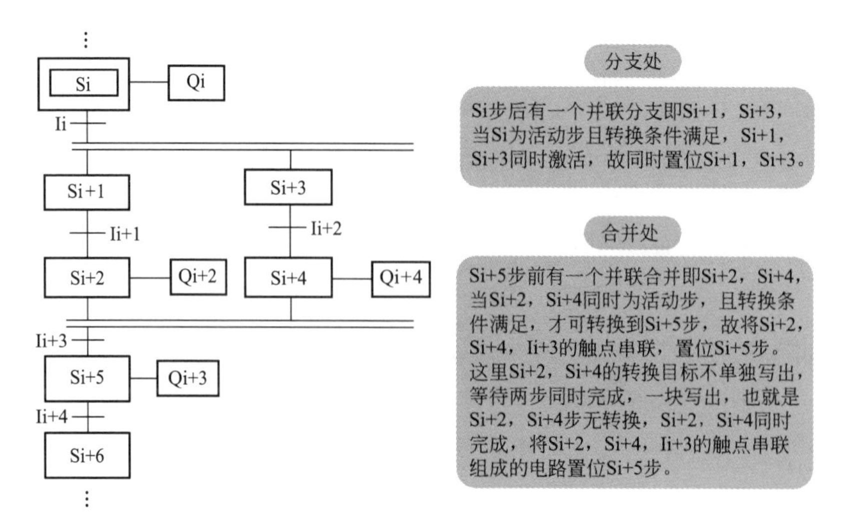

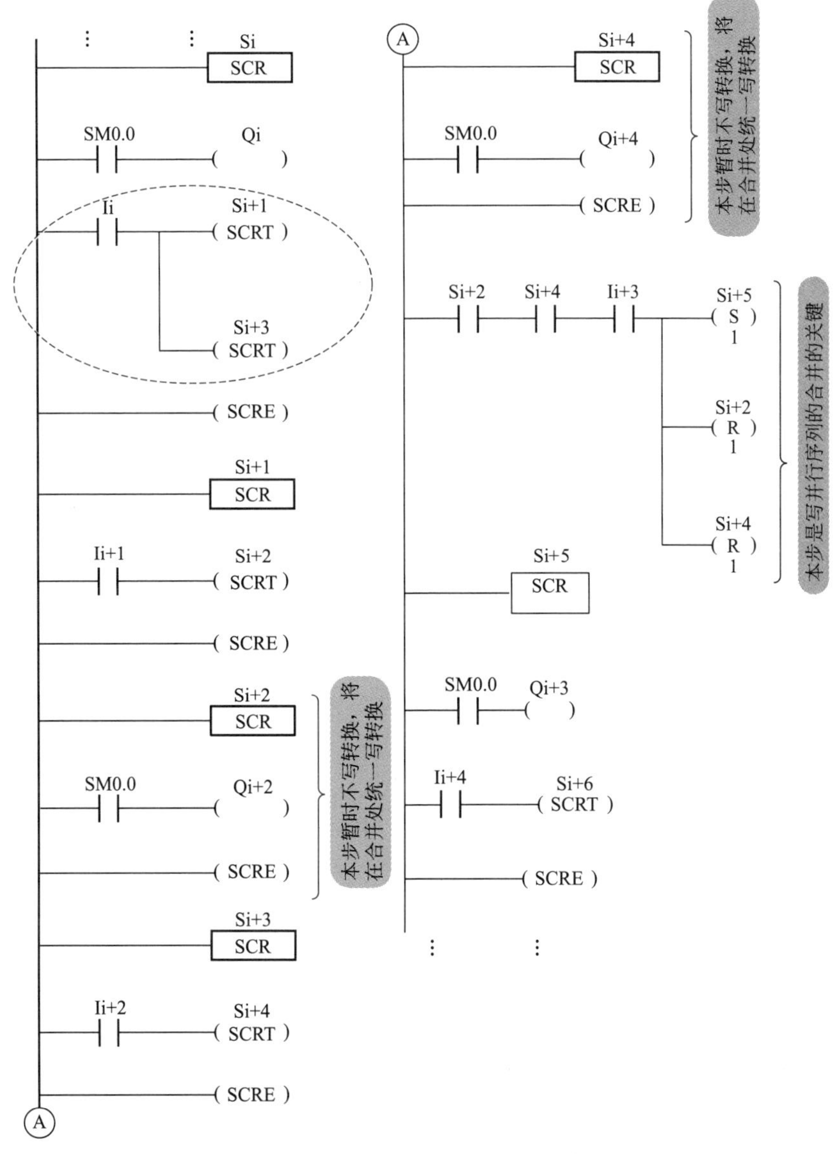

图 2-63　顺序控制继电器指令编程法并行序列顺序功能图梯形图转化

（2）合并处编程

并行序列顺序功能图与梯形图的转化，如图 2-63 所示。

2.7.7　并列序列顺序控制继电器编程法任务实施

交通灯控制并列程序，用顺序控制继电器指令编程法将顺序功能图转化为梯形图，如图 2-64 所示。

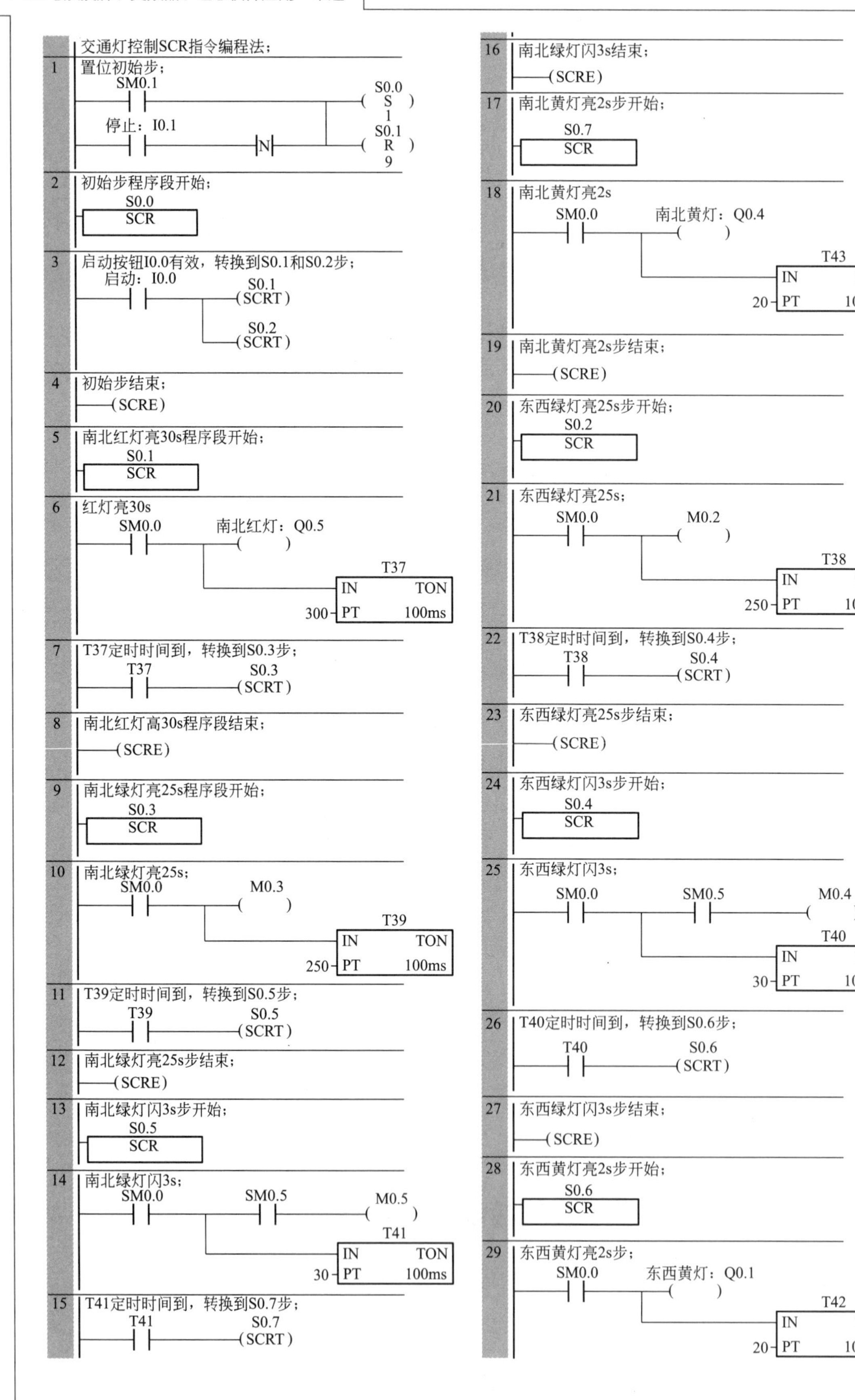
交通灯控制SCR指令编程法;
1
置位初始步;
SM0.1
S0.0
S
1
停止：I0.1
N
S0.1
R
9
2
初始步程序段开始;
S0.0
SCR
3
启动按钮I0.0有效，转换到S0.1和S0.2步;
启动：I0.0
S0.1
SCRT
S0.2
SCRT
4
初始步结束;
SCRE
5
南北红灯亮30s程序段开始;
S0.1
SCR
6
红灯亮30s
SM0.0
南北红灯：Q0.5
T37
IN
TON
300
PT
100ms
7
T37定时时间到，转换到S0.3步;
T37
S0.3
SCRT
8
南北红灯高30s程序段结束;
SCRE
9
南北绿灯亮25s程序段开始;
S0.3
SCR
10
南北绿灯亮25s;
SM0.0
M0.3
T39
IN
TON
250
PT
100ms
11
T39定时时间到，转换到S0.5步;
T39
S0.5
SCRT
12
南北绿灯亮25s步结束;
SCRE
13
南北绿灯闪3s步开始;
S0.5
SCR
14
南北绿灯闪3s;
SM0.0
SM0.5
M0.5
T41
IN
TON
30
PT
100ms
15
T41定时时间到，转换到S0.7步;
T41
S0.7
SCRT
16
南北绿灯闪3s结束;
SCRE
17
南北黄灯亮2s步开始;
S0.7
SCR
18
南北黄灯亮2s
SM0.0
南北黄灯：Q0.4
T43
IN
TON
20
PT
100ms
19
南北黄灯亮2s步结束;
SCRE
20
东西绿灯亮25s步开始;
S0.2
SCR
21
东西绿灯亮25s;
SM0.0
M0.2
T38
IN
TON
250
PT
100ms
22
T38定时时间到，转换到S0.4步;
T38
S0.4
SCRT
23
东西绿灯亮25s步结束;
SCRE
24
东西绿灯闪3s步开始;
S0.4
SCR
25
东西绿灯闪3s;
SM0.0
SM0.5
M0.4
T40
IN
TON
30
PT
100ms
26
T40定时时间到，转换到S0.6步;
T40
S0.6
SCRT
27
东西绿灯闪3s步结束;
SCRE
28
东西黄灯亮2s步开始;
S0.6
SCR
29
东西黄灯亮2s步;
SM0.0
东西黄灯：Q0.1
T42
IN
TON
20
PT
100ms

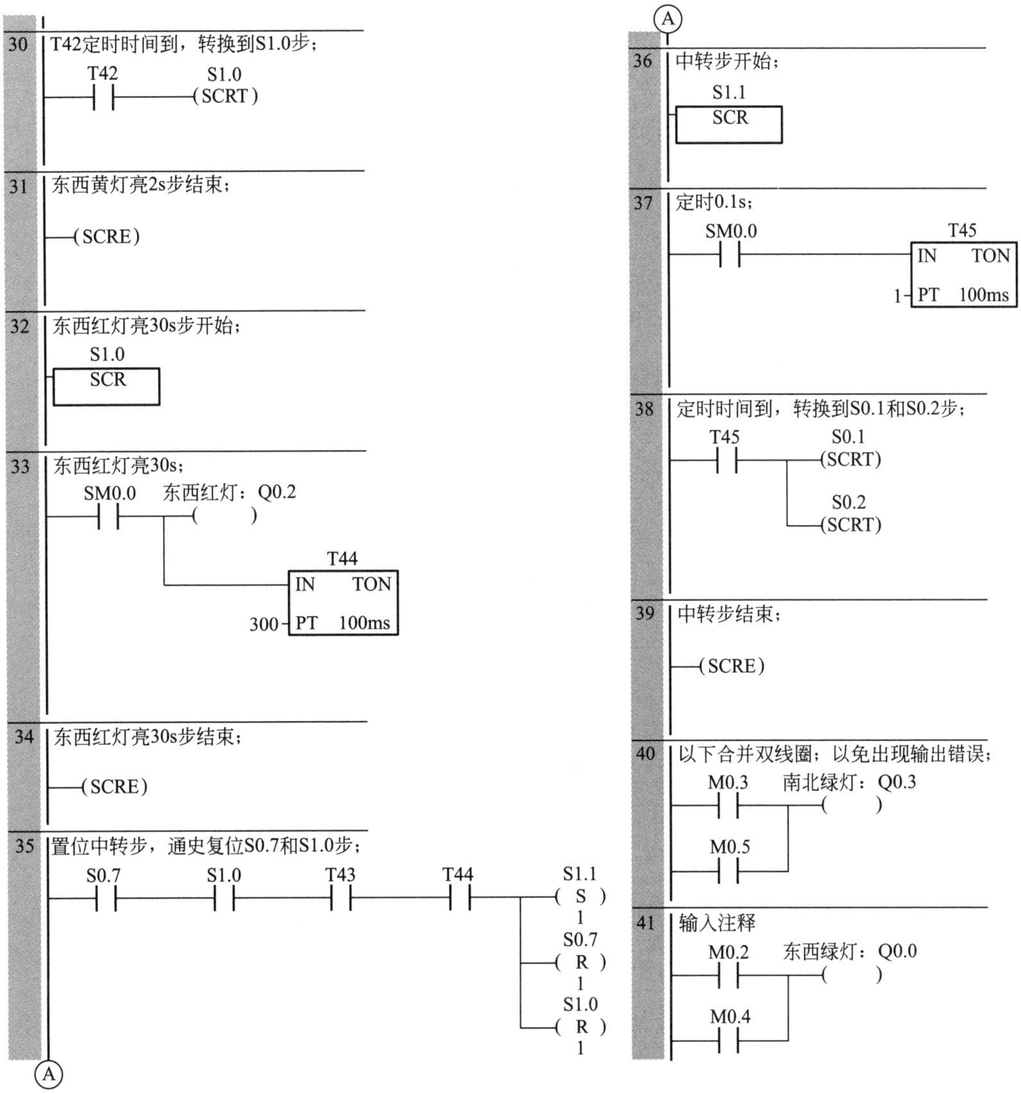

30 T42定时时间到，转换到S1.0步；
T42 S1.0 (SCRT)

31 东西黄灯亮2s步结束；
(SCRE)

32 东西红灯亮30s步开始；
S1.0 SCR

33 东西红灯亮30s；
SM0.0 东西红灯：Q0.2 ( )
T44 IN TON
300 PT 100ms

34 东西红灯亮30s步结束；
(SCRE)

35 置位中转步，通史复位S0.7和S1.0步；
S0.7 S1.0 T43 T44
S1.1 (S) 1
S0.7 (R) 1
S1.0 (R) 1

A

36 中转步开始；
S1.1 SCR

37 定时0.1s；
SM0.0 T45 IN TON
1 PT 100ms

38 定时时间到，转换到S0.1和S0.2步；
T45 S0.1 (SCRT)
S0.2 (SCRT)

39 中转步结束；
(SCRE)

40 以下合并双线圈；以免出现输出错误；
M0.3 南北绿灯：Q0.3 ( )
M0.5

41 输入注释
M0.2 东西绿灯：Q0.0 ( )
M0.4

图 2-64 交通灯控制并行序列顺序控制继电器指令编程法的梯形图程序

编者心语

顺序控制继电器指令编程法也需注意合并双线圈问题，以免输出错误。

2.8 机械手 PLC 控制

在自动化流水线中，机械手的应用比较广泛，它是集多种工作方式于一身的典型案例。本节将以机械手自动控制为例，重点讲解含多种工作方式的 PLC 控制系统的设计。

2.8.1 机械手的控制要求及功能简介

某工件搬运机械手工作示意图，如图 2-65 所示。该机械手的任务是将工件从 A 传送带搬运到 B 传送带上来（A、B 传送带不用 PLC 控制）。机械手的初始状态为原点位置，此时机械手在最上面和最右面，且夹紧装置处于放松状态。

搬运机械手工作流程图，如图 2-66 所示。按下启动按钮后，从原点位置开始，机械手将执行“左行→下降→夹紧→上升→右行→下降→放松→上升”的工作流程一个周期。这些动作均由电磁阀来控制，特别地，夹紧和放松动作仅由一个电磁阀来控制，该电磁阀状态为 1 表示夹紧，否则为放松状态。左行、右行、上升、下降这些动作由限位开关来切换，夹紧、放松动作由定时器来切换，且定时时间为 1s。

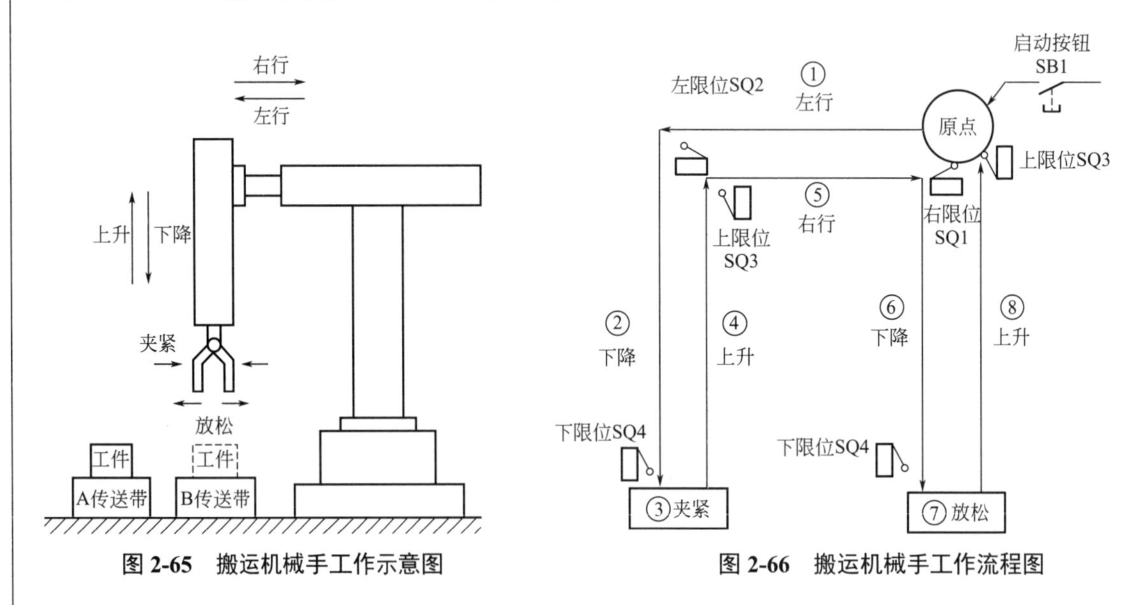

图 2-65 搬运机械手工作示意图

图 2-66 搬运机械手工作流程图

为了满足实际生产的需求，将机械手设有手动和自动 2 种工作模式，其中自动工作模式又包括单步、单周、连续和自动回原点 4 种方式。操作面板布置，如图 2-67 所示。

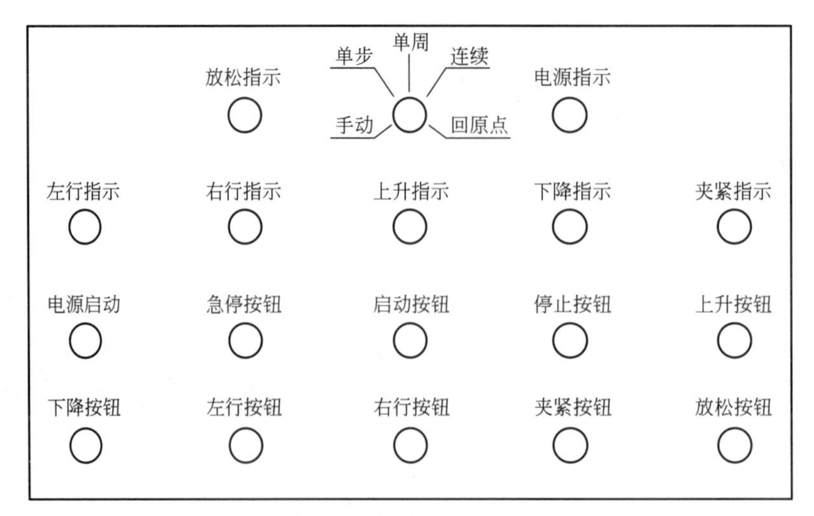

图 2-67 操作面板布置图

（1）手动工作方式

利用按钮对机械手每个动作进行单独控制。在该工作方式中，设有 6 个手动按钮，分别控制左行、右行、上升、下降、夹紧和放松。

（2）单步工作方式

从原点位置开始，每按一下启动按钮，系统跳转一步，完成该步任务后自动停止在该步，再按一下启动按钮，才开始执行下一步动作。单步工作方式常常用于系统的调试和维修。

（3）单周工作方式

按下启动按钮，机械手从原点开始，按图 2-66 工作流程完成一个周期后，返回原点并停留在原点位置。

（4）连续工作方式

机械手在原点位置时，按下启动按钮，机械手从原点位置开始，将按图 2-66 工作流程周期性循环动作。按下停止按钮，机械手并不马上停止工作，待完成最后一个周期工作后，系统才返回并停留在原点位置。

（5）自动回原点工作方式

机械手有时可能会停止在非原点位置，这时机械手无法进行自动工作方式，所以需对机械手的位置进行调整，当按下启动按钮时，机械手会按其回原点程序由其他位置回到原点位置。

2.8.2 PLC 及相关元件选型

机械手自动控制系统采用西门子 S7-200 SMART PLC，CPU ST30 模块，DC 供电，DC 输入，晶体管输出型。

PLC 控制系统的输入信号有 17 个，均为开关量。其中操作按钮开关有 8 个，限位开关有 4 个，选择开关有 1 个（占 5 个输入点）；PLC 控制系统输出信号有 5 个，各个动作由直流 24V 电磁阀控制；本控制系统采用 S7-200 SMART PLC 完全可以，且有一定裕量。元件材料清单，如表 2-9 所示。

表 2-9 机械手控制的元件材料清单

序号	材料名称	型号	备注	厂家	单位	数量
1	微型断路器	iC65N，C10/2P	220V，10A 二极	施耐德	个	1
2	微型断路器	iC65N，C6/1P	220V，6A 二极	施耐德	个	1
3	接触器	LC1D18MBDC	18A，线圈 DC24V	施耐德	个	1
4	中间继电器底座	PYF14A-C		欧姆龙	个	5
5	中间继电器插头	MY4N-J，24VDC	线圈 DC24V	欧姆龙	个	5
6	停止按钮底座	ZB5AZ101C		施耐德	个	2
7	停止按钮按钮头	ZB5AA4C	红色	施耐德	个	2
8	启动按钮	XB5AA31C	绿色	施耐德	个	8
9	选择开关	XB5AD21C		施耐德	个	1
10	熔体	RT28N-32/8A		正泰	个	2
11	熔断器底座	RT28N-32/1P	1 极	正泰	个	5
12	熔体	RT28N-32/2A		正泰	个	3
13	电源指示灯	XB2BVB1LC	DC24V，白色	施耐德	个	1

续表

序号	材料名称	型号	备注	厂家	单位	数量
14	电磁阀指示灯	XB2BVB3LC	DC24V，绿色	施耐德	个	5
15	直流电源	CP M SNT	500W，24V，20A	魏德米勒	个	1
16	PLC	CPU ST30	DC电源，DC输入，晶体管输出	西门子	台	1
17	端子	UK6N	可夹0.5～10mm^{2}导线	菲尼克斯	个	4
18	端子	UKN1.5N	可夹0.5～1.5mm^{2}导线	菲尼克斯	个	18
19	端板	D-UK4/10	UK6N端子端板	菲尼克斯	个	1
20	端板	D-UK2.5	UK1.5N端子端板	菲尼克斯	个	1
21	固定件	E/UK	固定端子，放在端子两端	菲尼克斯	个	8
22	标记号	ZB8	标号（1-5），UK6N端子标记条	菲尼克斯	条	1
23	标记号	ZB4	标号（1-20），UK1.5N端子标记条	菲尼克斯	条	1
24	汇线槽	HVDR5050F	宽×高=50×50	上海日成	米	5
25	导线	H07V-K，4mm^2	黑色	慷博电缆	米	3
26	导线	H07V-K，2.5mm^2	蓝色	慷博电缆	米	3
27	导线	H07V-K，1.5mm^2	红色	慷博电缆	米	5
28	导线	H07V-K，1.5mm^2	白色	慷博电缆	米	5
29	导线	H05V-K，1.0mm^2	黑色	慷博电缆	米	20
30	导线	H07V-K，4mm^2	黄绿色	慷博电缆	米	5
31	导线	H07V-K，2.5mm^2	黄绿色	慷博电缆	米	5
设计编制	韩相争	总工审核	XXX			

2.8.3 硬件设计

机械手控制的I/O分配，如表2-10所示。硬件设计的电路图，如图2-68所示。

表2-10 机械手控制I/O分配

输入量				输出量	
启动按钮	I0.0	右行按钮	I1.1	左行电磁阀	Q0.0
停止按钮	I0.1	夹紧按钮	I1.2	右行电磁阀	Q0.1
左限位	I0.2	放松按钮	I1.3	上升电磁阀	Q0.2
右限位	I0.3	手动	I1.4	下降电磁阀	Q0.3
上限位	I0.4	单步	I1.5	夹紧/放松电磁阀	Q0.4
下限位	I0.5	单周	I1.6		
上升按钮	I0.6	连续	I1.7		
下降按钮	I0.7	回原点	I2.0		
左行按钮	I1.0				

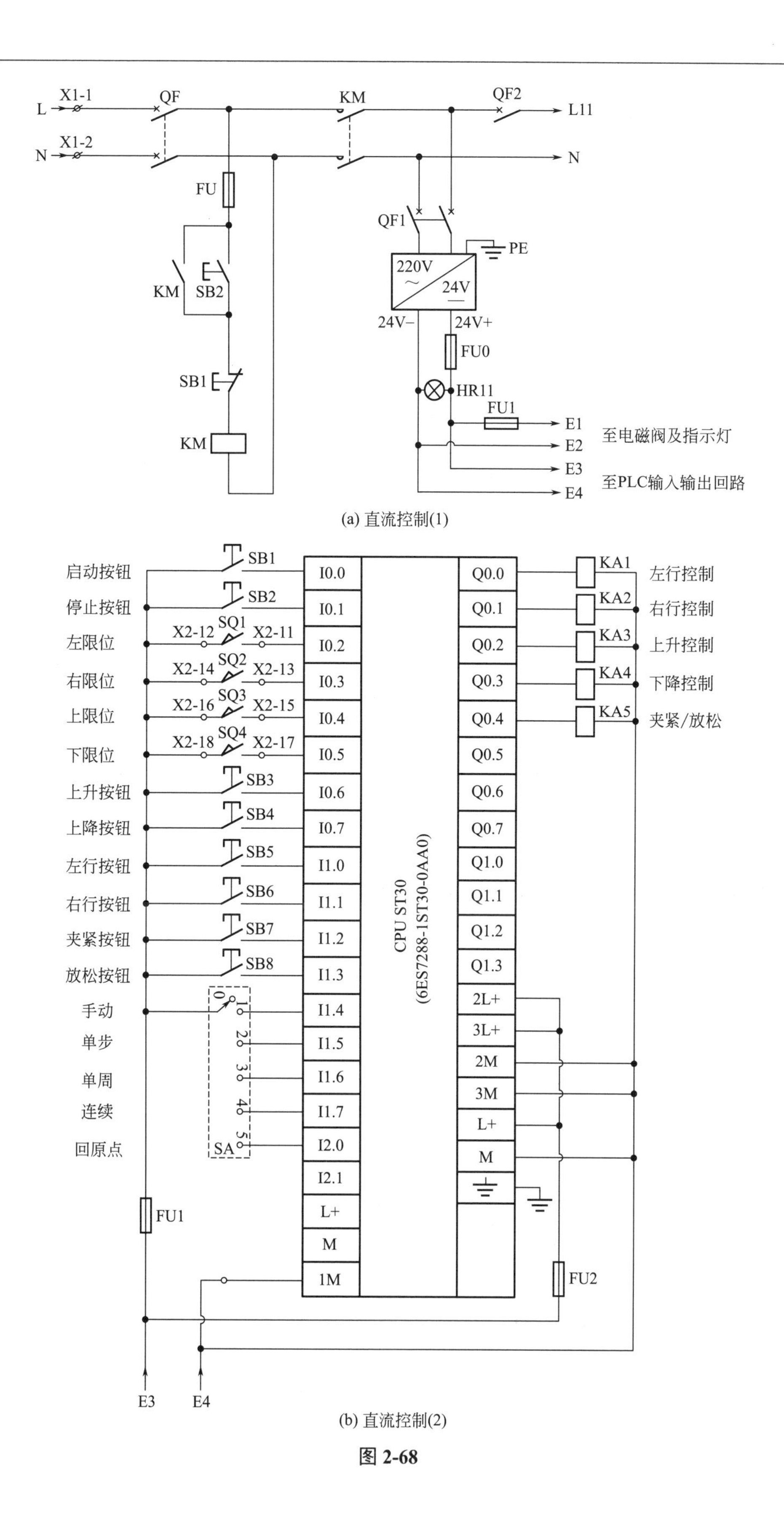

(a) 直流控制(1)

(b) 直流控制(2)

图 2-68

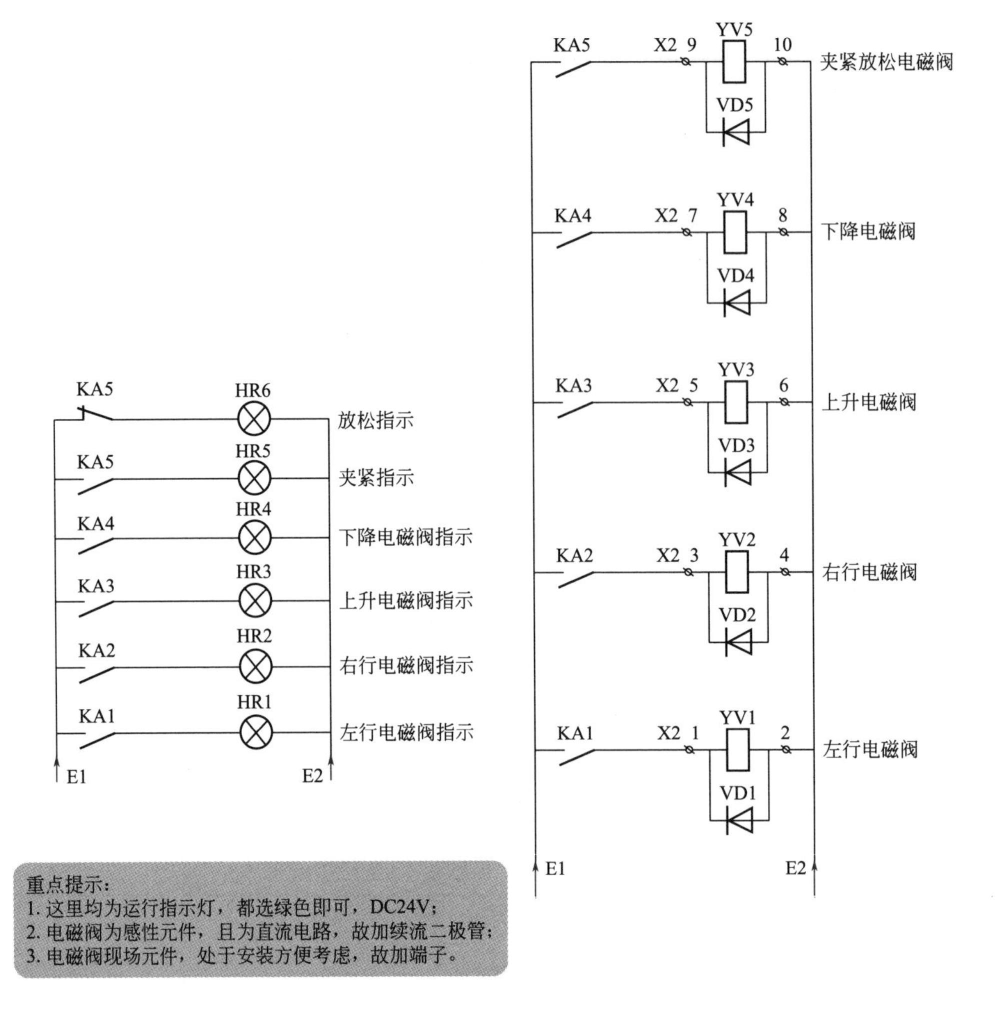

(c) 电磁阀及指示

重点提示：
给出端子图方便现场施工。

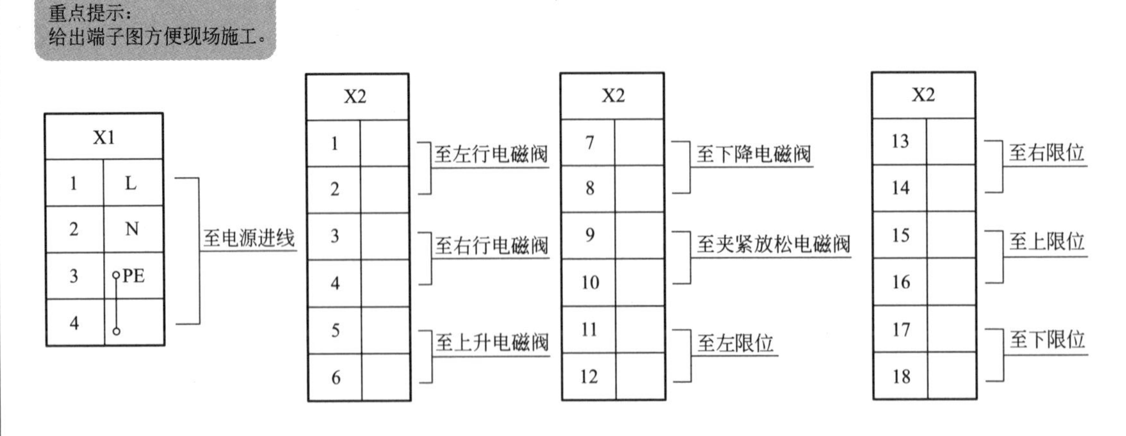

(d) 端子图

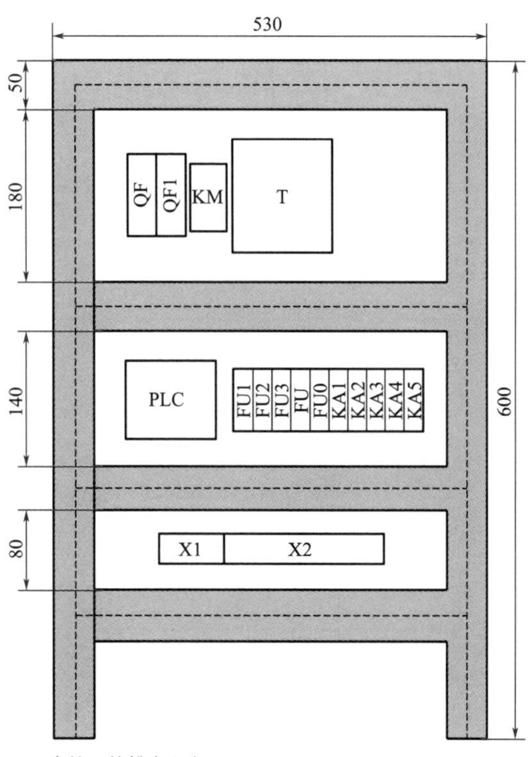

备注：线槽宽×高=50×50

(e) 元件布置图

元件明细		
1	QF	微型断路器
2	KM	接触器
3	T	直流电源
4	FU1-FU2	熔断器
5	KA1-KA5	中间继电器

6	X1-X2	端子
7	SB01-SB8	按钮
8	SQ1-SQ4	行程开关
9	HR-HR5	指示灯
10	SA	选择开关
11	YV1-YV5	电磁阀

重点提示：
给出元件明细表，为现场操作人员提供方便。在工程中，有些设计文件给出来的文字符号不通用，因此编写元件明细表加以说明是必要的。

(f) 元件明细表(1)

图 2-68

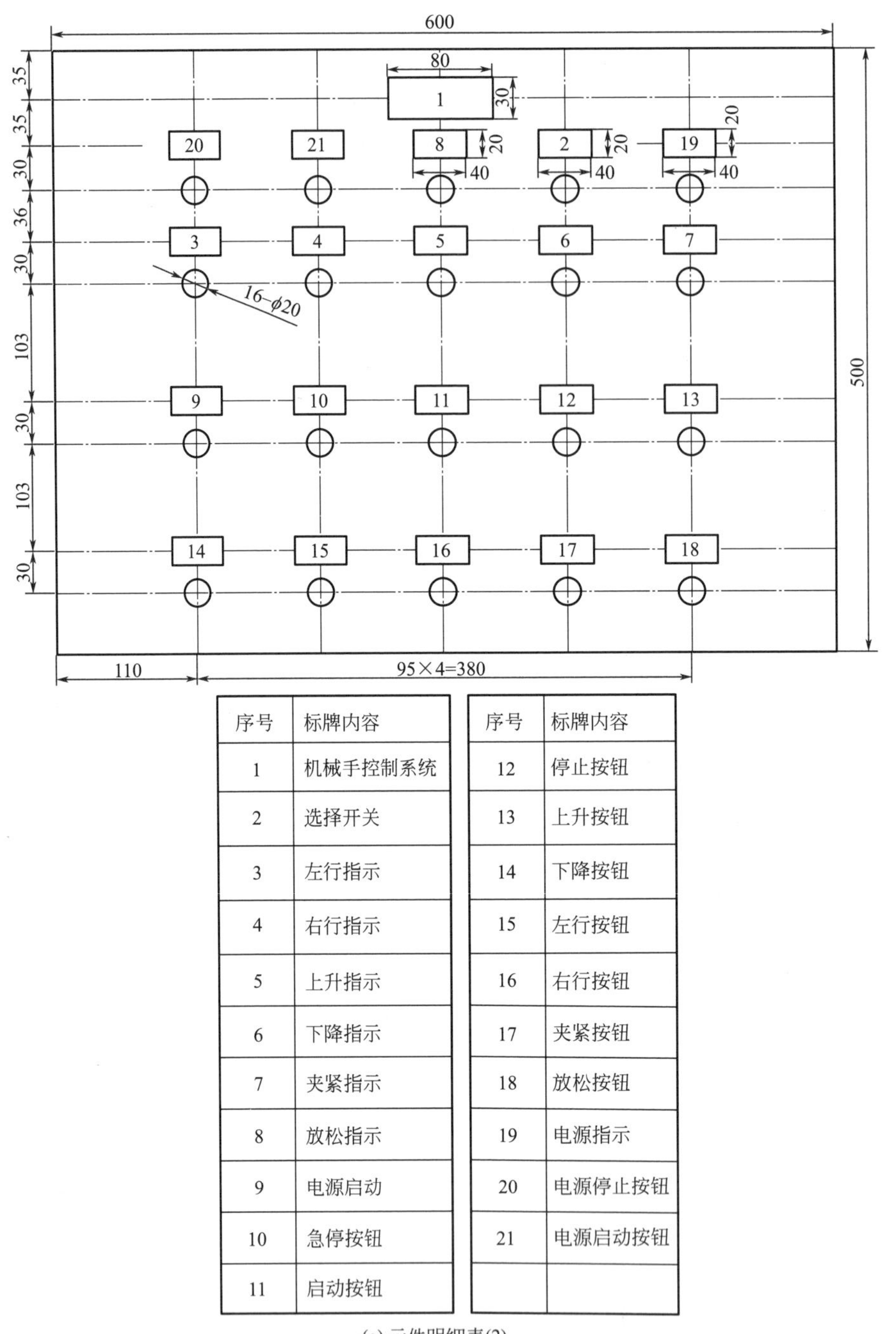

序号	标牌内容
1	机械手控制系统
2	选择开关
3	左行指示
4	右行指示
5	上升指示
6	下降指示
7	夹紧指示
8	放松指示
9	电源启动
10	急停按钮
11	启动按钮

序号	标牌内容
12	停止按钮
13	上升按钮
14	下降按钮
15	左行按钮
16	右行按钮
17	夹紧按钮
18	放松按钮
19	电源指示
20	电源停止按钮
21	电源启动按钮

(g) 元件明细表(2)

备注：
大标牌尺寸L×W=80×30，小标牌L×W=40×20材料双色板，字体为宋体，字号适中，蓝底白字。

图 2-68　机械手控制硬件图

2.8.4　程序设计

主程序如图 2-69 所示，当对应条件满足时，系统将执行相应的子程序。子程序主要包括 4 大部分，分别为公共程序、手动程序、自动程序和回原点程序。

（1）公用程序

公用程序如图 2-70 所示。公用程序用于处理各种工作方式都需要执行的任务，以及不同工作方式之间互相切换的处理。公用程序的编写通常要考虑 5 个部分：原点条件、初始状态、复位非初始步、复位回原点步和复位连续标志位。

机械手处于最上面和最右面且夹紧装置放松时为原点状态，因此原点条件由上限位 I0.4 的常开触点、右限位 I0.3 的常开触点和表示机械手放松 Q0.4 常闭触点的串联电路组成，当串联电路接通时，辅助继电器 M1.1 变为 ON。

机械手在原点位置，系统处于手动、回原点或初始化状态时，初始步 M0.0 都会被置位，此时为执行自动程序做好准备；若此时 M1.1 为 OFF，则 M0.0 会被复位，初始步变为不活动步，即使此时按下启动按钮，自动程序也不会转换到下一步，因此禁止了自动工作方式的运行。

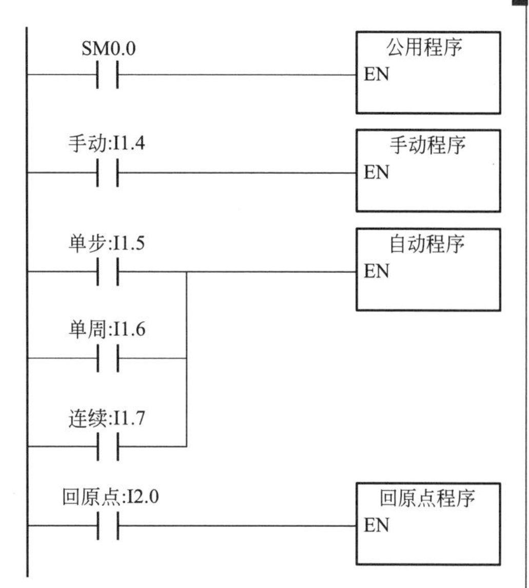

图 2-69　机械手控制主程序

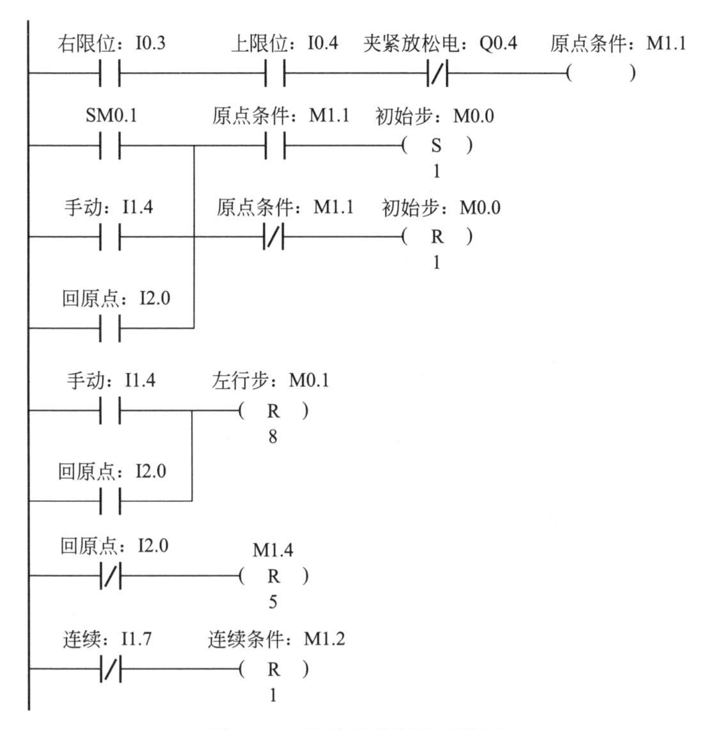

图 2-70　机械手控制公用程序

当手动、自动、回原点 3 种工作方式相互切换时，自动程序可能会有两步被同时激活，为了防止误动作，在手动或回原点状态下，辅助继电器 M0.1 ～ M1.0 要被复位。

在非回原点工作方式下，I2.0 常闭触点闭合，辅助继电器 M1.4 ～ M2.0 被复位。

在非连续工作方式下，I1.7 常闭触点闭合，辅助继电器 M1.2 被复位，系统不能执行连续程序。

（2）手动程序

手动程序如图2-71所示。当按下左行启动按钮（I1.0常开触点闭合），且上限位被压合（I0.4常开触点闭合）时，机械手左行；当碰到左限位时，常闭触点I0.2断开，Q0.0线圈失电，左行停止。

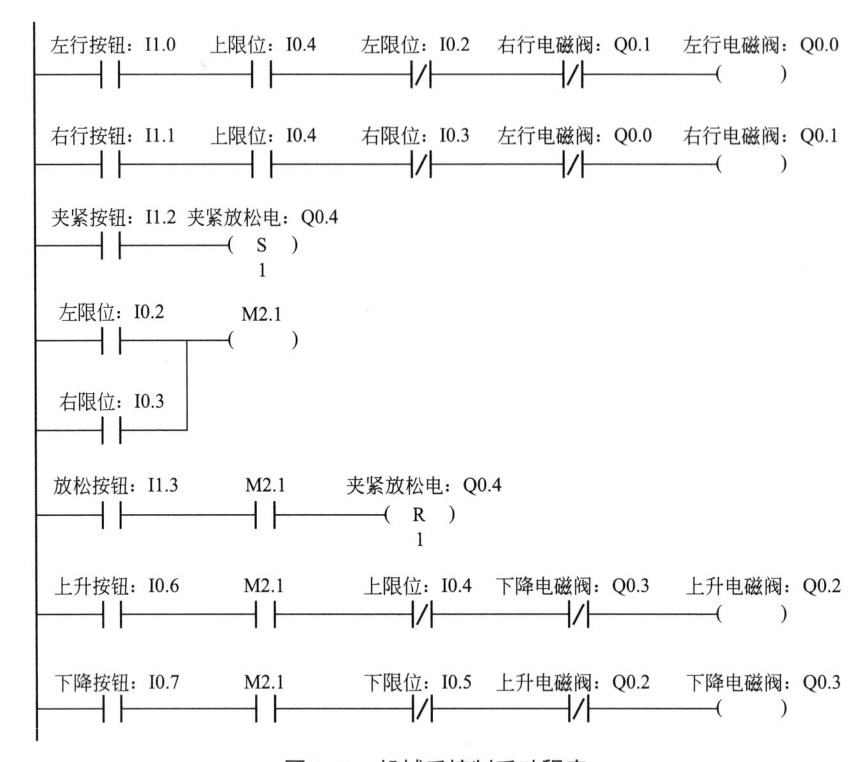

图2-71 机械手控制手动程序

当按下右行启动按钮（I1.1常开触点闭合），且上限位被压合（I0.4常开触点闭合）时，机械手右行；当碰到右限位时，常闭触点I0.3断开，Q0.1线圈失电，右行停止。

按下夹紧按钮，I1.2变为ON，线圈Q0.4被置位，机械手夹紧。

按下放松按钮，I1.3变为ON，线圈Q0.4被复位，机械手将工件放松。

当按下上升启动按钮（I0.6常开触点闭合），且左限位或右限位被压合（I0.2或I0.3常开触点闭合）时，机械手上升；当碰到上限位时，常闭触点I0.4断开，Q0.2线圈失电，上升停止。

当按下下降启动按钮（I0.7常开触点闭合），且左限位或右限位被压合（I0.2或I0.3常开触点闭合）时，机械手下降；当碰到下限位时，常闭触点I0.5断开，Q0.3线圈失电，下降停止。

在手动程序编写时，需要注意以下几个方面：

① 为了防止方向相反的两个动作同时被执行，手动程序设置了必要的互锁；

② 为了防止机械手在最低位置与其他物体碰撞，在左右行电路中串联上限位常开触点加以限制；

③ 只有在最左端或最右端时，机械手才允许上升、下降和放松，因此设置了中间环节加以限制。

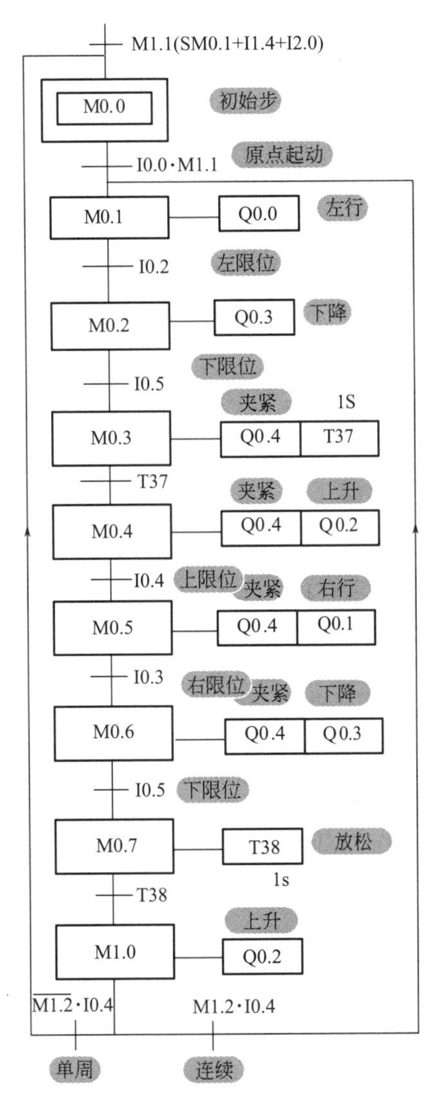

图 2-72　机械手控制自动程序顺序功能图

（3）自动程序

机械手控制顺序功能图如图 2-72 所示，根据工作流程的要求，显然 1 个工作周期有“左行→下降→夹紧→上升→右行→下降→放松→上升”这 8 步，再加上初始步，共 9 步（从 M0.0 到 M1.0）；在 M1.0 后应设置分支，考虑到单周和连续的工作方式，以一条分支转换到初始步，另一分支转换到 M0.1 步。需要说明的是，在画分支的有向连线时一定要画在原转换之下，即要标在 M1.1（SM0.1+I1.4+I2.0）的转换和 I0.0 • M1.1 的转换之下，这是绘制顺序功能图时要注意的。

机械手控自动程序如图 2-73 所示。设计自动程序时，采用启保停电路编程法，其中 M0.0 ～ M1.0 为中间编程元件，连续、单周、单步 3 种工作方式用连续标志 M1.2 和转换允许标志 M1.3 加以区别。

在连续工作方式下，常开触点 I1.7 闭合，此时处于非单步状态，常闭触点 I1.5 为 ON，线圈 M1.3 接通，允许转换；若原点条件满足，在初始步为活动步时，按下启动按钮 I0.0，线圈 M0.1 得电并自锁，程序进入左行步，线圈 Q0.0 接通，机械手左行；当碰到左限位开关

I0.2 时，程序转换到下降步 M0.2，左行步 M0.1 停止，线圈 Q0.3 接通，机械手下降；当碰到下限位开关 I0.5 时，程序转换到夹紧步 M0.3，下降步 M0.2 停止。以此类推，以后系统就这样一步一步的工作下去。需要指出的是，当机械手在步 M1.0 返回时，上限位 I0.4 状态为 1，因为先前连续标志位 M1.2 状态为 1，故转换条件 M1.2 • I0.4 满足，系统将返回到 M0.1 步，反复连续的工作下去。

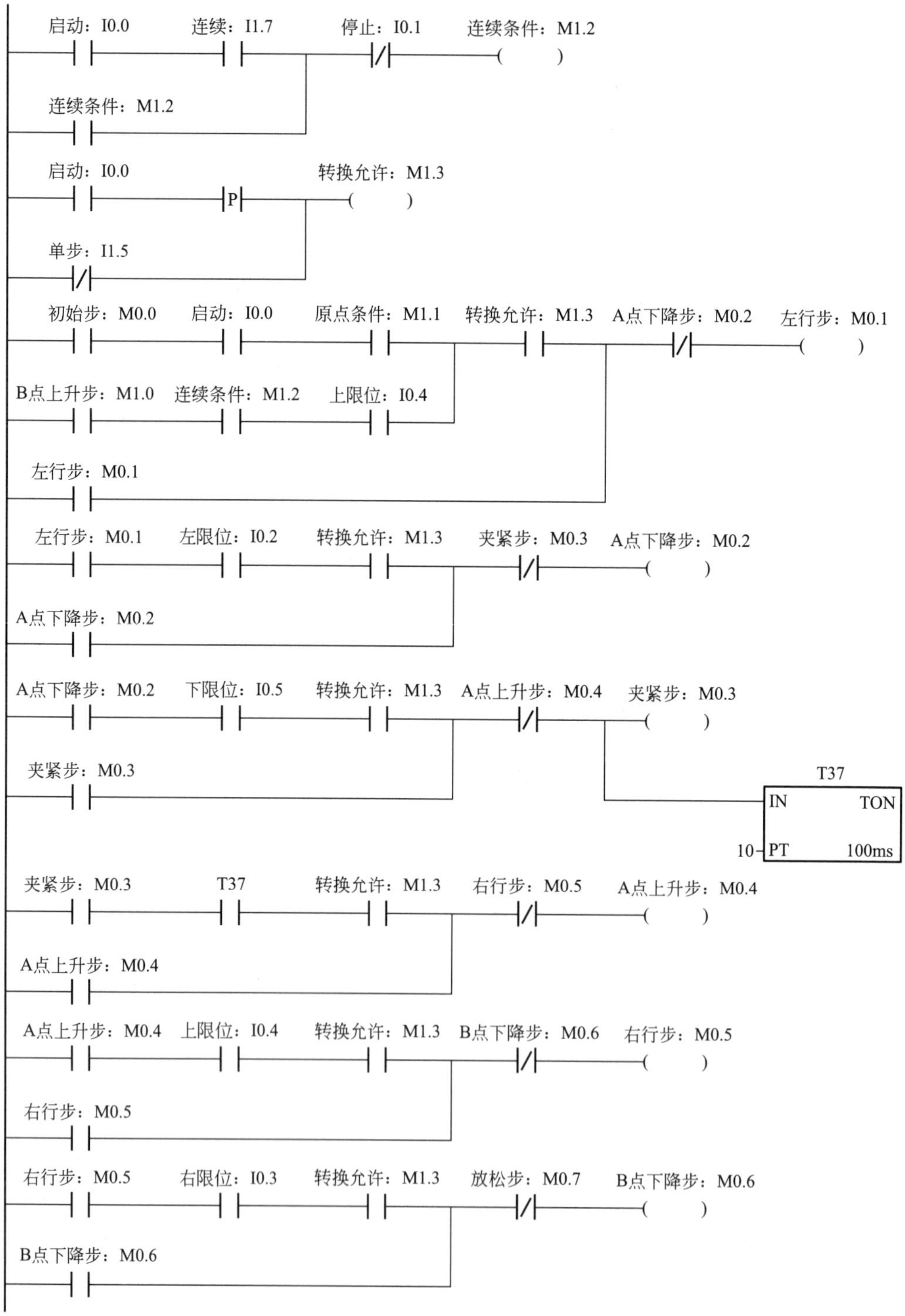

启动：I0.0　连续：I1.7　停止：I0.1　连续条件：M1.2
连续条件：M1.2
启动：I0.0　P　转换允许：M1.3
单步：I1.5
初始步：M0.0　启动：I0.0　原点条件：M1.1　转换允许：M1.3　A点下降步：M0.2　左行步：M0.1
B点上升步：M1.0　连续条件：M1.2　上限位：I0.4
左行步：M0.1
左行步：M0.1　左限位：I0.2　转换允许：M1.3　夹紧步：M0.3　A点下降步：M0.2
A点下降步：M0.2
A点下降步：M0.2　下限位：I0.5　转换允许：M1.3　A点上升步：M0.4　夹紧步：M0.3
夹紧步：M0.3
T37　IN　TON　10 PT　100ms
夹紧步：M0.3　T37　转换允许：M1.3　右行步：M0.5　A点上升步：M0.4
A点上升步：M0.4
A点上升步：M0.4　上限位：I0.4　转换允许：M1.3　B点下降步：M0.6　右行步：M0.5
右行步：M0.5
右行步：M0.5　右限位：I0.3　转换允许：M1.3　放松步：M0.7　B点下降步：M0.6
B点下降步：M0.6

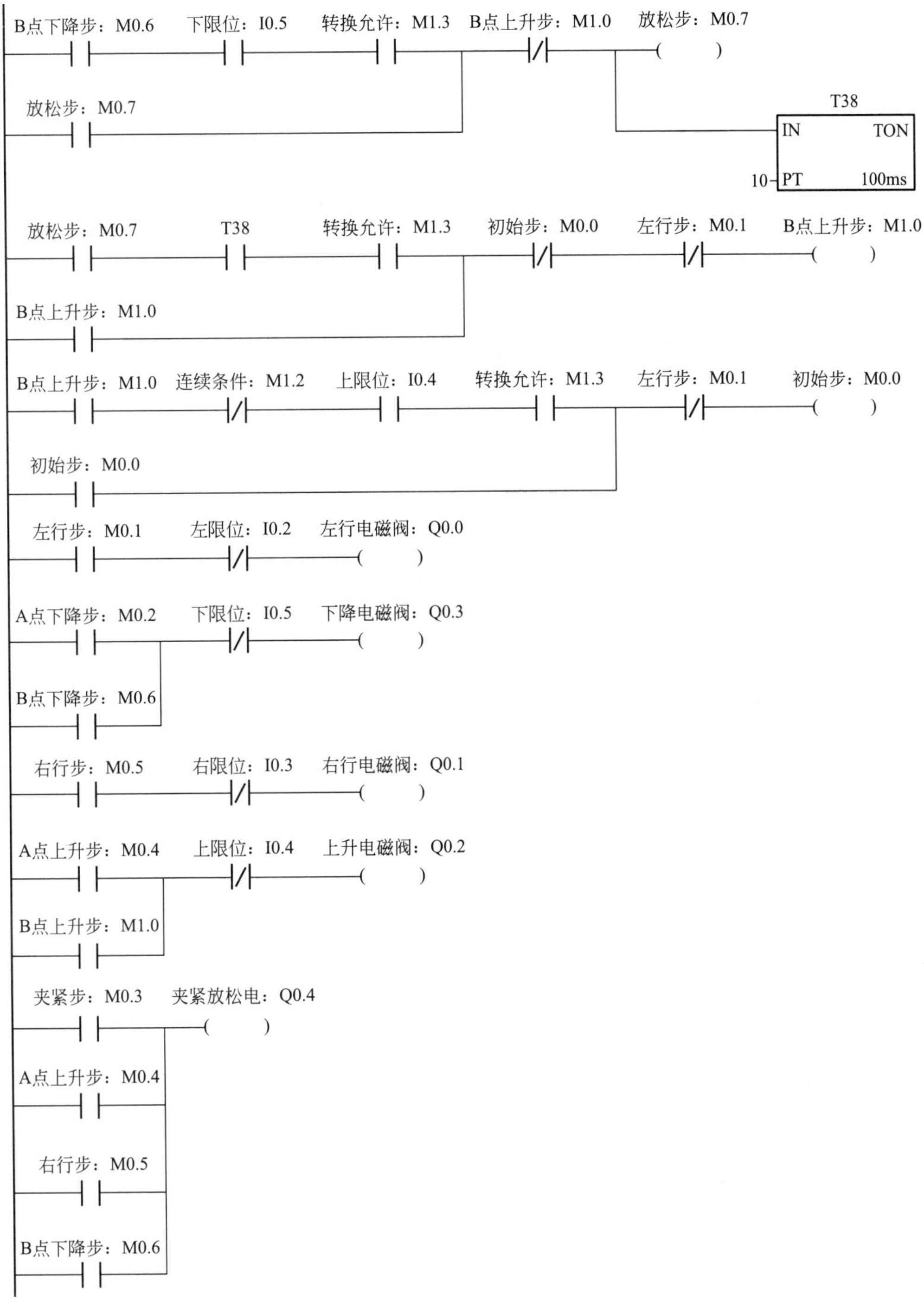

B点下降步：M0.6　下限位：I0.5　转换允许：M1.3　B点上升步：M1.0　放松步：M0.7
放松步：M0.7
T38
IN　TON
10 PT　100ms

放松步：M0.7　T38　转换允许：M1.3　初始步：M0.0　左行步：M0.1　B点上升步：M1.0
B点上升步：M1.0

B点上升步：M1.0　连续条件：M1.2　上限位：I0.4　转换允许：M1.3　左行步：M0.1　初始步：M0.0
初始步：M0.0

左行步：M0.1　左限位：I0.2　左行电磁阀：Q0.0

A点下降步：M0.2　下限位：I0.5　下降电磁阀：Q0.3
B点下降步：M0.6

右行步：M0.5　右限位：I0.3　右行电磁阀：Q0.1

A点上升步：M0.4　上限位：I0.4　上升电磁阀：Q0.2
B点上升步：M1.0

夹紧步：M0.3　夹紧放松电：Q0.4
A点上升步：M0.4
右行步：M0.5
B点下降步：M0.6

图 2-73　机械手控制自动程序

单周与连续原理相似，不同之处在于：在单周的工作方式下，连续标志条件不满足（即线圈 M1.2 不得电），当程序执行到上升步 M1.0 时，满足的转换条件为 $\overline{\text{M1.2}} \cdot \text{I0.4}$，因此系统将返回到初始步 M0.0，机械手停止运动。

在单步工作方式下，常闭触点 I1.5 断开，辅助继电器 M1.3 变为 OFF，不允许步与步之间的转换。当原点条件满足，在初始步为活动步时，按下启动按钮 I0.0，线圈 M0.1 得电并自锁，程序进入左行步；松开启动按钮 I0.0，辅助继电器 M1.3 马上失电。在左行步，线圈 Q0.0 得电，当左限位压合时，与线圈 Q0.0 串联的 I0.2 的常闭触点断开，线圈 Q0.0 失电，机械手停止左行。I0.2 常开触点闭合后，如不按下启动按钮 I0.0，辅助继电器 M1.3 状态为 0，程序不会跳转到下一步，直至按下启动按钮，程序方可跳转到下降步；此后在某步完成后必须按启动按钮一次，系统才能转换到下一步。

需要指出的是，M0.0 的启保停电路放在 M0.1 启保停电路之后目的是，防止在单步方式下程序连续跳转两步。若不如此，当步 M1.0 为活动步时，按下启动按钮 I0.0，M0.0 步与 M0.1 步同时被激活，这不符合单步的工作方式。此外，在转换允许步中，启动按钮 I0.0 用上升沿的目的是，使 M1.3 仅 ON 一个扫描周期，它使 M0.0 接通后，下一扫描周期处理 M0.1 时，M1.3 已经为 0，故不会使 M0.1 为 1，只有当按下启动按钮 I0.0 时，M0.1 才为 1，这样处理符合单步的工作方式。

（4）自动回原点程序

自动回原点程序的顺序功能图和梯形图，如图 2-74 所示。在回原点工作方式下，I2.0 状态为 1。按下启动按钮 I0.0 时，机械手可能处于任意位置，根据机械手所处的位置及夹紧装置的状态，可分以下几种情况讨论。

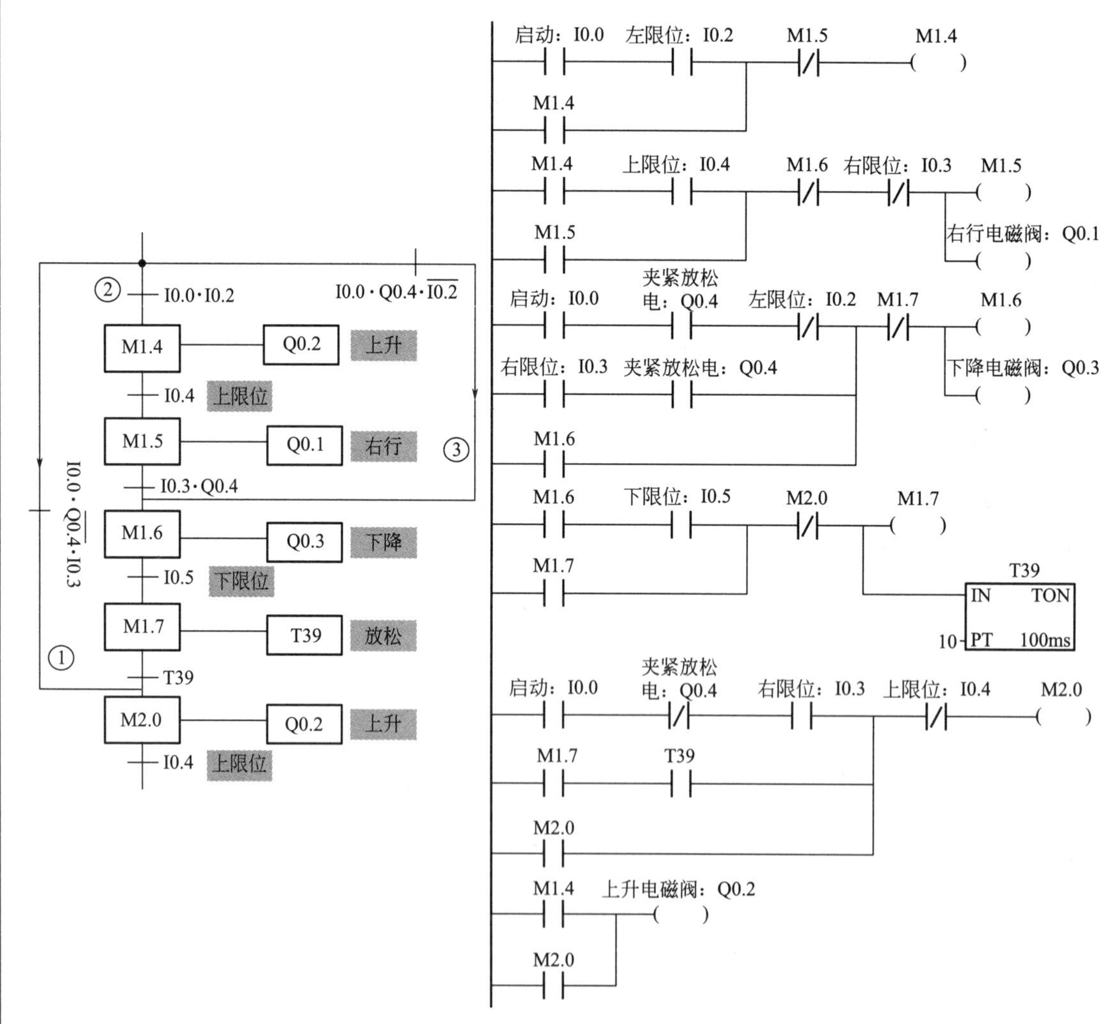

图 2-74　机械手自动回原点程序及顺序功能图

① 夹紧装置放松且机械手在最右端

夹紧装置处于放松且在最右端，所以直接上升返回原点位置即可。对应的程序为，按下启动按钮 I0.0，条件 I0.0 • $\overline{\text{Q0.4}}$ • I0.3 满足，M2.0 步接通。

② 机械手在最左端

机械手在最左端，夹紧装置可能处于放松状态也可能处于夹紧状态。若处于夹紧状态时，按下启动按钮 I0.0，条件 I0.0 • I0.2 满足，因此依次执行 M1.4 ～ M2.0 步程序，直至返回原点；若处于放松状态，按下启动按钮 I0.0，只执行 M1.4 ～ M1.5 步程序，下降步 M1.6 以后不会执行，原因在于下降步 M1.6 的激活条件 I0.3 • Q0.4 不满足，并且当机械手碰到右限位 I0.3 时，M1.5 步停止。

③ 夹紧装置夹紧且不在最左端

按下启动按钮 I0.0，条件 I0.0 • Q0.4 • $\overline{\text{I0.2}}$ 满足，因此依次执行 M1.6 ～ M2.0 步程序，直至回到原点。

2.8.5 机械手自动控制调试

① 编程软件：编程软件采用 STEP 7-Micro/WIN SMART V2.2。

② 系统调试：将各个输入 / 输出端子和实际控制系统的按钮、所需控制设备正确连接，完成硬件的安装并检查无误后，可以将事先编写的梯形图程序传送到 PLC 中进行调试了。

调试中，按照机械手控制的工作原理逐一校对，检查功能是否能实现。如不能实现，找出是程序的原因，还是硬件接线的原因。经过反复试验，最终调试出正确的结果。机械手自动控制调试记录表如表 2-11 所示，可根据调试结果填写。

表 2-11 机械手自动控制调试记录表

输入量	输入现象	输出量	输出现象
起动按钮		左行电磁阀	
停止按钮		右行电磁阀	
左限位		上升电磁阀	
右限位		下降电磁阀	
上限位		夹紧 / 放松电磁阀	
下限位			
上升按钮			
上升按钮			
左行按钮			
右行按钮			
夹紧按钮			
放松按钮			
手动			

续表

输入量	输入现象	输出量	输出现象
单步			
单周			
连续			
回原点			

2.8.6 编制控制系统使用说明

根据调试的最终结果整理出完整的技术文件，单位存档，部分资料提供给用户，以利于系统的维修和改进。

编制的文件有：硬件接线图、PLC 编程元件表和带有文字说明的梯形图和顺序功能图。

提供给用户的图纸为硬件接线图。处于技术保密考虑，一般不提供梯形图。

第3章 S7-200 SMART PLC模拟量控制程序设计

本章要点

- 模拟量控制概述
- 模拟量扩展模块及内码与实际物理量转换案例
- 盐水制造机控制
- PID 控制及案例
- PID 向导与恒温控制

3.1 模拟量控制概述

3.1.1 模拟量控制简介

（1）模拟量控制简介

在工业控制中，某些输入量（温度、压力、液位和流量等）是连续变化的模拟量信号，某些被控对象也需模拟信号控制，因此要求 PLC 有处理模拟信号的能力。

PLC 内部执行的均为数字量，因此模拟量处理需要完成有两方面任务：其一，是将模拟量转换成数字量（A/D 转换）；其二，是将数字量转换为模拟量（D/A 转换）。

（2）模拟量处理过程

模拟量处理过程如图 3-1 所示。这个过程分为以下几个阶段。

① 模拟量信号的采集，由传感器来完成。传感器将非电信号（如温度、压力、液位和流量等）转化为电信号。注意此时的电信号为非标准信号。

② 非标准电信号转化为标准电信号，此项任务由变送器来完成。传感器输出的非标准电信号输送给变送器，经变送器将非标准电信号转化为标准电信号。根据国际标准，标准信号有两种类型，分为电压型和电流型。电压型的标准信号为 DC 1 ～ 5V；电流型的标准信号为 DC 4 ～ 20mA。

③ A/D 转换和 D/A 转换。变送器将其输出的标准信号传送给模拟量输入扩展模块后，模拟量输入扩展模块将模拟量信号转化为数字量信号，PLC 经过运算，其输出结果或直接驱动输出继电器，从而驱动开关量负载；或经模拟量输出模块实现 D/A 转换后，输出模拟量

信号控制模拟量负载。

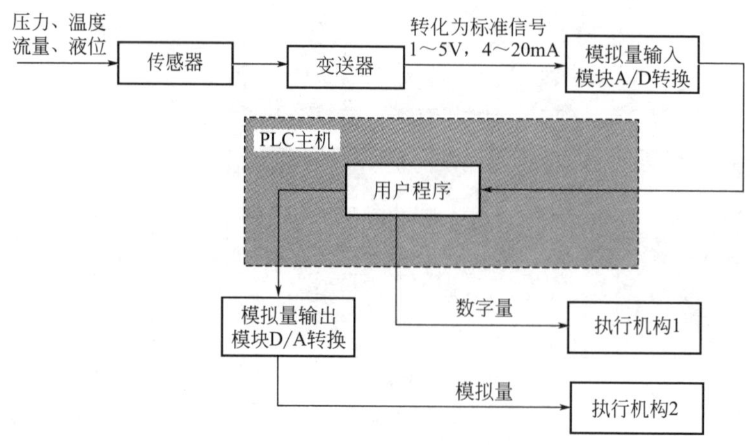

图 3-1　模拟量处理过程

3.1.2　模块扩展连接

S7-200 SMART PLC 本机有一定数量的 I/O 点，其地址分配也是固定的。当 I/O 点数不够时，通过连接 I/O 扩展模块或安装信号板，可以实现 I/O 点数的扩展。扩展模块一般安装在本机的右端，最多可以扩展 6 个扩展模块；扩展模块可以分为数字量输入模块、数字量输出模块、数字量输入输出模块、模拟量输入模块、模拟量输出模块、模拟量输入输出模块、热电阻输入模块和热电偶输入模块。

扩展模块的地址分配由 I/O 模块的类型和模块在 I/O 链中的位置决定。数字量 I/O 模块的地址以字节为单位，某些 CPU 和信号板的数字量 I/O 点数如不是 8 的整数倍，最后一个字节中未用的位不会分配给 I/O 链中的后续模块。

CPU、信号板和各扩展模块的起始地址分配，如图 3-2 所示。用系统块组态硬件时，编程软件 STEP 7-Micro/WIN SMART 会自动分配各模块和信号板的地址。

	CPU	信号板	信号模块 0	信号模块 1	信号模块 2	信号模块 3
起始地址	I0.0 Q0.0	I7.0 Q7.0 无AI信号板 AQW12	I8.0 Q8.0 AIW16 AQW16	I12.0 Q12.0 AIW32 AQW32	I16.0 Q16.0 AIW48 AQW48	I20.0 Q20.0 AIW64 AQW64

图 3-2　扩展模块连接及起始地址分配

3.2　模拟量模块及内码与实际物理量转换

3.2.1　模拟量输入模块 EM AE04

（1）概述

模拟量输入模块 EM AE04 有 4 路模拟量输入，其功能将输入的模拟量信号转化为数字量，并将结果存入模拟量，输入映像寄存器 AI 中。AI 中的数据以字（1 个字 16 位）的形式存取，存储的 16 位数据中，电压模式有效位为 11 位 + 符号位，电流模式有效位 11 位。

模拟量输入模块 EM AE04 有 4 种量程，分别为 0 ～ 20mA、±10V、±5V、±2.5V。选择哪个量程可以通过编程软件 STEP 7-Micro/WIN SMART 来设置。

单极性满量程输入范围对应的数字量输出为 0 ～ 27648。

双极性满量程输入范围对应的数字量输出为 -27648 ～ +27648。

（2）技术指标

模拟量输入模块 EM AE04 的技术指标，如表 3-1 所示。

表 3-1　模拟量输入模块 EM AE04 的技术指标

4 路模拟量输入	
功耗	1.5W（空载）
电流消耗（SM 总线）	80mA
电流消耗（24VDC）	40mA（空载）
满量程范围	-27648 ～ +27648
输入阻抗	≥ 9MΩ 电压输入 250Ω 电流输入
最大耐压 / 耐流	±35V DC/±40mA
输入范围	±5V，±10V，±2.5V，或 0 ～ 20mA
分辨率	电压模式：11 位 + 符号位 电流模式：11 位
隔离	无
精度（25℃ /0 ～ 55℃）	电压模式：满程的 ±0.1% /±0.2% 电流模式：满程的 ±0.2% /±0.3%
电缆长度（最大值）	100m，屏蔽双绞线

（3）模拟量输入模块 EM AE04 的端子与接线

模拟量输入模块 EM AE04 的接线图，如图 3-3 所示。

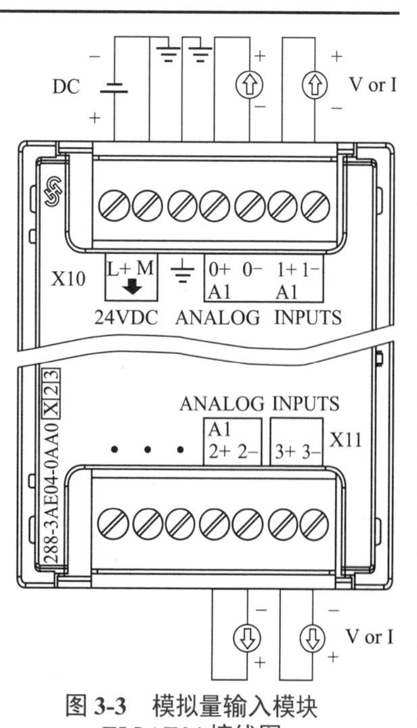

图 3-3　模拟量输入模块 EM AE04 接线图

模拟量输入模块 EM AE04 需要 DC 24V 电源供电，可以外接开关电源，也可由来自 PLC 的传感器电源（L+，M 之间 24V DC）提供。在扩展模块及外围元件较多的情况下，不建议使用 PLC 的传感器电源供电，具体电源需要量计算，请查阅第一章的内容。模拟量输入模块安装时，将其连接器插入 CPU 模块或其他扩展模块的插槽里，不再是 S7-200PLC 那种采用扁平电缆的连接方式。

模拟量输入模块支持电压信号和电流信号输入，对于模拟量电压信号、电流信号的类型及量程的选择由编程软件 STEP 7-Micro/WIN SMART 设置来完成，不再是 S7-200PLC 那种 DIP 开关设置了，这样更加便捷。

（4）模拟量输入模块 EM AE04 组态模拟量输入

在编程软件中，先选中模拟量输入模块，再选中要设置的通道，模拟量的类型有电压和电流两种，电压范围有 3 种：±2.5V、±5V、±10V；电流范围只 1 种：0 ～ 20mA。

值得注意的是，通道 0 和通道 1 的类型相同；通道 2 和通道 3 的类型相同。具体设置如图 3-4 所示。

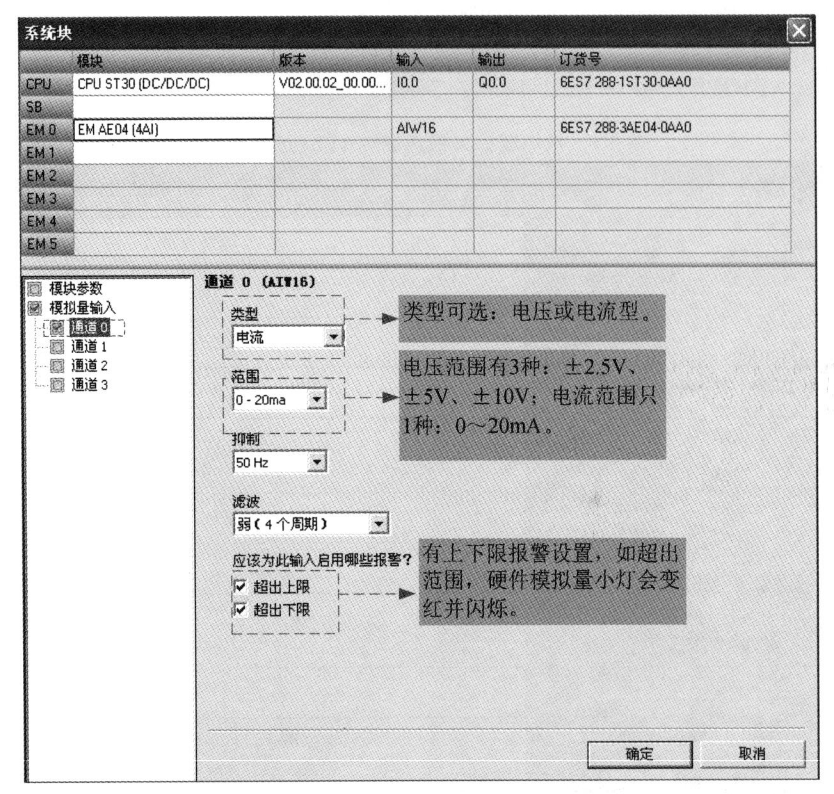

图 3-4 组态模拟量输入

3.2.2 模拟量输出模块 EM AQ02

（1）概述

模拟量输出模块 EM AQ02 有 2 路模拟量输出，其功能是将模拟量输出映像寄存器 AQ 中的数字量转换为可用于驱动执行元件的模拟量。此模块有两种量程，分别为 ±10V 和 0 ～ 20mA，对应的数字量为 -27648 ～ +27648 和 0 ～ 27648。

AQ 中的数据以字（1 个字 16 位）的形式存取，电压模式的有效位为 10 位 + 符号位；电流模式的有效位为 10 位。

（2）技术指标

模拟量输出模块 EM AQ02 的技术指标，如表 3-2 所示。

表 3-2 模拟量输出模块 EM AQ02 的技术指标

2 路模拟量输出	
功耗	1.5W（空载）
电流消耗（SM 总线）	80mA
电流消耗（24VDC）	50mA（空载）

续表

2 路模拟量输出	
信号范围 电压输出 电流输出	±10V 0 ～ 20mA
分辨率	电压模式：10 位 + 符号位 电流模式：10 位
满量程范围	电压：-27648 ～ +27648 电流：0 ～ +27648
精度（25℃ /0 ～ 55℃）	满程的 ±0.5% /±1.0%
负载阻抗	电压：≥ 1000Ω；电流：≤ 500Ω
电缆长度（最大值）	100m，屏蔽双绞线

（3）模拟量输出模块 EM AQ02 端子与接线

模拟量输出模块 EM AQ02 的接线图，如图 3-5 所示。

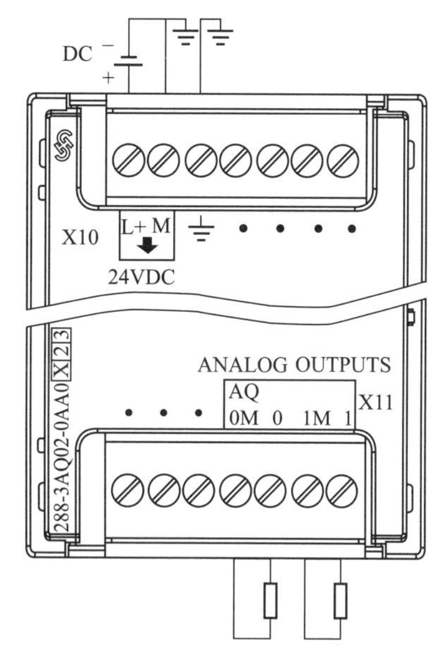

图 3-5　模拟量输出模块 EM AQ02 的接线图

模拟量输出模块需要 DC 24V 电源供电，可以外接开关电源，也可由来自 PLC 的传感器电源（L+，M 之间 24V DC）提供。在扩展模块及外围元件较多的情况下，不建议使用 PLC 的传感器电源供电，具体电源需要量计算，请查阅第 1 章的内容。模拟量输出模块安装时，将其连接器插入 CPU 模块或其他扩展模块的插槽里。

（4）模拟量输出模块 EM AQ02 组态模拟量输出

先选中模拟量输出模块，再选中要设置的通道，模拟量的类型有电压和电流两种，电压范围只有 1 种：±10V；电流范围只 1 种：0 ～ 20mA；具体设置，如图 3-6 所示。

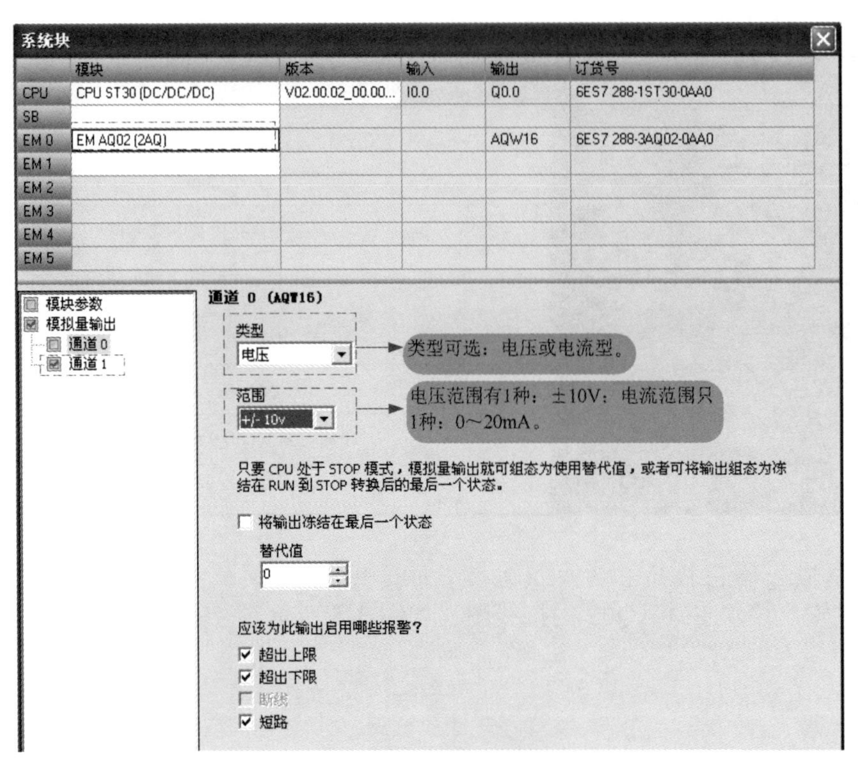

图 3-6 组态模拟量输出

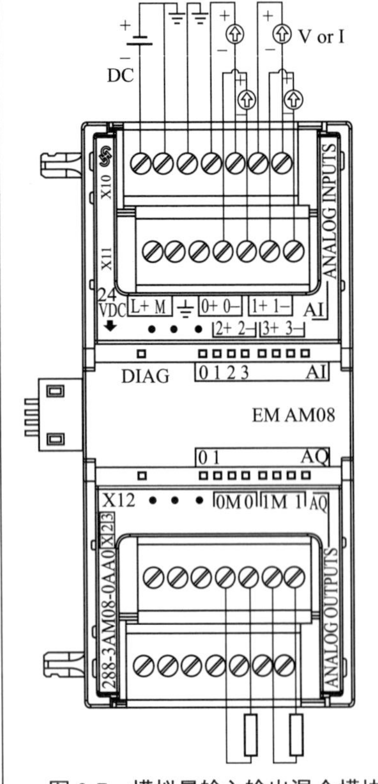

图 3-7 模拟量输入输出混合模块 EM AM06 的接线

3.2.3 模拟量输入输出混合模块 EM AM06

模拟量输入输出模块混合模块EM AM06的接线如图3-7所示。

模拟量输入输出模块混合模块 EM AM06 需要 DC 24V 电源供电，4 路模拟量输入，2 路模拟量输出。

此模块实际上是模拟量输入模块 EM AE04 和模拟量输出模块 EM AQ02 的组合，故技术指标请参考表 3-1 和表 3-2，组态模拟量输入输出请参考图 3-4，图 3-6，这里不再赘述。

3.2.4 热电偶模块 EM AT04

热电偶模块是热电偶专用热模块，可以连接 7 种热电偶（J、K、E、N、S、T 和 R），还可以测量范围为 ±80mV 的低电平模拟量信号。热电偶模块有冷端补偿电路，可以对测量数据进行修正，以补偿基准温度和模块温度差。

（1）热电偶模块EM AT04技术指标

如表 3-3 所示。

表 3-3　热电偶模块 EM AT04 技术指标

热电偶模块	
输入范围	热电偶类型：S、T、R、E、N、K、J；电压范围：±80mV
分辨率 温度 电阻	0.1℃ /0.1 ℉ 15 位 + 符号位
导线长度	到传感器最长为 100m
电缆电阻	最大 100Ω
数据字格式	电压值测量：−27648 ～ +27648
阻抗	≥ 10MΩ
最大耐压	±35VDC
重复性	±0.05% FS
冷端误差	±1.5℃
24V DC 电压范围	20.4 ～ 28.8V DC（开关电源，或来自 PLC 的传感器电源）

（2）热电偶EM AT04端子与接线

热电偶 EM AT04 的接线如图 3-8 所示。

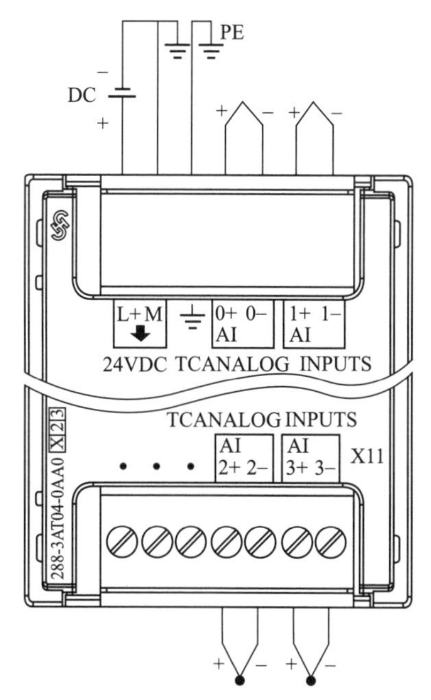

图 3-8　热电偶 EM AT04 的接线

热电偶模块 EM AT04 需要 DC 24V 电源供电，可以外接开关电源，也可由来自 PLC 的传感器电源（L+，M 之间 24V DC）提供，热电偶模块通过连接器与 CPU 模块或其他模块连接。热电偶接到相应的通道上即可。

（3）热电偶EM AT04组态

热电偶模块组态如图 3-9 所示。

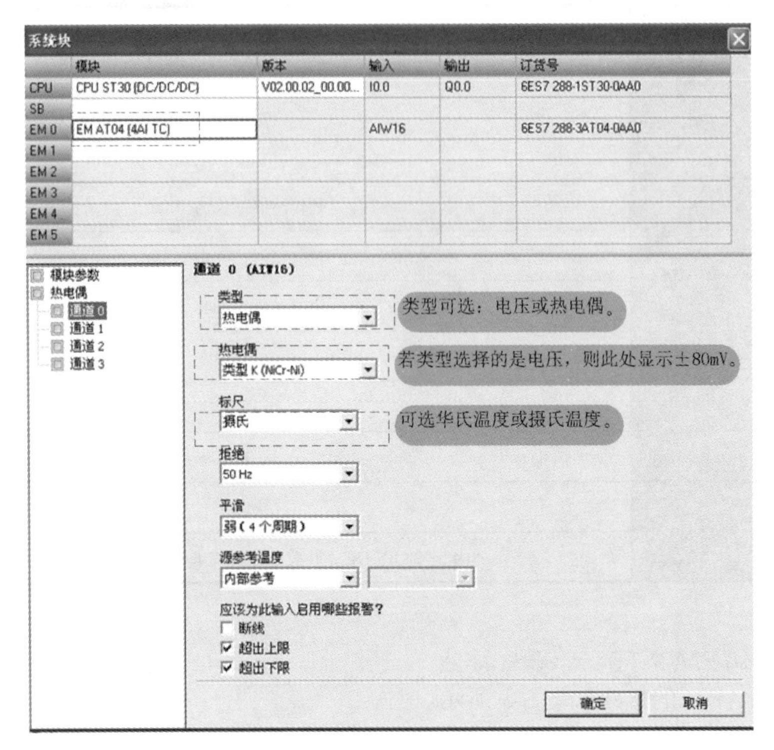

图 3-9　热电阻模块 EM AT04 组态

3.2.5　热电阻模块 EM AR02

热电偶模块 EM AR02 是热电阻专用热模块，可以连接 Pt、Cu、Ni 等热电阻，热电阻用于采集温度信号，热电偶模块 EM AR02 则将采集来的温度信号转化为数字量。该模块为两路输入型，其温度测量分辨率为 0.1℃ /0.1 ℉，电阻测量精度为 15 位 + 符号位。

（1）热电阻模块EM AR02技术指标

如表 3-4 所示。

表 3-4　热电阻模块 EM AR02 技术指标

热电阻模块	
输入范围	热电阻类型：Pt、Cu、Ni
分辨率 温度 电阻	0.1℃ /0.1 ℉ 15 位 + 符号位
导线长度	到传感器最长为 100m
电缆电阻	最大 20Ω，对于 Cu10，最大为 2.7Ω
数据字格式	电阻值测量：0 ～ 27648
阻抗	≥ 10MΩ

续表

热电阻模块	
最大耐压	±35VDC
重复性	±0.05%FS
24V DC 电压范围	20.4 ～ 28.8V DC（开关电源，或来自 PLC 的传感器电源）

（2）热电阻EM AR02端子与接线

热电阻模块 EM AR02 接线如图 3-10 所示。

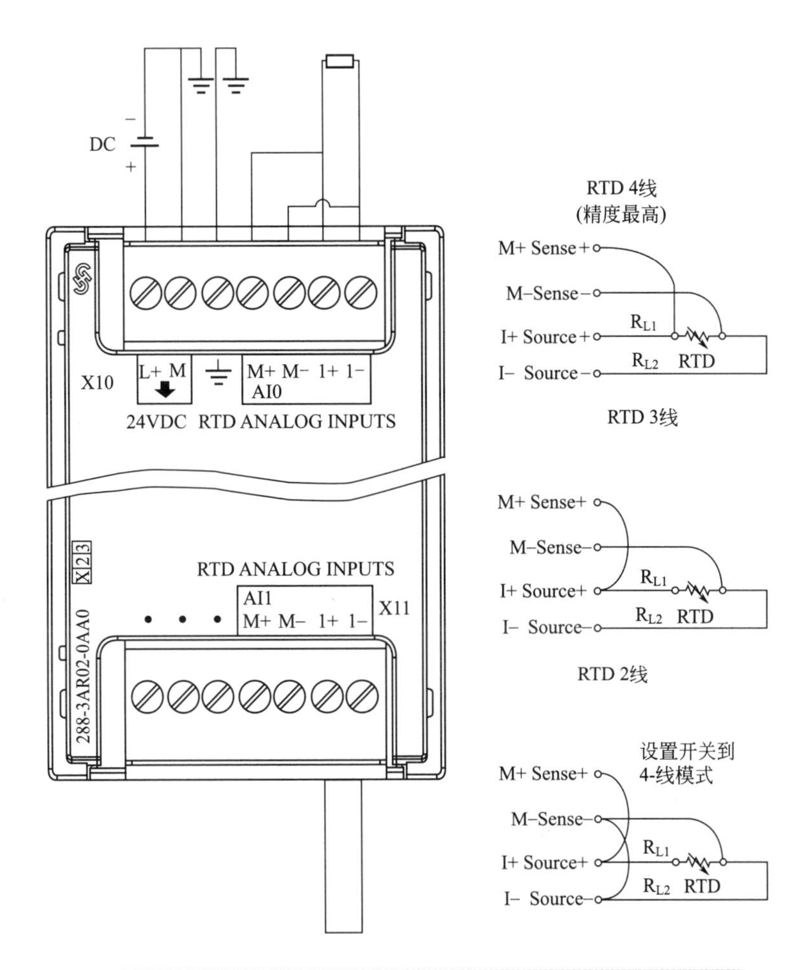

图 3-10　热电阻模块 EM AR02 的接线

热电阻模块 EM AR02 需要 DC 24V 电源供电，可以外接开关电源，也可由来自 PLC 的传感器电源（L+，M 之间 24V DC）提供。热电阻模块通过连接器与 CPU 模块或其他模块连接。

（3）热电阻EM AR02组态

热电阻模块 EM AR02 组态如图 3-11 所示。

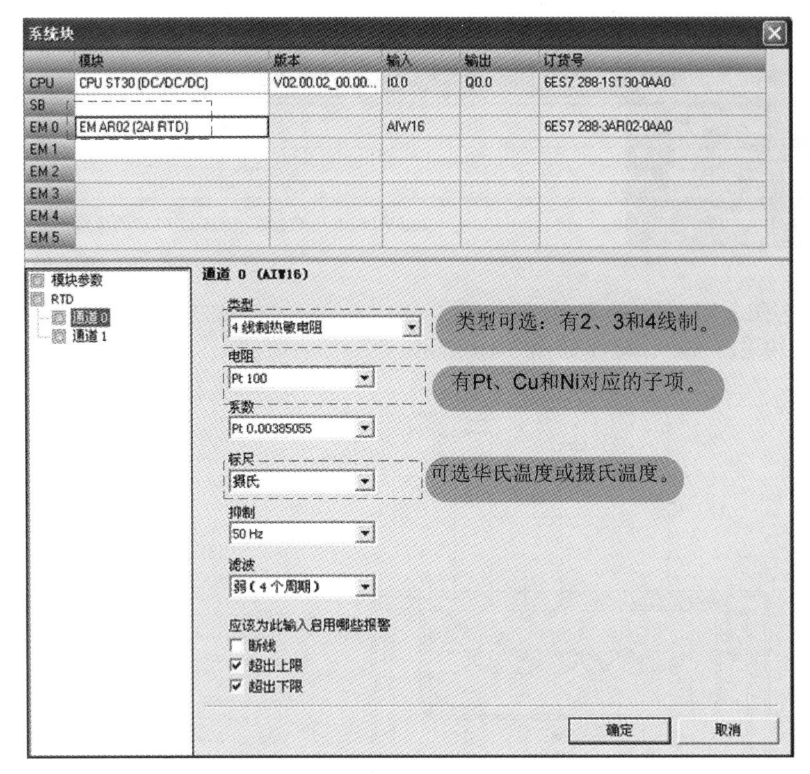

图 3-11　热电阻模块 EM AR02 组态

3.2.6　内码与实际物理量的转换

内码与实际物理量的转换问题属于实际物理量与模拟量模块内部数字量对应关系问题，转换时，应考虑变送器输出量程和模拟量输入模块的量程，找出被测量与 A/D 转换后的数字量之间的比例关系。

某压力变送器量程为 0 ~ 20MPa，输出信号为 0 ~ 10V，模拟量输入模块 EM AE04 量程为 -10 ~ 10V，转换后数字量范围为 0 ~ 27648，设转换后的数字量为 X，试编程求压力值。

〈程序设计〉

（1）找到实际物理量与模拟量输入模块内部数字量比例关系

此例中，压力变送器的输出信号的量程 0 ~ 10V 恰好和模拟量输入模块 EM AE04 的量程一半 0 ~ 10V 一一对应，因此对应关系为正比例，实际物理量 0MPa 对应模拟量模块内部数字量 0，实际物理量 20MPa 对应模拟量模块内部数字量 27648。具体如图 3-12 所示。

（2）程序编写

通过上步找到比例关系后，可以进行模拟量程序的编写了，编写的关键在于用 PLC 语言表达出 $P=20X/27648$，程序如图 3-13 所示。

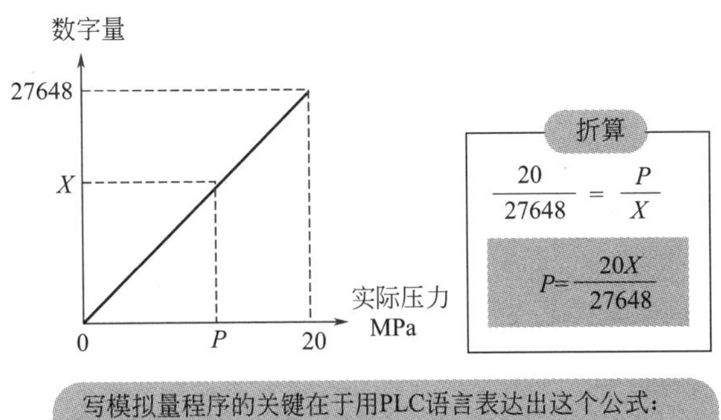

写模拟量程序的关键在于用PLC语言表达出这个公式：P=20X/27648。

图 3-12　实际物理量与数字量的对应关系

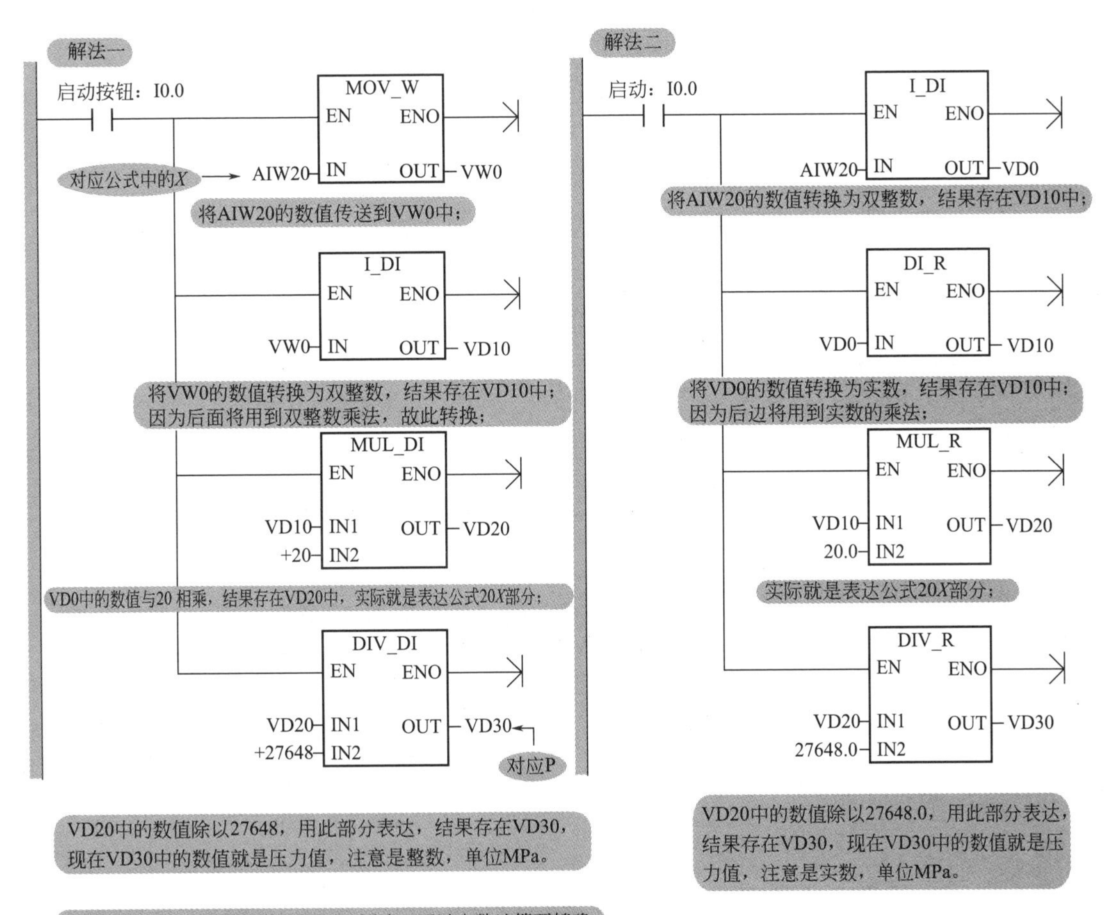

图 3-13　转换程序

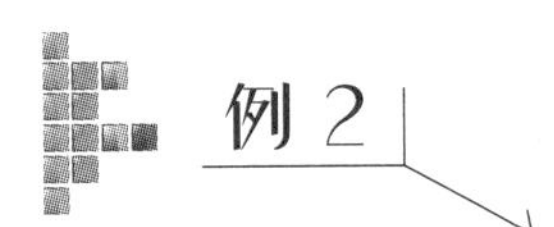

例 2

某压力变送器量程为 0 ~ 10MPa，输出信号为 4 ~ 20mA，模拟量输入模块 EM AE04 量程为 0 ~ 20mA，转换后数字量为 0 ~ 27648，设转换后的数字量为 X，试编程求压力值。

《程序设计》

（1）找到实际物理量与模拟量输入模块内部数字量比例关系

此例中，压力变送器的输出信号的量程为 4 ～ 20mA，模拟量输入模块 EM AE04 的量程为 0 ～ 20mA，二者不完全对应，因此实际物理量 0MPa 对应模拟量模块内部数字量 5530，实际物理量 10MPa 对应模拟量模块内部数字量 27648。具体如图 3-14 所示。

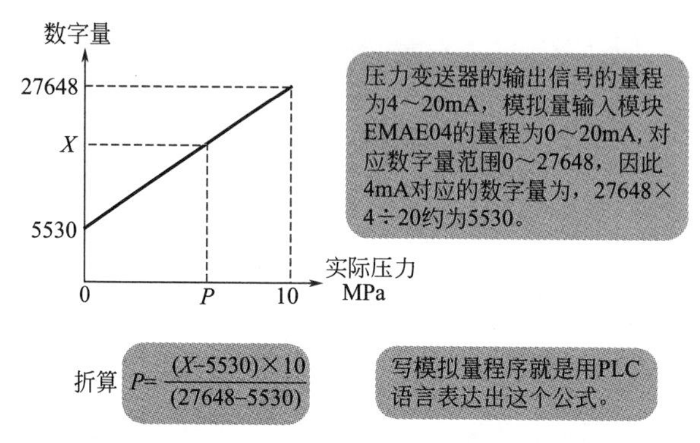

图 3-14 实际物理量与数字量的对应关系

（2）程序编写

通过上步找到比例关系后，可以进行模拟量程序的编写了，编写的关键在于用 PLC 语言表达出 P=10(X−5530)/(27648−5530)。程序如图 3-15 所示。

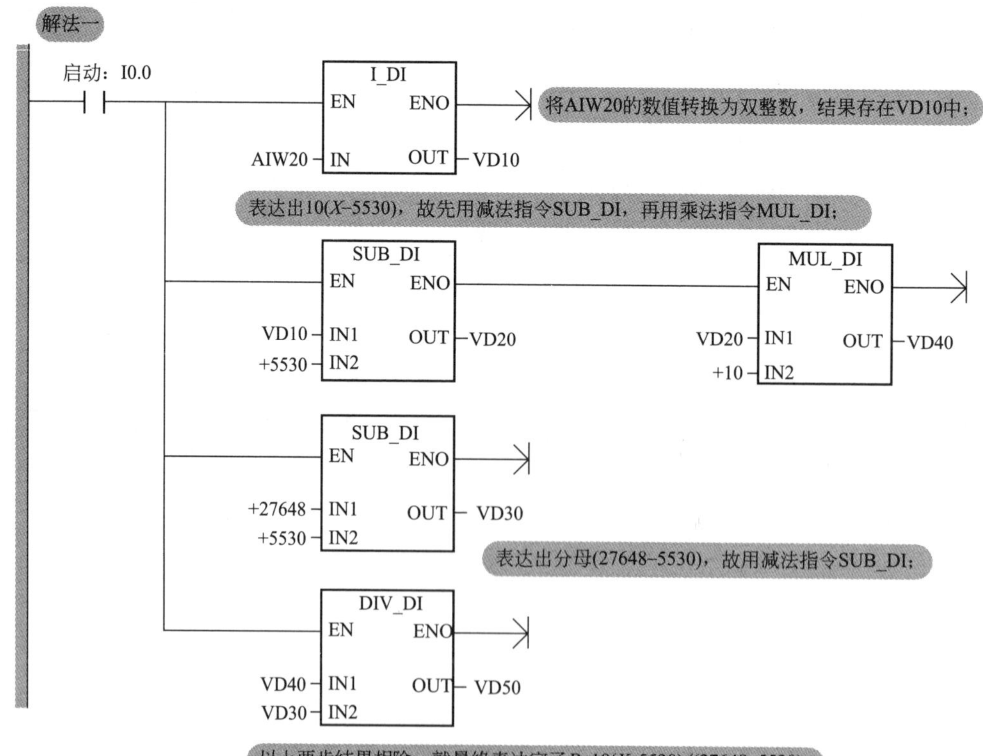

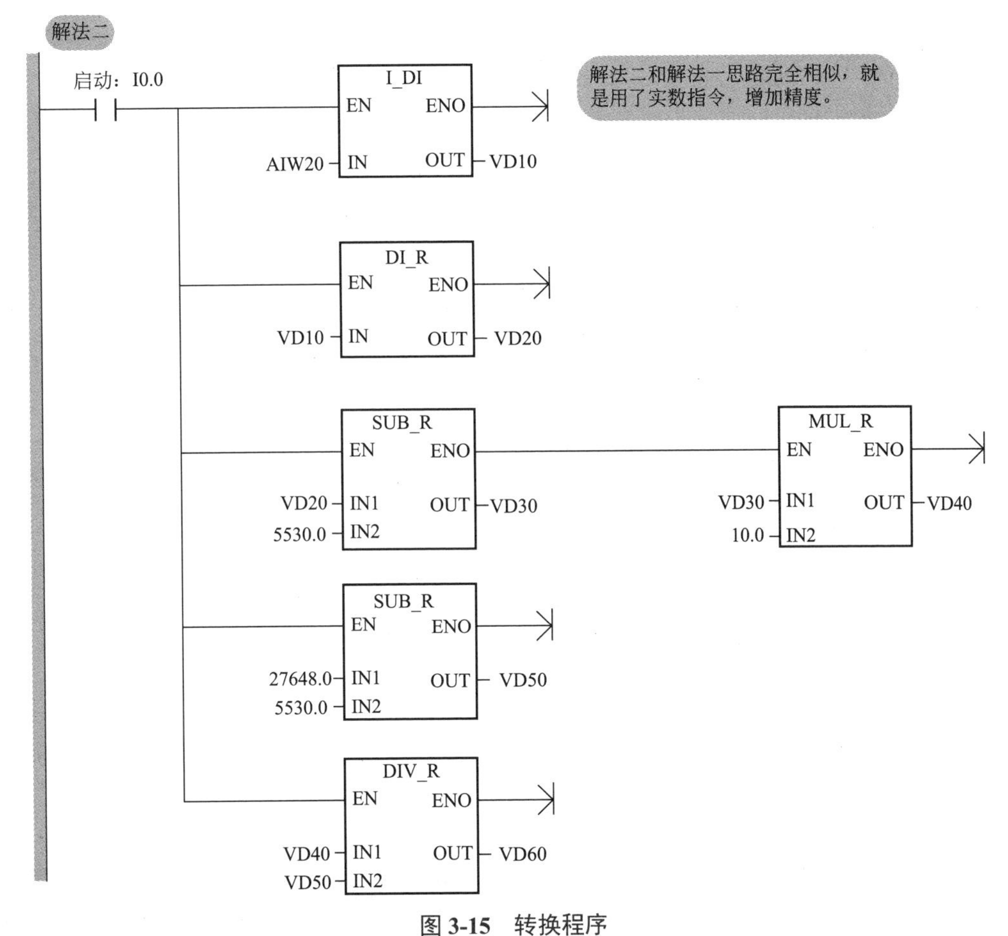

图 3-15　转换程序

编者心语

读者应细细品味以上两个例子的异同点，真正理解内码与实际物理量的对应关系，才是掌握模拟量编程的关键。

3.3　盐水制造机控制

3.3.1　控制要求

盐水制造机示意图如图 3-16 所示。制造盐水时，先往盐槽中加入适量的盐。按下启动按钮 SB1，进水阀 S1 开，自来水会沿管道流入盐水槽中，当水面到达下限位时，循环电机 M 启动进行吸水，当水面到达上限位时，进水阀关闭，执行内循环，加速盐的溶解；当浓度传感器检测到的浓度在 30% 时，出水阀 S2 打开，制造好的盐水排出，当夜面到达下限位时，进水阀 S1 开，执行注水。如此循环，试设计程序。

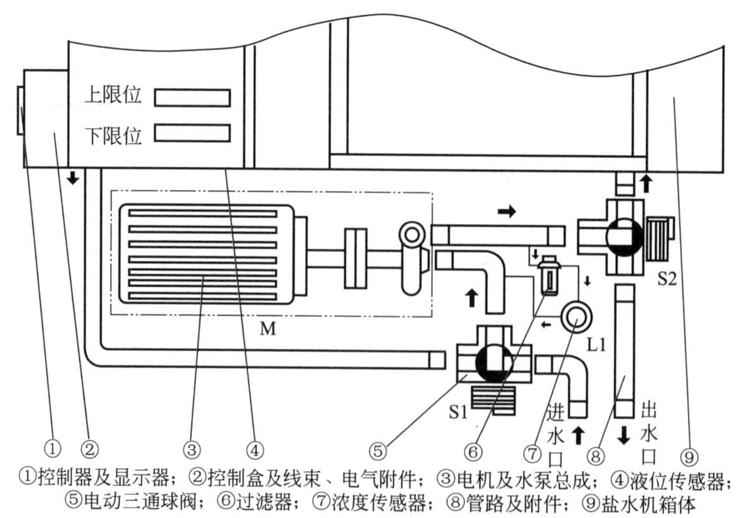

①控制器及显示器；②控制盒及线束、电气附件；③电机及水泵总成；④液位传感器；
⑤电动三通球阀；⑥过滤器；⑦浓度传感器；⑧管路及附件；⑨盐水机箱体

图 3-16　盐水制造机示意图

3.3.2　PLC 及相关元件选型

本项目采用 CPU SR20 模块 +EM AE04 模拟量输入模块进行自动控制，上、下限位传感器负责水位检测，浓度传感器负责盐水浓度检测，S1、S2 阀执行元件，分别控制进水和出水，本项目各元件的选型结果如表 3-5 所示。

表 3-5　盐水制造机材料清单

序号	物料名称	型号	明细	数量	单位	厂家
1	微型断路器	A9F28310	380V，D10	1	个	施耐德
2	微型断路器	A9F28320	380V，C20	1	个	施耐德
3	中间继电器	HHC68A-L-2Z-24VDC	24V，10A，2 极	2	个	欣灵
4	中间继电器插座	PTF08A		2	个	欣灵
5	液位位开关	LMA50A	24V，1A，常开	2	个	翼尔
6	按钮	X2BA31C	绿色，常开	1	个	施耐德
7	按钮	XB2BA42C	红色，常闭	1	个	施耐德
8	指示灯	XB2BVB4LC	24V，红色	1	个	施耐德
9	熔体	RT28N-32/4A	4A	2	个	正泰
10	熔体	RT28N-32/2A	2A	1	个	正泰
11	熔座	RT28N-32		3	个	正泰
12	接触器	LC1-D09BDC	24VDC，9A	1	个	施耐德
13	热继电器	LRD12C	整定范围：5.5 ～ 8A	1	个	施耐德
14	直流开关电源	EDR-150-24	150W，24VDC	1	个	明纬
15	电线	BVR-2.5mm^2		10	米	艾克
16	电线	BVR-1.5mm^2		20	米	艾克
17	电线	BVR-1.0mm^2		40	米	艾克
编制	研发部：韩相争		日期			

3.3.3 硬件设计

盐水制造机控制系统电路图，如图 3-17 所示。

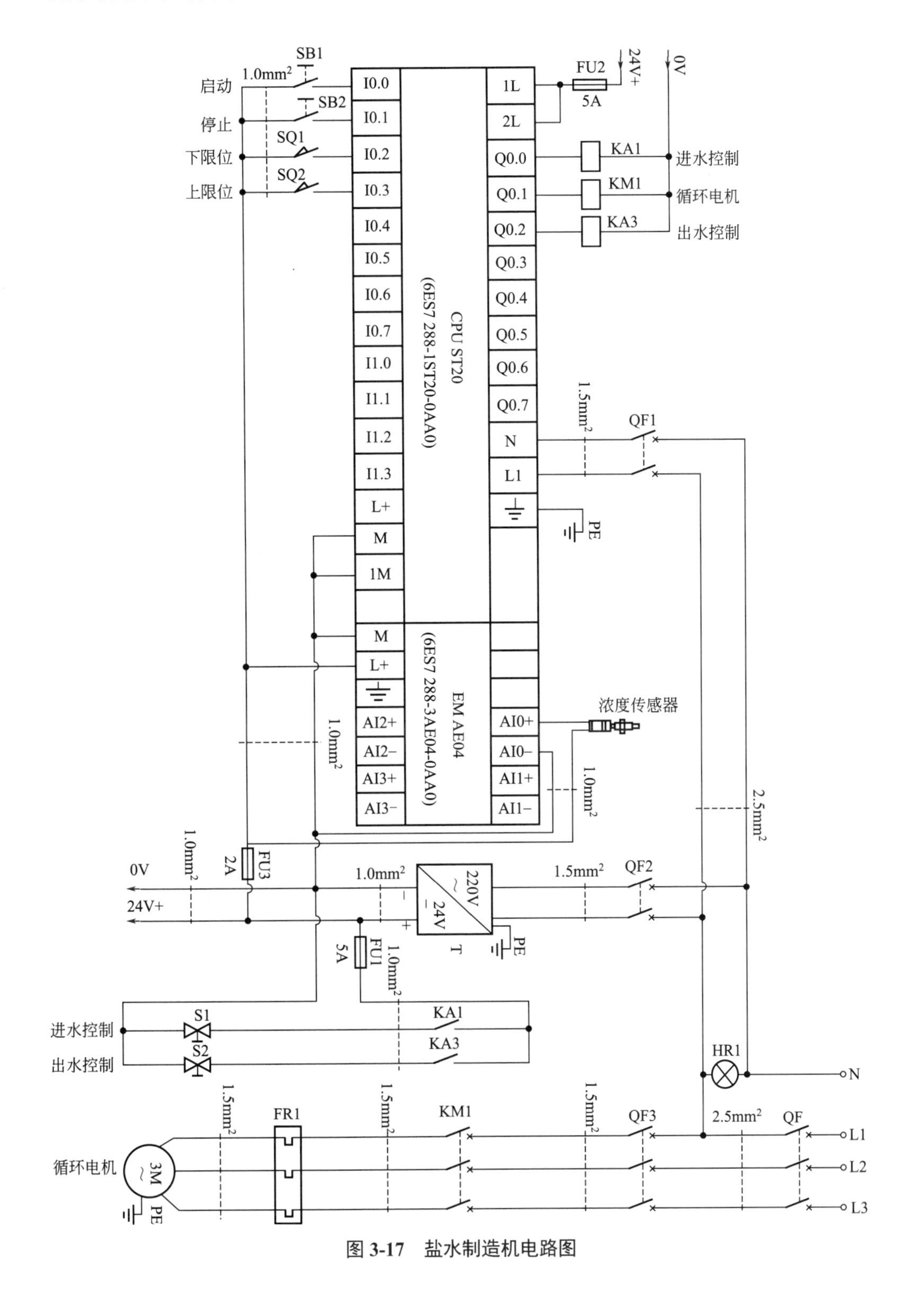

图 3-17 盐水制造机电路图

3.3.4 程序设计

① 明确控制要求，确定I/O分配，如表3-6所示。

表3-6 盐水制造机I/O分配

输入量		输出量	
启动按钮	I0.0	进水控制	Q0.1
停止按钮	I0.1	循环电机	Q0.1
下限位	I0.2	出水控制	Q0.2
上限位	I0.3		

② 盐水制造机硬件组态，如图3-18所示。

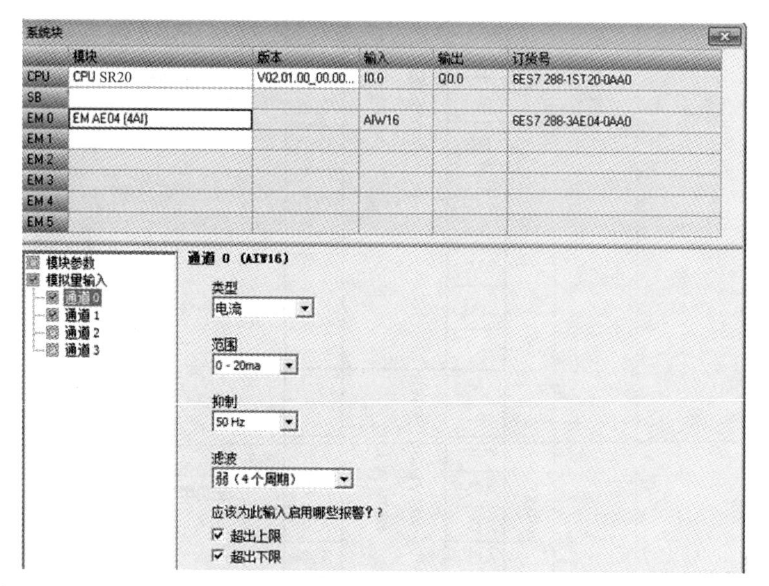

图3-18 盐水制造机硬件组态

③ 盐水制造机动作流程图，如图3-19所示。

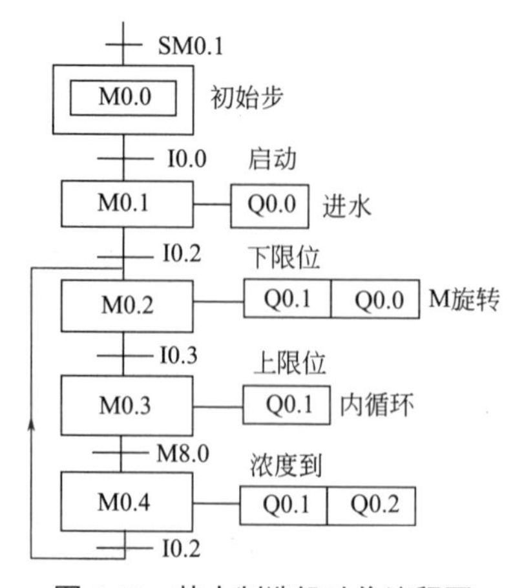

图3-19 盐水制造机动作流程图

④ 盐水制造机主程序，如图 3-20 所示。

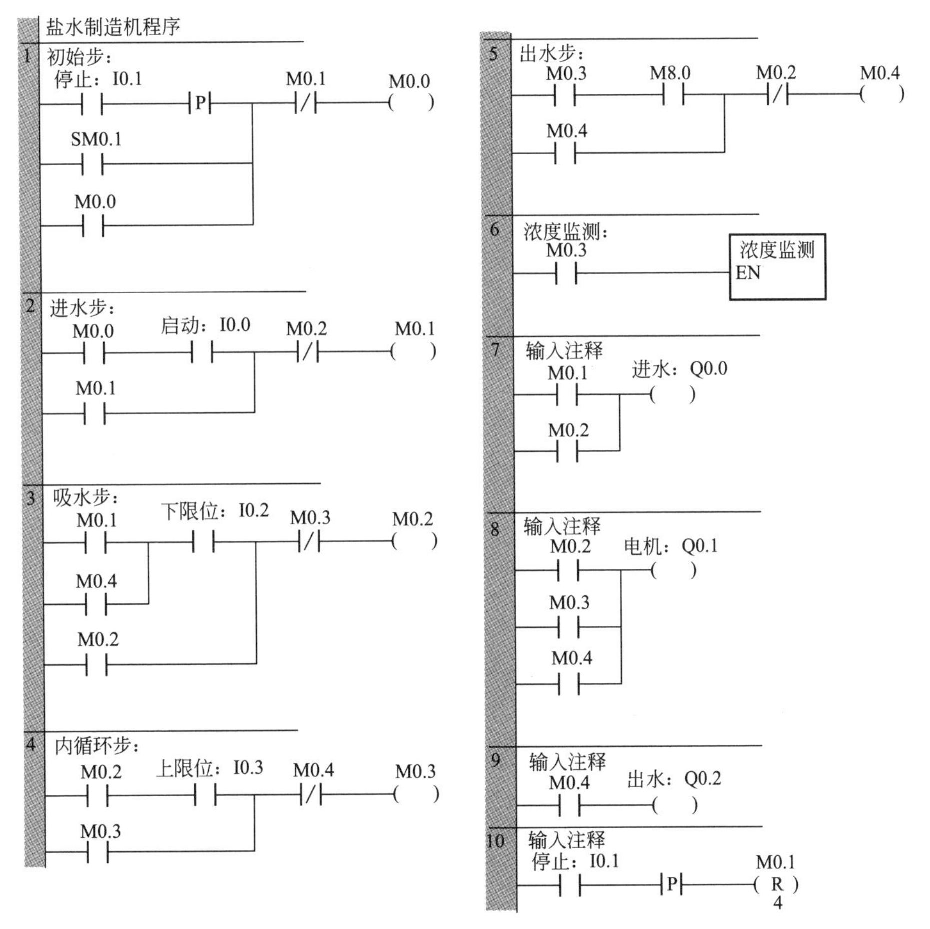

图 3-20　盐水制造机梯形图主程序

⑤ 盐水制造机浓度检测程序，如图 3-21 所示。

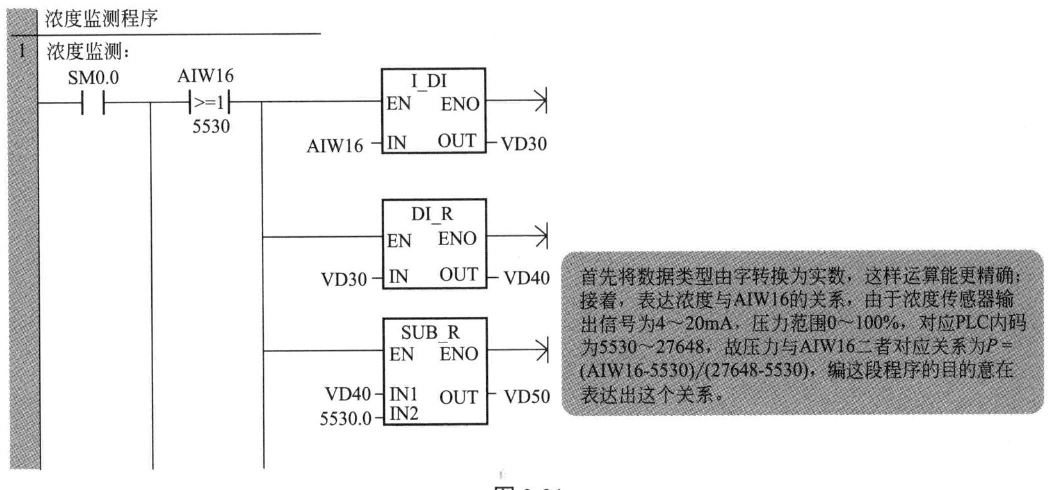

图 3-21

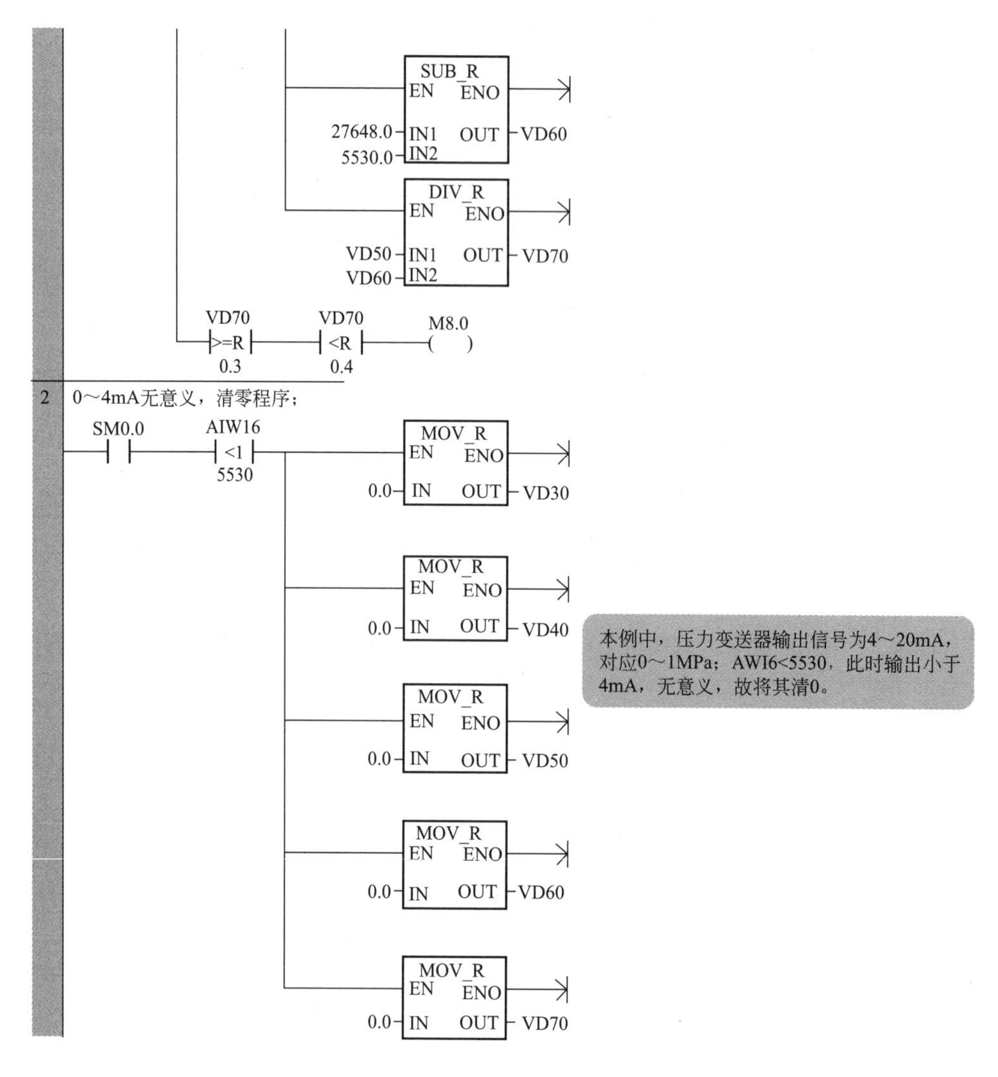

图 3-21　盐水制造机浓度检测程序

编者心语

模拟量编程的几个注意点：

① 找到实际物理量与对应数字量的关系是编程的关键，之后用 PLC 功能指令表达出这个关系。

② 硬件组态输入输出地址编号是软件自动生成的，需严格遵照此编号，不可自己随便编号，否则编程会出现错误，如本例中，模拟量通道的地址就为 AIW16，而不是 AWI0。

③ S7-200 SMART PLC 编程软件比较智能，模拟量模块组态时有超出上限、超出下限及断线报警，若模拟量通道红灯不停闪烁，需考虑以上几点。

3.4 PID控制及应用

3.4.1 PID控制简介

（1）PID控制简介

S7-200 SMART 能够进行 PID 控制。S7-200 SMART CPU 最多可以支持 8 个 PID 控制回路（8 个 PID 指令功能块）。

PID 是闭环控制系统的比例 - 积分 - 微分控制算法。PID 控制器根据设定值（给定）与被控对象的实际值（反馈）的差值，按照 PID 算法计算出控制器的输出量，控制执行机构去影响被控对象的变化。PID 控制是负反馈闭环控制，能够抑制系统闭环内的各种因素所引起的扰动，使反馈跟随给定变化。

根据具体项目的控制要求，在实际应用中有可能用到其中的一部分，比如常用的是 PI（比例 - 积分）控制，这时没有微分控制部分。

（2）PID算法

典型的 PID 算法包括三个部分：比例项、积分项和微分项，即输出 = 比例项 + 积分项 + 微分项。下面以离散系统的 PID 控制为例，对 PID 算法进行说明。离散系统的 PID 算法如下：

$$M_n=K_c\times(SP_n-PV_n)+K_c(T_s/T_i)\times(SP_n-PV_n)+M_x+K_c\times(T_d/T_s)\times(PV_{n-1}-PV_n)$$

式中 M_n——在采样时刻 n 计算出来的回路控制输出值；

K_c——回路增益；

SP_n——在采样时刻 n 的给定值；

PV_n——在采样时刻 n 的过程变量值；

PV_{n-1}——在采样时刻 $n-1$ 的过程变量值；

T_s——采样时间；

T_i——积分时间常数；

T_d——微分时间常数；

M_x——在采样时刻 $n-1$ 的积分项。

比例项 $K_c\times(SP_n-PV_n)$：将偏差信号按比例放大，提高控制灵敏度；

积分项 $K_c(T_s/T_i)\times(SP_n-PV_n)+M_x$：积分控制对偏差信号进行积分处理，缓解比例放大量过大，引起的超调和振荡；

微分项 $(T_d/T_s)\times(PV_{n-1}-PV_n)$ 对偏差信号进行微分处理，提高控制的迅速性。

（3）PID算法在S7-200 SMART中的实现

PID 控制最初在模拟量控制系统中实现，随着离散控制理论的发展，PID 也在离散控制系统中实现。

为便于实现，S7-200 SMART 中的 PID 控制采用了迭代算法。计算机化的 PID 控制算法有几个关键的参数：K_c（Gain，增益），T_i（积分时间常数），T_d（微分时间常数），T_s（采样时间）。

在 S7-200 SMART 中，PID 功能是通过 PID 指令功能块实现的。通过定时（按照采样时间）执行 PID 功能块，按照 PID 运算规律，根据当时的给定、反馈、比例 - 积分 - 微分数据，计算出控制量。

PID 功能块通过一个 PID 回路表交换数据，这个表在 V 数据存储区中开辟，长度为 36 字节。因此每个 PID 功能块在调用时需要指定两个要素：PID 控制回路号以及控制回路表的起始地址（以 VB 表示）。

由于 PID 可以控制温度、压力等许多对象，它们各自都由工程量表示，因此有一种通用的数据表示方法才能被 PID 功能块识别。S7-200 SMART 中的 PID 功能使用占调节范围百分比的方法抽象地表示被控对象的数值大小。在实际工程中，这个调节范围往往被认为与被控对象（反馈）的测量范围（量程）一致。

PID 功能块只接受 0.0 ～ 1.0 之间的实数（实际上就是百分比）作为反馈、给定与控制输出的有效数值，如果是直接使用 PID 功能块编程，必须保证数据在这个范围之内，否则会出错。其他如增益、采样时间、积分时间、微分时间都是实数。

因此，必须把外围实际的物理量与 PID 功能块需要的（或者输出的）数据之间进行转换。这就是所谓输入 / 输出的转换与标准化处理。

S7-200 SMART 的编程软件 Micro/WIN SMART 提供了 PID 指令向导，以方便地完成这些转换 / 标准化处理。除此之外，PID 指令也同时会被自动调用。

（4）PID控制举例

炉温控制采用PID控制方式，炉温控制系统的示意图，如图 3-22 所示。在炉温控制系统中，热电偶为温度检测元件，其信号传至变送器，转换为标准电压或电流信号，标准信号再送至 A/D 模块，经 A/D 转换后的数字量与 CPU 设定值比较，二者的差值进行 PID 运算，将运算结果送给 D/A 模块，D/A 模块输出相应的电压或电流信号对电动阀进行控制，从而实现了温度的闭环控制。

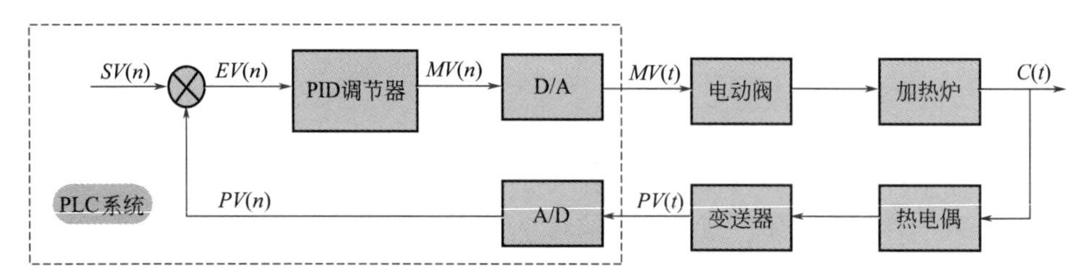

图 3-22　炉温控制系统示意图

图中，$SV(n)$ 为给定量，$PV(n)$ 为反馈量，此反馈量 A/D 已经转换为数字量了。$MV(t)$ 为控制输出量，令 $\Delta X= SV(n)-PV(n)$，如果 $\Delta X>0$，表明反馈量小于给定量，则控制器输出量 $MV(t)$ 将增大，使电动阀开度变大，进入加热炉的天然气流量增大，进而炉温上升；如果 $\Delta X<0$，表明反馈量大于给定量，则控制器输出量 $MV(t)$ 将减小，使电动阀开度变小，进入加热炉的天然气流量变小，进而炉温降低；如果 $\Delta X=0$，表明反馈量等于给定量，则控制器输出量 $MV(t)$ 不变，电动阀开度不变，进入加热炉的天然气流量不变，进而炉温不变。

3.4.2　PID 指令

PID 指令格式如图 3-23 所示。

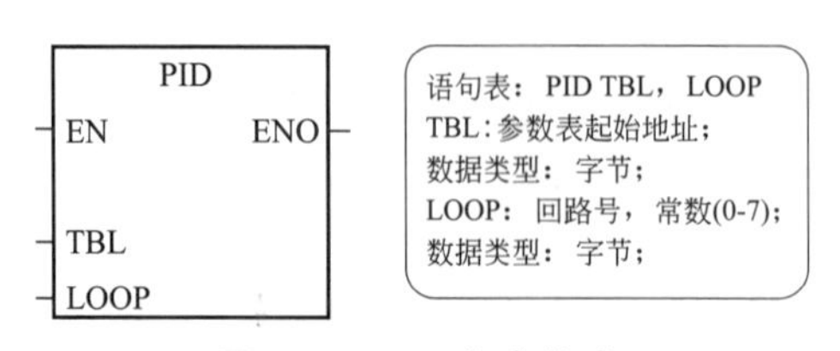

图 3-23　PID 指令格式

指令功能解析

当使能端有效时，根据回路参数表（TAL）中的输入测量值、控制设定值及 PID 参数进行计算。

说明：

① 运行 PID 指令前，需要对 PID 控制回路参数进行设定，参数共 9 个，均为 32 位实数，共占 36 字节，具体如表 3-7 所示。

② 程序中可使用 8 条 PID 指令，分别编号 0 ～ 7，不能重复使用。

③ 使 ENO=0 的错误条件：0006（间接地址），SM1.1（溢出，参数表起始地址或指令中指定的 PID 回路指令号码操作数超出范围）。

表 3-7　PID 控制回路参数表

地址（VD）	参数	数据格式	参数类型	说明
0	过程变量当前值 PV_n	实数	输入	取值范围：0.0 ～ 1.0
4	给定值 SP_n	实数	输入	取值范围：0.0 ～ 1.0
8	输出值 M_n	实数	输入 / 输出	范围在 0.0 ～ 1.0 之间
12	增益 K_c	实数	输入	比例常数，可为正数可负数
16	采用时间 T_s	实数	输入	单位为秒，必须为正数
20	积分时间 T_i	实数	输入	单位为分钟，必须为正数
24	微分时间 T_d	实数	输入	单位为分钟，必须为正数
28	上次积分值 M_x	实数	输入 / 输出	范围在 0.0 ～ 1.0 之间
32	上次过程变量 PV_{n-1}	实数	输入 / 输出	最近一次 PID 运算值

3.4.3　PID 控制编程思路

（1）PID 初始化参数设定

运行 PID 指令前，必须根据对 PID 控制回路参数表的初始化参数进行设定，一般需要给增益 K_c、采样时间 T_s、积分时间 T_i 和微分时间 T_d 这 4 个参数赋以相应的数值，数值以满足控制要求为目的。特别地，当不需要比例项时，将增益 K_c 设置为 0；当不需要积分项时，将积分参数 T_i 设置为无限大，即 9999.99；当不需要微分项时，将微分参数 T_d 设置为 0。

需要指出，能设置出合适的初始化参数，并不是一件简单的事，需要工程技术人员对控制系统极其熟悉。往往是多次调试，最后找到合适的初始化参数。第一次试运行参数时，一般将增益设置得小一点，积分时间不要太小，以保证不会出现较大的超调量。微分一般都设置为 0。

编者心语

工程技术人员总结出的经验口诀，供读者参考。

参数整定找最佳，从小到大顺序查；
先是比例后积分，最后再把微分加；
曲线振荡很频繁，比例度盘要放大；
曲线漂浮绕大弯，比例度盘往小扳；
曲线偏离回复慢，积分时间往下降；
曲线波动周期长，积分时间再加长；
曲线振荡频率快，先把微分降下来；
动差大来波动慢，微分时间应加长；
理想曲线两个波，前高后低 4 比 1；
一看二调多分析，调节质量不会低。

（2）输入量的转换和标准化

每个回路的给定值和过程变量都是实际的工程量，其大小、范围和单位不尽相同，在进行 PID 之前，必须将其转换成标准格式。

第一步，将 16 位整数转换为工程实数。可以参考 3.2 节内码与实际物理量的转换参考程序。

第二步，在第一步的基础上，将工程实数值转换为 0.0 ～ 1.0 之间的标准数值。一般是第一步得到的实际工程数值（如 VD30 等）对应最大量程。

（3）编写 PID 指令

（4）将 PID 回路输出转换为成比例的整数

程序执行后，要将 PID 回路输出 0.0 ～ 1.0 之间的标准化实数值转换为 16 位整数值，方能驱动模拟量输出。转换方法：将 PID 回路输出 0.0 ～ 1.0 之间的标准化实数值乘以 27648.0（单极型）或 55296.0（双极型）。

3.4.4 PID 控制工程实例—恒温控制

（1）控制要求

某加热设备需要恒温控制，温度应维持在 50℃，按下加热启动按钮，全温开启加热（加热管受模拟量固态继电器控制，模拟量信号 0 ～ 10V），当加热到 60℃，开始进入 PID 模式，将温度维持在 50℃；温度检测传感器为热电阻，输出信号为 4 ～ 20mA 对应 0 ～ 100℃，试编程。

（2）硬件组态

恒温控制硬件组态，如图 3-24 所示。

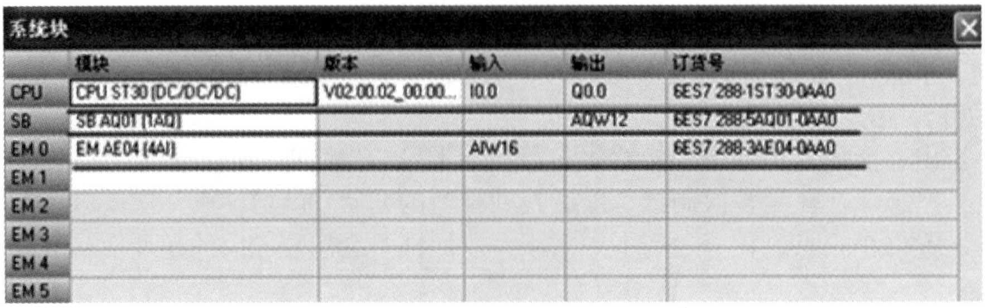

系统块

	模块	版本	输入	输出	订货号
CPU	CPU ST30 (DC/DC/DC)	V02.00.02_00.00...	I0.0	Q0.0	6ES7 288-1ST30-0AA0
SB	SB AQ01 (1AQ)			AQW12	6ES7 288-5AQ01-0AA0
EM 0	EM AE04 (4AI)		AIW16		6ES7 288-3AE04-0AA0
EM 1					
EM 2					
EM 3					
EM 4					
EM 5					

图 3-24　恒温控制硬件组态

（3）程序设计

恒压控制的程序如图 3-25 所示。本项目程序的编写主要考虑 3 方面，具体如下。

恒温控制

1 程序段注释

启动：I0.0 停止：I0.1 M0.0 （ ）；M0.0（并联自锁）

2 当刚启动或压力低于30℃时，全温启动；高于60℃时，全温关闭。

M0.0 —P— M0.2（常闭） 停止：I0.1（常闭） 全温加热：Q0.0 （ ）；VD40 ==R 30.0（并联）；全温加热：Q0.0（并联）

3 模拟量信号采集程序，当AIW16小于等于5530，即采集到的信号小于等于4mA时，将所有的字和双字赋0。

AIW16与实际压力的对应关系为：P=(AIW16-5530)/222，因此模拟量信号采集程序用SUB-DI，DIV-DI指令表达出这种关系，得到的结果为字，再用DI-R指令，将字转化为实数。这样做的目的一是得到的压力值比较精确，二是以后的PID控制必须为实数。

M0.0 — AIW16 <=I 5530 — MOV_DW（IN 0，OUT VD0）— MOV_DW（IN 0，OUT VD10）— MOV_DW（IN 0，OUT VD30）— MOV_R（IN 0.0，OUT VD40）

AIW16 >I 5530 — I_DI（IN AIW16，OUT VD0）— SUB_DI（IN1 VD0，IN2 +5530，OUT VD10）— DIV_DI（IN1 VD10，IN2 +222，OUT VD30）— DI_R（IN VD30，OUT VD40）

4 当采集到的压力为60℃时，给全温加热一个停止信号，给PID控制一个启动信号。

VD40 ==R 60.0 — M0.2 （ ）

5 输入注释

VD40 ==R 60.0 — 停止：I0.1（常闭） — M0.1 （ ）；M0.1（并联自锁）

6 对PID初始化参数进行设定，分别对给定量、增益、采样时间、积分时间常数、微分时间常数进行设置。其中给定量50℃为工程量，PID需要0.0到1.0的实数，因此50℃除以总的量程100℃，将其转化为0.0到1.0的实数。此外，在寻找合适的增益与积分时间常数时，先给增益赋一个较小的值，给积分常数一个较大的值，保证不会出现较大的超调，一点点尝试，最后找到最佳参数。微分时间常数通常设为0就可以。

M0.1 —P— DIV_R（IN1 50.0，IN2 100.0，OUT VD48）

MOV_R（IN 3.0，OUT VD56）— MOV_R（IN 1.0，OUT VD60）

MOV_R（IN 10.0，OUT VD64）— MOV_R（IN 0.0，OUT VD68）

Ⓐ

图 3-25

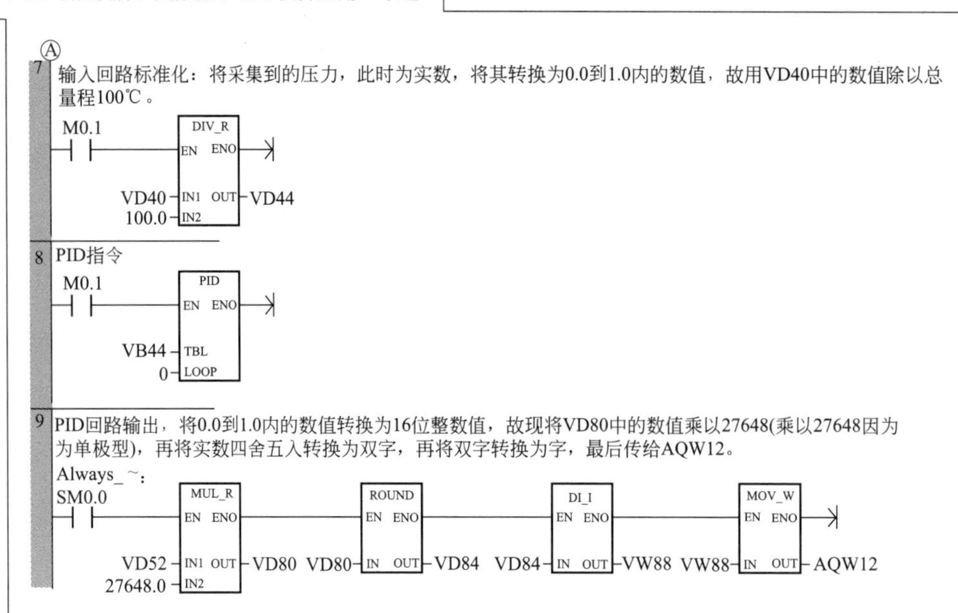

图 3-25　恒温控制程序

① 全温启停控制程序的编写。全温启停控制比较简单，采用启保停电路即可。使用启保停电路的关键是找到启动和停止信号，启动信号一个是启动按钮所给的信号，另一个为当压力低于 30℃时，比较指令所给的信号，两个信号是或的关系，因此并联；停止信号为当压力为 60℃时，比较指令通过中间编程元件所给的信号。

② 温度信号采集程序的编写。再次强调，解决此问题的关键在于找到实际物理量压力与内码 AIW16 之间的比例关系。温度变送器的量程为 0 ～ 100℃，其输出信号为 4 ～ 20mA，EM AE04 模拟量输入通道的信号范围为 0 ～ 20mA，内码范围为 0 ～ 27648，故不难找出压力与内码的对应关系，对应关系为 P=(AIW16−5530)/222，其中 P 为温度。因此温度信号采集程序编写实际上就是用SUB-DI，DIV-DI指令表达出上述这种关系，此时得到的结果为双字，再用 DI-R 指令将双字转换为实数，这样做有两点考虑，第一，得到的压力为实数，比较精确，第二，此段程序恰好也是 PID 控制输入回路的转换程序，因此必须转换为实数。

③ PID 控制程序的编写。PID 控制程序的编写主要考虑 4 个方面。

a．PID 初始化参数设定

PID 初始化参数的设定主要涉及给定值、增益、采样时间、积分时间常数和微分时间常数这 5 个参数的设定。给定值为 0.0 ～ 1.0 之间的数，其中压力恒为 50℃，50℃为工程量，需将工程量转换为 0.0 ～ 1.0 之间的数，故将实际压力 50℃比上量程 100℃，即 DIV-R 50.0，100.0。寻找合适的增益值和积分时间常数时，需将增益赋 1 个较小的数值，将积分时间常数赋 1 个较大的值，其目的为系统不会出现较大的超调量，多次试验，最后得出合理的结果；微分时间常数通常设置为 0。

b．输入量的转换及标准化

输入量的转换程序即压力信号采集程序，输入量的转换程序最后得到的结果为实数，需将此实数转换为 0.0 ～ 1.0 之间的标准数值，故将 VD40 中的实数比上 100，100 是满量程的 100℃。

c．编写 PID 指令

d．将 PID 回路输出转换为成比例的整数，故 VD52 中的数先除以 27648.0（为单极型），接下来将实数四舍五入转化为双字，再将双字转化为字送至AQW12 中，从而完成了PID 控制。

3.5 PID 向导及应用

STEP 7-Micro/WIN SMART 提供了 PID 指令向导，可以帮助用户方便地生成一个闭环控制过程的 PID 算法。此向导可以完成绝大多数 PID 运算的自动编程，用户只需在主程序中调用 PID 向导生成的子程序，就可以完成 PID 控制任务。

PID 向导既可以生成模拟量输出 PID 控制算法，也支持开关量输出；既支持连续自动调节，也支持手动参与控制。建议用户使用此向导对 PID 编程，以避免不必要的错误。

3.5.1 PID 向导编程步骤

（1）打开PID向导

方法 1：在 STEP 7-Micro/WIN SMART 编程软件的“工具”菜单中选择 PID 向导 PID 。

方法 2：打开 STEP 7-Micro/WIN SMART 编程软件，在项目树中打开“向导”文件夹，然后双击 PID 。

（2）定义需要配置的PID回路号

在图 3-26 中，选择要组态的回路，单击“下一页”，最多可组态 8 个回路。

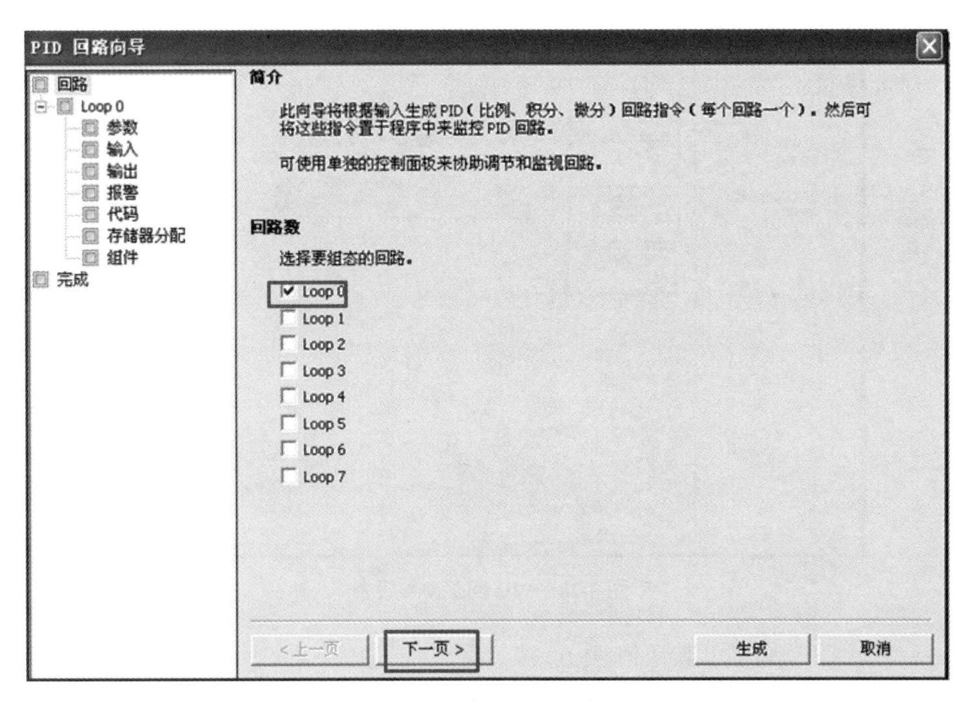

图 3-26　配置 PID 回路号

（3）为回路组态命名

可为回路组态自定义名称。如图 3-27 所示。

（4）设定PID回路参数

PID 回路参数设置，如图 3-28 所示。PID 回路参数设置分为 4 个部分，分别为增益设置、采样时间设置、积分时间设置和微分时间设置。注意这些参数的数值均为实数。

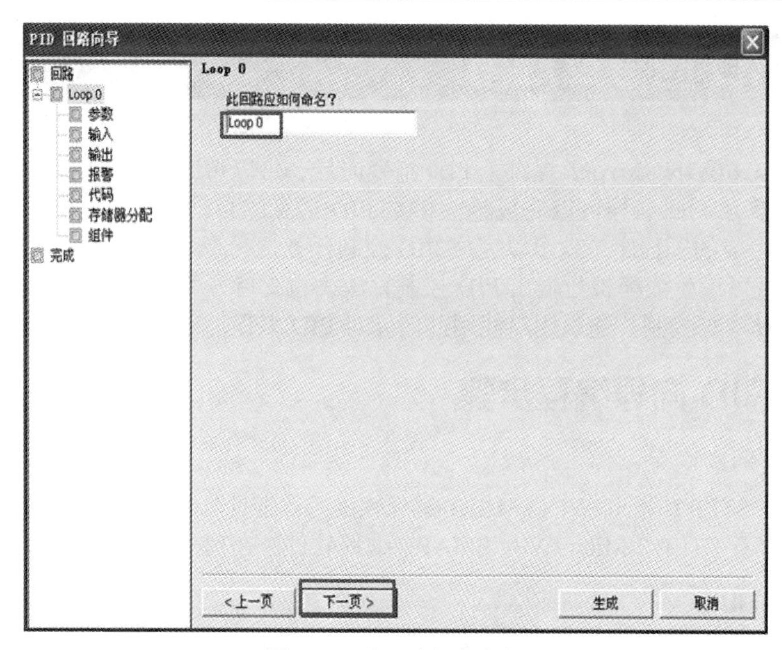

图 3-27　为回路组态命名

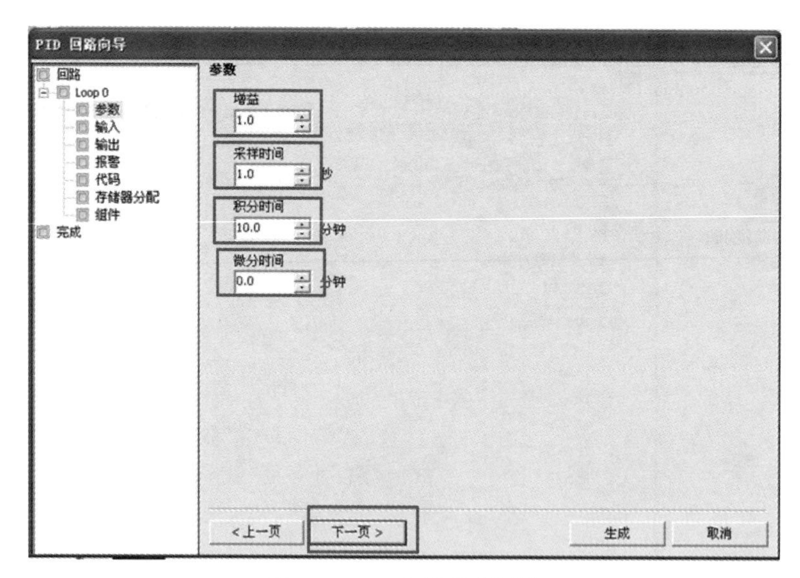

图 3-28　PID 回路参数设置

a．增益：即比例常数，默认值 =1.0。

b．积分时间：如果不想要积分作用，默认值 =10.0。

c．微分时间：如果不想要微分回路，可以把微分时间设为 0，默认值 =0.0。

d．采样时间：是 PID 控制回路对反馈采样和重新计算输出值的时间间隔，默认值 =1.00。在向导完成后，若想要修改此数，则必须返回向导中修改，不可在程序中或状态表中修改。

（5）设定输入回路过程变量

设定输入回路过程变量，如图 3-29 所示。

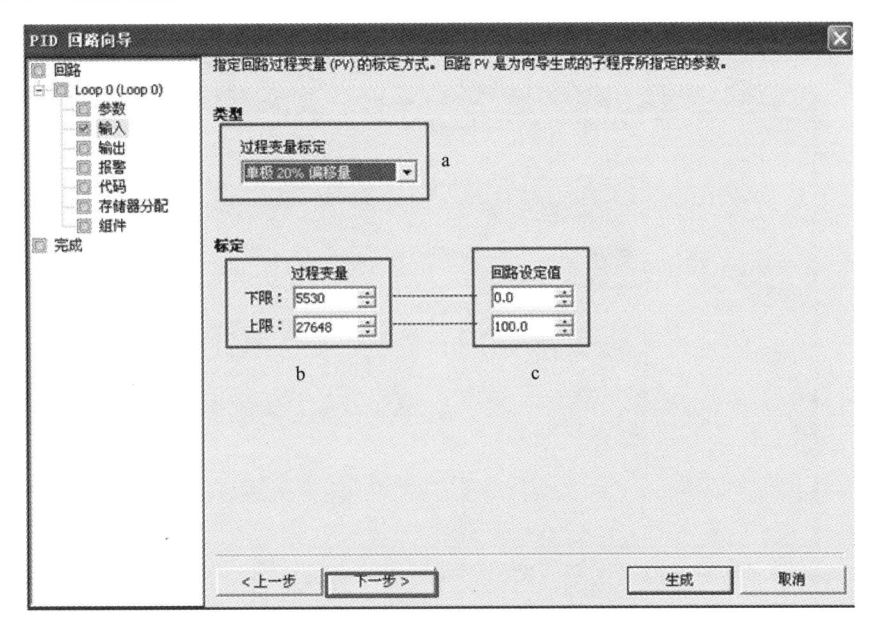

图 3-29　设置输入回路过程变量

对应图 3-29 中 a ～ c，逐一说明。

a．指定回路过程变量（PV）如何标定。可以从以下选项中选择。

◆ 单极性：即输入的信号为正，如 0 ～ 10V 或 0 ～ 20mA 等。

◆ 双极性：输入信号在从负到正的范围内变化。如输入信号为 ±10V、±5V 等时选用。

◆ 选用 20% 偏移：如果输入为 4 ～ 20mA 则选单极性及此项，4mA 是 0 ～ 20mA 信号的 20%，所以选 20% 偏移，即 4mA 对应 5530，20mA 对应 27648。

◆ 温度 ×10℃。

◆ 温度 ×10 ℉。

b．反馈输入取值范围

在 a. 设置为单极时，缺省值为 0 ～ 27648，对应输入量程范围 0 ～ 10V 或 0 ～ 20mA 等，输入信号为正。

在 a. 设置为双极时，缺省的取值为 -27648 ～ +27648，对应的输入范围根据量程不同可以是 ±10V、±5V 等。

在 a. 选中 20% 偏移量时，取值范围为 5530 ～ 27648，不可改变。

c．在“标定”（Scaling）参数中，指定回路设定值（SP）的默认值是 0.0 和 100.0 之间的一个实数。

（6）设定回路输出选项

对应图 3-30 中的 a ～ c，逐一说明。

a．输出类型

可以选择模拟量输出或数字量输出。模拟量输出用来控制一些需要模拟量给定的设备，如比例阀、变频器等；数字量输出实际上是控制输出点的通、断状态按照一定的占空比变化，可以控制固态继电器等。

b．选择模拟量则需设定回路输出变量值的范围，可以选择：

◆ 单极：单极性输出，可为 0 ～ 10V 或 0 ～ 20mA 等；

◆ 双极：双极性输出，可为正负 10V 或正负 5V 等；

◆ 单极 20% 偏移量：如果选中 20% 偏移，使输出为 4 ～ 20mA。

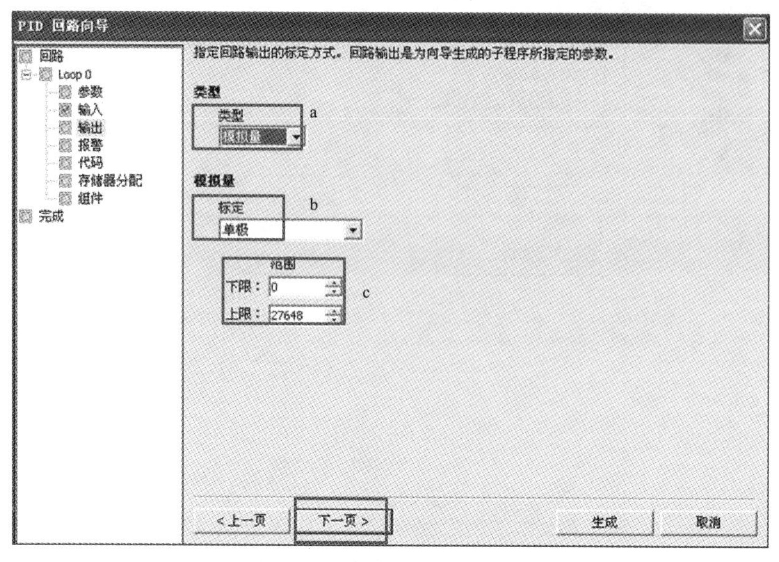

图 3-30　设置回路输出类型

c．取值范围：

◆ 为单极时，缺省值为 0 ～ 27648；

◆ 为双极时，取值 -27648 ～ 27648；

◆ 为 20% 偏移量时，取值 5530 ～ 27648，不可改变。

如果选择了开关量输出，需要设定此循环周期，如图 3-31 所示。

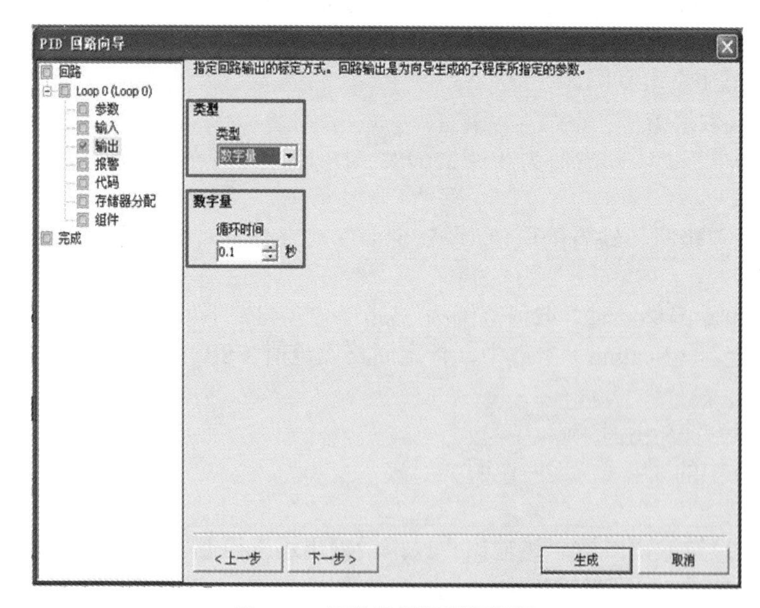

图 3-31　开关量循环周期设置

（7）设定回路报警选项

向导提供了三个输出来反映过程值（*PV*）的低值报警、高值报警及过程值模拟量模块错误状态。当报警条件满足时，输出置位为 1。这些功能在选中了相应的选择框之后起作用。

对应图 3-32 中的 a ~ c 逐一说明。

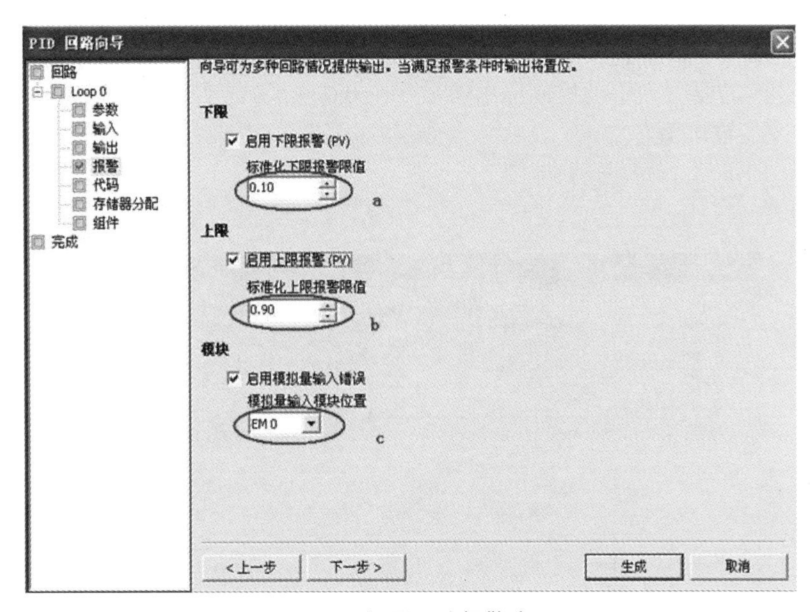

图 3-32　设置回路报警选项

a. 使能低值报警并设定过程值(*PV*)报警的低值，此值为过程值的百分数，缺省值为 0.10，即报警的低值为过程值的 10%。此值最低可设为 0.01，即满量程的 1%。

b. 使能高值报警并设定过程值(*PV*)报警的高值，此值为过程值的百分数，缺省值为 0.90，即报警的高值为过程值的 90%。此值最高可设为 1.00，即满量程的 100%。

c. 使能过程值（*PV*）模拟量模块错误报警并设定模块于 CPU 连接时所处的模块位置。“EM0”就是第一个扩展模块的位置。

（8）定义向导所生成的 PID 初始化子程序和中断程序名及手 / 自动模式

对应图 3-33 中 a ~ c 逐一说明如下。

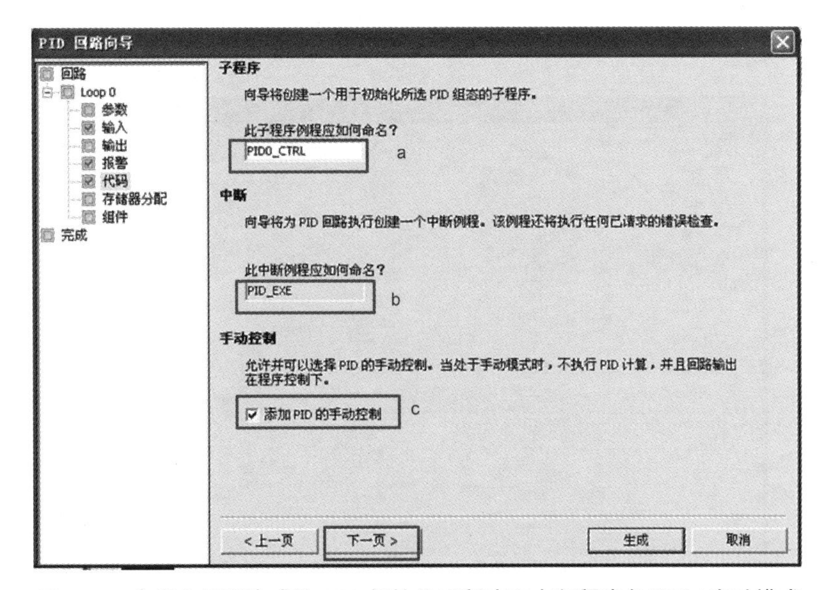

图 3-33　定义向导所生成的 PID 初始化子程序和中断程序名及手 / 自动模式

a．指定 PID 初始化子程序的名字。

b．指定 PID 中断子程序的名字。

c．此处可以选择添加 PID 手动控制模式。在 PID 手动控制模式下，回路输出由手动输出设定控制，此时需要写入手动控制输出参数一个 0.0 ～ 1.0 的实数，代表输出的 0% ～ 100% 而不是直接去改变输出值。

（9）指定PID运算数据存储区

如图 3-34 所示。

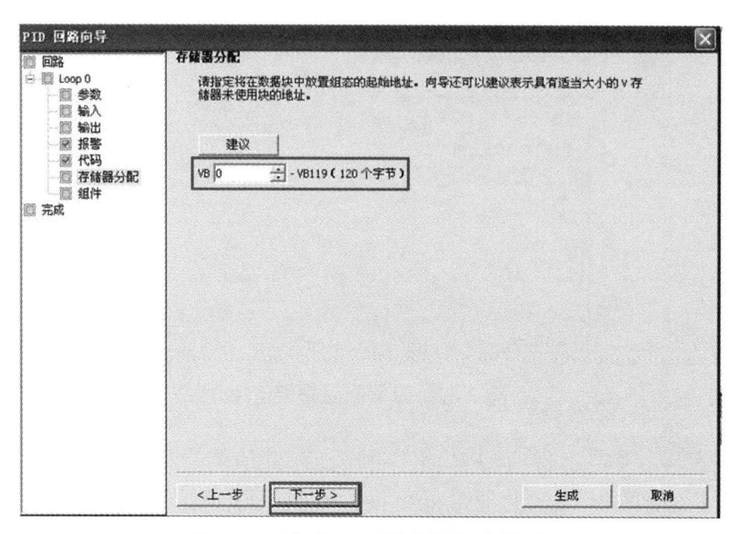

图 3-34　指定 PID 运算数据存储区

PID 指令使用了一个 120 个字节的 V 区参数表来进行控制回路的运算工作。除此之外，PID 向导生成的输入 / 输出量的标准化程序也需要运算数据存储区。需要为它们定义一个起始地址，要保证该地址起始的若干字节在程序的其他地方没有被重复使用。如果点击“建议”，则向导将自动设定当前程序中没有用过的 V 区地址。

（10）生成PID子程序、中断程序及符号表等

如图 3-35 所示。

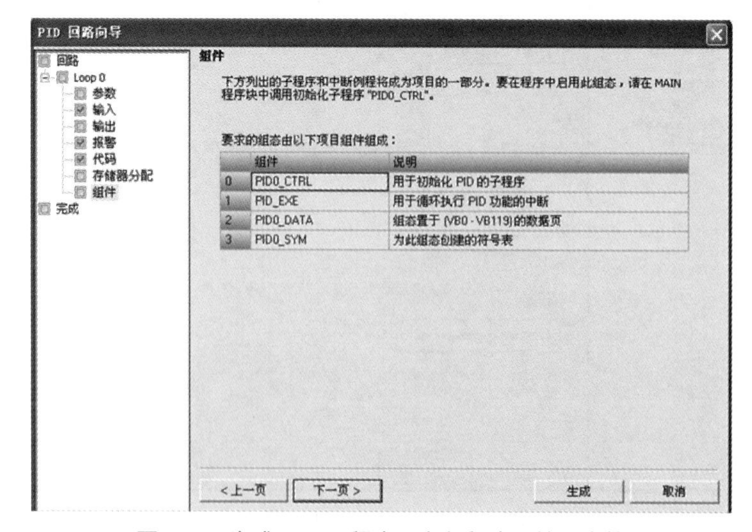

图 3-35　生成 PID 子程序、中断程序及符号表等

点击完成按钮，将在项目中生成上述 PID 子程序、中断程序及符号表等。

（11）在程序中调用向导生成的PID子程序

在用户程序中调用 PID 子程序时，可在指令树的程序块中用鼠标双击由向导生成的 PID 子程序，如图 3-36 所示。

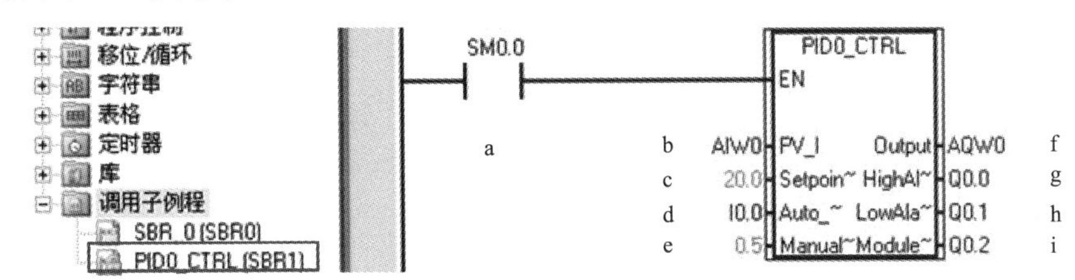

图 3-36　调用 PID 子程序

下面对图中标出的 a ～ i 进行说明。

a．必须用 SM0.0 来使能 PIDx_CTRL 子程序，SM0.0 后不能串联任何其他条件，而且也不能有越过它的跳转；如果在子程序中调用 PIDx_CTRL 子程序，则调用它的子程序也必须仅使用 SM0.0 调用，以保证它的正常运行。

b．此处输入过程值（反馈）的模拟量输入地址。

c．此处输入设定值变量地址（VDxx），或者直接输入设定值常数，根据向导中的设定 0.0 ～ 100.0，此处应输入一个 0.0 ～ 100.0 的实数，例：若输入 20，即为过程值的 20%，假设过程值 AIW0 是量程为 0 ～ 200℃的温度值，则此处的设定值 20 代表 40℃（即 200℃的 20%）；如果在向导中设定给定范围为 0.0 ～ 100.0，则此处的 20 相当于 20℃。

d．此处用 I0.0 控制 PID 的手 / 自动方式，当 I0.0 为 1 时，为自动，经过 PID 运算从 AQW0 输出；当 I0.0 为 0 时，PID 将停止计算，AQW0 输出为 ManualOutput（VD4）中的设定值，此时不要另外编程或直接给 AQW0 赋值。若在向导中没有选择 PID 手动功能，则此项不会出现。

e．定义 PID 手动状态下的输出，从 AQW0 输出一个满值范围内对应此值的输出量。此处可输入手动设定值的变量地址（VDxx），或直接输入数。数值范围为 0.0 ～ 1.0 之间的一个实数，代表输出范围的百分比。例如输入 0.5，则设定为输出的 50%。若在向导中没有选择 PID 手动功能，则此项不会出现。

f．此处键入控制量的输出地址。

g．当高报警条件满足时，相应的输出置位为 1，若在向导中没有使能高报警功能，则此项将不会出现。

h．当低报警条件满足时，相应的输出置位为 1，若在向导中没有使能低报警功能，则此项将不会出现。

i．当模块出错时，相应的输出置位为 1，若在向导中没有使能模块错误报警功能，则此项将不会出现。

3.5.2　PID 向导应用案例——恒温控制

（1）控制要求

本例与 3.4.4 案例的控制要求、硬件组态完全一致，将程序换由 PID 向导来编写。

（2）程序设计

① PID 向导生成

本例的 PID 向导生成请参考 3.5.1 中的步骤，其中第（4）步设定回路参数增益改成 3.0，第（7）步设定回路报警选项全不勾选，第（8）步定义向导所生成的 PID 初始化子程序和中断程序名及手 / 自动模式中手动控制不勾选，第（9）步指定 PID 运算数据存储区 VB44，其余与 3.5.1 中的步骤所给图片一致，故这里不再赘述。

② 程序结果

恒温控制程序结果，如图 3-37 所示。

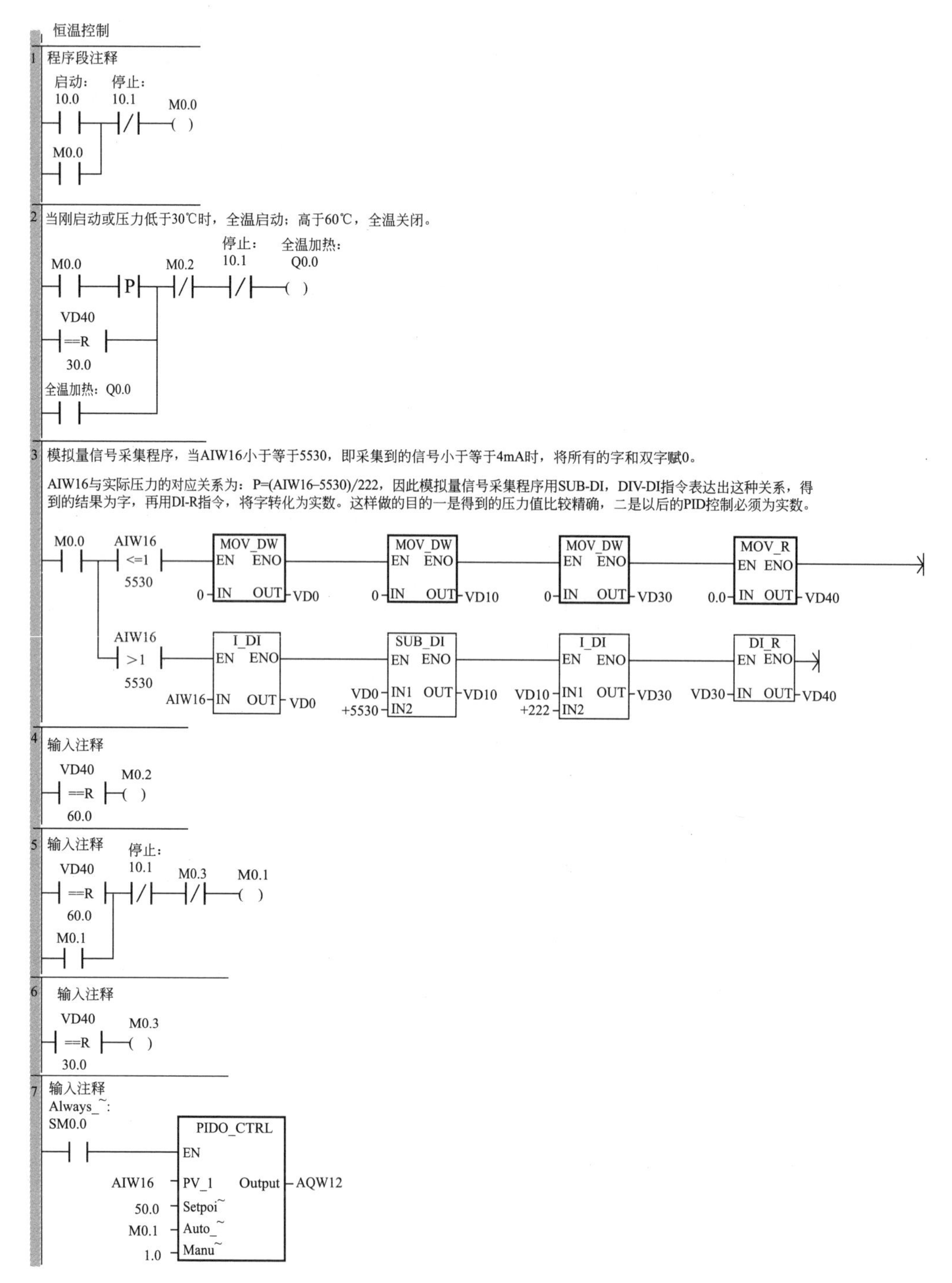

图 3-37　恒温控制程序（PID 向导）

第2篇

触摸屏

SIEMENS

第4章 触摸屏实用案例

本章要点

- 触摸屏简介
- MCGS 嵌入版组态软件
- 彩灯循环控制
- 蓄水罐水位控制

4.1 触摸屏简介

触摸屏是一个新型数字系统输入设备，利用触摸屏可以使人直观方便地进行人机对话，触摸屏不但可以对 PLC 进行操控，而且还可以实时监控 PLC 的工作状态。

目前的触摸屏的厂商很多，国内外有较大影响的如西门子、三菱、昆仑通泰、威纶等。

本书以北京昆仑通泰自动化科技有限公司 TPC7062K 触摸屏及 MGCS 组态软件为例，对触摸屏及其组态软件知识进行讲解。

4.1.1 TPC7062K 触摸屏简介

TPC7062 是北京昆仑通泰自动化科技有限公司推出的一款面向工业自动化领域的触摸屏。该触摸屏具有以下特点：

① 高清：800×480 分辨率；

② 真彩：65535 色数字真彩，有丰富的图形库；

③ 可靠：抗干扰性能达到工业Ⅲ级标准，采用 LED 背光，寿命长；

④ 配置：ARM9 内核、400M 主频、64M 内存、128M 存储空间；

⑤ 环保：低功耗，整机功耗仅 6W。

4.1.2 TPC7062K 触摸屏外形、接口及安装

（1）产品外形及接口

TPC7062K 触摸屏的外形及接口，如图 4-1 所示。

（2）外形尺寸及安装

TPC7062K 触摸屏外形尺寸及开孔尺寸，如图 4-2 所示。触摸屏在安装时，将其放到开孔面板上，在背面用配套的挂钩和挂钩钉固定。

（3）TPC7062K 触摸屏与西门子 PLC 的通信连接

TPC7062K 触摸屏通过 DB9 通信电缆与西门子 S7-200 及 S7-200 SMART PLC 进行 RS-

485 通信，连接如图 4-3 所示。

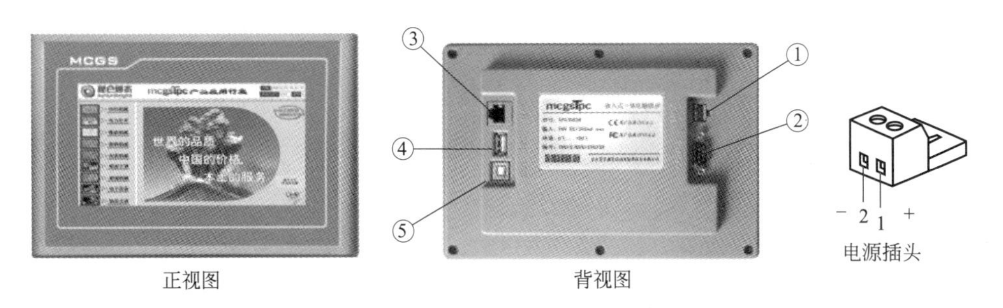

端口含义解析

① 24V 电源端口：为触摸屏提供供电窗口；
② COM 串口：提供 RS-232 和 RS-485 串口，实现与外部设备连接；
③ LAN（RJ45）：可以实现以太网连接，选装；
④ USB1 端口：用于备份实时数据库的数据；
⑤ USB2 端口：通过下载线与计算机连接，下载工程。

图 4-1　TPC7062K 触摸屏的外形及接口

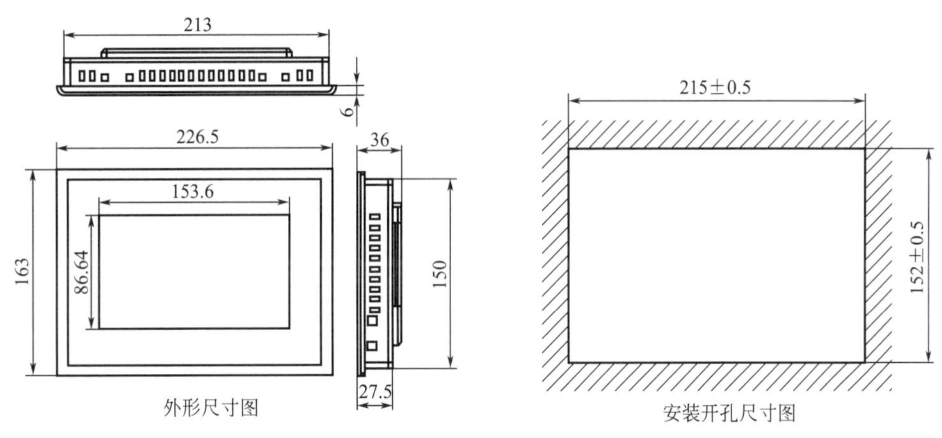

图 4-2　TPC7062K 触摸屏的外形尺寸及安装开孔尺寸（mm）

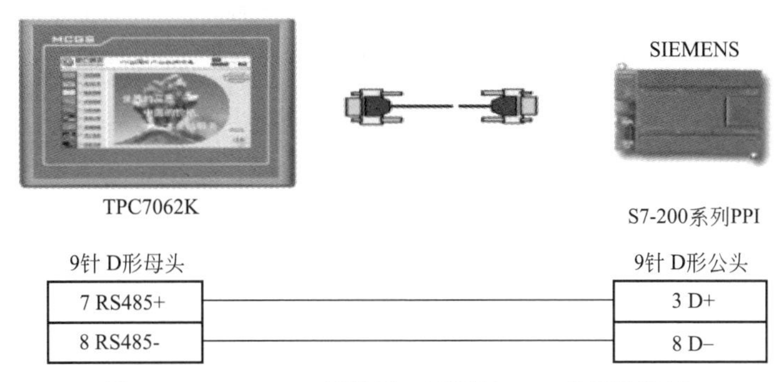

图 4-3　TPC7062K 触摸屏与西门子 PLC 的通信连接

4.2 MCGS嵌入版组态软件

触摸屏和PLC一样不但有硬件，而且还得有软件。MCGS嵌入版组态软件就是专门为MCGS触摸屏开发的组态软件。

编者心语

MCGS嵌入版组态软件主要用于触摸屏工程的开发，这并不代表它没有上位机监控组态软件的功能，笔者亲身实践过，本软件也可作为监控组态软件用，只不过国产监控组态软件常用组态王而已，在这点上读者不要有误区。

4.2.1 新建工程

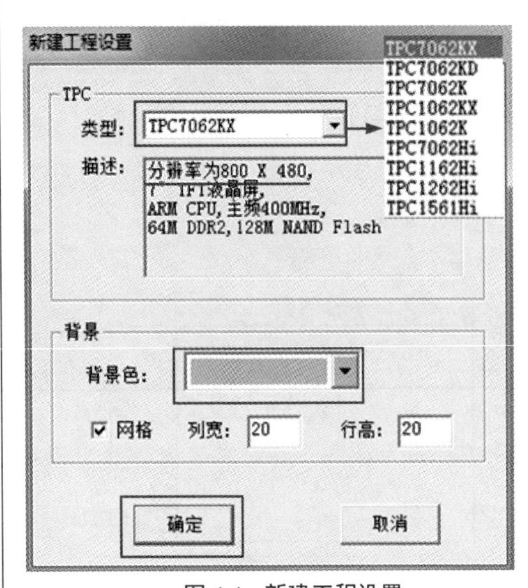

图4-4 新建工程设置

双击桌面MCGS组态软件图标，进入组态环境。单击菜单栏中的“文件→新建”，会出现“新建工程设置”对话框，如图4-4所示。在“类型”中可以选择你需要触摸屏的系列，这里我们选择“TPC7062KX”系列，在“背景色”中，可以选择需要的背景颜色，这里有一点需要注意，就是分辨率800×480，有时候背景以图片形式出现的时候，所用图片的分辨率也必须为800×480，否则触摸屏显示出来会失真。设置完成后，单击“确定”，将出现工作平台画面，如图4-5所示。

图4-5 MCGS组态软件工作平台

4.2.2　MCGS 嵌入版组态软件工作平台结构组成

在图 4-5 中，我们不难看出，MCGS 嵌入版组态软件工作平台的结构组成分为 5 部分，分别主控窗口、用户窗口、实时数据库、设备窗口和运行策略。

（1）主控窗口

MCGS 嵌入版组态软件的主控窗口是组态工程的主框架，是所有用户窗口和设备窗口的父窗口。一个组态工程文件只允许有一个主控窗口，但主控窗口可以放置多个用户窗口和一个设备窗口。主控窗口的作用是负责所有窗口的调控和管理，调用用户策略的运行，反映出工程总体概貌。

以上作用决定了主控窗口的属性设置。主控窗口属性设置包括基本属性、启动属性、内存属性、系统参数和存盘参数 5 个子项，打到主控窗口图标，执行“右键→属性”会弹出主控窗口属性设置对话框，如图 4-6 所示。

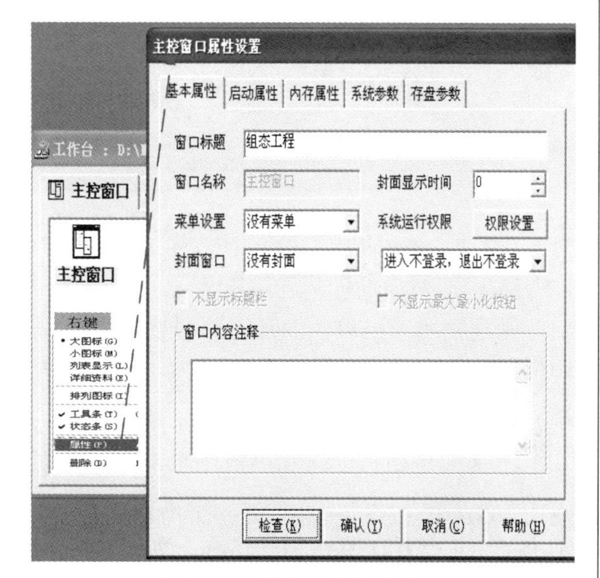

图 4-6　主控窗口属性设置

（2）用户窗口

MCGS 嵌入版组态软件系统组态的一项重要工作就是用生动图形画面和逼真的动画来描述实际工程。在用户窗口中，通过对多个图形对象的组态设置，并建立相应的动画连接，可实现反映工业控制过程的画面。

用户窗口是由用户来定义和构成 MCGS 嵌入组态软件图形界面的窗口。它好比一个“大容器”，用来放置图元、图符和动画构件等图形对象。通过对图形对象的组态设置，建立与实时数据库的连接，由此完成图形界面的设计工作。

编者心语

用户窗口第二段文字不容小视，其实道出了用户画面构建的一般步骤。

① 创建用户窗口

在 MCGS 组态环境工作平台中，选中“用户窗口”页，用鼠标单击“新建窗口”按钮，可以新建一个用户窗口，以上步骤，如图 4-7 所示。用户窗口可以有多个。

② 设置窗口的属性

选中“窗口 0”，单击 **窗口属性** 按钮，出现“用户窗口属性设置”画面，如图 4-8 所示。该画面主要包括 5 种属性的设置，分别为基本属性、扩展属性、启动属性、循环属性和退出脚本。其中“基本属性”最为常用，因此，将重点讲解“基本属性”，其余属性可以参考相关的触摸屏书籍。

图 4-8 中，选中“基本属性”，这时可以改变“基本属性”的相关信息。在窗口名称项可以输入你想要的名称，本例窗口名称为“首页”。在“窗口背景”中，可已选择需要的背景颜色；设置完成后，单击“确定”，窗口名称由“窗口 0”变成了“首页”。

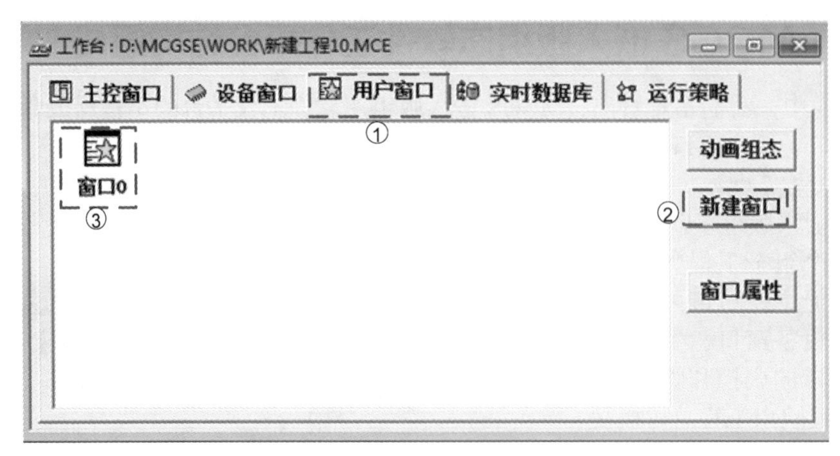

图 4-7　创建用户窗口

③ 图形对象的创建和编辑

新建完用户窗口，设置完窗口属性后，用户就可以利用工具箱在用户窗口中创建和编辑图形对象，制作图形界面了。

a．工具箱

工具箱是用户创建和编辑图形对象的工具的所在地。双击"首页"图标或选中"首页"图标后，点击 **动画组态** 按钮，将会打开一个空白用户窗口。在工具栏中，点击按钮，将会打开工具箱，本书列出了常用工具按钮的名称，如图 4-9 所示。

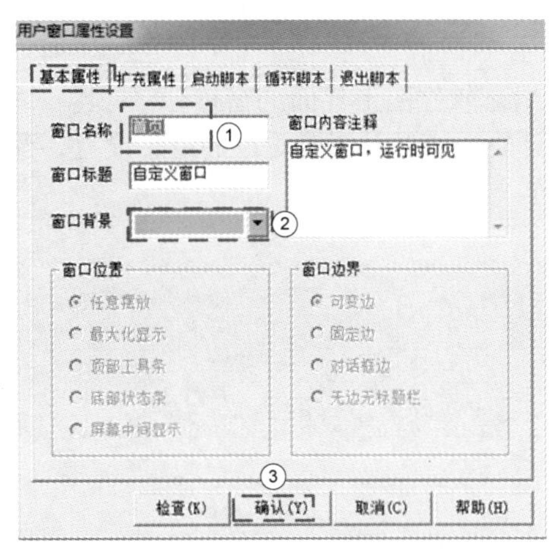

图 4-8　用户窗口属性设置

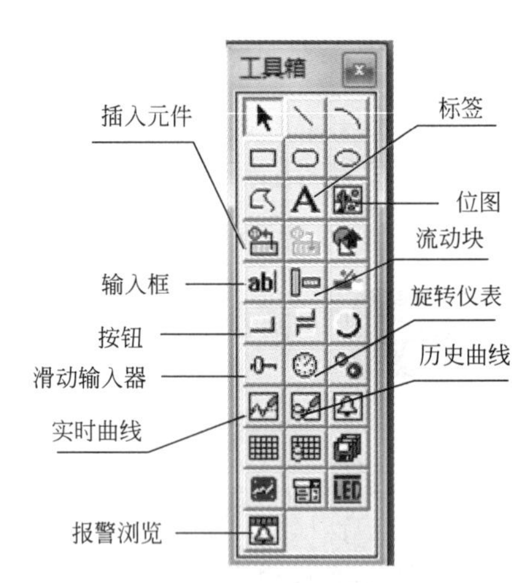

图 4-9　工具箱常用按钮

b．图形的创建和编辑

要创建一个图元，在打开空白用户窗口的情况下，点击工具箱中的相应按钮，之后进行相应的设置即可。

案例

创建位图、标签、输入框、按钮。

假设有一个空白用户窗口，名称为"首页"（新窗口的创建和属性设置，请参考图 4-7

和图 4-8）。在空白用户窗口中，点击按钮，打开工具箱。

① 插入位图：单击工具箱中的按钮，在工作区域进行拖拽，之后点击右键“装载位图”，步骤如图 4-10 所示。找到要插入的路径，这样就把想要插入的图片插到“首页”里了，本例中插入的是“S7-200 SMART PLC 图片”，最终结果如图 4-11 所示。

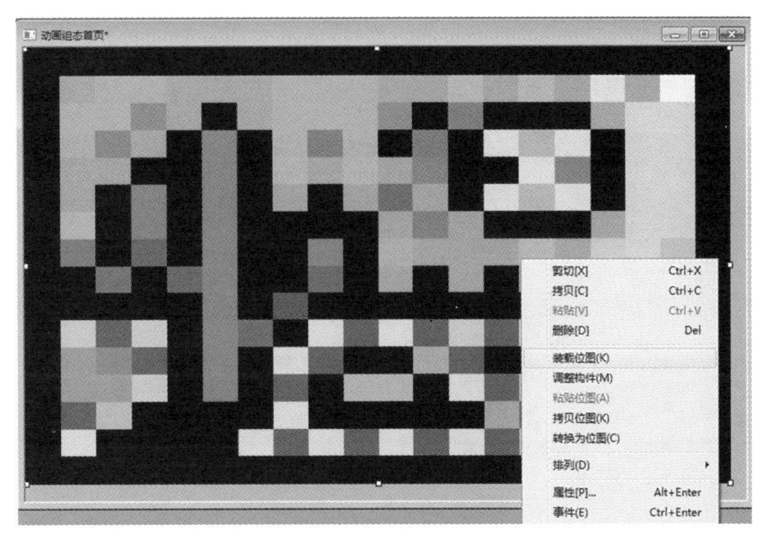

图 4-10　插入位图

图 4-11　插入位图最终结果

② 插入标签：单击工具箱中A按钮，在画面中拖拽，双击该标签，进行“标签动画组态属性设置”界面，如图 4-12 所示。之后，分别进行“属性设置”和“扩展设置”，在“扩展设置”中的“文本内容输入”项输入“S7-200 SMART PLC 信号发生项目”字样；水平和垂直对齐分别设置为“居中”，文字内容排布设置为“横向”。在“属性设置”中“填充色”、“边框颜色”项选择“没有填充”和“没有边线”；“字符颜色”项“颜色”设置为黑色；单击按钮，会出现“字体”对话框，如图 4-13 所示。

③ 插入按钮：单击工具箱中的按钮，在画面中拖拽合适大小，双击该按钮，进行“标准按钮构建属性设置”界面，如图 4-14 所示。之后，分别进行“基本属性”和“操作属性”

设置。在“基本属性”中的“文本”项输入“启动”字样;水平和垂直对齐分别设置为“居中”;“文本颜色”项设置为黑色;单击A^a按钮,会出现“字体”对话框,与标签中的设置方法相似,不再赘述,“背景色”设为蓝色,“边颜色”为蓝色。在“操作属性”中,按下“抬起功能”按钮,在“数据对象值操作”项打钩,点击倒三角,选择“清 0”;单击?,选择变量“启动”。(备注:此变量应提前在 实时数据库 中定义,我们将在“实时数据库”中讲解)。在“操作属性”中,按下“按下功能”按钮,在“数据对象值操作”项打钩,点击倒三角,选择“置 1”;单击?,选择变量“启动”。

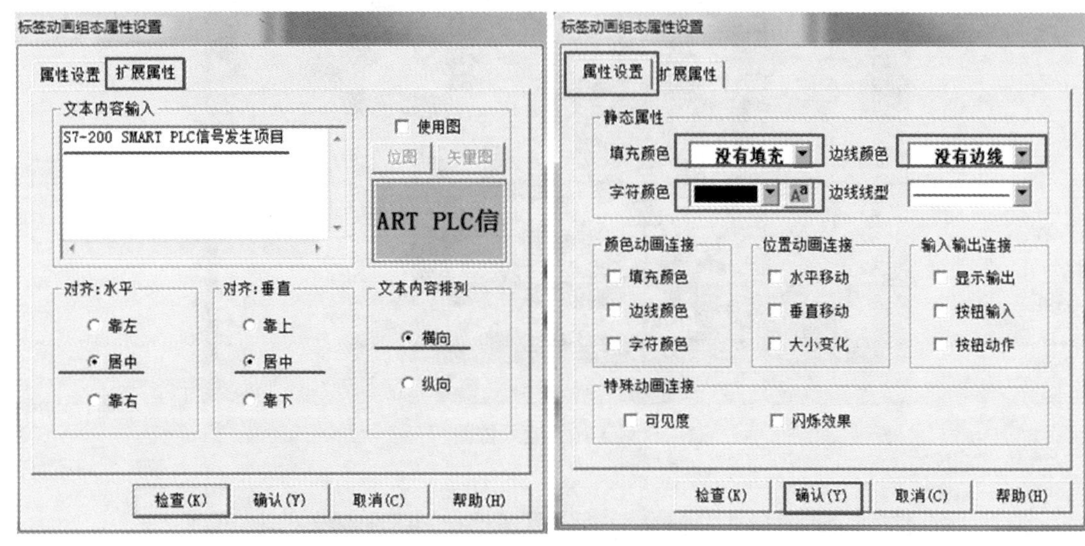

图 4-12 插入标签

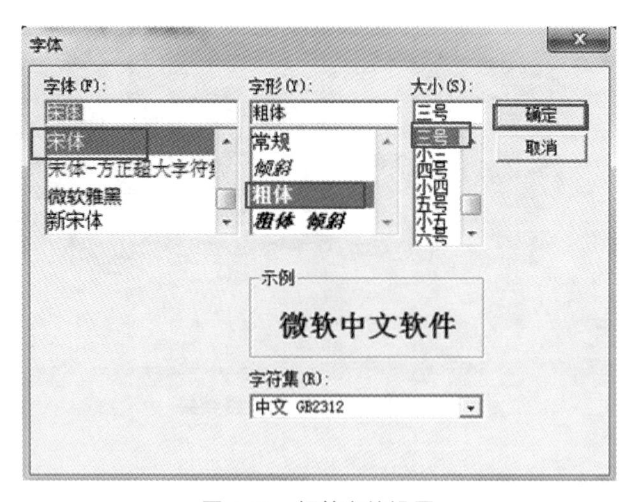

图 4-13 标签字体设置

④ 插入输入框:单击工具箱中的 ab| 按钮,在画面中拖拽合适大小,双击该按钮,进行“输入框构件属性设置”界面,如图 4-15 所示。之后,分别进行“基本属性”和“操作属性”设置。在“基本属性”中的“水平对齐”和“垂直对齐”项分别设置为“居中”;“背景色”设为蓝色,“字符颜色”项设置为黑色;单击A^a按钮,会出现“字体”对话框,本例选择的是宋体、常规、小四号字;在“操作属性”中的“对应数据对象的名称”项,单击?,选择变量“VD0”(备

注：此变量应提前在 实时数据库 中定义，我们将在“实时数据库”中讲解）。在“最小值”中输入 4，在“最大值”中输入 20，也就意味着该输入框只接受 4 ～ 20mA 数据。

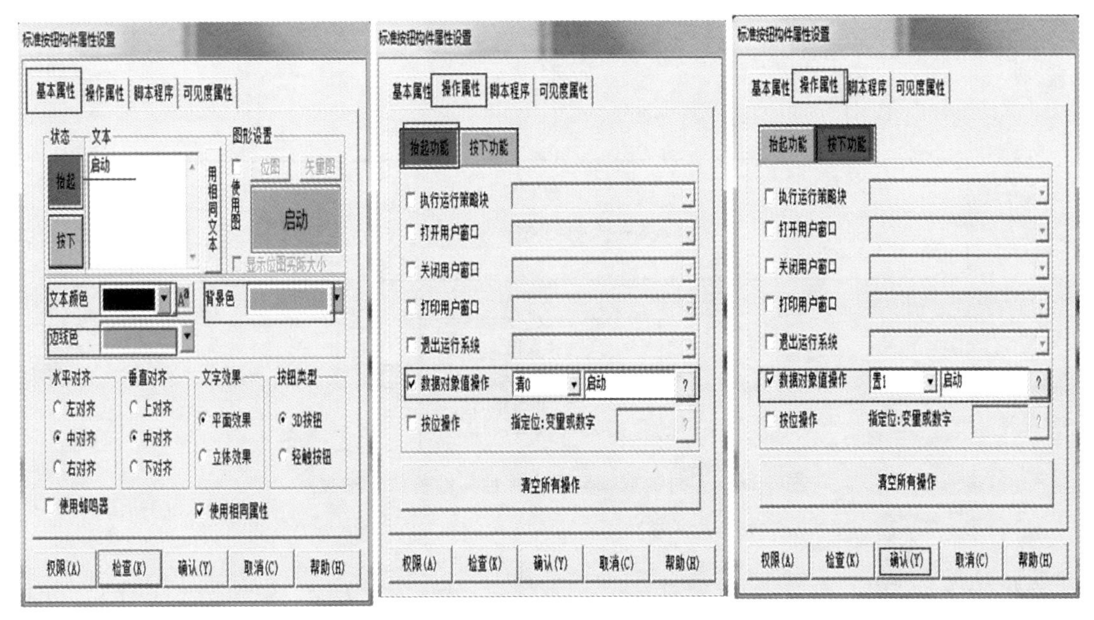

图 4-14　标准按钮构件属性设置

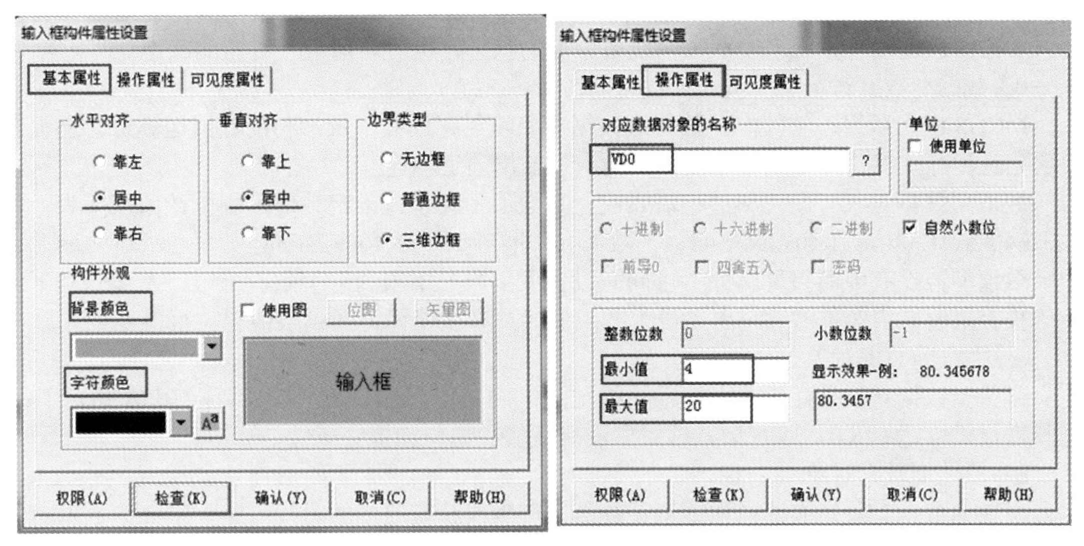

图 4-15　输入框构件属性设置

本节仅介绍常用的几个构件，其余的读者可自行试验。

（3）实时数据库

实时数据库是指用数据库技术管理的所有数据对象的集合。实时数据库是 MCGS 嵌入版组态软件的核心，是应用系统的数据处理中心。应用系统的各个部分均以实时数据库为公用区交换数据，实现各个部分的协调动作。图 4-16 说明了实时数据库与工作平台其他结构组成部分的联系。

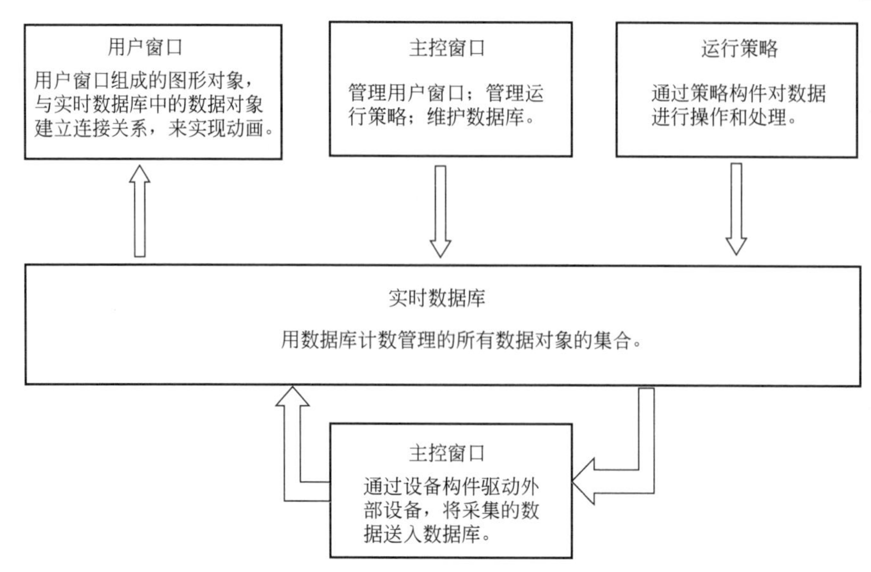

图 4-16　实时数据库与工作平台其他各部分的关系

① 数据对象的类型

MCGS 嵌入版组态软件的数据对象有 5 种类型，分别为开关型、数值型、字符型、事件型和数据组对象。

a．开关型数据对象

记录开关信号（0 或非 0）的数据对象称为开关型数据对象，通常与外部设备的开关量输入、输出通道相连，用来表示某一设备当前的状态，也可表示某一对象的状态。

b．数据型数据对象

MCGS 嵌入版组态软件中，数值型数据对象除了存放数值及参与的数值运算外，还提供报警信息，并能够与外部设备的模拟量输入、输出通道相连。

数值型数据对象有最大和最小值属性，其数值不会超过设定数值范围。数值范围为：负数 -3.402823E38 ～ -1.401298E-45；正数 1.401298E-45 ～ 3.402823E38。

数值型数据有限值报警属性，可同时设置下下限、下限、上上限、上限、上偏差和下偏差等报警限值，当对象的值超出了设定的限值时，产生报警，回到限值内，报警停止。

c．字符型数据对象

字符型数据对象是存放文字信息的单元，用来描述外部对象的状态特征。其值为字符串，其长度最长可达 64KB。字符型数据对象没有最值、单位和报警属性。

d．事件型数据对象

事件型数据对象用来记录和标识某种事件产生或状态改变的时间信息。事件型数据对象的值是由 19 个字符组成的定长字符串，用来保留当前最近一次事件所产生的时刻，用“年，月，日，时，分，秒”表示。其中，年是 4 位数字，其余为 2 位数字，之间用逗号隔开，如“1997，02，03，23，45，56”。

事件型数据对象没有工程单位、没有最值属性和限值报警，只有状态报警。事件型数据对象不同于开关型数据对象，事件型数据对象时间产生一次，报警对应产生一次，且报警产生和结束是同时完成的。

e．数据组对象

数据组对象把相关的多个数据对象集合在一起，作为一个整体来定义和处理。数据组对象只是在组态时对某一类对象的整体表示方法，其实际的操作是针对每个成员进行的。

② 数据对象的属性设置

数据对象定义好后，需根据实际设置数据对象的属性。在工作台窗口中，点击 实时数据库，进入实时数据库界面。点击 新增对象，会出现 InputETime1，双击此项，会进入“数据对象属性设置”。数据对象属性设置包括三方面：基本属性设置、存盘属性设置和报警属性设置。本节仅就基本属性加以讨论，其余两个相应的地方遇见后再讲解。

双击 InputETime1，进入“数据对象属性设置”。在“对象名称”项输入“启动”；在“对象初值”项输入“0”；在“对象类型”项，选择“开关”，设置完毕，单击“确定”；再次点击 新增对象，会出现 启动1，双击此项，会进入“数据对象属性设置”，在“对象名称”项输入“VD0”；在“对象初值”项输入“0”；在“最小值”中输入 4，在“最大值”中输入 20，也就意味着只接受 4 ～ 20mA 数据。在“对象类型”项，选择“数值”，设置完毕，单击“确定”；步骤如图 4-17 所示，最终结果如图 4-18 所示。

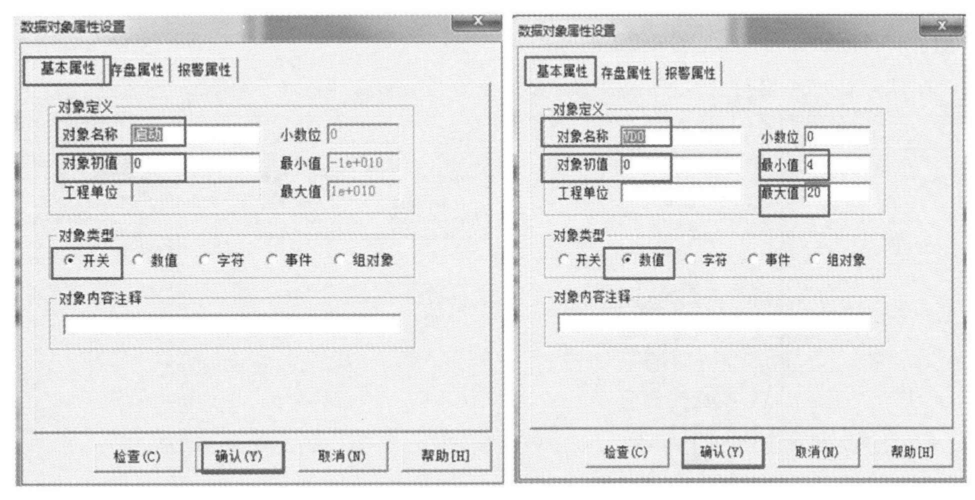

图 4-17　数据对象属性设置

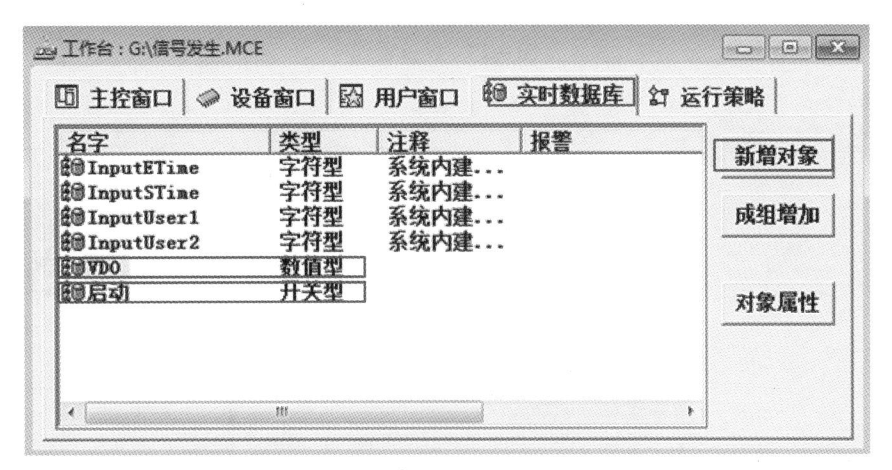

图 4-18　实时数据库生成的最终结果

(4) 设备窗口

设备窗口是 MCGS 嵌入版组态软件系统的重要组成部分。在设备窗口中建立系统与外部硬件设备的联系，使系统能够控制外部设备，并能读取外部设备的数据，从而实现对工业过程设备的实时监控和操作。

① 外部设备的选择

在工作台窗口中，点击 设备窗口，进入设备窗口界面。双击 设备组态，会出现设备组态窗口画面，单击工具栏中的按钮，会出现“设备工具箱”，点击设备工具箱中的“设备管理”按钮，会出现图 4-19（b）的画面，先选中 通用串口父设备，再选中 西门子_S7200PPI，以上选中的两项就会出现在“设备工具箱”中，如图 4-19（c）所示。在“设备工具箱”中，先双击 通用串口父设备，在“设备组态窗口”中会出现 通用串口父设备0--[通用串口父设备]，之后在“设备工具箱”中双击 西门子_S7200PPI，会出现图 4-20 画面，问 是否使用"西门子_S7200PPI"驱动的默认通讯参数设置串口父设备参数?，点击“是”。在“设备组态”窗口会出现 设备0--[西门子_S7200PPI]，最终画面如图 4-21 所示。在“设备组态”窗口，双击 西门子_S7200PPI，会出现图 4-22 画面。

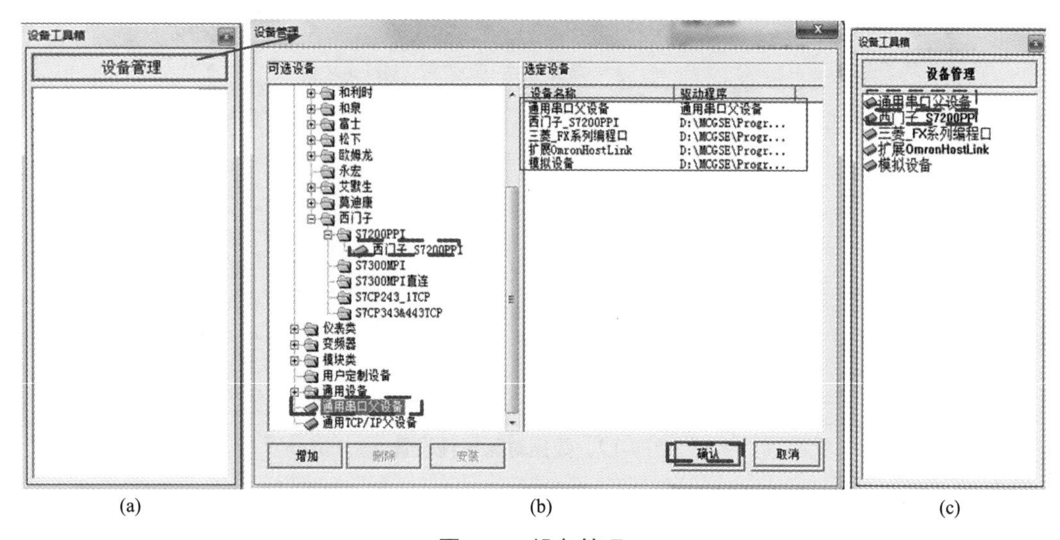

图 4-19　设备管理

图 4-20　西门子 S7-200PPI 通信设置

图 4-21　串口设置的最终结果

② 通道连接

在图 4-22“设备编辑窗口”中，点击增加设备通道，会出现图 4-23 画面。在“通道类型”中找到M寄存器；在“通道地址”中输入“0”；在“读写方式”中选“读写”；在图 4-22“设备编辑窗口”中，再次点击增加设备通道，会出现图 4-24 画面。在“通道类型”中找到V寄存器，在“通道地址”中输入“0”，在“数据类型”中选中32位 无符号二进制，在“读写方式”中选“只写”，最终结果见图 4-25。

图 4-22　设备编辑窗口

图 4-23 添加设备通道（类型 1）

图 4-24 添加设备通道（类型 2）

编者心语

实时数据库是生成触摸屏内部数据的区域，设备窗口相当于“外交部”，是触摸屏数据与 PLC 数据沟通的窗口，实际上，通过此窗口建立了触摸屏与 PLC 联系。如在触摸屏中点击“启动”按钮，通过 M0.0 通道，使得 PLC 程序中的 M0.0 动作，进而程序得到了运行。

图 4-25　设备连接的最终结果

(5) 运行策略

所谓的“运行策略”，是用户为实现对系统运行流程的自由控制所组态生成的一系列功能块的总称。MCGS 嵌入版组态软件为用户提供了进行策略组态的专用窗口和工具箱。

运行策略的建立，使系统能够按照设定的顺序和条件，操作实时数据库，控制用户窗口的打开、关闭和设备构件的工作状态。

根据运行策略的不同作用和功能，MCGS 嵌入版组态软件的运行策略分为启动运行策略、退出运行策略、循环运行策略、报警运行策略、事件运行策略、用户运行策略、热键策略和中断策略。鉴于循环运行策略最为常用，本节以循环运行策略为例，讲解策略组态和策略属性设置。

① 循环策略组态

在工作台窗口中，点击 运行策略，会出现运行策略窗口画面。选中“循环策略”，点击 策略组态，会出现图 4-26 画面。点击工具栏中的新增策略行按钮，会出现图 4-27 的画面。点击工具栏中的按钮，会出现策略工具箱，如图 4-28 所示。选中策略行中的，可以在策略工具箱中选择要添加的选项，通常添加“脚本程序”。双击脚本程序，会添加到中，再次双击，会打开脚本程序窗口，用户可以编写脚本程序来实现控制。

图 4-26　循环策略组态

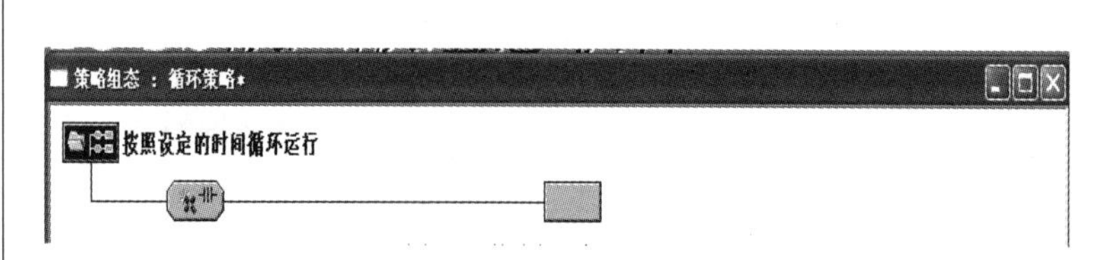

图 4-27　策略行添加

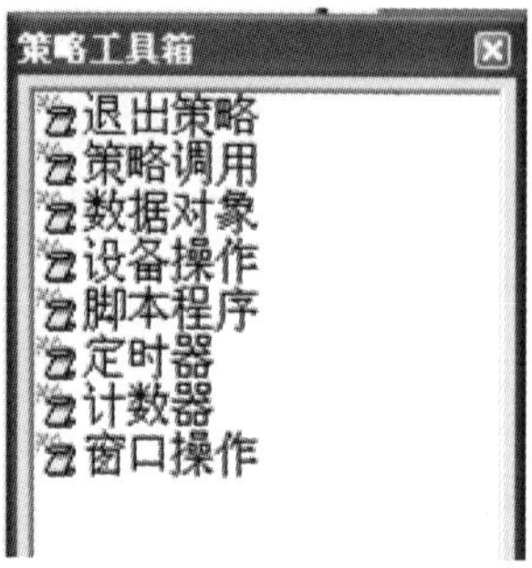

策略工具箱
退出策略
策略调用
数据对象
设备操作
脚本程序
定时器
计数器
窗口操作

图 4-28　策略工具箱

② 策略属性设置

选中“循环策略”，点击**策略属性**，会打开策略属性设置对话框，用户可以设置“循环执行方式”的时间，单位为ms，在策略内容注释上，可以添加注释。策略属性设置，如图4-29所示。

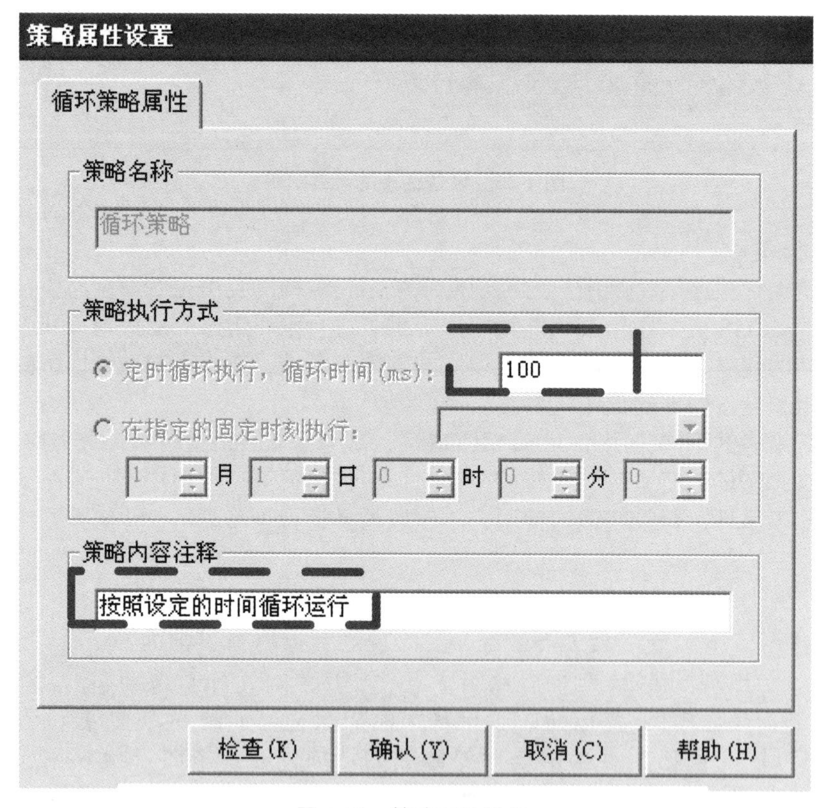

图 4-29　策略属性设置

编者心语

用户窗口、实时数据库、设备窗口和运行策略的相关设置都非常重要，读者应参考书中的设置，将此部分知识熟练掌握，以便后续实例的学习。

4.3 彩灯循环控制

4.3.1 任务导入

有红、绿、黄 3 盏彩灯，采用 MCGS 触摸屏 +S7-200 SMART PLC 联合控制模式。触摸屏上设有启停按钮，当按下启动按钮，3 盏小灯每隔 *n* 秒轮流点亮（间隔时间 *n* 通过触摸屏设置），间隔时间 *n* 不超过 10s，3 盏彩灯循环点亮；当按下停止按钮时，3 盏小灯都熄灭。试设计程序。

4.3.2 任务分析

根据任务，MCGS 触摸屏画面需设有启、停按钮各 1 个，彩灯 3 盏，时间设置框 1 个，此外，启停标签和 3 盏彩灯标签各 1 个。

3 盏彩灯启停和循环点亮由 S7-200 SMART PLC 来控制。

4.3.3 任务实施

（1）硬件图纸设计

彩灯循环控制的硬件图纸如图 4-30 所示。

硬件图纸用料分析：S7-200 SMART PLC 和 MCGS 触摸屏供电电流不会太大，估计在 1A 左右，3 盏彩灯为 LED 型，功耗也不会太大，故开关电源 100W 足够用（100W/24V=4.1A>1A+1A+1A）。由上边的分析，S7-200 SMART PLC、MCGS 触摸屏和 3 盏彩灯供电电流 1A 左右，故保险选择了 2A，分别安装在了每个支路；由于电源能量守恒，输入侧电流为 100W/220V=0.45A，故微断选择为 C2。导线按 1 平方载 5A 粗略计算，它们各自的电流都没超过 5A，故选择 $1mm^2$ 导线足够用。

（2）S7-200 SMART PLCPLC 程序设计

① 根据控制要求，进行 I/O 分配，如表 4-1 所示。

表 4-1　彩灯循环控制的 I/O 分配

输入量		输出量	
启动	M0.0	红灯	Q0.0
停止	M0.1	绿灯	Q0.1
确定	M0.2	黄灯	Q0.2

编者心语

I/O 分配中，启动、停止和确定作为 PLC 的输入，一定要与触摸屏的地址对应好，否则不能实现触摸屏对 PLC 的控制，输出也一样，这些是实现触摸屏对 PLC 控制及状态显示的关键。

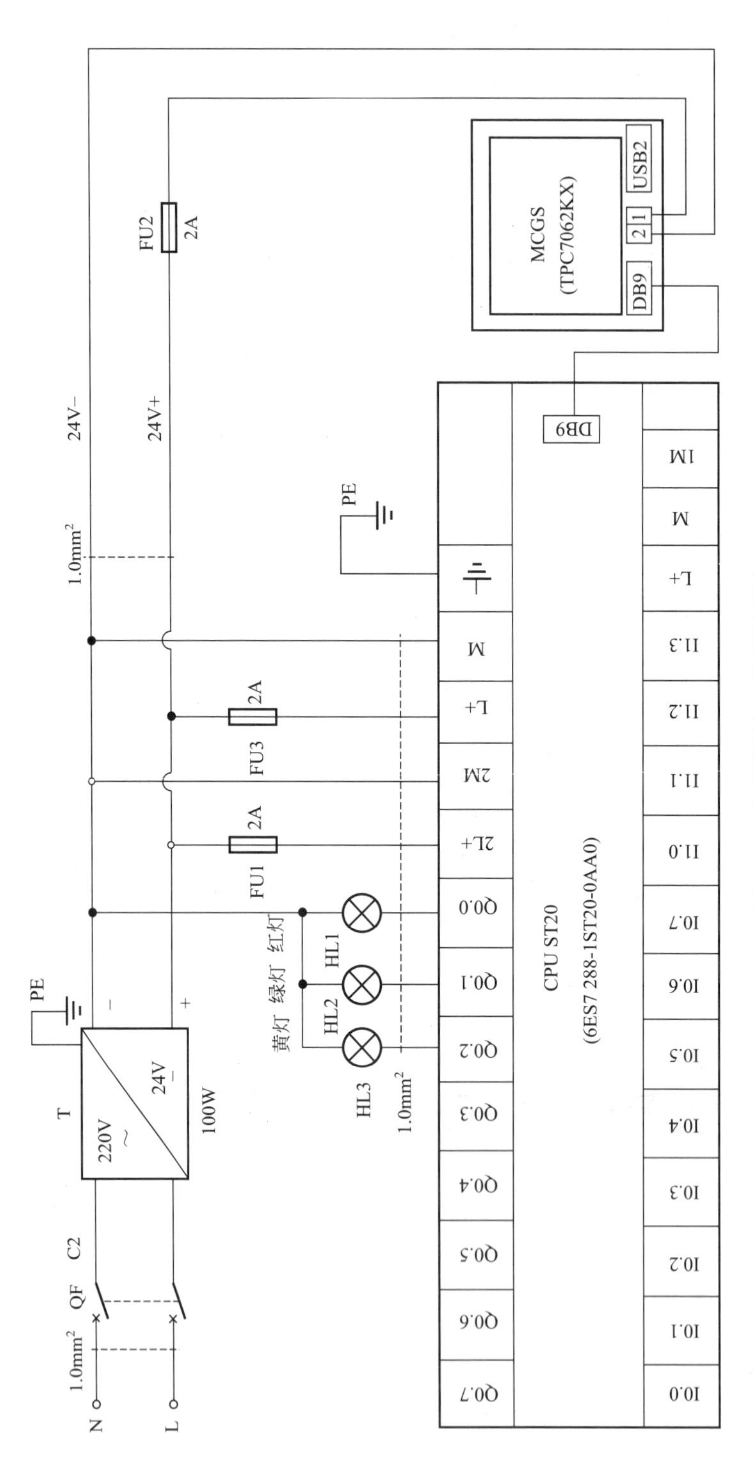

图 4-30 彩灯循环点亮硬件控制

② 根据控制要求，编写控制程序。彩灯循环控制程序如图 4-31 所示。

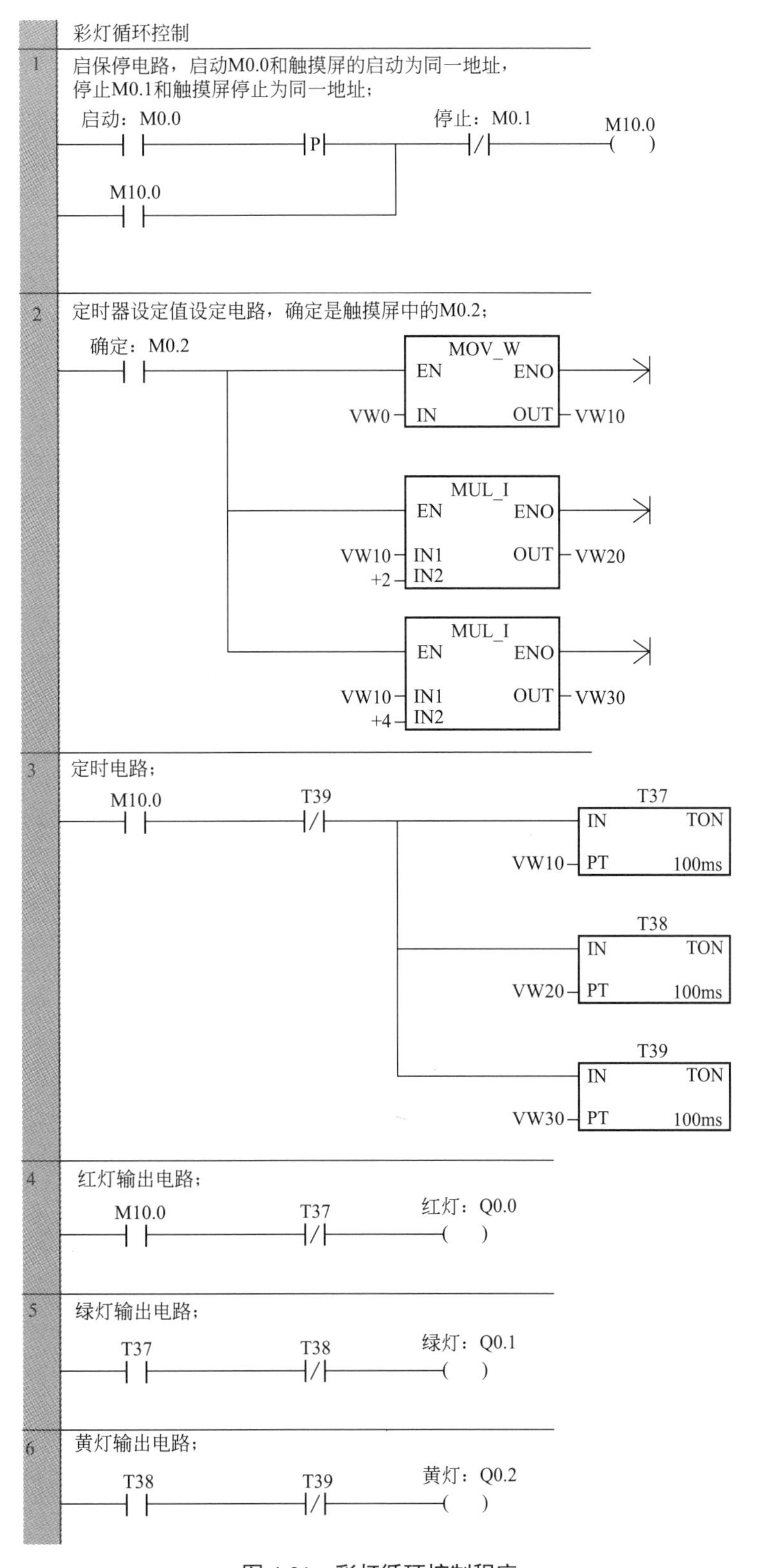

图 4-31 彩灯循环控制程序

案例解析

事先在触摸屏的输入框中，输入定时器的设置值，按确定按键，为定时做准备。按下触摸屏中的启动 M0.0 的常开触点闭合，辅助继电器 M10.0 线圈得电并自锁，常开触点 M10.0 闭合，输出继电器线圈 Q0.0 得电，红灯亮；与此同时，定时器 T37、T38 和 T39 开始定时，当 T37 定时时间到时，其常闭触点断开、常开触点闭合，Q0.0 断电、Q0.1 得电，对应的红灯灭、绿灯亮；当 T38 定时时间到时，Q0.1 断电、Q0.2 得电，对应的绿灯灭黄灯亮；当 T39 定时时间到时，常闭触点断开，Q0.2 失电且 T37、T38 和 T39 复位，接着定时器 T37、T38 和 T39 又开始新的一轮计时，红绿黄等依次点亮往复循环。按下触摸屏停止，M10.0 失电，其常开触点断开，定时器 T37、T38 和 T39 断电，三盏灯全熄灭。

(3) 触摸屏画面设置及组态

① 新建

双击桌面 MCGS 组态软件图标，进入如组态环境。单击菜单栏中的“文件→新建”，会出现“新建工程设置”对话框，如图 4-32 所示。在“类型”中选择“TPC7062KX”系列；在“背景色”中，可以选择需要的背景颜色；这里有 1 点需要注意，就是分辨率 800×480，有时候背景以图片形式出现的时候，所用图片的分辨率也必须为 800×480，否则触摸屏显示出来会失真。设置完后，单击“确定”，会出现图 4-33 的画面。

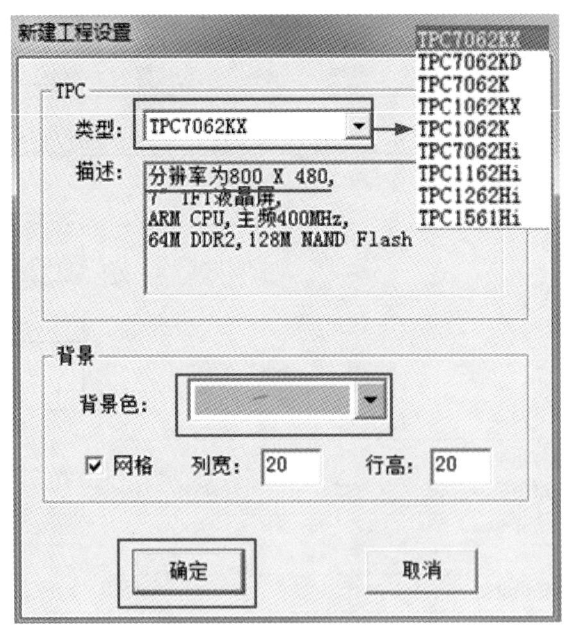

图 4-32　新建工程设置

② 画面制作及变量连接

a．新建窗口：在图 4-33 中，点击 用户窗口，进入用户窗口，可以制作画面了。单击 新建窗口 按钮，会出现 窗口0，以上操作如图 4-34 所示。

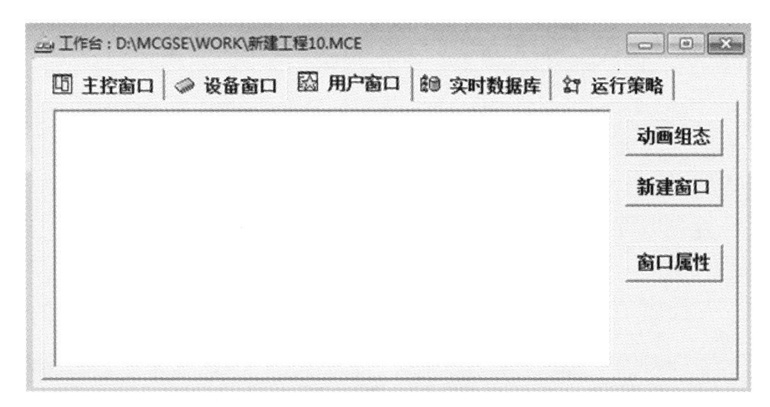

图 4-33　工作界面

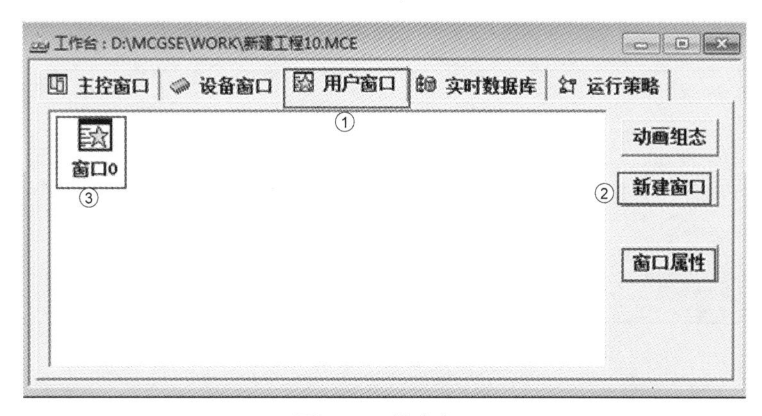

图 4-34　新建窗口

b. 窗口属性设置：选中“窗口 0”，单击**窗口属性**按钮，出现图 4-35 画面。这时可以改变“窗口的属性”。在窗口名称可以输入你想要的名称，本例窗口名称为“彩灯循环控制”。在“窗口背景”中，可已选择需要的背景颜色；设置完成后，单击“确定”，窗口名称由“窗口 0”变成了“彩灯循环控制”，设置步骤，如图 4-35 所示。

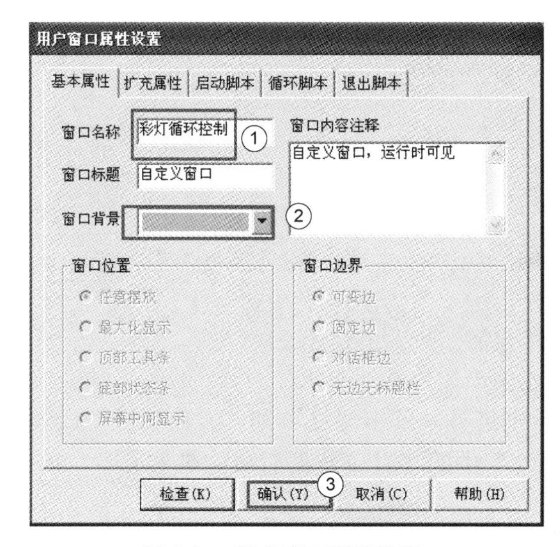

图 4-35　用户窗口属性设置

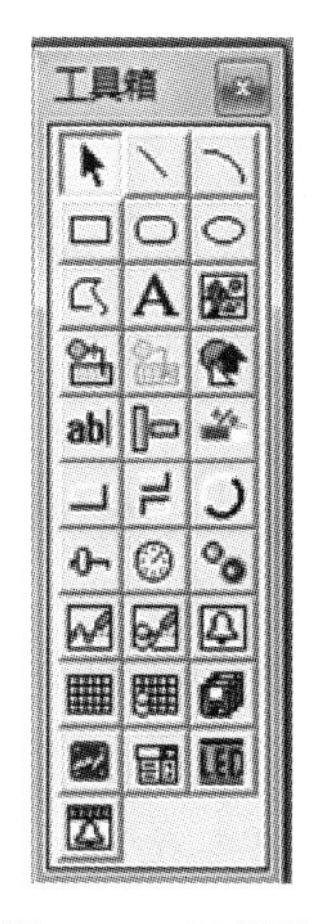

图 4-36　工具箱

c．插入标签：双击图标，进入“动态组态信号发生”画面。单击工具栏中的，会出现“工具箱”，如图4-36所示，这时利用“工具箱”就可以进行画面制作了。单击按钮，在画面中拖拽，双击该标签，进入“标签动画组态属性设置”界面，如图4-37所示。在此界面中可以进行“属性设置”和“扩展设置”，在“扩展设置”中的“文本内容输入”项输入“彩灯循环控制”字样。水平和垂直对齐分别设置为“居中”，文字内容排布设置为“横向”。在“属性设置”中“填充色”、“边框颜色”项选择“灰色”和“没有边线”；“字符颜色”项“颜色”设置为黑色；单击按钮，会出现“字体”对话框，如图4-38所示。

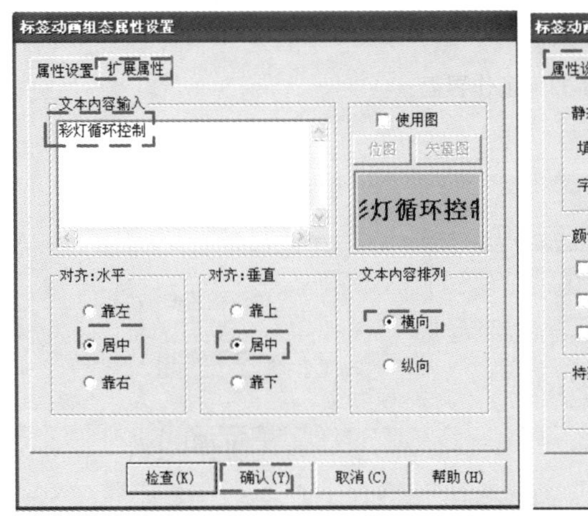

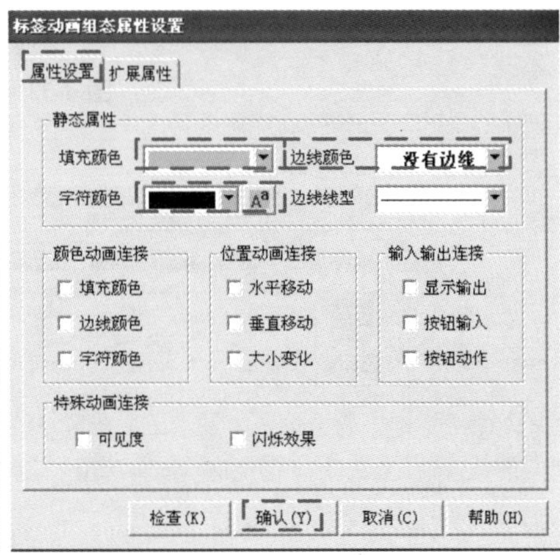

图4-37　标签动画组态属性设置

其余3个标签制作方法与上述方法相似，故不再赘述。

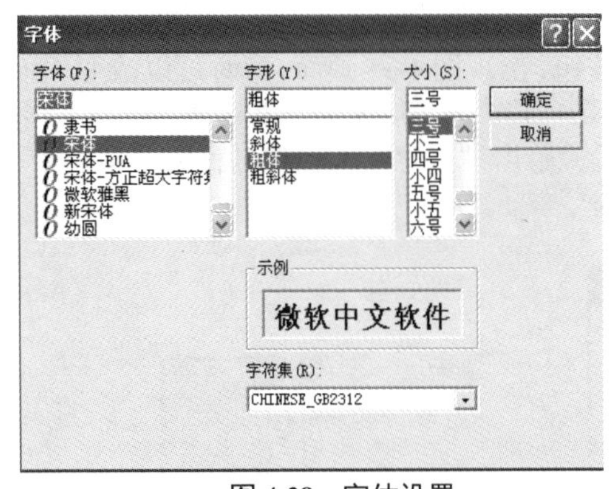

图4-38　字体设置

d．插入按钮：单击按钮，在画面中拖拽至合适大小，双击该按钮，进行“标准按钮构建属性设置”界面，如图4-39所示。分别进行“基本属性”和“操作属性”设置。在“基本属性”中的“文本”项输入“启动”字样；水平和垂直对齐分别设置为“居中”；“文本颜色”项设置为黑色；单击按钮，会出现“字体”对话框，与标签中的设置方法相似不再赘述，“背景色”、“边颜色”为默认。在“操作属性”中，按下“抬起功能”按钮，在“数据对象值操作”项打钩，点击倒三角，选择“清0”；单击，选择变量“启动”。（备注：此变量应提前在实时数据库中定义）。在“操作属性”中，按下“按下功能”按钮，在“数据对象值操作”项打钩，点击倒三角，选择“置1”；单击，选择变量“启动”。其余两个按钮制作方法与上述方法相似，故不再赘述。

e．插入输入框：单击按钮，在画面中拖拽合适大小，双击该按钮，进行“输入框构件属性设置”界面，如图4-40所示。分别进行“基本属性”和“操作属性”设置。在“基本属性”所有设置为默认；在“操作属性”中的“对应数据对象的名称”项，单击，选择变量“设置值”。（备注：此变量应提前在实时数据库中定义）。在“最小值”中输入20，在“最大值”中输入40，也就意味着该输入框只接受20～40数据。

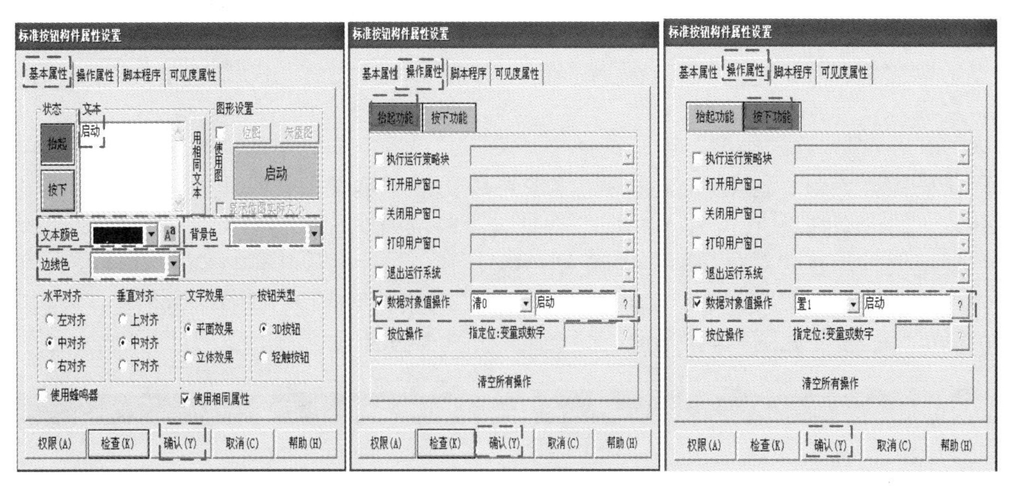

图 4-39　标准按钮构建属性设置

f．插入指示灯：点击工具箱中的，在“图形元件库”中找到“指示灯”文件夹，点开，找到“指示灯 11”，点击确定，会在窗口中出现。双击，会出现“单元属性设置”界面，如图 4-41 所示。在“数据对象”中，点击“可见度”后边的?，选择变量“红灯”。其余 2 个指示灯制作方法与上述方法相似，故不再赘述。

g．最终画面如图 4-42 所示。

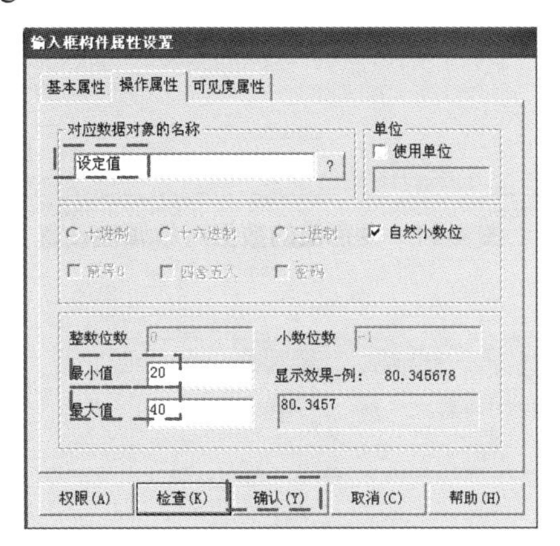

图 4-40　输入框构件属性设置

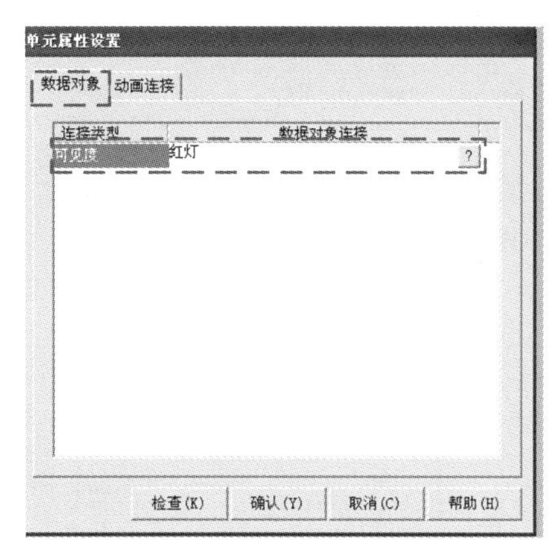

图 4-41　指示灯单元属性设置

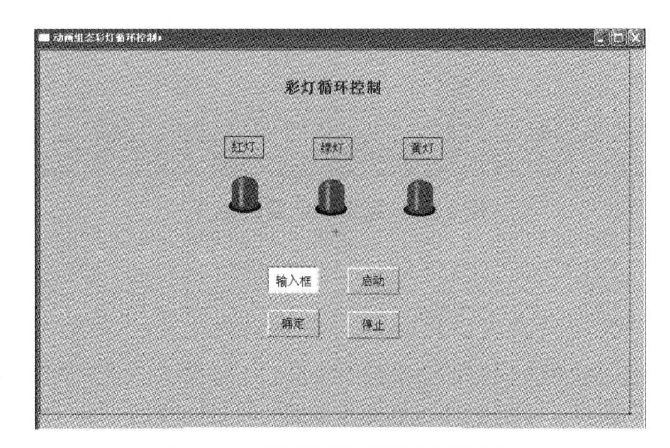

图 4-42　彩灯循环控制最终画面

③ 变量定义

点击 实时数据库，进入实时数据库界面。点击 新增对象，会出现 InputETime1，双击此项，会进入“数据对象属性设置”，在“对象名称”项输入“启动”；在“对象初值”项输入“0”；在“对象类型”项，选择“开关”，设置完毕，单击“确定”，如图4-43所示。停止确定、红灯、绿灯和黄灯变量生成可以仿照“启动”，这里不再赘述。再次点击 新增对象，会出现 启动1，双击此项，会进入“数据对象属性设置”，在“对象名称”项输入“设定值”；在“对象初值”项输入“0”；在“最小值”中输入20，在“最大值”中输入40，也就意味着只接受20～40的数据。在“对象类型”项，选择“数值”，设置完毕，单击“确定”；步骤如图4-44所示，最终结果如图4-45所示。

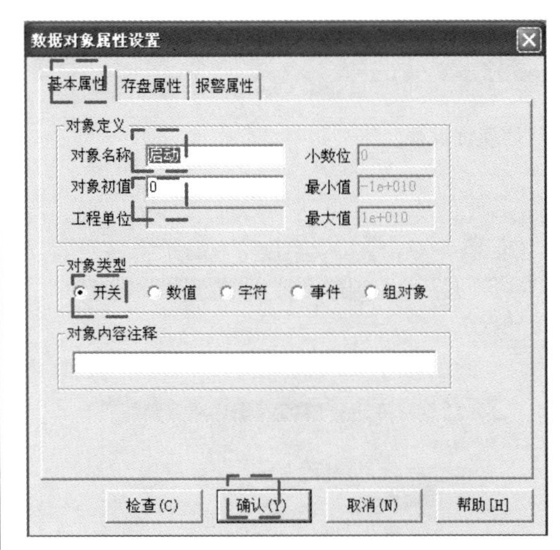

图4-43　启动的数据对象属性设置

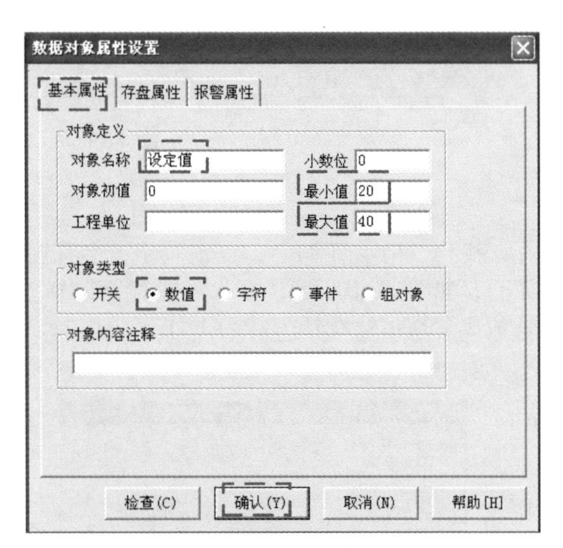

图4-44　设定值的数据对象属性设置

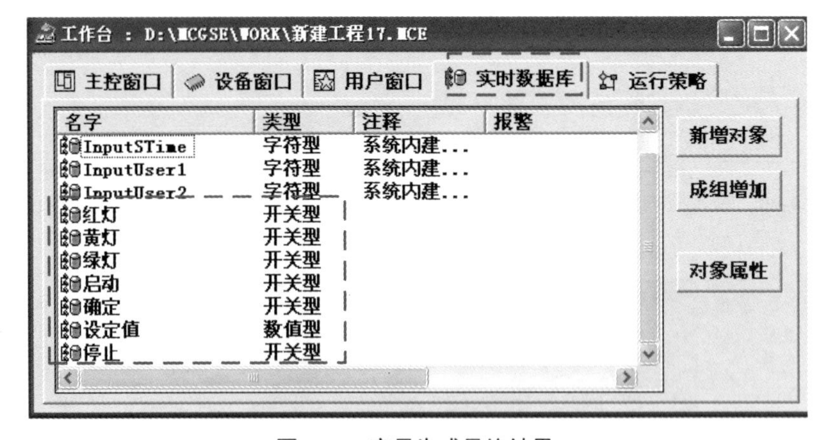

图4-45　变量生成最终结果

④ 设备连接

点击 设备窗口，进入设备窗口界面。点击 设备组态，会出现设备组态窗口画面，单击工具栏中的 按钮，会出现“设备工具箱”，点击设备工具箱中的“设备管理”按钮，会出现图4-46（b）的画面，先选中 通用串口父设备，再选中 西门子_S7200PPI，以上选中的两项就会出现在“设备工具箱”中，如图4-46（c）所示。在“设备工具箱”中，先双

击 通用串口父设备，在“设备组态窗口”中会出现 通用串口父设备0--[通用串口父设备]，之后在“设备工具箱”中再双击 西门子_S7200PPI，会出现图4-47画面，问 是否使用"西门子_S7200PPI"驱动的默认通讯参数设置串口父设备参数?，点击“是”。在“设备组态”窗口会出现 设备0--[西门子_S7200PPI]，最终画面如图4-48所示。在“设备组态”窗口，双击 西门子_S7200PPI，会出现图4-49画面。在图4-49“设备编辑窗口”中，点击 增加设备通道，会出现图4-50画面。在“通道类型”中找到 M寄存器；在“通道地址”中输入“0”；在“读写方式”中选“只写”；剩余开关量通道的添加可以参考M0.0通道的添加。在图4-49“设备编辑窗口”中，再次点击 增加设备通道，会出现图4-51画面。在“通道类型”中找到 V寄存器；在“通道地址”中输入“0”；在“数据类型”中选中 数据类型 16位 无符号二进制，在“读写方式”中选“只写”；添加完通道后，一定要将相应的通道与实时数据库的变量对应好，这是实现触摸屏控制PLC的关键。以“启动”为例，变量选择如图4-52所示。设备连接的最终结果见图4-53。

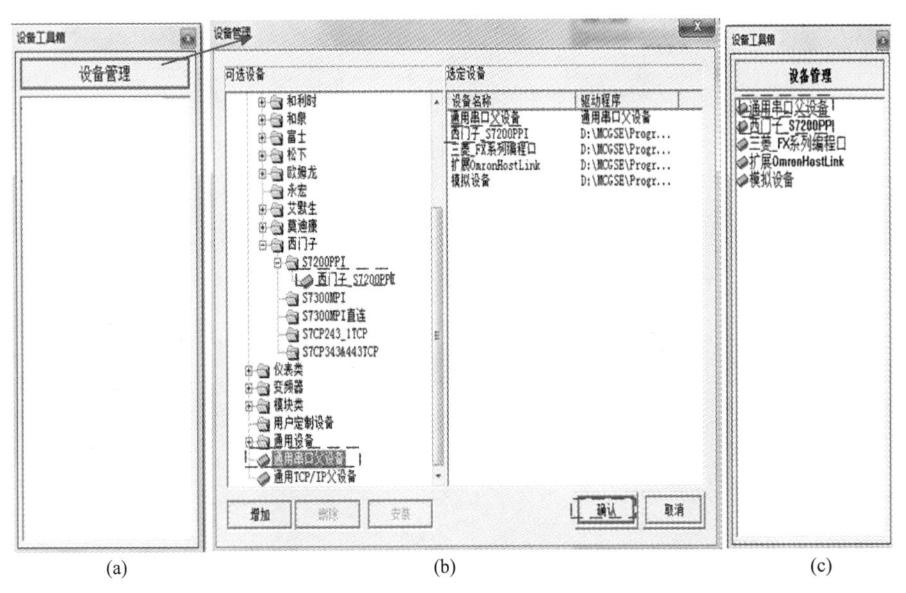

(a) (b) (c)

图4-46 设备管理

图4-47 西门子S7-200PPI通信设置

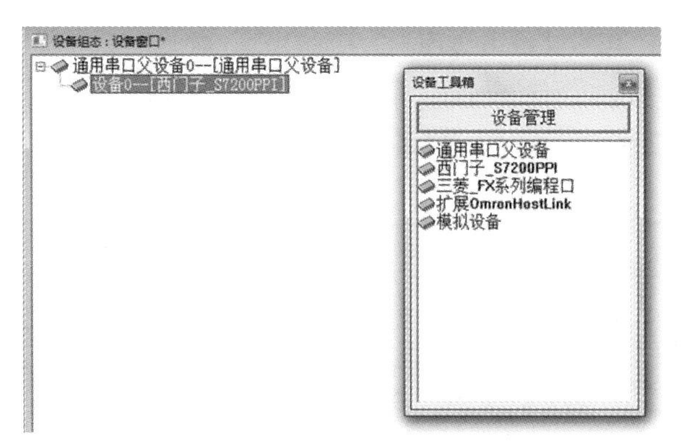

图 4-48　串口设置的最终结果

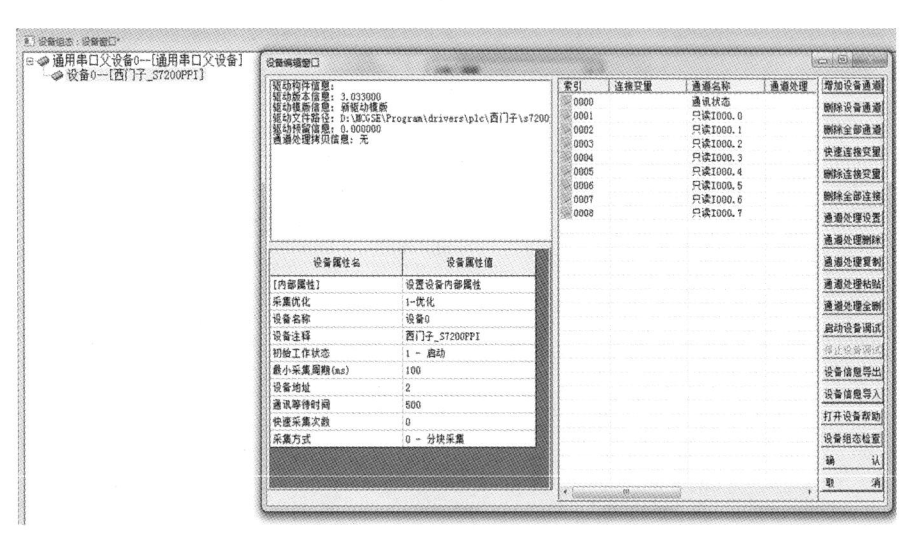

图 4-49　设备编辑窗口

图 4-50　添加设备通道（类型 1）

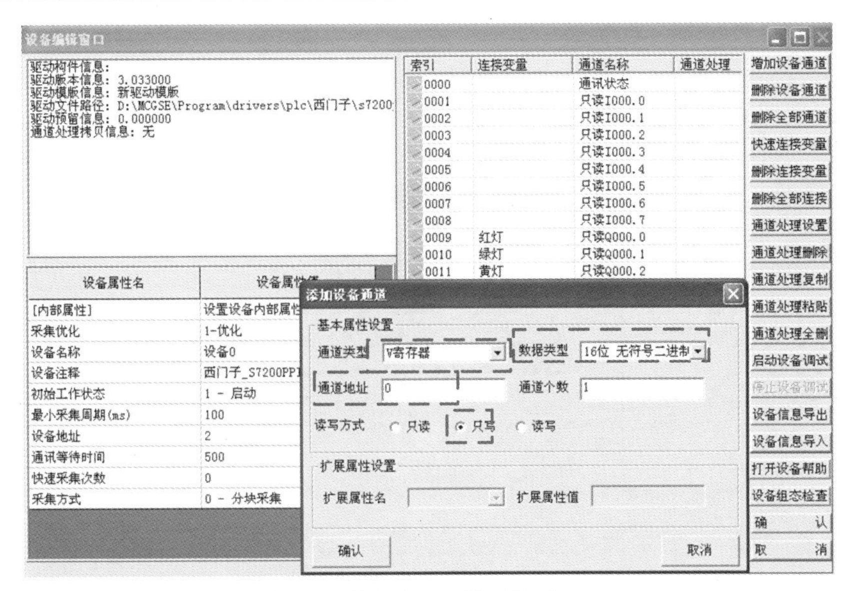

图 4-51　添加设备通道（类型 2）

变量选择
变量选择方式
从数据中心选择|自定义
根据采集信息生成
确认
退出
根据设备信息连接
选择通讯端口
通道类型
数据类型
选择采集设备
通道地址
读写类型
从数据中心选择
选择变量　启动
数值型　开关型　字符型　事件型　组对象　内部对象

对象名	对象类型
$Day	数值型
$Hour	数值型
$Minute	数值型
$Month	数值型
$PageNum	数值型
$RunTime	数值型
$Second	数值型
$Timer	数值型
$Week	数值型
$Year	数值型
红灯	开关型
黄灯	开关型
绿灯	开关型
启动	开关型
确定	开关型
设定值	数值型
停止	开关型

图 4-52　变量选择

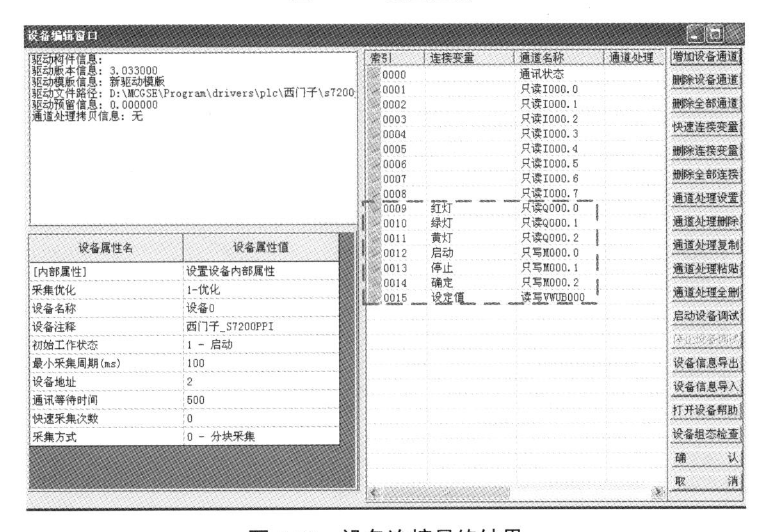

图 4-53　设备连接最终结果

⑤ 程序下载

在工具栏中，点击按钮，会出现下载配置界面，如图4-54所示。在“连接方式”项选择“USB通讯”，要有实体触摸屏的话，点击“连机运行”，如果没有可以“模拟运行”，之后点击“工程下载”，这时程序会下载到触摸屏或模拟软件中；程序下载完成后，点击“启动运行”。

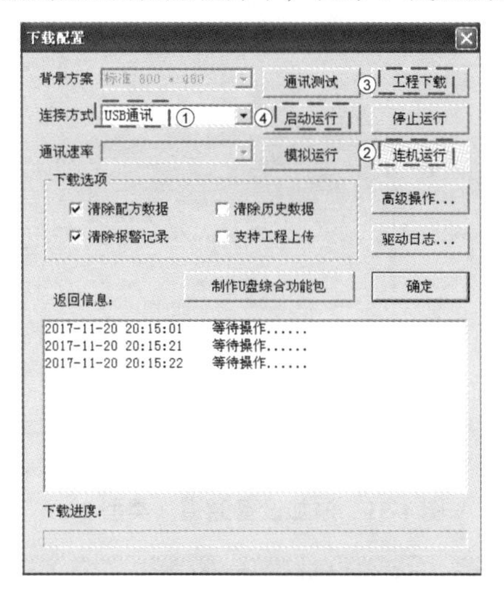

图4-54 下载配置

4.4 蓄水罐水位控制

4.4.1 任务导入

某蓄水罐装有注水排水装置和水位显示装置。按下启动按钮，注水阀打开，蓄水罐进行蓄水；当水位到达2m时，注水阀关闭，排水阀打开，蓄水罐开始排水；当水位到达1m时，排水关闭，又开始注水；当按下停止按钮，注水、排水停止，以此类推，试编写程序。

4.4.2 任务分析

根据任务，MCGS触摸屏画面需设有启、停按钮各1个，注水阀、排水阀各1个，水位显示框1个，蓄水罐1个，此外还有管道和标签等。

注水阀和排水阀的开关由S7-200 SMART PLC来控制，水位数值由EM AE04模块读取。

4.4.3 任务实施

（1）硬件图纸设计

蓄水罐水位控制的硬件图纸如图4-55所示。

硬件图纸用料分析与4.3节类似，这里不再赘述。

（2）S7-200 SMART PLCPLC程序设计

① 根据控制要求，进行I/O分配，如表4-2所示。

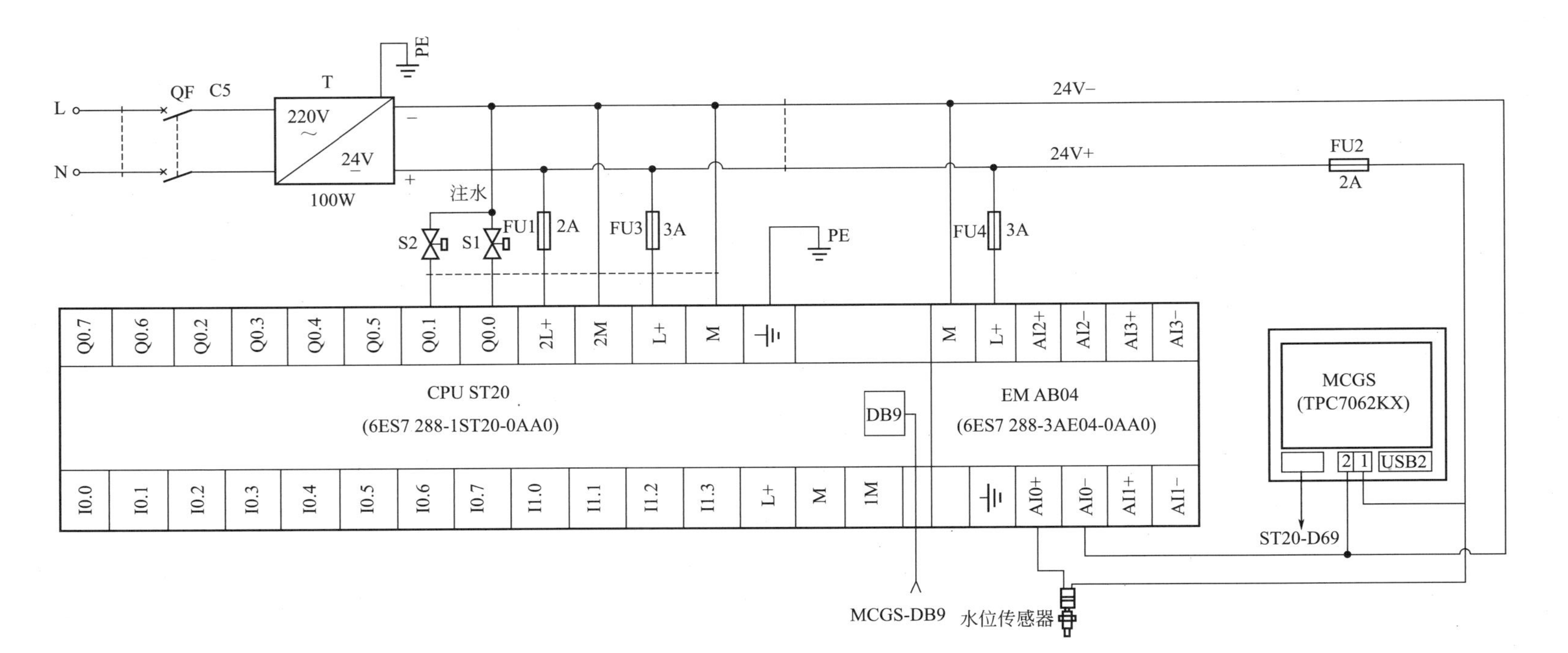

图 4-55 水位控制硬件接线图

表 4-2　蓄水罐水位控制的 I/O 分配

输入量		输出量	
启动	M0.0	注水	Q0.0
停止	M0.1	排水	Q0.1
水位	VW0		

② 根据控制要求，编写控制程序。蓄水罐水位控制程序如图 4-56 所示。

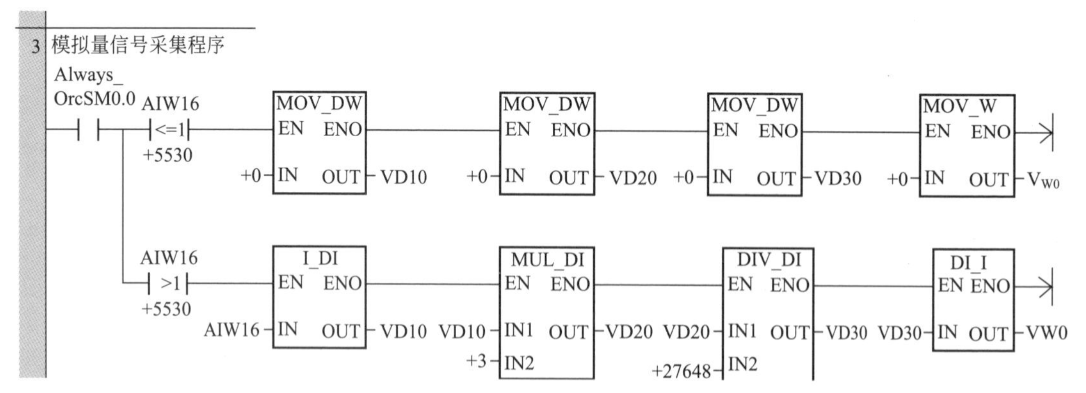

图 4-56　蓄水罐水位控制

案例解析

按下启动按钮或水位为 1m 时，注水阀得电，系统进行注水；当水位大于 2m 时，排水阀得电，系统排水；水位显示，则用指令表达出 VW0=AIW16 × 3/27648，其中 VW0 内数据为水位。

（3）触摸屏画面设计及组态

① 首页画面制作

a. 新建窗口：新建窗口步骤可以参照 4.3 节，这里不再赘述。

b. 窗口属性设置：窗口属性设置，如图 4-57 所示。

c. 插入位图：双击图标 首页，进入“动态组态首页”画面。单击工具栏中的 ，会出现“工具箱”（4.3 节介绍过，这里不再赘述），这时利用“工具箱”就可以进行画面制作了。单击工具箱中的 按钮，在工作区域进行拖拽，之后点击右键“装载位图”，找到要插入图片的路径，这样就把想要插入的图片插到“首页”里了，步骤如图 4-58 所示。本例中插入的是“S7-200 SMART PLC 图片”。

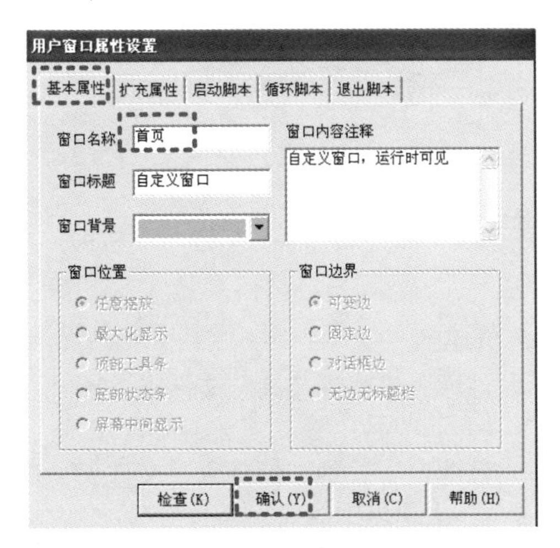

图 4-57　首页画面窗口属性设置

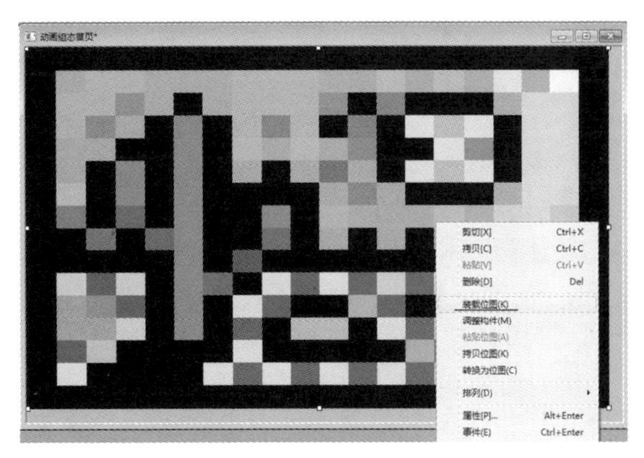

图 4-58　装载位图

d. 插入按钮：在工具箱中，单击 按钮，在画面中拖拽合适大小，双击该按钮，进行“标准按钮构建属性设置”界面，如图 4-59 所示。分别进行“基本属性”和“操作属性”设置。在“基本属性”中的“文本”项输入“进入主页”字样；水平和垂直对齐分别设置为“居中”；“文本颜色”项设置为黑色；背景色设为白色。在“操作属性”中的“打开用户窗口”项打钩，点击倒三角，选择“主页”（备注：“主页”窗口要提前新建，步骤与首页新建一致）。

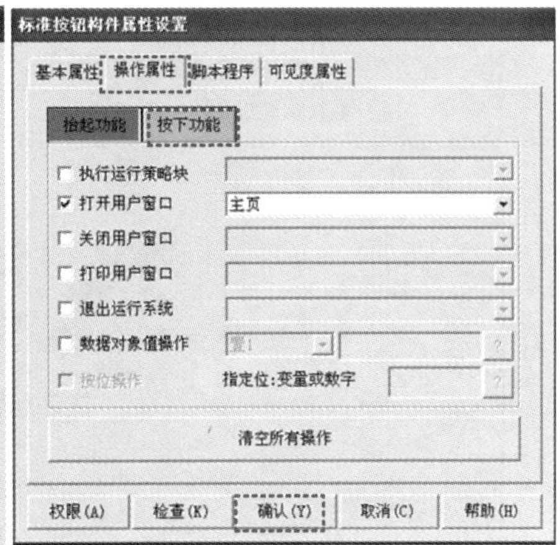

图 4-59　标准按钮构件属性设置

首页画面制作的最终结果，如图 4-60 所示。

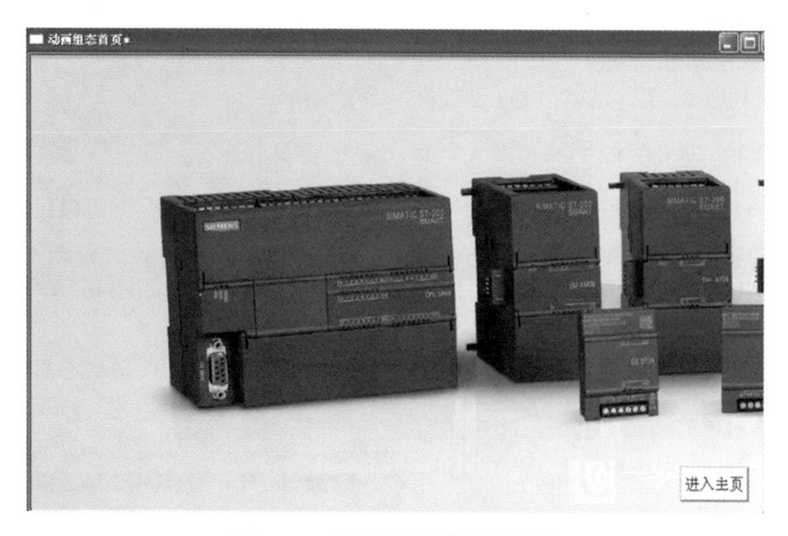

图 4-60　首页画面制作最终结果

② 主页画面制作

新建窗口和窗口属性设置可参考 4.3 节，这里不再赘述。

a．阀图标插入：点击工具箱中的，在“图形元件库”中找到“阀”文件夹，点开，找到“阀 116”。选中，点击确定，“阀 116”就插入到了主页中。

b．罐图标插入：点击工具箱中的，在“图形元件库”中找到“储藏罐”文件夹，点开，找到“罐 53”。选中，点击确定，“罐 53”就插入到了主页中。

c．流动快图标插入：点击工具箱中的，在主页中就可以画流动块了，所画的形状可以根据项目的需求。

d．输入框插入：点击工具箱中的 ab|，在主页中拖拽合适大小即可插入输入框。

其余按钮和标签的插入，前几节已讲过，这里不再赘述。

主页画面制作的最终结果，如图 4-61 所示。

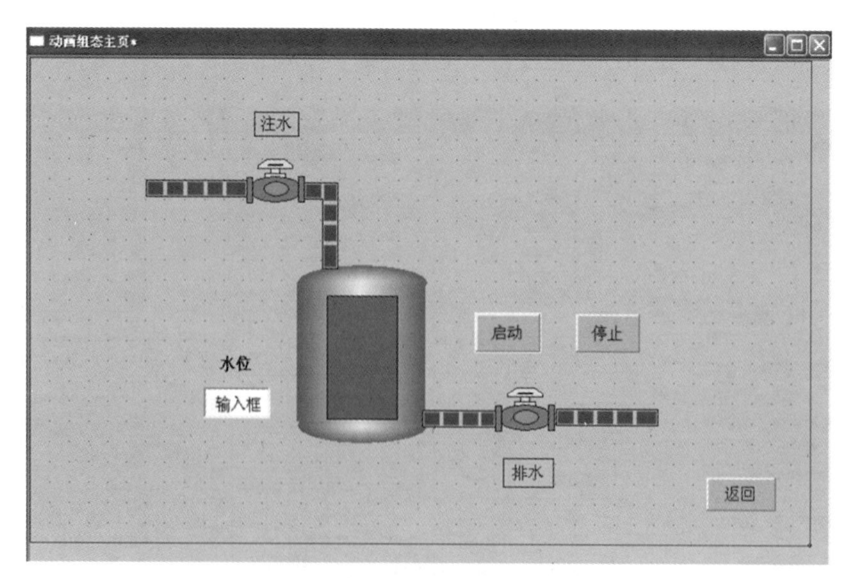

图 4-61　首页画面制作最终结果

③ 变量定义

点击 实时数据库 ，进入实时数据库界面。点击 新增对象 ，会出现InputETime1，双击此项，会进入“数据对象属性设置”，在“对象名称”项输入“启动”；在“对象初值”项输入“0”；在“对象类型”项，选择“开关”，设置完毕，单击“确定”，如图4-62所示。停止、注水和排水变量定义可以仿照“启动”，这里不再赘述。再次点击 新增对象 ，会出现**启动1**，双击此项，会进入“数据对象属性设置”，在“对象名称”项输入“水位”；在“对象初值”项输入“0”；在“最小值”中输入0，在“最大值”中输入3，也就意味着只接受0～3的数据。在“对象类型”项，选择“数值”，设置完毕，单击“确定”，如图4-63所示。变量定义最终结果，如图4-64所示。

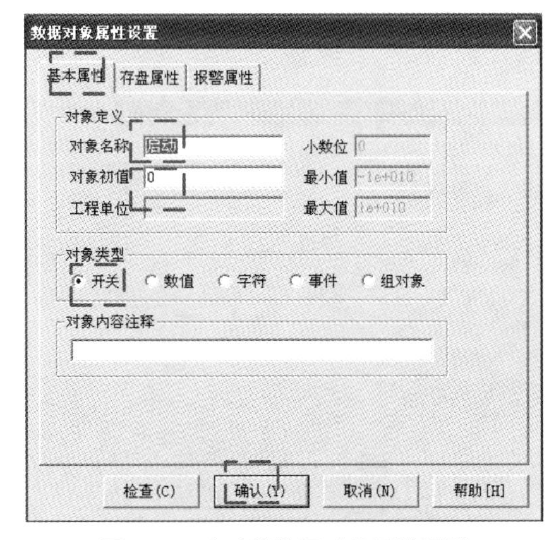

图4-62　启动的数据对象属性设置

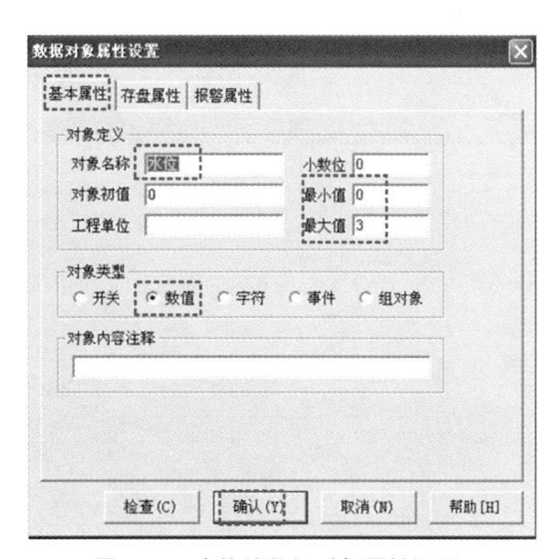

图4-63　水位的数据对象属性设置

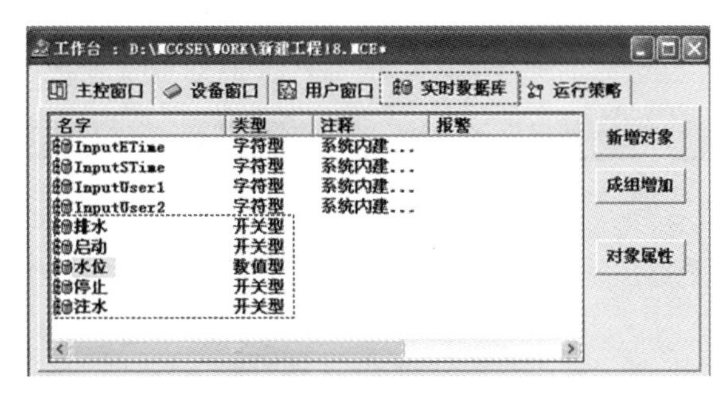

图4-64　变量生成最终结果

④ 变量链接

将工作窗口切换到 用户窗口 ，双击 主页 ，进入此画面，将按钮、电磁阀、流动块、储水罐和输入框与相应的变量进行链接。

a. 启动按钮与变量链接：双击启动按钮，会出现标准按钮构件属性设置界面，在“操作属性”，按下 抬起功能 按钮，在“数据对象值操作”项前打对勾，点击 ▾ ，选择“清零”，点击 ? ，对出现“变量选择”界面，如图4-65所示，选择“启动”，点击“确定”，按钮“抬起功能”设置完成。按钮“按下”功能设置与“抬起功能”设置类似，不再赘述。设置结果如图 4-66 所示。

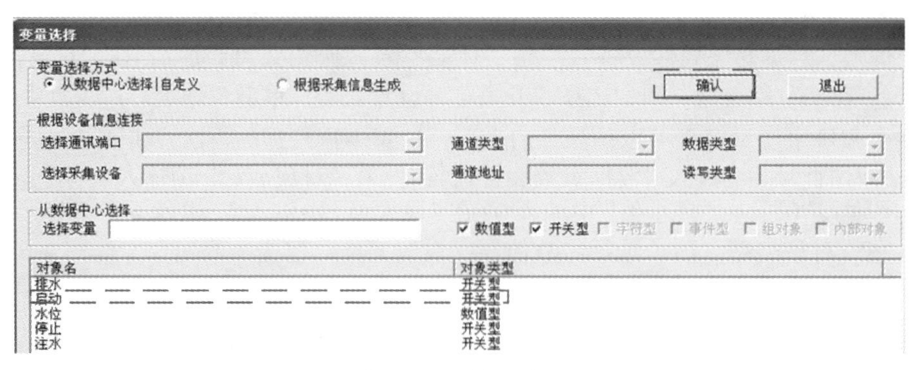

图 4-65　变量选择

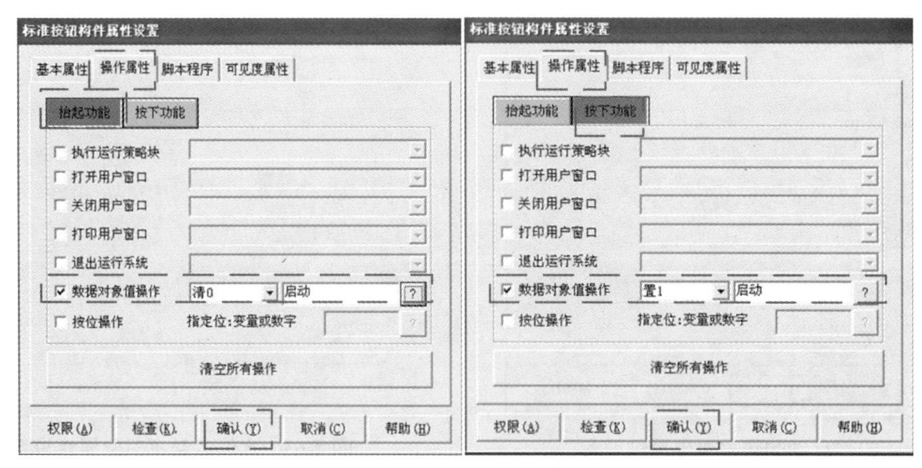

图 4-66　启动按钮属性设置

b．停止按钮与变量链接：步骤与启动类似，设置结果如图 4-67 所示。

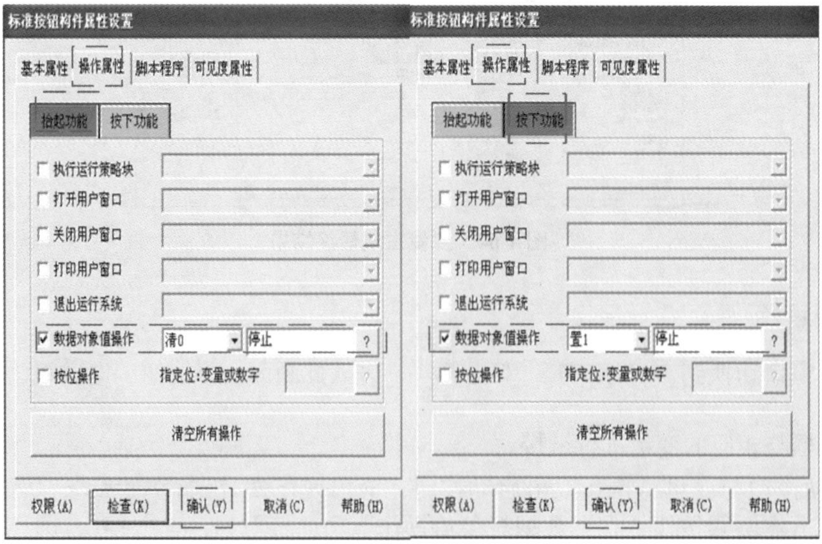

图 4-67　停止按钮属性设置

c．返回按钮与变量链接：设置结果如图 4-68 所示。

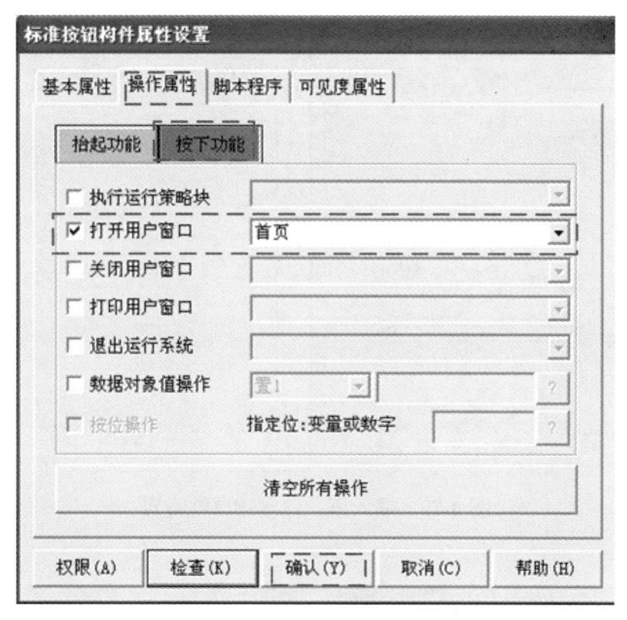

图 4-68　返回按钮属性设置

d．注水阀、排水阀与变量链接：设置结果如图 4-69 所示。

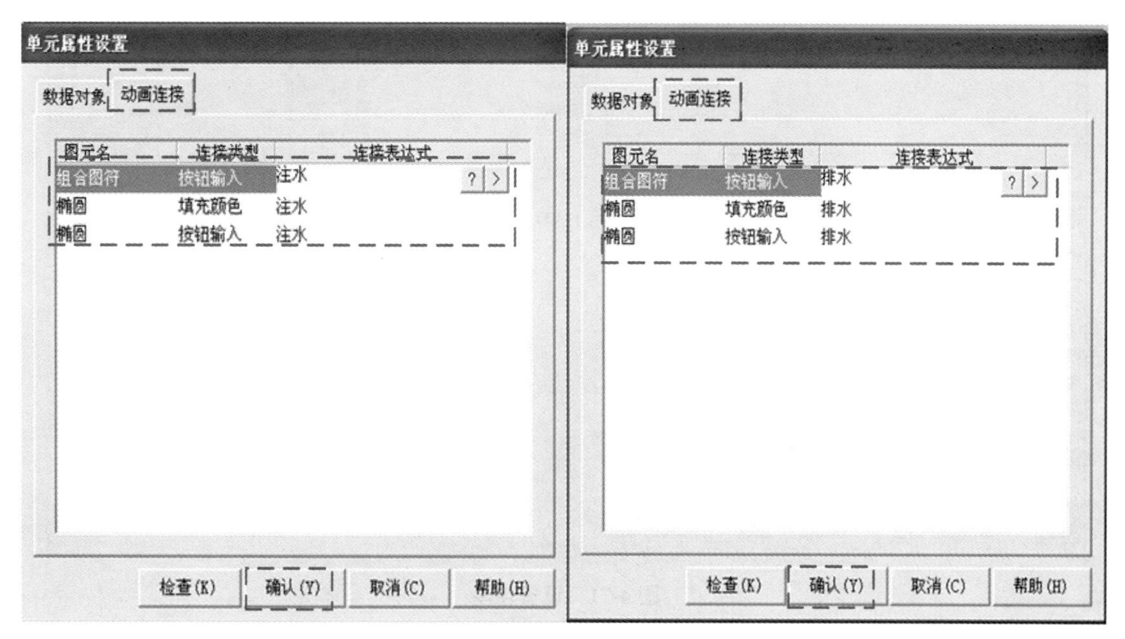

图 4-69　注水、排水单元属性设置

e．输入框、储水罐与变量链接：设置结果如图 4-70 所示。

⑤ 设备连接

设备连接需在设备窗口下完成，设备窗口是连接触摸屏内部变量和 PLC 变量的桥梁。设备连接具体步骤可参考 4.3 节，连接最终结果如图 4-71 所示。

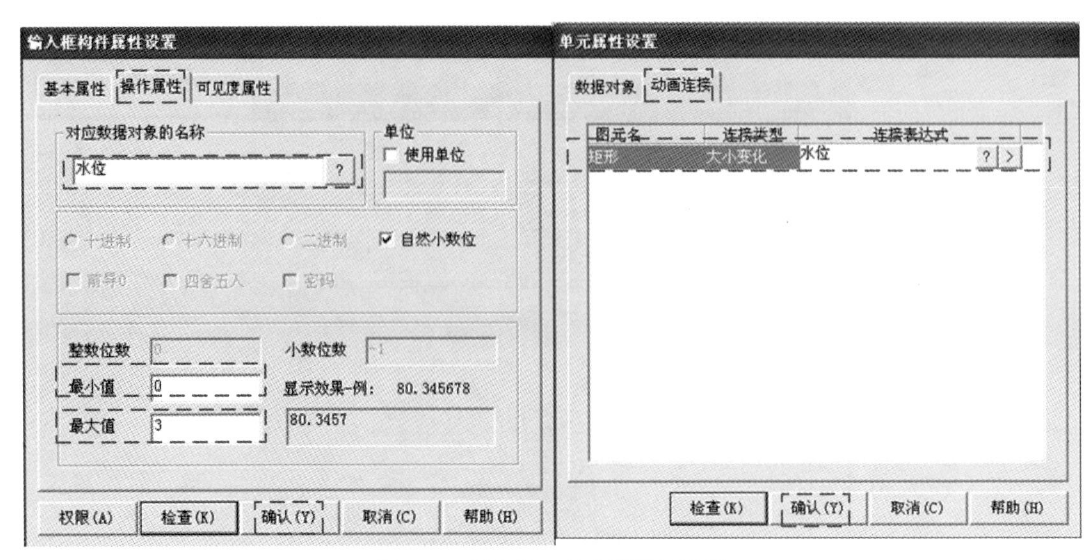

图 4-70　输入框、储水罐属性设置

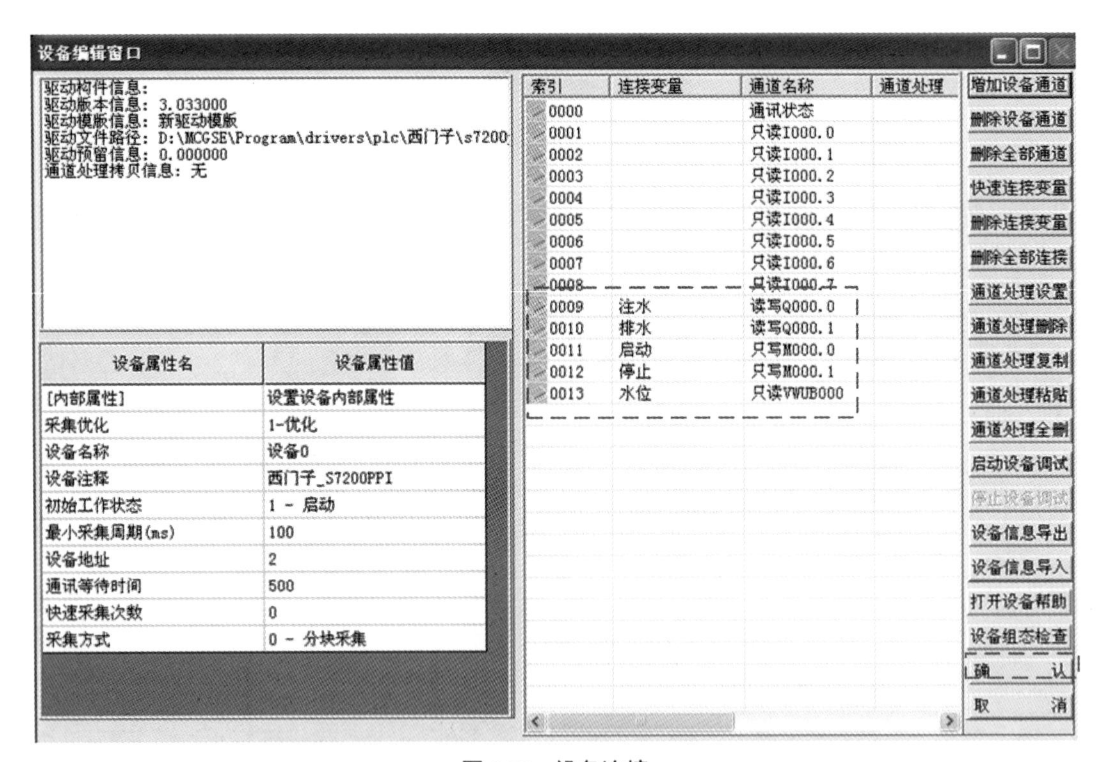

图 4-71　设备连接

⑥ 程序下载

在工具栏中，点击按钮，会出现下载配置界面，如图 4-72 所示。在“连接方式”项选择“USB 通讯”，如果有实体触摸屏的话，点击“连机运行”，如果没有，可以点击“模拟运行”，之后点击“工程下载”，这时程序会下载到触摸屏或模拟软件中；程序下载完成后，点击“启动运行”。

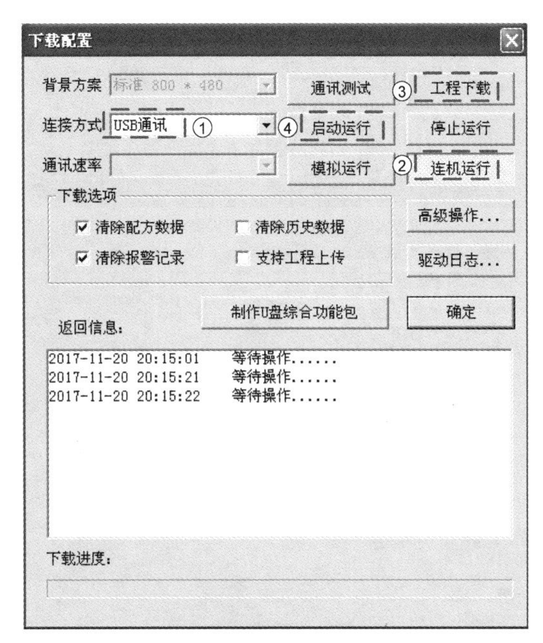
下载配置
背景方案
标准 800 * 480
通讯测试
③
工程下载
连接方式
USB通讯
①
④
启动运行
停止运行
通讯速率
模拟运行
②
连机运行
下载选项
清除配方数据
清除历史数据
清除报警记录
支持工程上传
高级操作...
驱动日志...
制作U盘综合功能包
确定
返回信息:
2017-11-20 20:15:01 等待操作......
2017-11-20 20:15:21 等待操作......
2017-11-20 20:15:22 等待操作......
下载进度:

图 4-72　下载配置

SIEMENS

第5章 触摸屏与PLC综合应用案例

本章要点

- 带触摸屏的交通灯 PLC 控制系统的设计
- 带触摸屏的两种液体混合 PLC 控制系统的设计
- 带触摸屏的空压机 PLC 控制系统的设计

5.1 带触摸屏的交通灯 PLC 控制系统的设计

实际工程中，触摸屏与 PLC 联合应用问题很多。本节以交通灯控制为例，重点讲解含有触摸屏开关量 PLC 控制系统的设计。

5.1.1 交通灯的控制要求

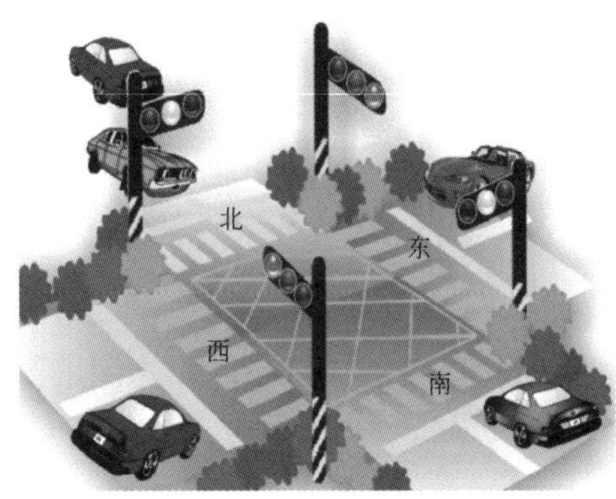

图 5-1 交通信号灯布置图

交通信号灯布置如图 5-1 所示。按下启动按钮，东西绿灯亮 25s 闪烁 3s 后熄灭，然后黄灯亮 2s 后熄灭，紧接着红灯亮 30s 后再熄灭，再接着绿灯亮……，如此循环；在东西绿灯亮的同时，南北红灯亮 30s，接着绿灯亮 25s 闪烁 3s 后熄灭，然后黄灯亮 2s 后熄灭，红灯亮……，如此循环，具体如表 5-1 所示。

表 5-1 交通灯工作情况表

东西	绿灯	绿闪	黄灯	红灯		
	25s	3s	2s	30s		
南北	红灯			绿灯	绿闪	黄灯
	30s			25s	3s	2s

5.1.2 硬件设计

交通灯控制系统的 I/O 分配，如图 5-2 所示。硬件图纸如图 5-3 所示。

符号表

			符号	地址
1			启动	M1.0
2			停止	M1.1
3			东西绿灯	Q0.0
4			东西黄灯	Q0.1
5			南北绿灯	Q0.3
6			南北黄灯	Q0.4
7			南红红灯	Q0.5
8			东西红灯	Q0.2

图 5-2　交通信号灯符号表

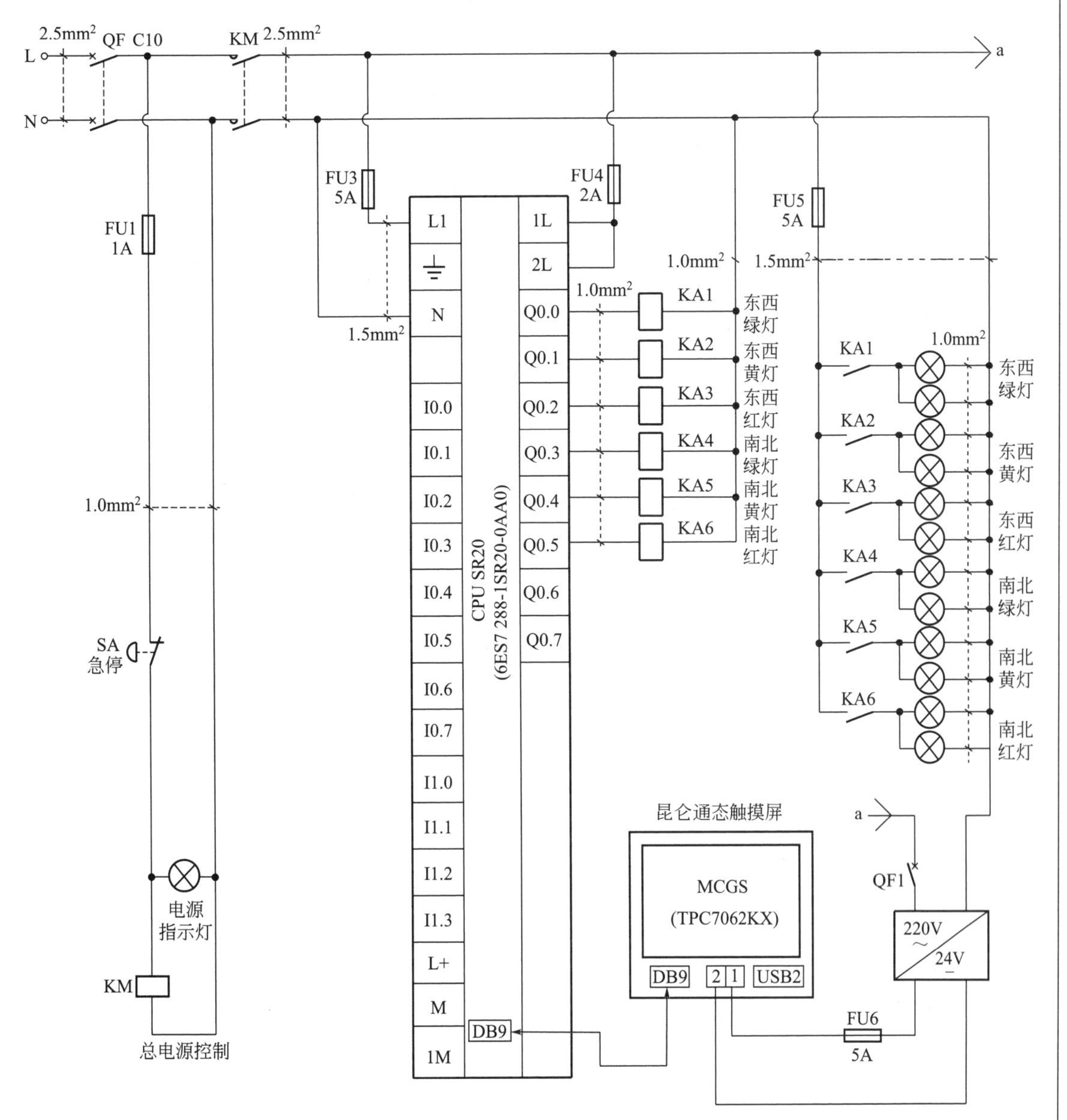

图 5-3　交通灯控制系统硬件图纸

5.1.3 硬件组态

交通灯控制系统硬件组态，如图 5-4 所示。

	模块	版本	输入	输出	订货号
CPU	CPU SR20 (AC/DC/Relay)	V02.00.00_00.00...	I0.0	Q0.0	6ES7 288-1SR20-0AA0
SB					
EM 0					
EM 1					

图 5-4 交通灯控制系统硬件组态

5.1.4 PLC 程序设计

交通灯控制系统程序，如图 5-5 所示。本程序采取的是移位寄存器指令编程法。

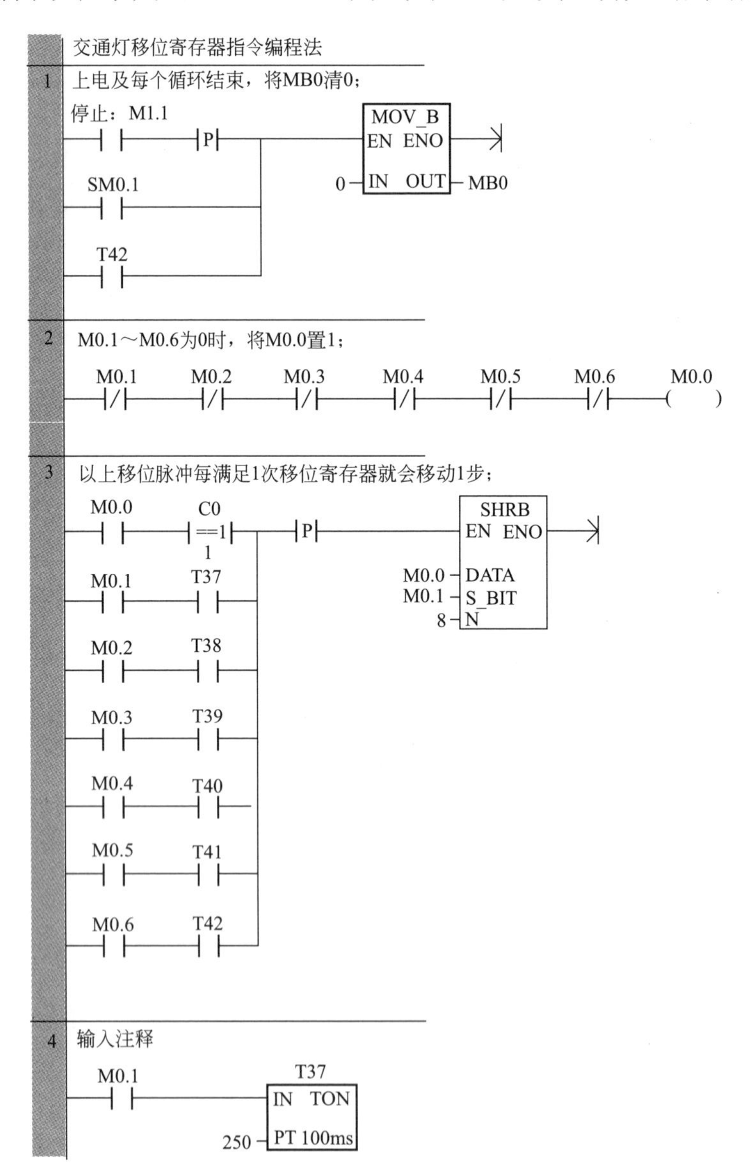

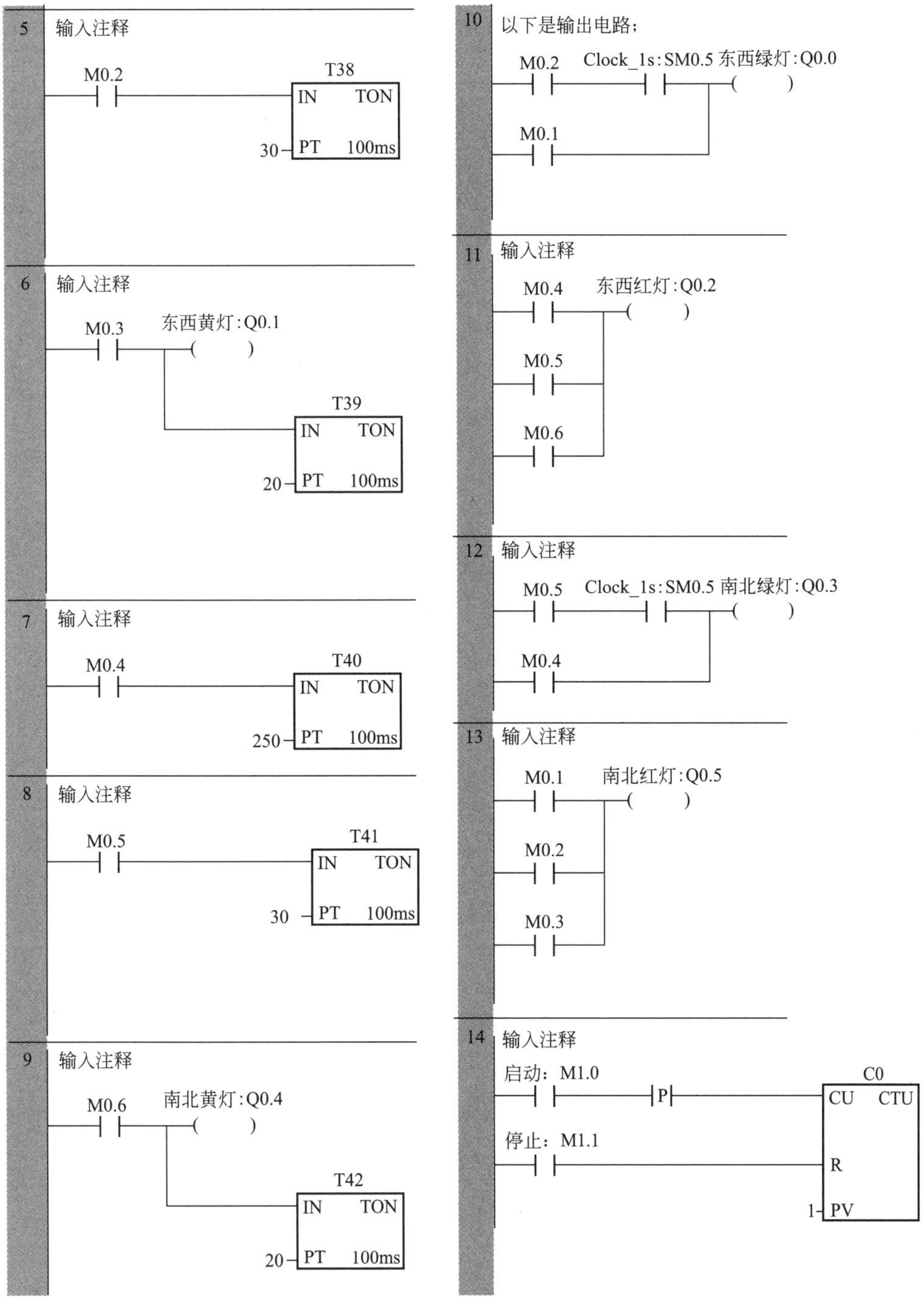

图 5-5 交通灯控制程序

移位寄存器的移位输入端由若干串联电路并联而成，每条串联电路由某一步的辅助继电器的常开触点和对应的转换条件组成。网络 1 的作用是使 M0.1 ～ M0.6 清零，使 M0.0 置 1。M0.0 置 1 使数据输入端 DATA 移入 1。当按下启动按钮 M1.0 时，移位输入电路第一行接通，使 M0.0 中的 1 移入 M0.1 中，M0.1 被激活，M0.1 的常开触点使输出量 T37、Q0.0、Q0.5 接通，南北红灯亮、东西绿灯亮。同理，各转换条件 T38 ～ T42 接通产生的移位脉冲使 1 状态向下移动，并最终返回M0.0。在整个过程中，M0.1 ～ M0.6接通，它们相应的常闭触点断开，使接在移位寄存器数据输入端DATA的M0.0总是断开的，直到T42接通产生移位脉冲使1溢出。T42接通产生移位脉冲另一个作用是使M0.1 ～ M0.6清零，这时网络二M0.0所在的电路再次接通，使数据输入端DATA移入1，系统重新开始运行。

5.1.5 触摸屏画面设计及组态

（1）新建工程

双击桌面MCGS组态软件图标，进入组态环境。单击菜单栏中的“文件→新建”，会出现“新建工程设置”对话框，如图5-6所示。设置完后，单击“确定”，会出现图5-7的画面。

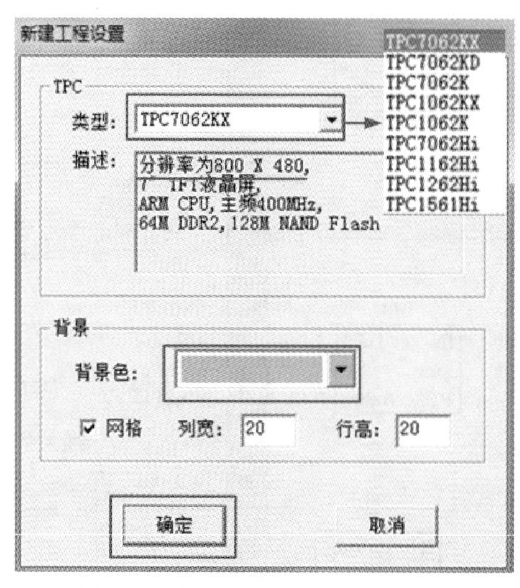

图5-6 “新建工程设置”对话框

图5-7 操作界面

（2）首页画面制作

① 新建窗口：在图5-7中，点击 用户窗口，进入用户窗口单击 新建窗口 按钮，会出现 窗口0，步骤如图5-8所示。

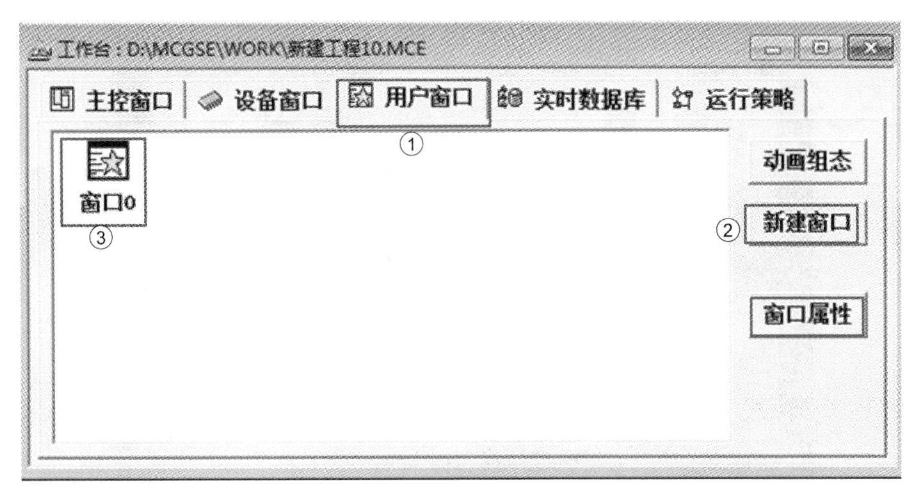

图 5-8　新建窗口

② 窗口属性设置：选中“窗口 0”，单击 **窗口属性** 按钮，出现图 5-9 画面。这时可以改变“窗口的属性”。在窗口名称可以输入你想要的名称，本例窗口名称为“首页”。在“窗口背景”中，可已选择你所需要的背景颜色。设置完成后，单击“确定”，窗口名称由“窗口 0”变成了“首页”，设置步骤如图 5-9 所示。

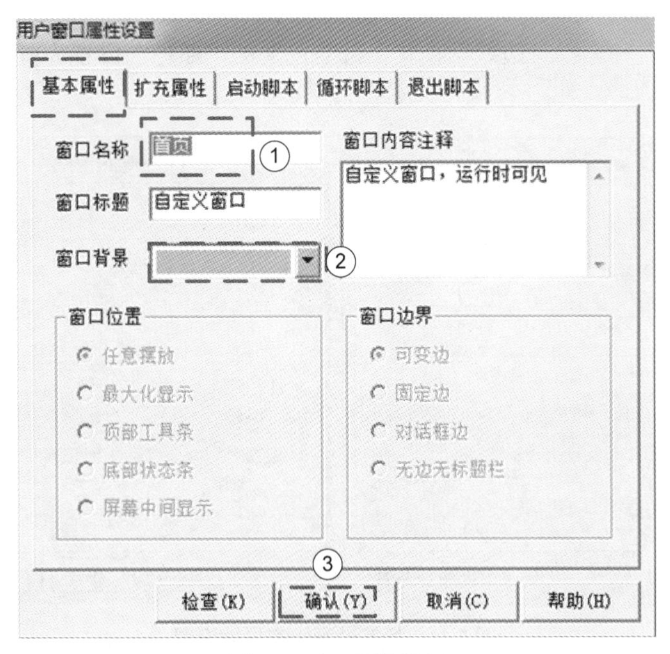

图 5-9　窗口属性设置

③ 插入位图：双击图标（首页），进入“动态组态首页”画面。单击工具栏中的工具箱图标，会出现“工具箱”，这时利用“工具箱”就可以进行画面制作了。单击位图按钮，在工作区域进行拖拽，之后右键“装载位图”，找到要插入图片的路径，这样就把想要插入的图片插到“首页”里了，步骤如图 5-10 所示。

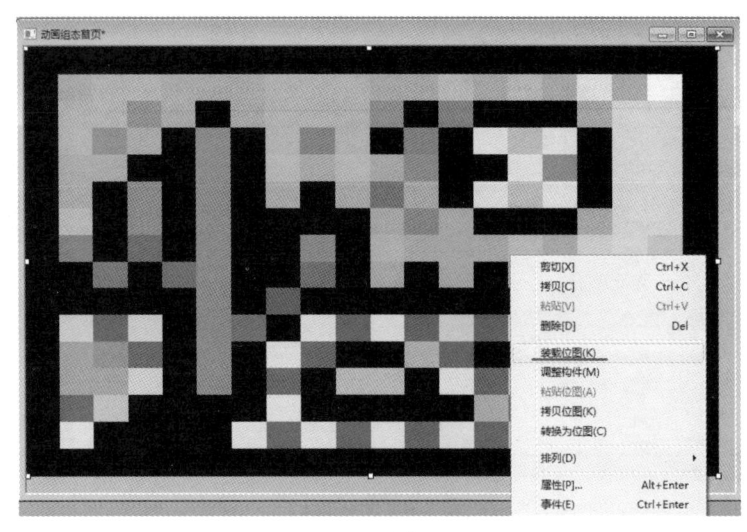

图 5-10 装载位图

④ 插入标签：在工具箱中，单击A按钮，在画面中拖拽，双击该标签，进行“标签动画组态属性设置”界面，如图 5-11 所示。分别进行“属性设置”和“扩展设置”，在“扩展设置”中的“文本内容输入”项输入“交通灯控制系统”字样；水平和垂直对齐分别设置为“居中”，文字内容排布设置为“横向”。在“属性设置”中“填充色”、“边框颜色”项选择“没有填充”和“没有边线”；“字符颜色”项“颜色”设置为蓝色；单击A^a按钮，会出现“字体”对话框，如图 5-12 所示。

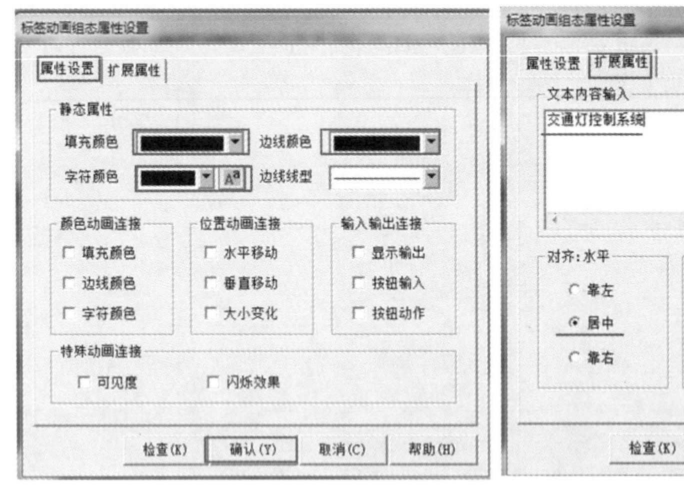

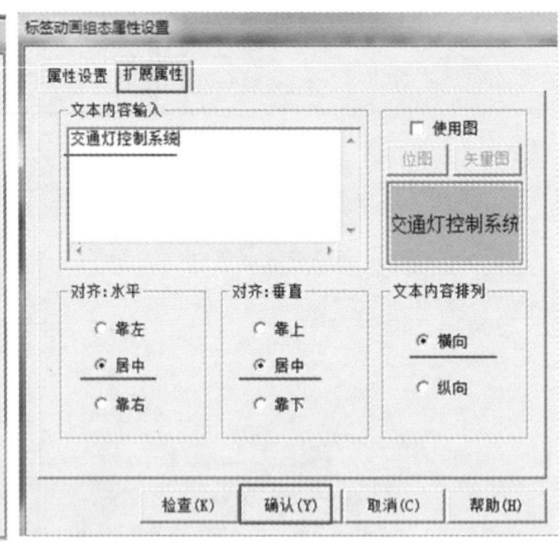

图 5-11 标签动画组态属性设置

其余三个标签制作方法与上述方法相似，故不再赘述。

⑤ 插入按钮：在工具箱中，单击按钮，在画面中拖拽合适大小，双击该按钮，进入“标准按钮构建属性设置”界面，如图 5-13 所示。分别进行“基本属性”和“操作属性”设置。在“基本属性”中的“文本”项输入“进入主页”字样；水平和垂直对齐分别设置为“居中”；“文本颜色”项设置为紫色；单击A^a按钮，会出现“字体”对话框，与标签中的设置方法相似，背景色设为黄色。在“操作属性”中的“打开用户窗口”项打钩，击倒三角，选择“交通灯控制系统”（备注：交通灯控制系统窗口，要提前新建，步骤与首页新建一致）。

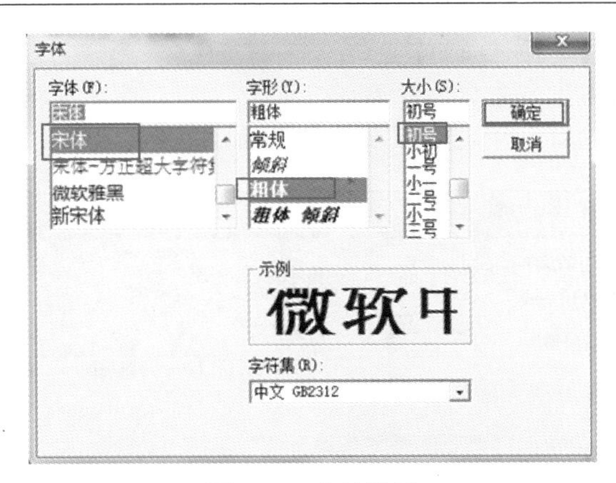

图 5-12　字体设置

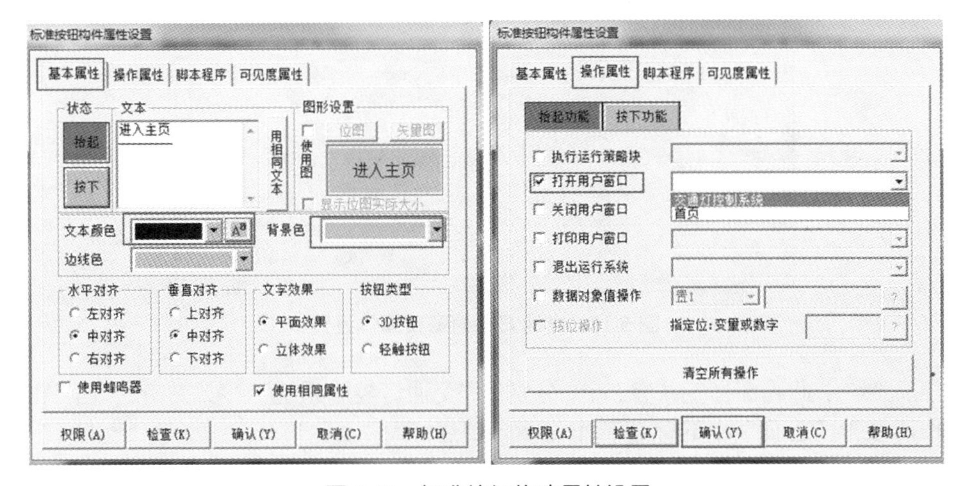

图 5-13　标准按钮构建属性设置

首页画面制作的最终结果，如图 5-14 所示。

图 5-14　首页画面制作最终结果

（3）交通灯控制系统画面制作

① 新建窗口：步骤参考“主页”新建。

② 窗口属性设置：窗口属性设置，如图5-15所示。

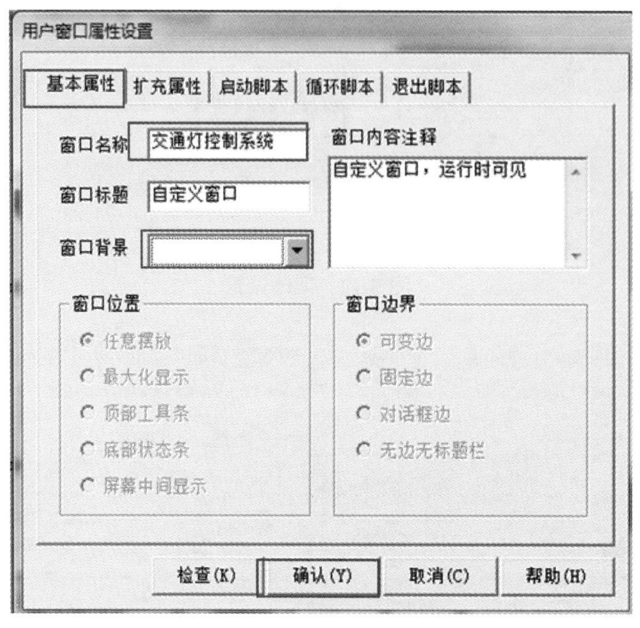

图5-15 交通灯画面窗口属性设置

③ 插入标签：此画面标签共有5个，分别为“交通灯控制系统”“东”“南”“西”和“北”；标签制作请参考“首页”中的标签制作，不再赘述。

④ 车辆和树图标插入：点击工具箱中的，在“图形元件库”中找到“车”文件夹，点开，找到“拖车4”和“集装箱车2”。在“图形元件库”中找到“其他”文件夹，点开，找到“树”。

⑤ 交通灯插入：点击工具箱中的，在“图形元件库”中找到“指示灯”文件夹，点开，找到“指示灯19”。需要说明，“指示灯19”本例中进行了简单的改造，在“指示灯19”图标上右击，执行“排列→分解单元”，去掉灯杆，之后右击执行“排列→合成单元”。

⑥ 按钮插入：按钮插入，请参考“首页”中的按钮插入，交通灯控制系统页中有3个按钮，分别为启动、停止和返回。

⑦ 圆环图标和十字路口图标：点击工具箱中的，在“常用图符”中找到，在工作区域拖拽，即为圆环，注意填充色改成黄色；十字路口是用矩形拼出来的，点击工具箱中的，可得矩形，注意填充色改成蓝色。

（4）变量定义

变量定义在 实时数据库 中完成的，具体步骤参考4.3节，变量定义结果，如图5-16所示。

（5）变量链接

将工作窗口切换到 用户窗口，双击 交通灯控制系统，进入此画面，将按钮和交通灯与变量链接。

图 5-16　变量生成结果

① 按钮与变量链接

a. 启动按钮与变量链接：双击启动按钮，会出现 标准按钮构件属性设置 界面，在“操作属性”，按下 抬起功能 按钮，在“数据对象值操作”项前打对勾，点击 ▼ ，选择“清零”，点击 ? ，会出现“变量选择”界面，如图 5-17 所示，选择“启动”，点击“确定”，按钮“抬起功能”设置完成。按钮“按下”功能设置与“抬起功能”设置类似，不再赘述。设置结果如图 5-18 所示。

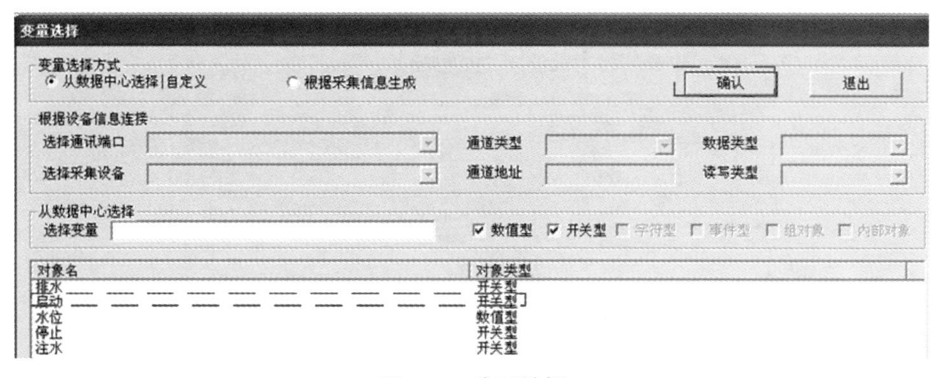

图 5-17　变量选择

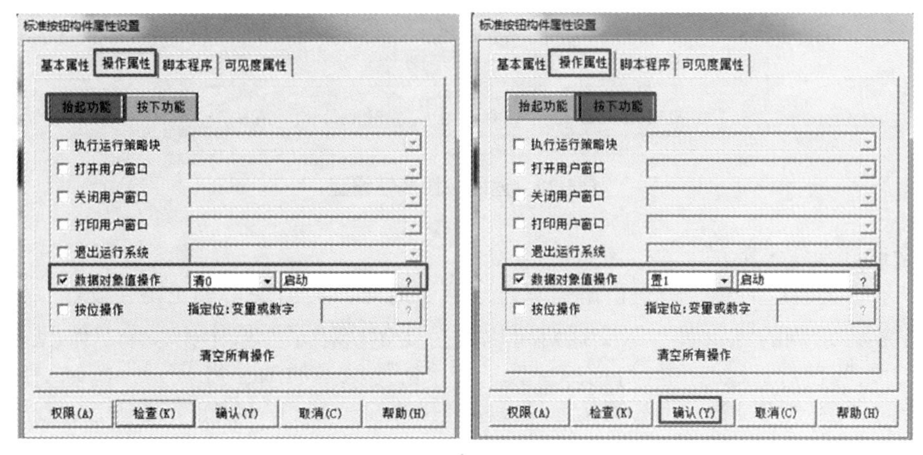

图 5-18　启动按钮属性设置

b．停止按钮与变量链接：步骤与启动类似，设置结果如图5-19所示。

图5-19　停止按钮属性设置

c．返回按钮与变量链接：设置结果如图5-20所示。

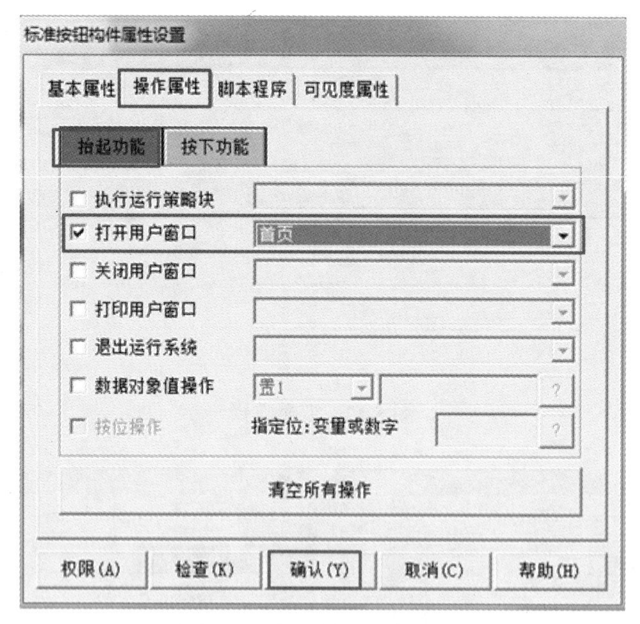

图5-20　返回按钮属性设置

② 交通灯与变量链接

现以东侧交通灯为例，进行讲解。双击东侧交通灯，会出现“单元属性设置”界面，点击 动画连接 ，东侧的红、黄、绿交通灯可以进行变量链接了。选中第一个三维圆球，点击 > ，选中东西黄灯；绿灯和红灯道理一致，变量链接结果如图5-21所示，西侧交通灯变量链接和东侧完全一致。南、北两侧交通灯变量链接完全一致，和东侧交通灯链接方法相似，变量链接结果如图5-22所示。

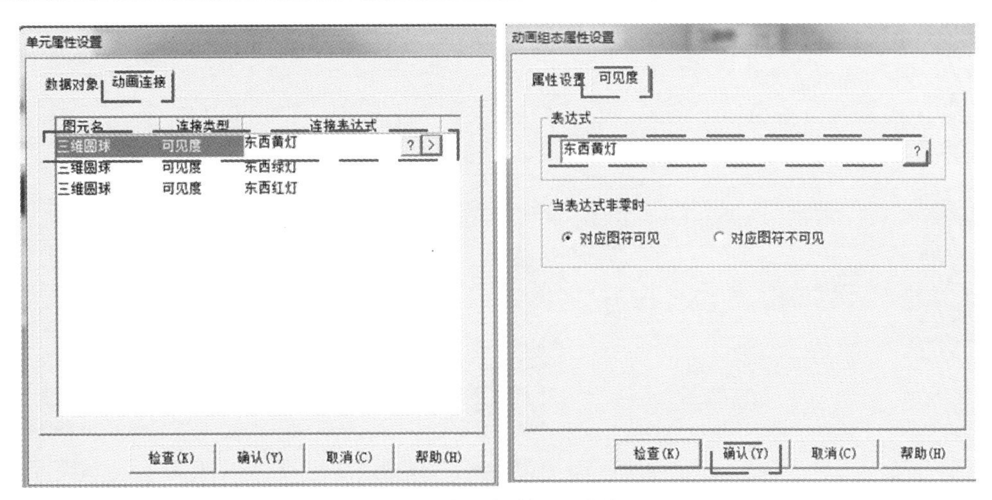

图 5-21　交通灯单元属性设置

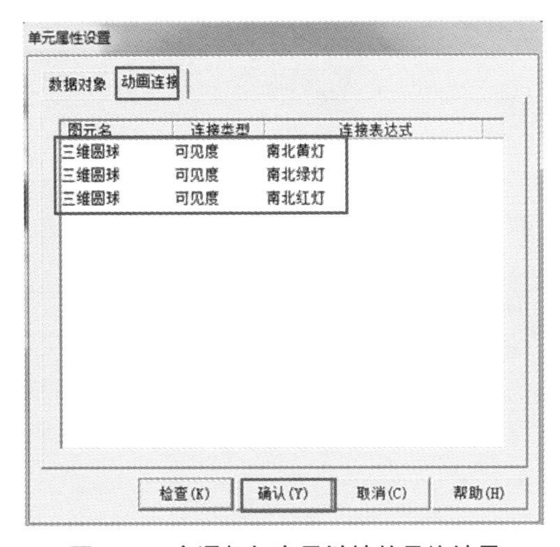

图 5-22　交通灯与变量链接的最终结果

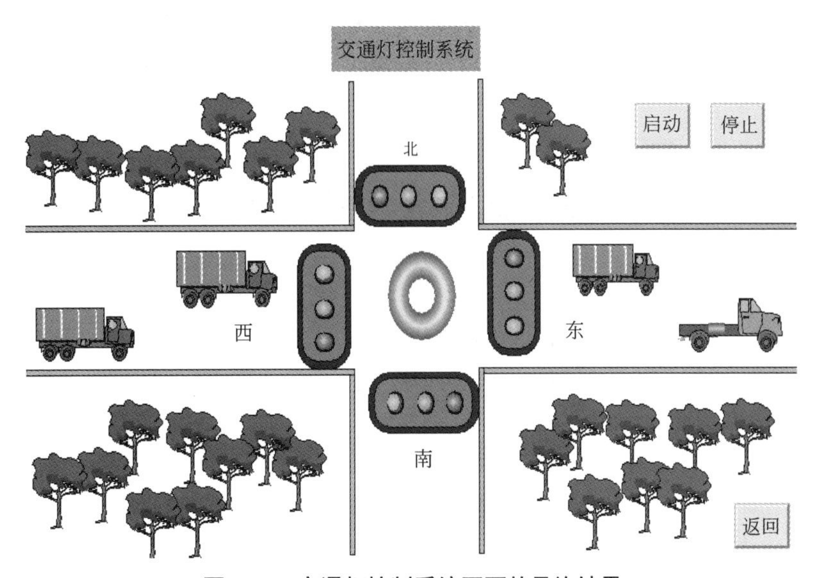

图 5-23　交通灯控制系统画面的最终结果

交通灯控制系统画面的最终结果如图 5-23 所示。

（6）设备连接

设备连接需在设备窗口下完成，设备窗口是连接触摸屏内部变量和 PLC 变量的桥梁。具体步骤可参考 4.3 节，设备连接结果如图 5-24 所示。

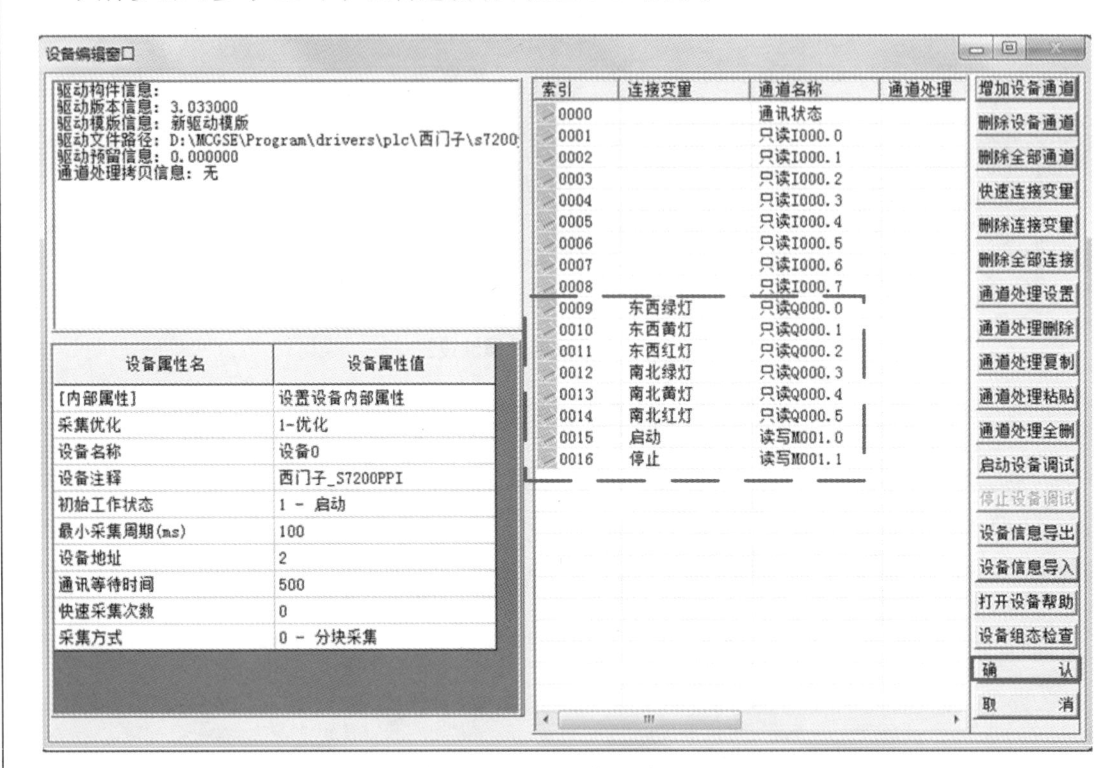

图 5-24　设备连接

5.2　带触摸屏的两种液体混合 PLC 控制系统的设计

上节讲解了含有触摸屏的开关量 PLC 控制系统的设计，本节讲解含有触摸屏的模拟量 + 开关量 PLC 控制系统的设计。

5.2.1　两种液体混合控制系统控制要求

两种液体混合控制系统示意图，如图 5-25 所示。具体控制要求如下。

（1）初始状态

容器为空，阀 A ～阀 C 均为 OFF，液位开关 L1、L2、L3 均为 OFF，搅拌电动机 M 为 OFF，加热管不加热。

（2）启动运行

按下启动按钮后，打开阀 A，注入液体 A；当液面到达 L2（L2=ON）时，关闭阀 A，打开阀 B，注入 B 液体；当液面到达 L1（L1=ON）时，关闭阀 B，同时搅拌电动机 M 开始运行搅拌液体，30s 后电动机停止搅拌；接下来，2 个加热管开始加热，当温度传感器检测到液体的温度为 75℃时，加热管停止加热；阀 C 打开，放出混合液体；当液面降至 L3 以下

（L1=L2=L3=OFF）时，再过 10s 后，容器放空，阀 C 关闭。

（3）停止运行

按下停止按钮，系统完成当前工作周期后停在初始状态。

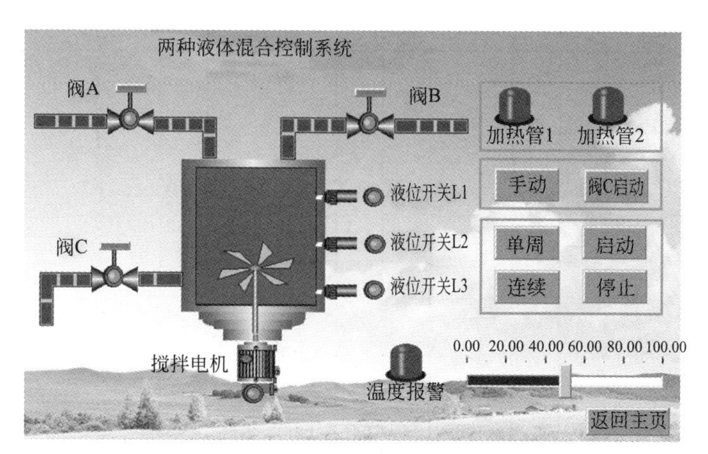

图 5-25　两种液体混合控制系统示意图

5.2.2　各元件任务分配

两种液体混合控制系统采用西门子 CPU SR20 模块 +EM AE04 模拟量输入模块 +MCGS 触摸屏进行控制。MCGS 触摸屏负责提供启停和模式选择信号，同时也负责显示电磁阀、搅拌电机、传感器的工作状态。CPU SR20 模块 +EM AE04 模拟量输入模块负责处理手动自动工作控制，还有信号的采集。

5.2.3　硬件设计

两种液体混合控制的 I/O 分配，如表 5-2 所示，硬件设计的主回路、控制回路、PLC 输入输出回路电气图纸，如图 5-26 所示。

表 5-2　两种液体混合控制 I/O 分配

输入量		输出量	
启动按钮	M20.0	电磁阀 A 控制	Q0.0
上限位 L1	I0.1	电磁阀 B 控制	Q0.1
中限位 L2	I0.2	电磁阀 C 控制	Q0.2
下限位 L2	I0.3	搅拌控制	Q0.4
停止按钮	M20.1	加热控制	Q0.5
手动选择	M20.4	报警控制	Q0.6
单周选择	M20.2		
连续选择	M20.3		
阀 C 按钮	M20.5		

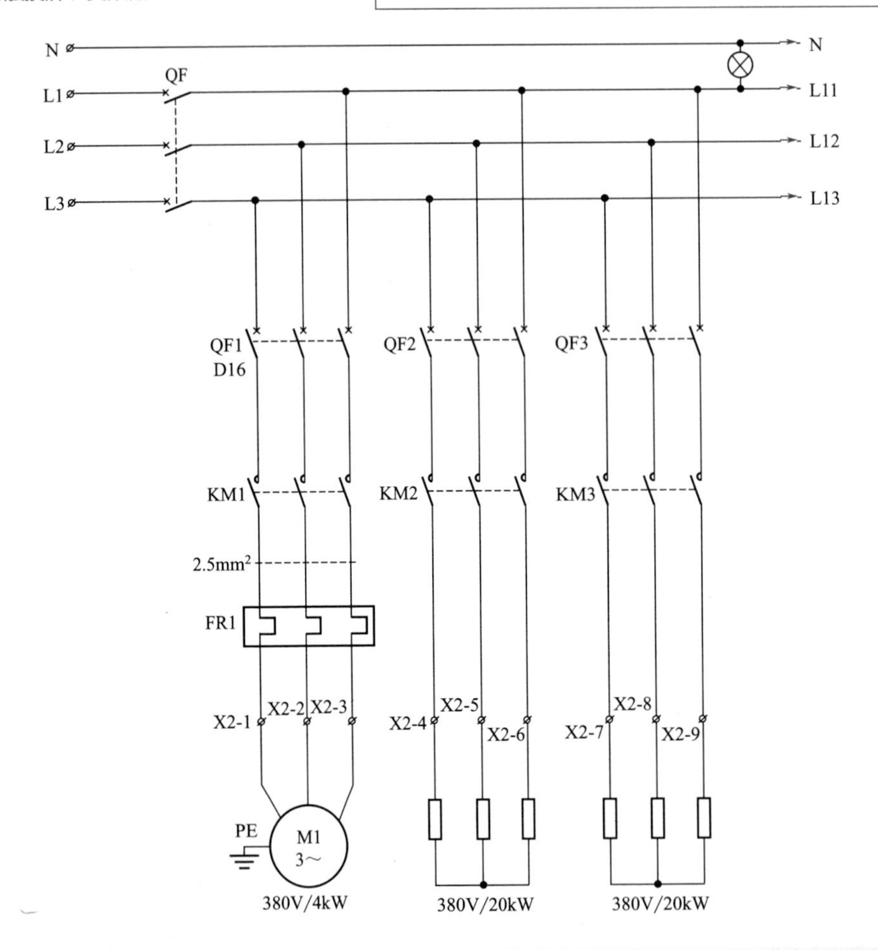

重点提示

1. 电动机额定电流（工程快速结算）：4kW × 2=8A，加热管额定电流：20kW × 2=40A。

2. 电动机主电路

空开：由于为电动机控制，因此选D型，空开额定电流>负载电流(8A)，此处选16A；接触器：主触点额定电流>负载电流(8A)，这里选12A，线圈220V 交流；热继电器：额定电流应为负载电流的1.05倍即1.05 × 8A=8.4A，故8.4A应落在热继旋钮调节范围之间，这里选7~10A，两边调节都有余地。

3. 加热管主电路

空开：由于为加热类控制，因此选C型，空开额定电流>负载电流(40A)，此处选50A；接触器：主触点额定电流>负载电流(40A)，这里选50A，线圈220V 交流。

4. 总开电流>(40+40+8)A=88A，这里选100A塑壳开关。

5. 主进线选择25平方电缆，往3个支路分线时，这里为了节省空间，故用分线器；也可考虑用铜排，但占用空间较大。

铜排的载流量经验公式=横截面积 × 3，如15 × 3的铜排载流量=15 × 3 × 3=135A，这只是个经验，算的比较保守，系数乘几，与铜排质量有关；精确值可查相关选型样本。

导线载流量，可按1平方载5A计算，同样想知道更精确值，可查相关样本。

(a)

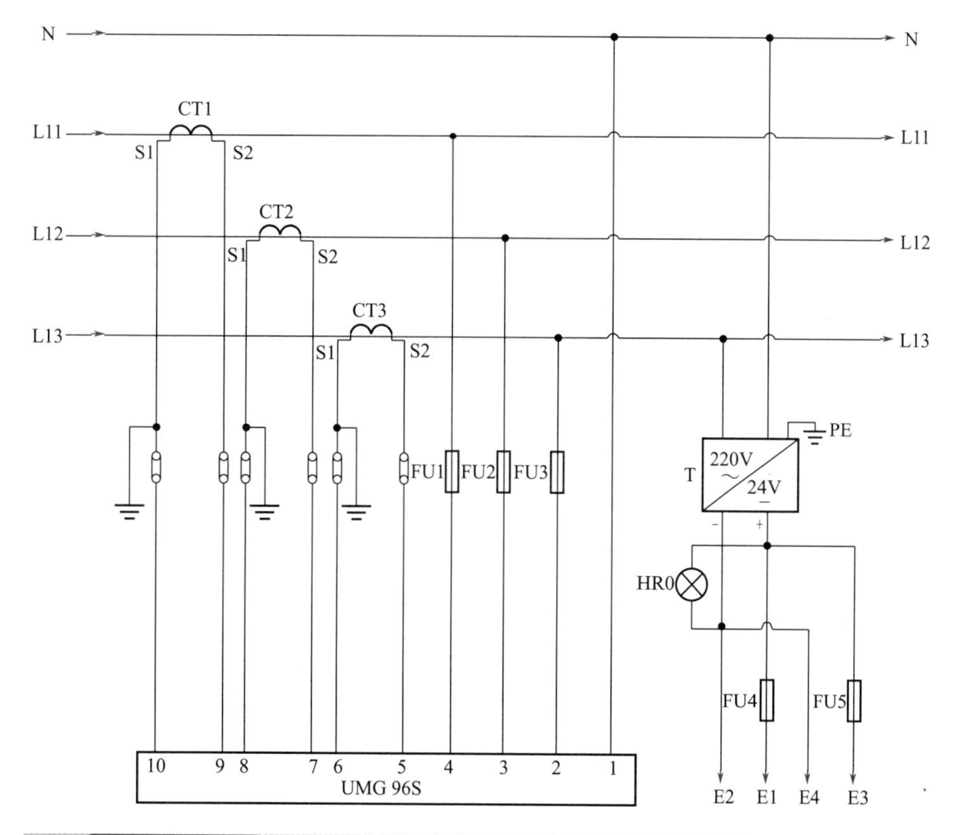

重点提示

1. UMG 96S是一块德国捷尼查公司多功能仪表，可测量电压、电路、功率和电能等。

2. 电流互感器变比计算：

主进线电流通过上面的计算为88A，那么电流互感器一次侧电流承载能力>88A，经查样本恰好有100A，二次侧电流为固定值5A，因此电流互感器变比为100/5；此外还需考虑安装方式，和进线方式。

3. 电流互感器禁止开路，为了更换仪表方便，通常设有电流测试端子；为了防止由于绝缘击穿，对仪表和人身安全造成威胁，电流互感器一定要可靠接地。接地一般设在测试端子的上端，好处在于下端拆卸仪表时，电流互感器瞬间也在接地；拆卸仪表时，用专用短路片将测试端子短接。

4. 查样本，UMG 96S的熔断器应选在5～10A，这里选择6A。

5. 直流电源：

直流电源负载端主要给电磁阀供电，电磁阀工作电流1.5×3=4.5，考虑另外还有中间继电器线圈和指示灯，故适当放大，那么负载端电流也不会超出5.5A(中间继电器.线圈工作电流为几十毫安，指示灯为几毫安)，故直流电源容量>24V×5.5A=132W，经查样本，有180W，且有裕量。那么进线电流=180/220A=0.8A，故进线选C3完全够用。

(b)

图 5-26

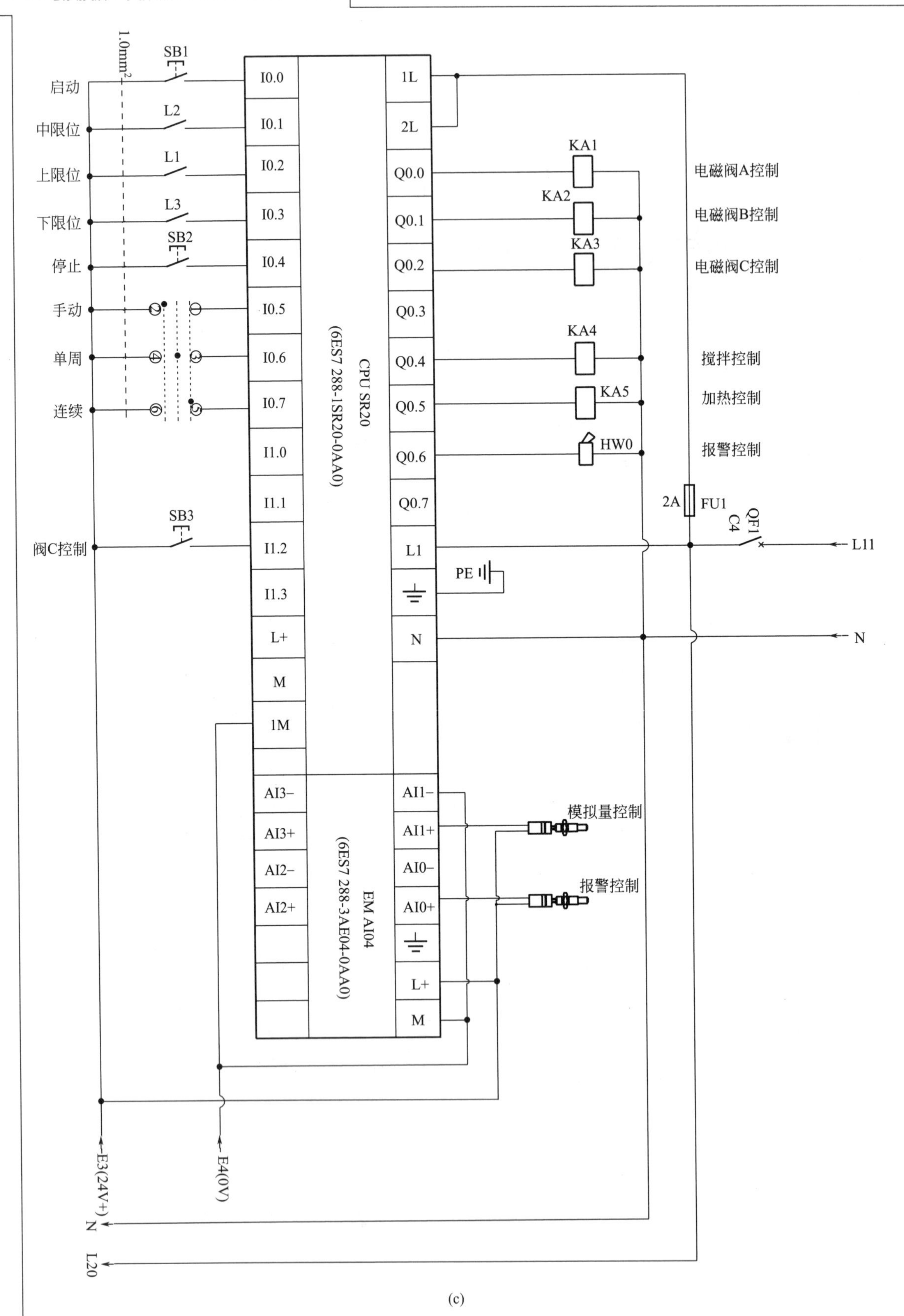

1.0mm²
SB1
启动
I0.0
1L
L2
中限位
I0.1
2L
L1
上限位
I0.2
Q0.0
KA1
电磁阀A控制
L3
下限位
I0.3
Q0.1
KA2
电磁阀B控制
SB2
停止
I0.4
Q0.2
KA3
电磁阀C控制
手动
I0.5
Q0.3
单周
I0.6
Q0.4
KA4
搅拌控制
连续
I0.7
Q0.5
KA5
加热控制
I1.0
Q0.6
HW0
报警控制
CPU SR20
(6ES7 288-1SR20-0AA0)
I1.1
Q0.7
2A
FU1
QF1
C4
SB3
阀C控制
I1.2
L1
L11
PE
I1.3
L+
N
N
M
1M
AI3−
AI1−
AI3+
AI1+
模拟量控制
AI2−
AI0−
AI2+
AI0+
报警控制
EM AI04
(6ES7 288-3AE04-0AA0)
L+
M
E3(24V+)
E4(0V)
N
L20

(c)

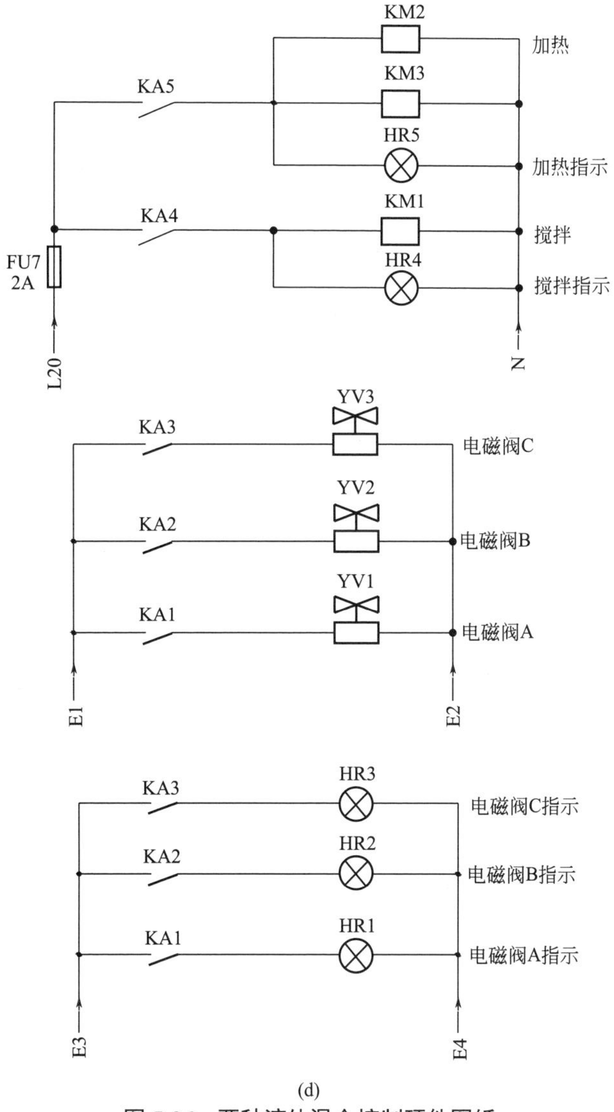

(d)

图 5-26　两种液体混合控制硬件图纸

5.2.4　硬件组态

两种液体混合硬件组态，如图 5-27 所示。

	模块	版本	输入	输出	订货号
CPU	CPU SR20 (AC/DC/Relay)	V02.02.00_00.00...	I0.0	Q0.0	6ES7 288-1SR20-0AA0
SB					
EM 0	EM AE04 (4AI)		AIW16		6ES7 288-3AE04-0AA0
EM 1					

图 5-27　两种液体混合控制硬件组态

5.2.5　程序设计

主程序如图 5-28 所示，当对应条件满足时，系统将执行相应的子程序。子程序的主要包括4大部分，分别为公共程序、手动程序、自动程序和模拟量程序。

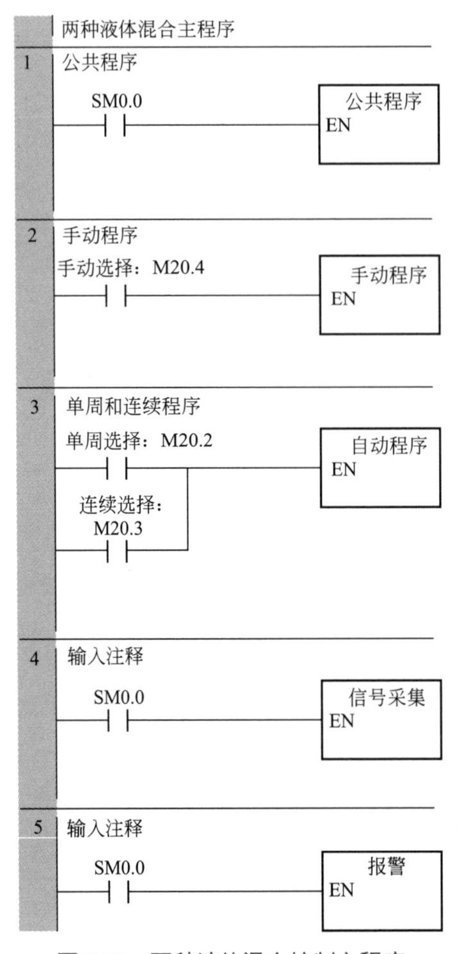

图5-28 两种液体混合控制主程序

（1）公共程序

公共程序如图5-29所示。系统初始状态容器为空，阀A～阀C均为OFF，液位开关L1、L2、L3均为OFF，搅拌电动机M为OFF，加热管不加热，故将这些量的常闭点串联作为M1.1为ON的条件，即原点条件。其中有一个量不满足时，那么M1.1都不会为ON。

系统在原点位置，当处于手动或初始化状态时，初始步M0.0都会被置位，此时为执行自动程序做好准备；若此时M1.1为OFF，则M0.0会被复位，初始步变为不活动步，即使此时按下启动按钮，自动程序也不会转换到下一步，因此禁止了自动工作方式的运行。

当手动、自动两种工作方式相互切换时，自动程序可能会有两步被同时激活，为了防止误动作，因此在手动状态下，辅助继电器M0.1～M0.6要被复位。

在非连续工作方式下，M20.3常闭触点闭合，辅助继电器M1.2被复位，系统不能执行连续程序。

（2）手动程序

手动程序如图5-30所示。此处设置阀C手动，意在当系统有故障时，可以顺利将混合液放出。

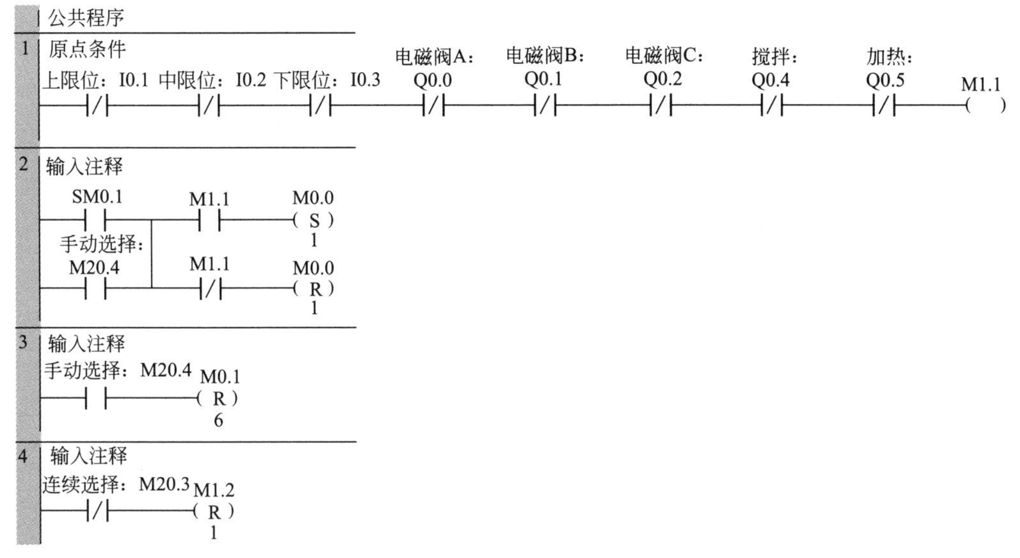

图 5-29　两种液体混合控制公用程序

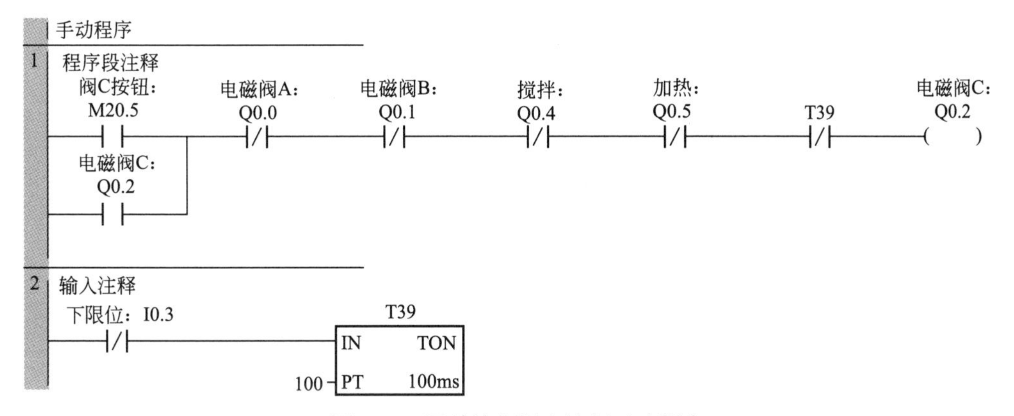

图 5-30　两种液体混合控制手动程序

（3）自动程序

两种液体混合控制顺序功能图，如图 5-31 所示，根据工作流程的要求，显然一个工作周期有“阀 A 开→阀 B 开→搅拌→加热→阀 C 开→等待 10s”这 6 步，再加上初始步，因此共 7 步（从 M0.0 到 M0.6）；在 M0.6 后应设置分支，考虑到单周和连续的工作方式，一条分支转换到初始步，另一分支转换到 M0.1 步。

两种液体混合控制自动程序，如图 5-32 所示。设计自动程序时，采用置位复位指令编程法，其中 M0.0 ～ M0.6 为中间编程元件，连续、单周 2 种工作方式用连续标志 M1.2 加以区别。

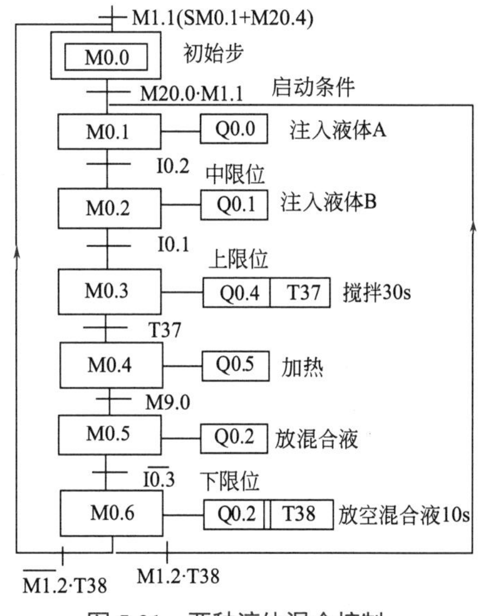

图 5-31　两种液体混合控制系统的顺序功能图

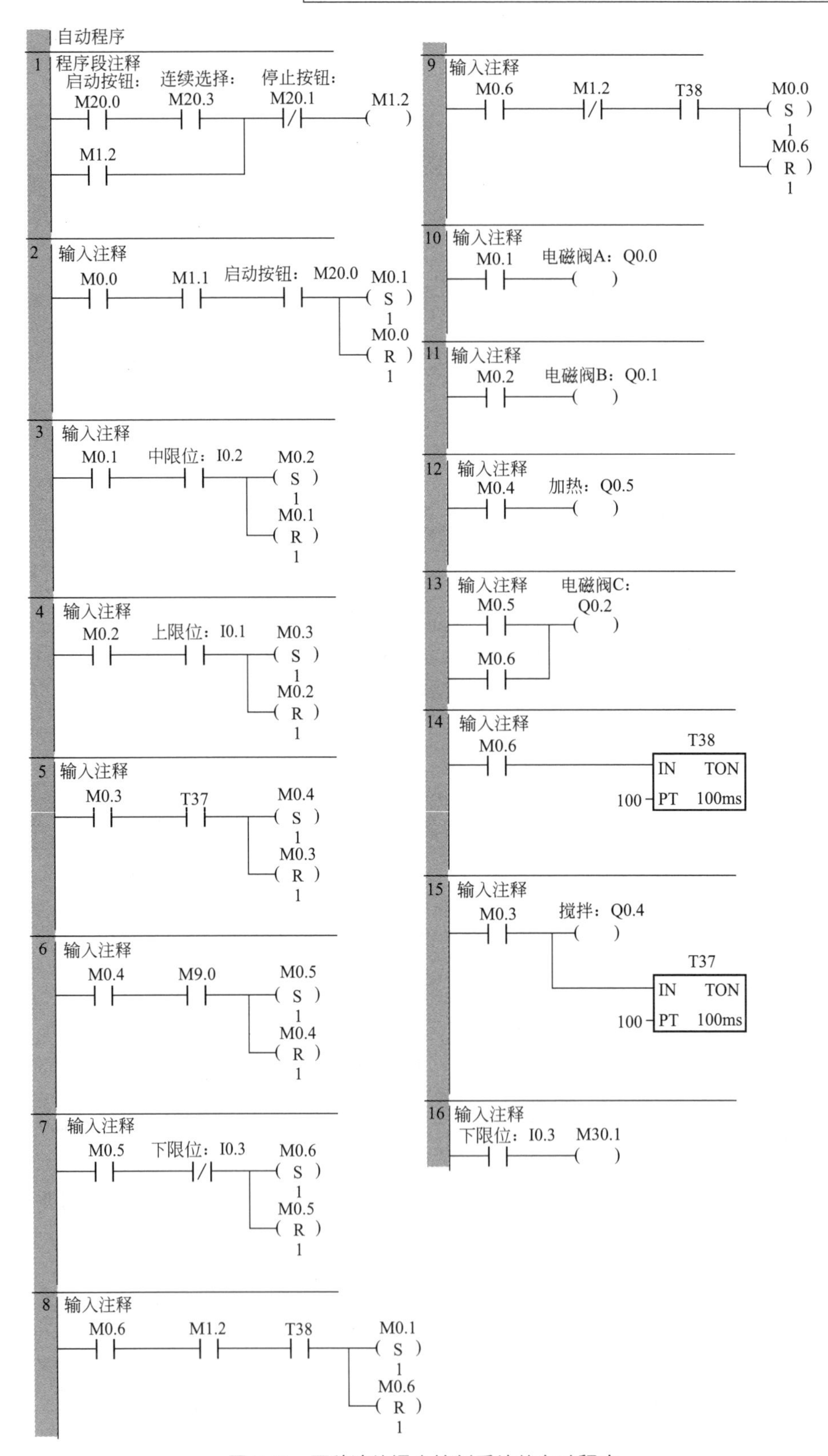

图 5-32 两种液体混合控制系统的自动程序

当常开触点 M20.3 闭合时，处于连续方式状态；若原点条件满足，在初始步为活动步时，按下启动按钮 M20.0，线圈 M0.1 被置位，同时 M0.0 被复位，程序进入阀 A 控制步，线圈 Q0.0 接通，阀 A 打开注入液体 A；当液体到达中限位时，中限位开关 I0.2 为 ON，程序转换到阀 B 控制步 M0.2，同时阀 A 控制步 M0.1 停止，线圈 Q0.1 接通，阀 B 打开，注入液体 B；以后各步转换以此类推，这里不再重复。

单周与连续原理相似，不同之处在于：在单周的工作方式下，连续标志条件不满足（即线圈 M1.2 不得电），当程序执行到 M0.6 步时，满足的转换条件为 $\overline{\text{M1.2}}$ • T38，因此系统将返回到初始步 M0.0，系统停止工作。

（4）模拟量程序

两种液体混合控制模拟量程序如图 5-33 所示。该程序分为两个部分，第 1 部分为模拟量信号采集程序，第 2 部分为报警程序。

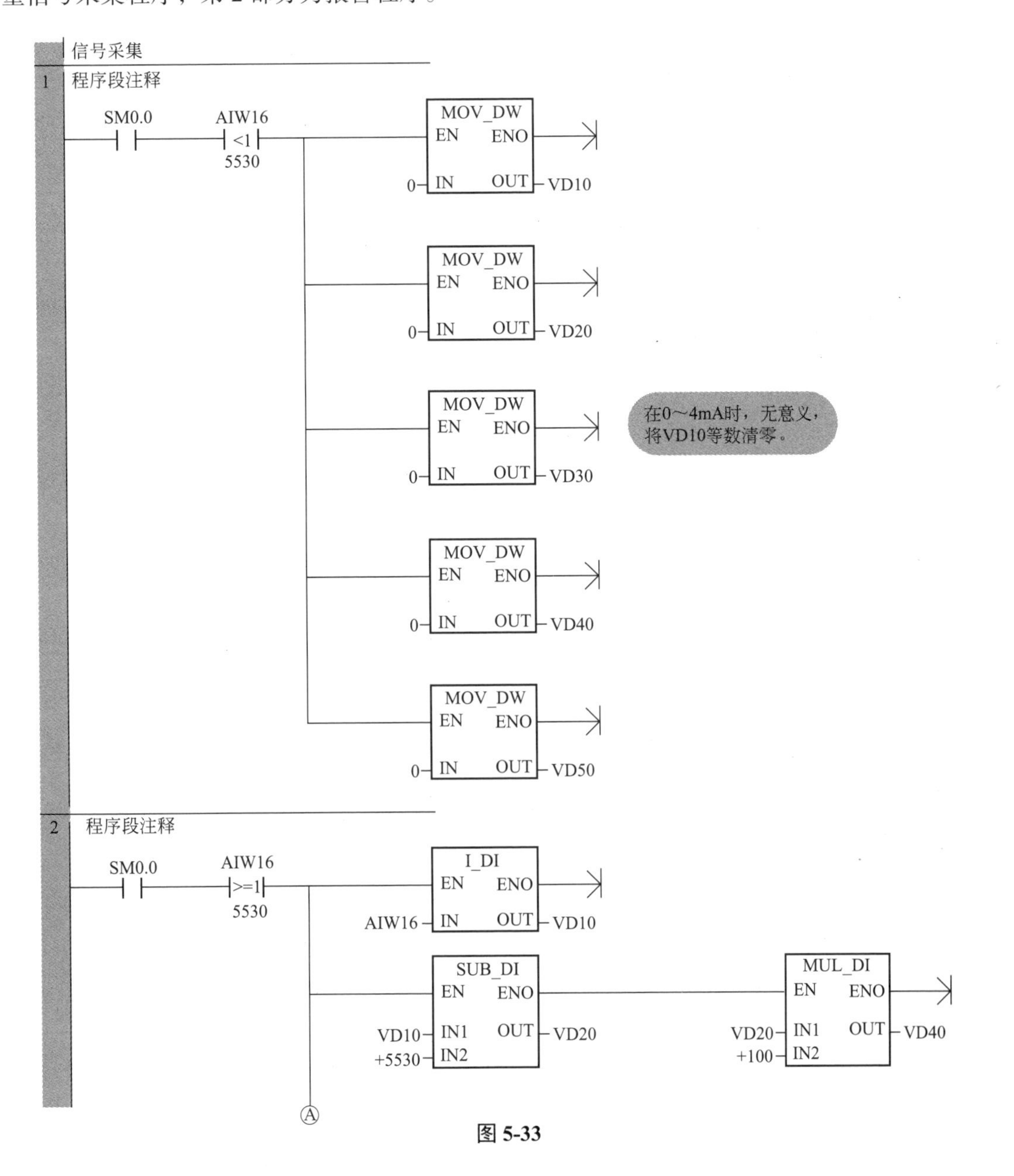

图 5-33

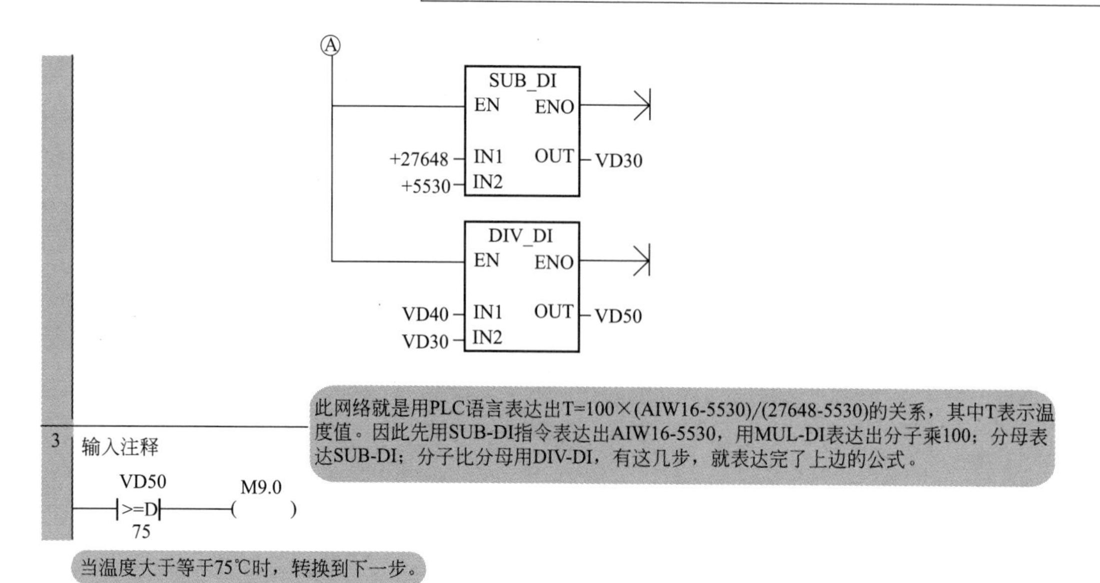

Ⓐ
SUB_DI
EN ENO
+27648 IN1 OUT VD30
+5530 IN2
DIV_DI
EN ENO
VD40 IN1 OUT VD50
VD30 IN2
此网络就是用PLC语言表达出T=100×(AIW16-5530)/(27648-5530)的关系，其中T表示温度值。因此先用SUB-DI指令表达出AIW16-5530，用MUL-DI表达出分子乘100；分母表达SUB-DI；分子比分母用DIV-DI，有这几步，就表达完了上边的公式。
3 输入注释
VD50
>=D
75
M9.0
当温度大于等于75℃时，转换到下一步。

(a) 模拟量信号采集程序

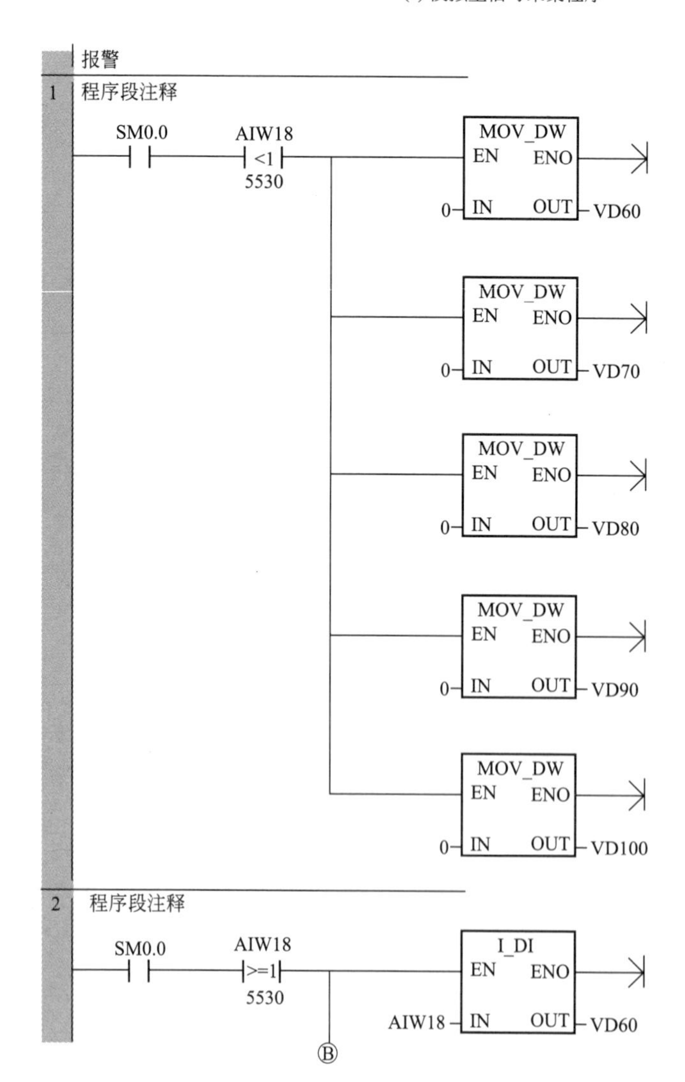

报警
1 程序段注释
SM0.0
AIW18
<I
5530
MOV_DW
EN ENO
0 IN OUT VD60
MOV_DW
EN ENO
0 IN OUT VD70
MOV_DW
EN ENO
0 IN OUT VD80
MOV_DW
EN ENO
0 IN OUT VD90
MOV_DW
EN ENO
0 IN OUT VD100
2 程序段注释
SM0.0
AIW18
>=I
5530
I_DI
EN ENO
AIW18 IN OUT VD60
Ⓑ

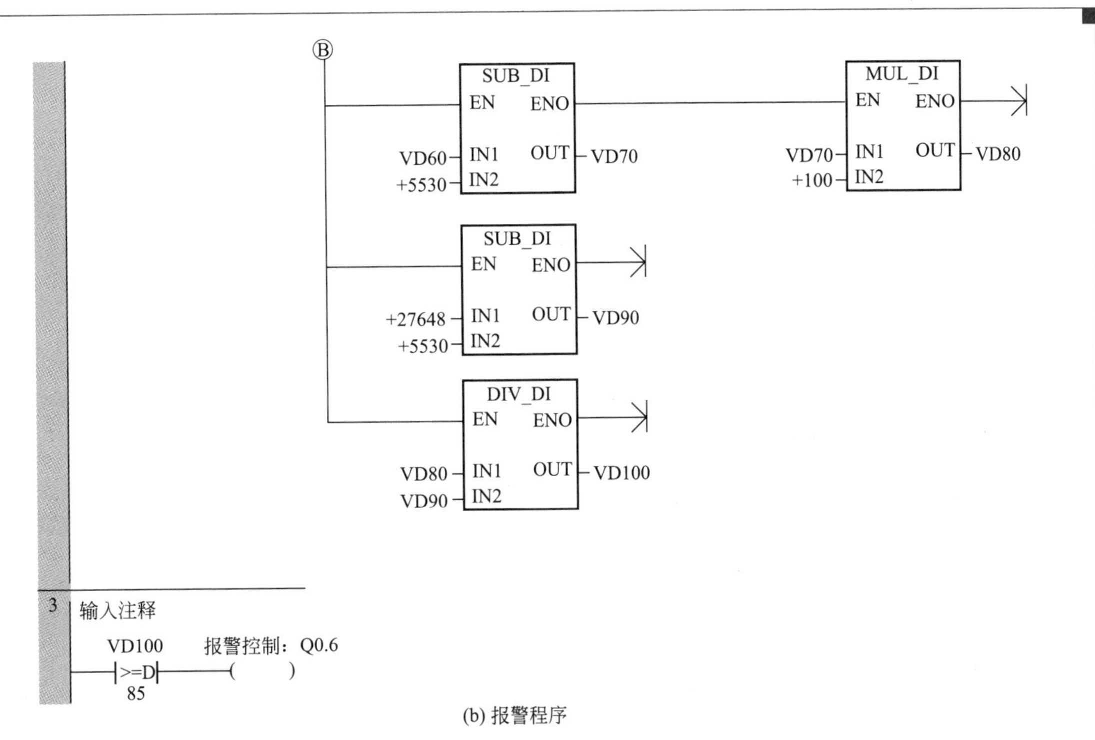

(b) 报警程序

图 5-33　两种液体混合模拟量程序

模拟量信号采集程序，根据控制要求，当温度传感器检测到液体的温度为 75℃时，加热管停止；阀 C 打开放出混合液体；此问题关键点用 PLC 语言表达出实际物理量与 PLC 内部数字量之间的对应关系，即 T=100×(AIW16−5530)/(27648−5530)，其中 T 表示温度；之后由比较指令进行比较，如实际温度大于或等于 75℃（取大于或等于，好实现；仅等于，由于误差，可能捕捉不到此点），则驱动线圈 M9.0 作为下一步的转换条件。

报警程序编写过程和信号采集程序的编写过程类似，这里不再赘述。

（5）用电位器模拟压力变送器 4 ～ 20mA 信号

电位器模拟压力变送器信号的等效电路如图 5-34 所示。在模拟量通道中，S7-200 SMART PLC 模拟量输入模块内部电压一般为 DC 1 ～ 5V，当模拟量通道外部没有任何电阻时，此时电流最大即 20mA，此时的电压为 5V，故此时内部电阻 R=5V/20mA=250Ω。

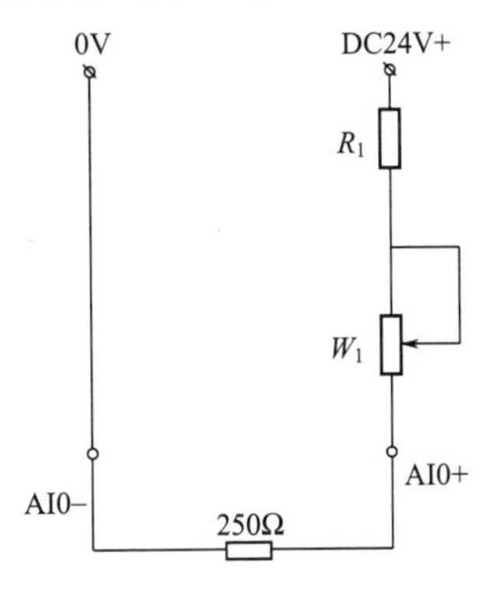

S7-200 SMART PLC模拟量模块内部

图 5-34　电位器模拟压力变送器信号的等效电路

电位器可以替代变送器模拟 4 ～ 20mA 的标准信号，至于模拟电位器阻值应为多大？计算过程如下：

当模拟量通道内部电压最小时（即 1V），此时电位器分来的电压最大，即 24V-1V=23V；此时电流最小为 4mA，故此时 W_1=23V/4mA=5.75kΩ。5.75kΩ 是理论值，市面上有 5.6kΩ 多圈精密电阻，有 10 圈的，有 20 圈的，20 圈的模拟出来的信号精度高些。若无特殊要求，一般 10 圈就够用了。

需要指出的是，此电位器不同于普通的电位器，其内部结构为多圈电阻，故可以非常精确地模拟出 4 ～ 20mA 的标准信号，这种性能是普通电位器所无法比拟的。

用电位器模拟标准信号，如果将电位器旋至最小电阻处，即 W_1=0，此时 DC 24V 电压就完全加在了模拟量通道内部电阻 R 上，这样超出了内部电路的载流能力，很可能将此路模拟量通道烧毁，故在电位器的一端需串上 R_1 电阻，用于分流。R_1 具体数值计算如下：

此时模拟量通道内部电压为 5V，因此 R_1 两端的电压为 24V-5V=19V，此时的电流为 20mA，故此，R_1=19V/20mA=950Ω。

5.2.6 触摸屏画面设计及组态

（1）新建工程

双击桌面 MCGS 组态软件图标，进入组态环境。单击菜单栏中的“文件→新建”，会出现“新建工程设置”对话框，与图 5-6 相同。在“类型”中可以选择需要触摸屏的系列，这里我们选择“TPC7062KX”系列，其余默认。

（2）首页画面制作

① 新建窗口：在新建工程的操作界面中，点击 用户窗口 ，进入用户窗口，可以制作画面。单击 新建窗口 按钮，会出现 窗口0 ，步骤如图 5-35 所示。

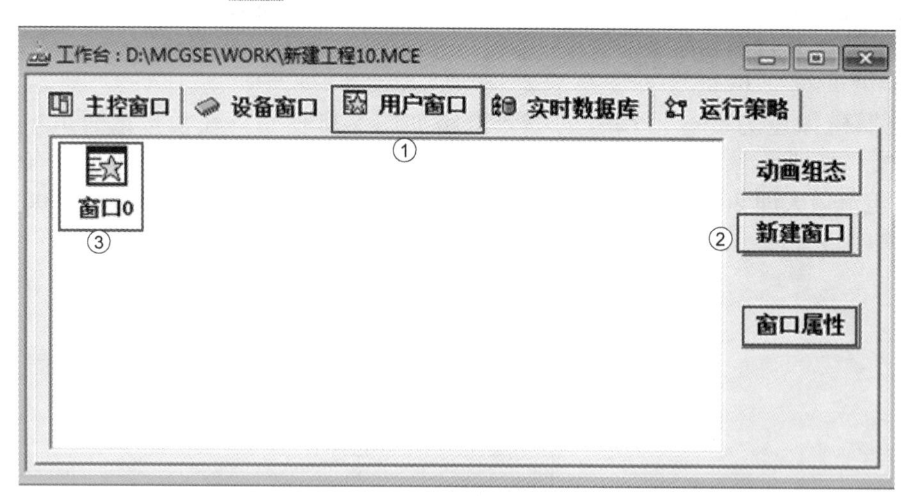

图 5-35 新建窗口

② 窗口属性设置：选中“窗口 0”，单击 窗口属性 按钮，出现图 5-36 画面。这时可以改变“窗口的属性”。在窗口名称可以输入你想要的名称，本例窗口名称为“主页”。在“窗口背景”中，可已选择需要的背景颜色；设置完成后，单击“确定”，窗口名称由“窗口 0”变成了“主页”，设置步骤如图 5-36 所示。

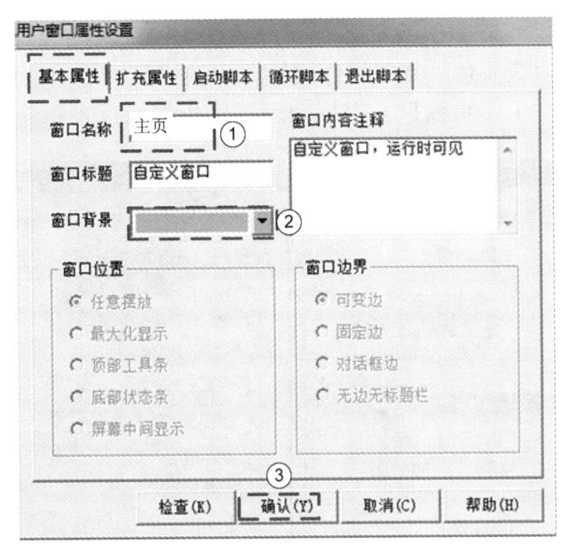

图 5-36　窗口属性设置

③ 插入位图：步骤与图 5-10 一致。本例中插入的是“蓝天白云青山”图片。

④ 插入标签：在工具箱中，单击 A 按钮，在画面中拖拽，双击该标签，进行“标签动画组态属性设置”界面，如图 5-37 所示。分别进行“属性设置”和“扩展设置”，在“扩展设置”中的“文本内容输入”项输入“两种液体混合控制系统”字样；水平和垂直对齐分别设置为“居中”，文字内容排布设置为“横向”。在“属性设置”中“填充色”“边框颜色”项选择“没有填充”和“没有边线”；“字符颜色”项“颜色”设置为黑色；单击 Aª 按钮，会出现“字体”对话框，设置为“宋体、粗体、二号”。其余 2 个标签制作方法与上述方法相似。

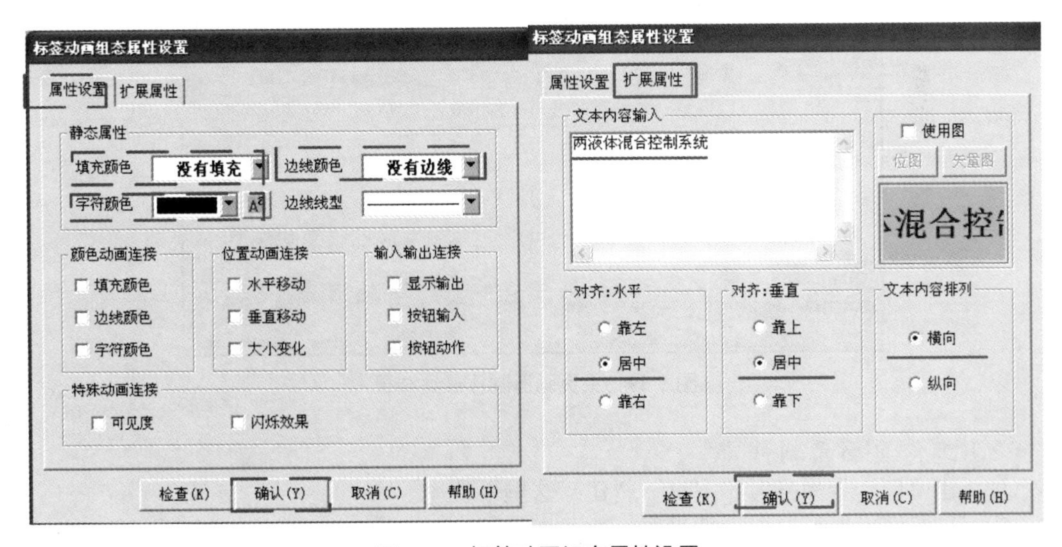

图 5-37　标签动画组态属性设置

⑤ 插入按钮：在工具箱中，单击 按钮，在画面中拖拽合适大小，双击该按钮，进行“标准按钮构建属性设置”界面，如图 5-38 所示。分别进行“基本属性”和“操作属性”设置。在“基本属性”中的“文本”项输入“进入主页”字样；水平和垂直对齐分别设置为“居中”；“文

本颜色”项设置为黑色；单击A^a按钮，会出现“字体”对话框，与标签中的设置方法相似，故不再赘述，背景色设为淡蓝色。在“操作属性”中的“打开用户窗口”项打钩，击倒三角，选择“工作页”（备注：工作页窗口，要提前新建，步骤与首页新建一致）。

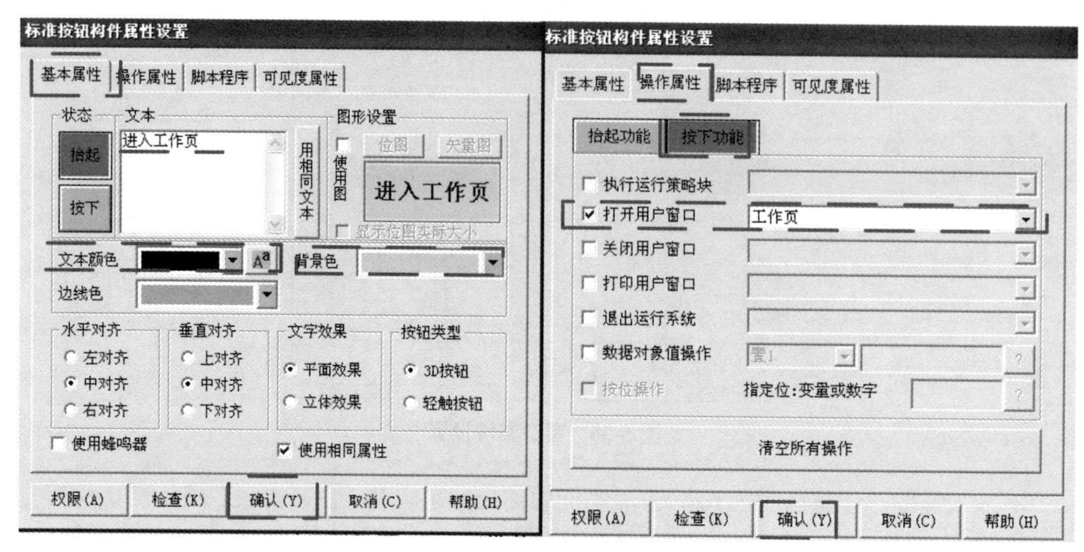

图 5-38　标准按钮构建属性设置

主页画面制作的最终结果如图 5-39 所示。

图 5-39　主页画面制作最终结果

（3）工作页画面制作

① 新建窗口　步骤参考“主页”新建，这里不赘述。

② 窗口属性设置　窗口属性设置，如图 5-40 所示。

③ 插入标签　此画面标签共有 16 个，分别为“两种液体混合控制系统”“阀 A”“阀 B”“阀 C”“液位开关 L1 ~ L3”“时间”“日期”“手动指示”“单周指示”“连续指示”“加热管”“温度报警”“液体温度指示”和“搅拌电机”。标签制作请参考“主页”中的标签制作，这里不再赘述。

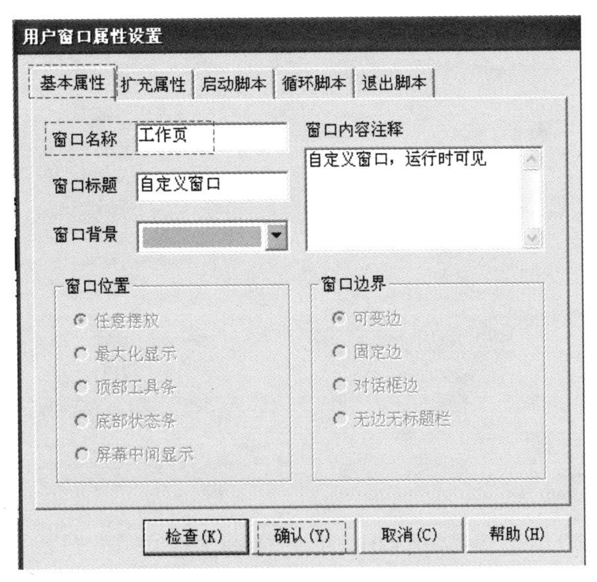

图 5-40　工作页画面窗口属性设置

④ 插入阀、传感器　点击工具箱中的，在“图形元件库”中找到“阀”文件夹，点开，找到“阀 70”，选中，点击“确定”，阀就插入了。再复制 2 个这样的阀。点击工具箱中的，在“图形元件库”中找到“指示灯”文件夹，点开，找到“指示灯 3”，选中，点击“确定”，指示灯就插入了。再复制 2 个这样的指示灯，将 3 组阀和指示灯拖拽合适大小，进行组合，组合中，需要将指示灯放在阀的前一层，选中“指示灯”，右键执行“排列→前一层”，阀和指示灯的组合效果，请读者参考工作页最终画面。点击工具箱中的，在“图形元件库”中找到“传感器”文件夹，点开，找到“传感器 9”，选中，点击“确定”，传感器就插入了，再复制 2 个这样的传感器。将这 3 个传感器拖拽合适的大小，右键执行“排列→旋转→右旋转 90 度”，将传感器放置位置调为水平。

⑤ 插入储液罐、马达、搅拌器、滑动输入器和按钮

储液罐的路径：图形元件库→“储藏罐”文件夹→罐 42；

马达的路径：图形元件库→“马达”文件夹→马达 44；

搅拌器的路径：图形元件库→“搅拌器”文件夹→搅拌器 2；

选中以上构件，点击“确定”，该构件就插入到画面了。插入滑动输入器的方法是点击工具箱中的，插入该构件。插入按钮的方法是点击工具箱中的，插入该构件。再复制 6 个这样的按钮。

⑥ 插入指示灯　指示灯的路径：图形元件库→“指示灯”文件夹→指示灯 11；再复制 4 个这样的指示灯。

⑦ 插入矩形　点击工具箱中的，在工作区域拖拽，即可得到矩形，再复制 1 个。

以上构件组成的画面最终结果，如图 5-41 所示。

（4）变量定义

变量定义在 实时数据库 中完成的，具体步骤参考 4.3 节，这里不赘述，变量定义结果如图 5-42 所示。

（5）变量链接

将工作窗口切换到 用户窗口，双击“工作页”，进入此画面，将构件与变量进行链接。

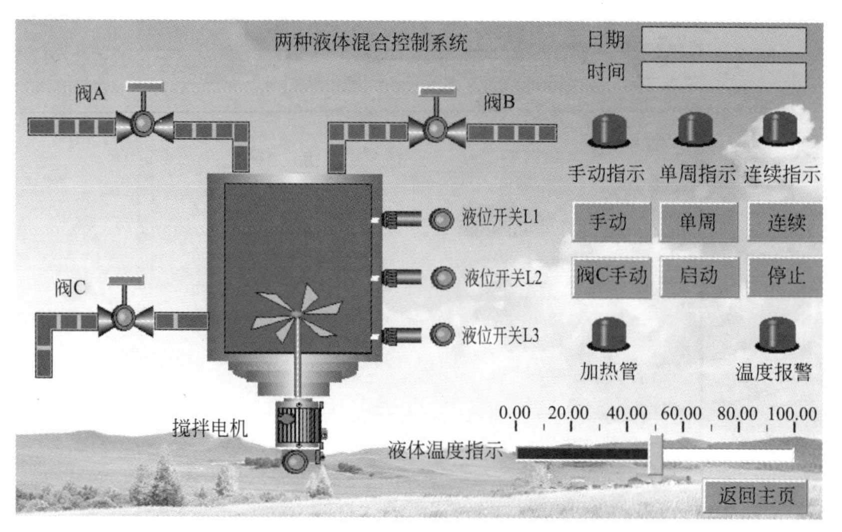

图 5-41　工作页最终画面

主控窗口　设备窗口　用户窗口　实时数据库　运行策略

名字	类型	注释	报警
AI	数值型		
date1	字符型		
day1	数值型		
hour1	数值型		
InputETime	字符型	系统内建...	
InputSTime	字符型	系统内建...	
InputUser1	字符型	系统内建...	
InputUser2	字符型	系统内建...	
K1	开关型		
K2	开关型		
K3	开关型		
M	数值型		
minute1	数值型		
month1	数值型		
second1	数值型		
T	开关型		
time1	字符型		
year1	数值型		
报警	开关型		
单周	开关型		
阀A	开关型		
阀B	开关型		
阀C	开关型		
阀C按钮	开关型		
加热	开关型		
搅拌电机	开关型		
连续	开关型		
启动	开关型		
上限位L1	开关型		
手动	开关型		
停止	开关型		
温度	数值型		
温度报警	开关型		
下限位L3	开关型		
中限位L2	开关型		

图 5-42　变量定义最终结果

① 按钮与变量链接

a．启动按钮与变量链接：双击启动按钮，会出现标准按钮构件属性设置界面，在“操作属性”，按下抬起功能按钮，在“数据对象值操作”项前打对勾，点击▾，选择“清零”，点击 ? ，会出现“变量选择”界面，如图 5-43 所示，选择“启动”，点击“确定”，按钮“抬起功能”设置完成。按钮“按下”功能设置与“抬起功能”设置类似，不在赘述。以上设置结果如图 5-44 所示。

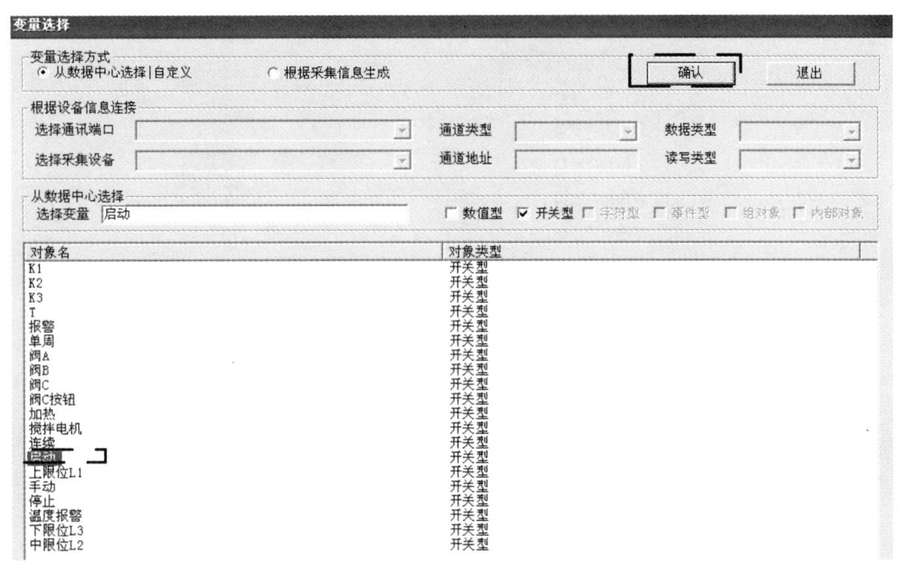

图 5-43　启动变量选择

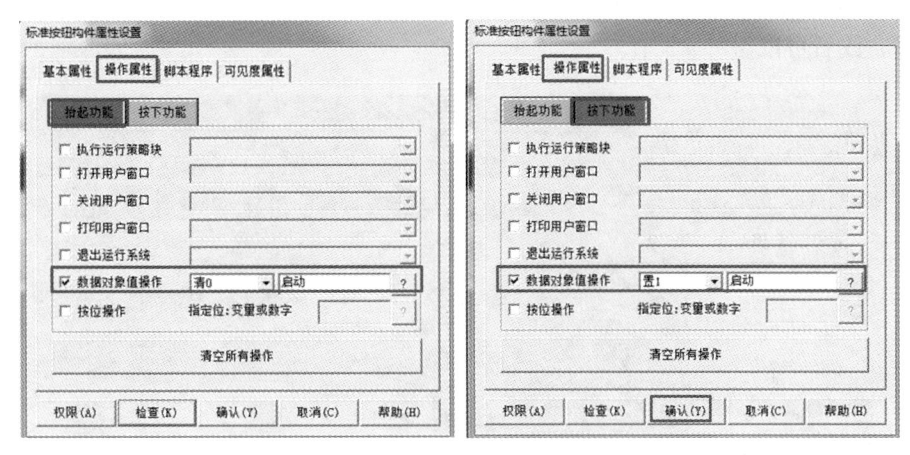

图 5-44　启动按钮属性设置

b．停止按钮以及其他按钮与变量的链接：步骤与启动类似，如图 5-45 所示。

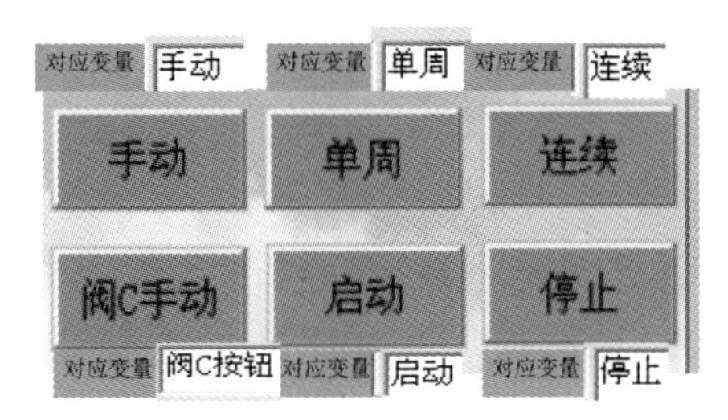

图 5-45　各按钮对应的变量

c．返回主页按钮与变量链接：设置结果如图5-46所示。

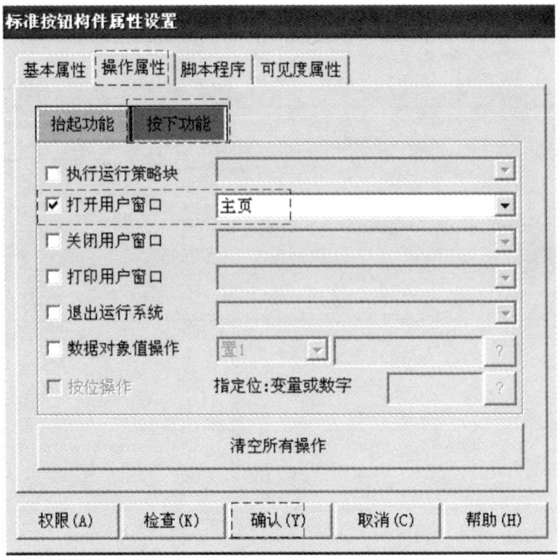

标准按钮构件属性设置
基本属性 操作属性 脚本程序 可见度属性
抬起功能 按下功能
执行运行策略块
打开用户窗口 主页
关闭用户窗口
打印用户窗口
退出运行系统
数据对象值操作 置1
按位操作 指定位：变量或数字
清空所有操作
权限(A) 检查(K) 确认(Y) 取消(C) 帮助(H)

图5-46　返回主页按钮属性设置

② 指示灯与变量链接

本案例中的指示灯涉及了阀A、阀B、阀C、搅拌电机、液位开关L1～L3、手动指示、连续指示、单周指示、加热管和温度报警。以上指示灯对应的变量，如图5-47所示。具体连接步骤，读者可以参考4.3节。

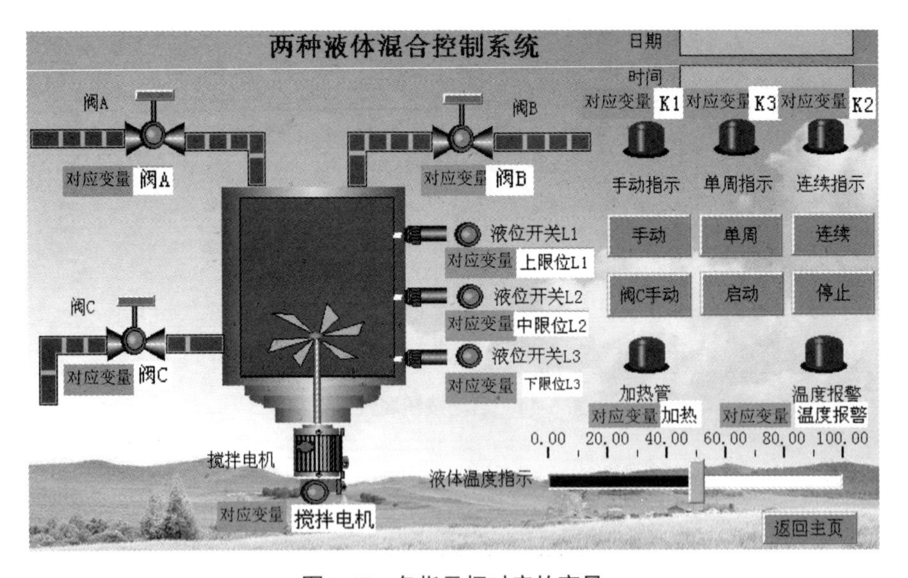

图5-47　各指示灯对应的变量

③ 滑动输入器变量连接

双击滑动输入器，会弹出滑动输入器构件属性设置对话框，在该对话框中选择“操作属性”，“对应的数据对象的名称”点击[?]，与变量“温度”连接；滑块在最左边时对应的值输入0”，滑块在最右边时对应的值输入100。以上操作的最终结果如图5-48所示。

④ 日期和时间矩形框变量连接

双击“日期”矩形框，会弹出标签动画组态属性设置对话框，在该对话框中选择“显示输出”，点击“表达式”后边 ? ，连接“date1”变量；“输出值类型”选择“字符串输出”，以上操作的最终结果，如图 5-49 所示。“时间”矩形变量连接与“日期”矩形相似，故不再赘述，“时间”矩形连接的变量是“time1”。

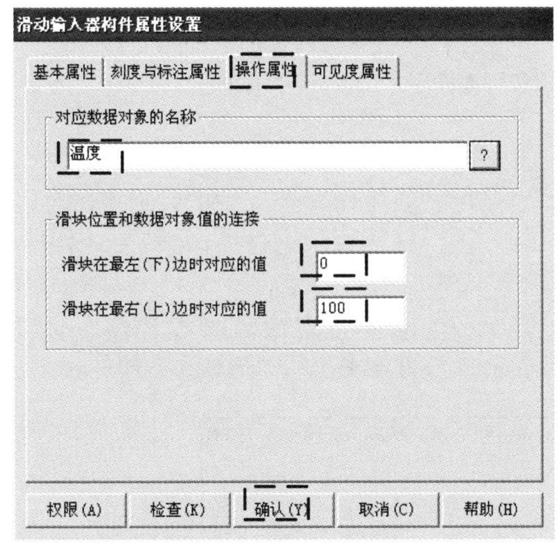

图 5-48 滑动输入器构件属性设置

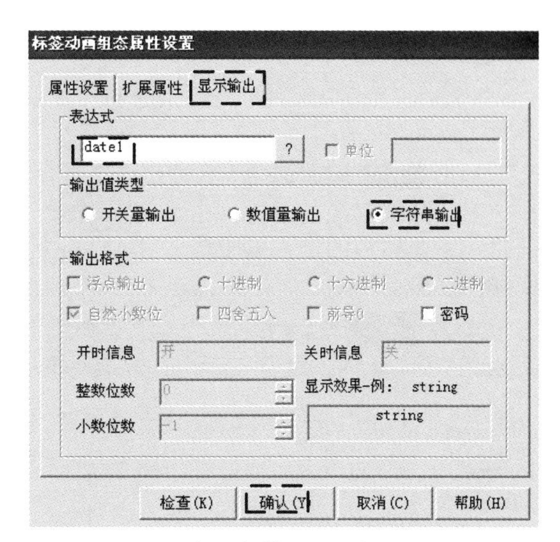

图 5-49 矩形标签动画组态属性设置

（6）运行策略

本案例要实现搅拌器旋转、连续等选择模式间的切换和日期时间显示，必须使用运行策略。

点击工作平台中的 **运行策略**，将界面切换到“运行策略”界面。选中“运行策略”界面中的“循环策略”，点击 **策略组态**，会出现图 5-50（a）画面。点击工具栏中的新增策略行按钮 2 下，会出现图 5-50（b）的画面。先选中第一行中的 ，点击工具栏中的 按钮，会出现策略工具箱，在策略工具箱中双击 数据对象，“数据处对象”就添加到了第一行的 了；同理，将第二行 中添加上“脚本程序”（双击工具箱中的 脚本程序）。以上操作最终结果如图 5-51 所示。

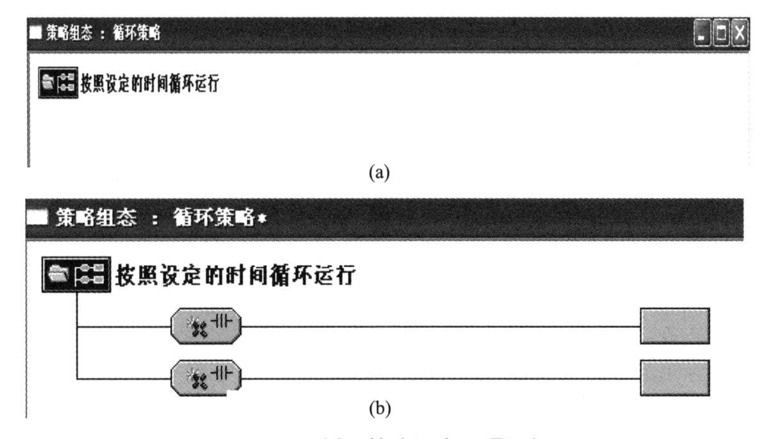

图 5-50 循环策略组态及添加行

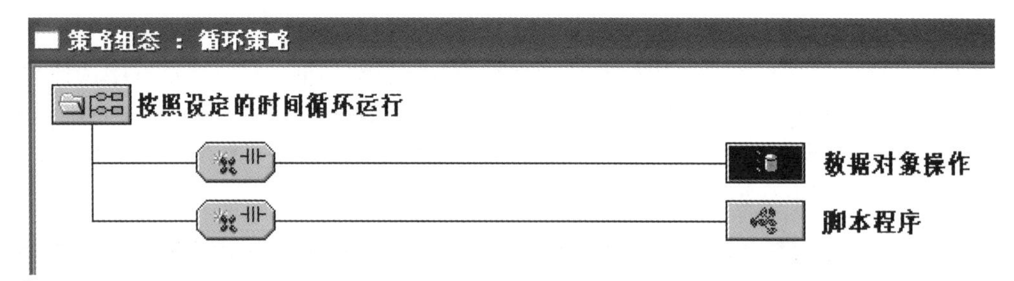

图 5-51　添加数据对象和脚本程序

双击 数据对象操作，会弹出“数据对象操作”对话框，在该对话框中选中“基本操作”，在“对应数据对象的名称”中点击 ? ，连接变量 AI；在“值操作”选项中的“对象的值”前打勾，在后边的输入框中输入“AI xor 搅拌电机”，这样就能实现搅拌器旋转了。以上操作如图 5-52 所示。

双击 脚本程序，会打开“脚本程序”界面。在该界面需输入脚本程序，才能实现搅拌器旋转、选择模式间的切换和日期时间显示。脚本程序，如图 5-53 所示。

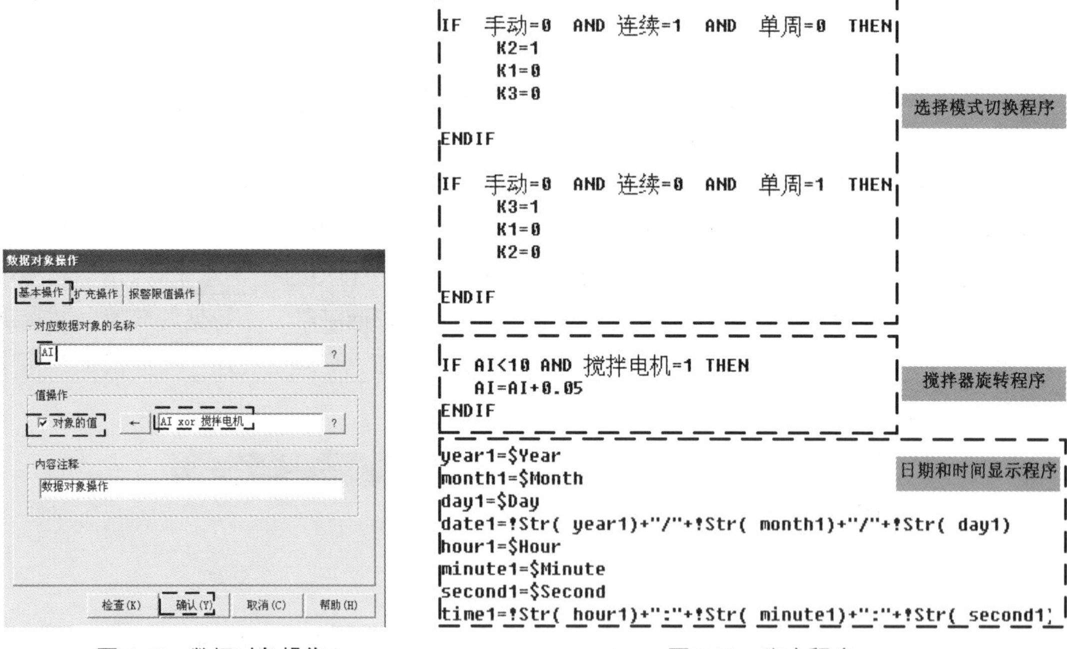

图 5-52　数据对象操作　　图 5-53　脚本程序

（7）设备连接

设备连接需在设备窗口下完成，设备窗口是连接触摸屏内部变量和 PLC 变量的桥梁。具体步骤可参考 4.3 节，设备连接结果如图 5-54 所示。

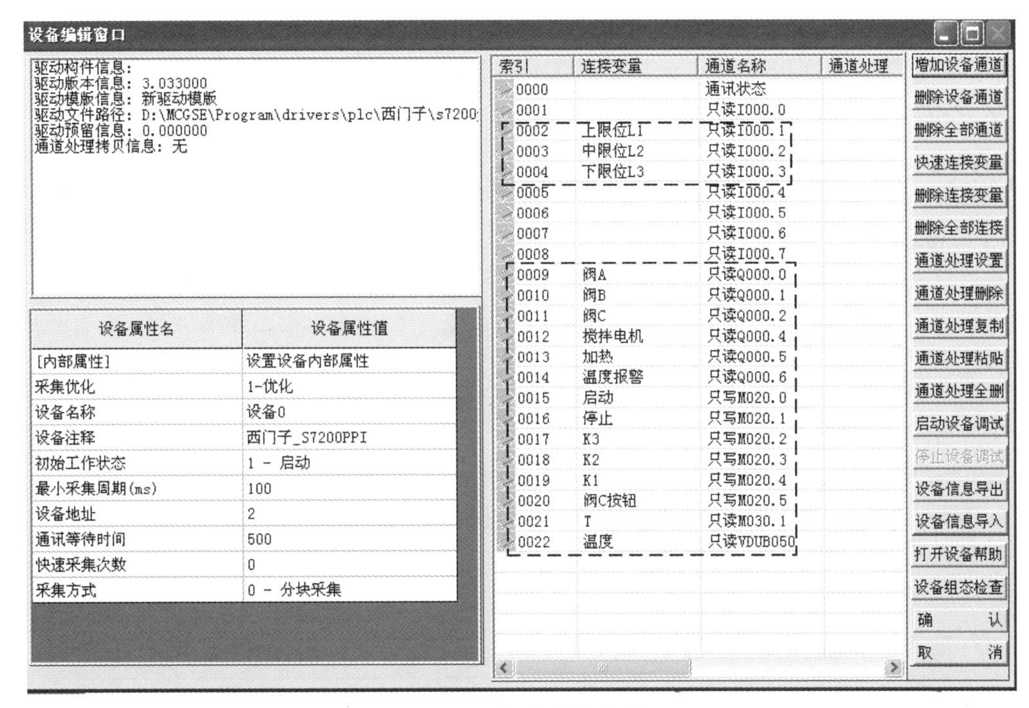

图 5-54　设备连接结果

5.3　带触摸屏的空压机控制系统设计

5.3.1　控制要求

某工厂有 3 台空压机，为了增加压缩空气的储存量，现增加一个大的储气罐，因此需对原有 3 台独立空压机进行改造，空压机放置布置图，如图 5-55 所示。具体控制要求如下。

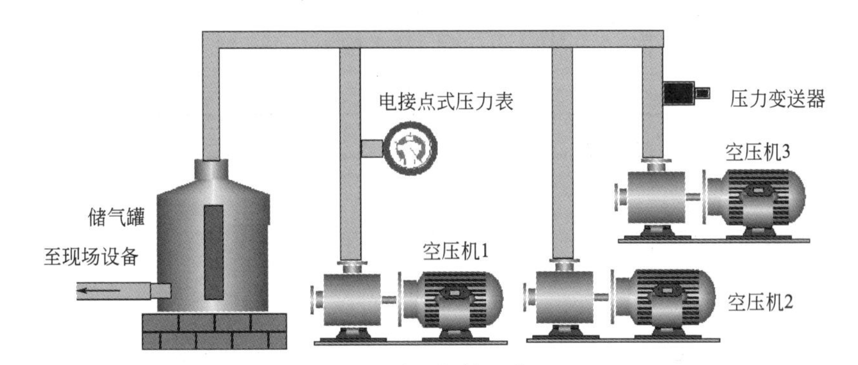

图 5-55　空压机放置装置图

① 气压低于 0.4MP，3 台空压机工作。
② 气压高于 0.8MP，3 台空压机停止工作。
③ 3 台空压机要求分时启动。

④ 为了生产安全，必须设有报警装置。一旦出现故障，要求立即报警；报警分为高高报警和低低报警，高高报警时，要求3台空压机立即断电停止工作。

⑤ 要求配人机界面。

5.3.2 PLC硬件图纸和程序的设计

（1）设计方案

本项目采用CPU SR20模块进行控制；现场压力信号由压力变送器采集；报警电路采用电接点式压力表+蜂鸣器；启停、压力电动机状态显示等由昆仑通态显示屏负责。

（2）硬件设计

本项目硬件设计包括以下几部分：

① 3台空压机主电路设计；

② CPU SR20模块供电和控制设计；

③ 模拟量信号采集、空压机状态指示及报警电路设计；

以上各部分的相应图纸如图5-56所示。

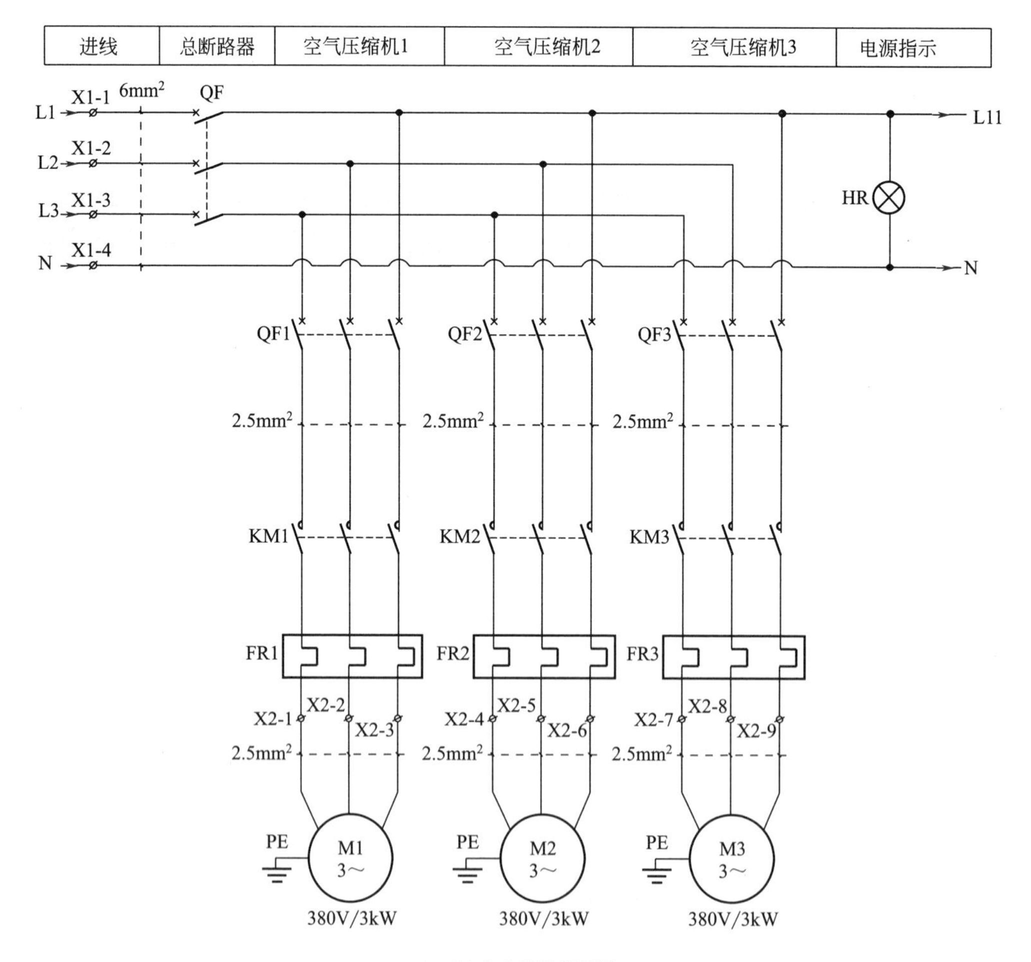

(a) 主电路设计图纸

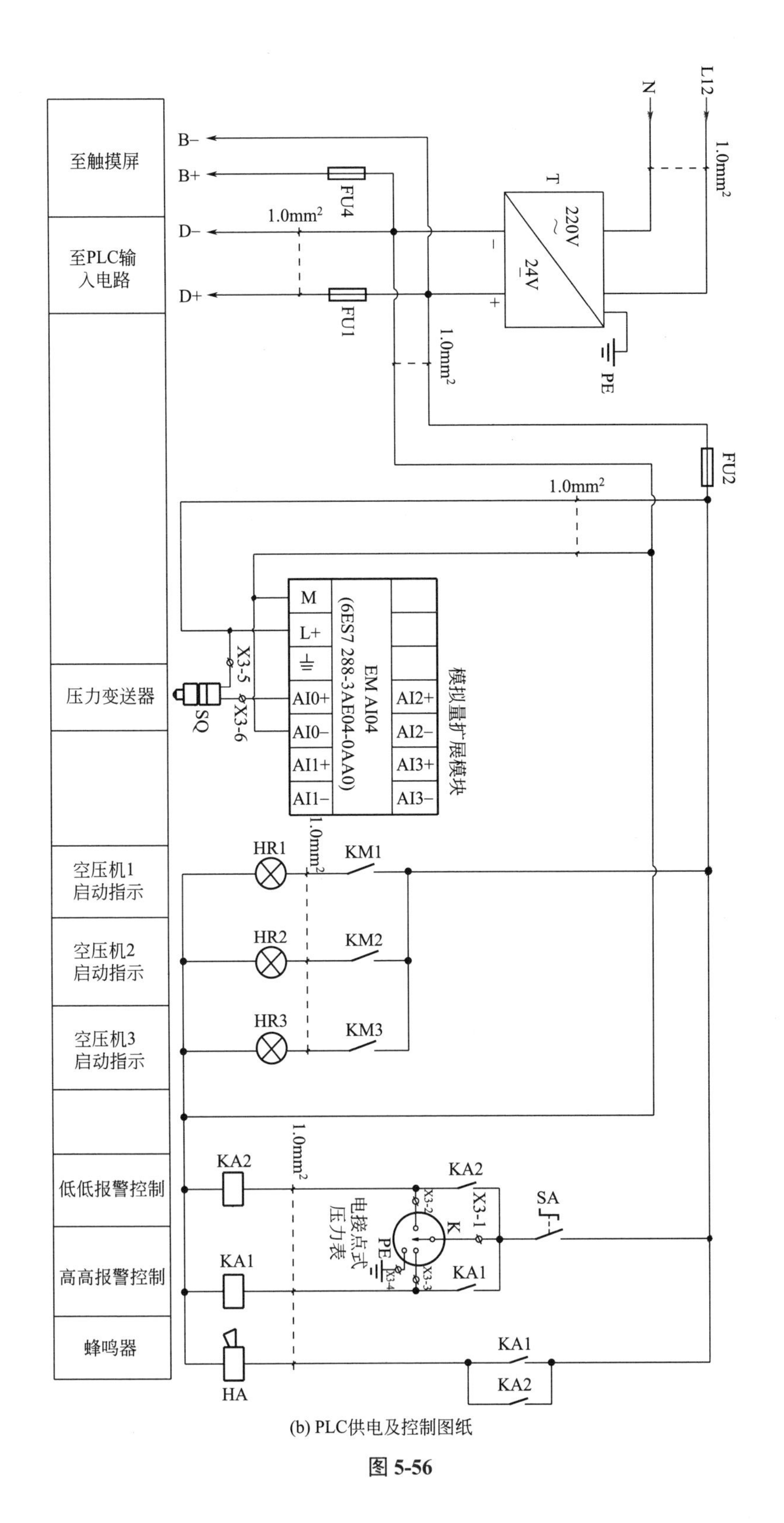

(b) PLC供电及控制图纸

图 5-56

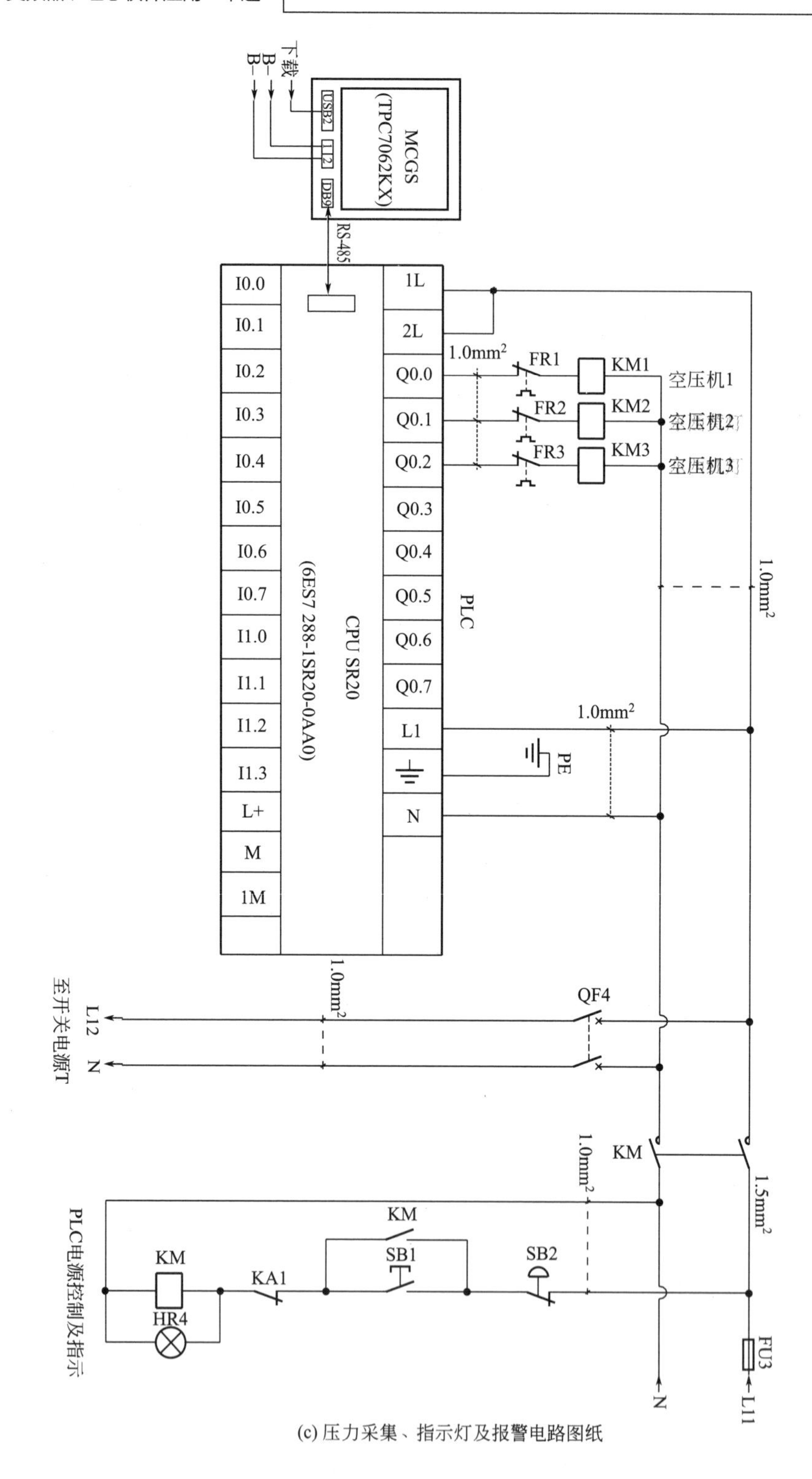

(c) 压力采集、指示灯及报警电路图纸

图 5-56　硬件设计图纸

(3) PLC程序设计

① 明确控制要求后，确定 I/O 端子，如表 5-3 所示。

表 5-3　空压机改造 I/O 分配

输入量		输出量	
启动按钮	M0.0	空压机 1	Q0.0
停止按钮	M0.1	空压机 2	Q0.1
压力	AIW16	空压机 3	Q0.2

② 硬件组态，如图 5-57 所示。

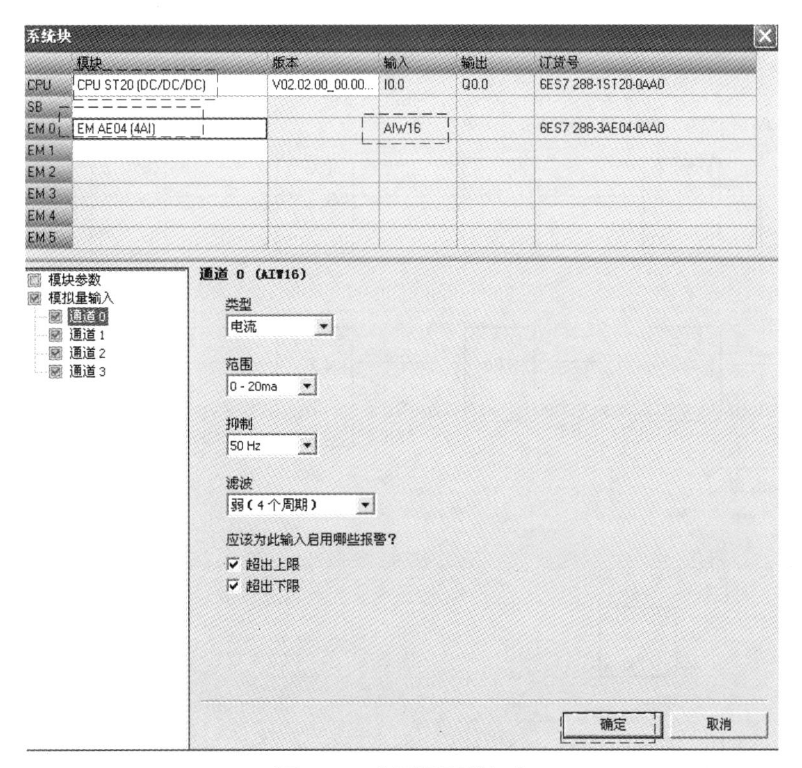

图 5-57　空压机硬件组态

③ 空压机梯形图程序，如图 5-58 所示。

（4）空压机编程思路及程序解析

本程序主要分为 3 大部分，模拟量信号采集程序、空压机分时启动程序和压力比较程序。

本例中，压力变送器输出信号为 4 ～ 20mA，对应压力为 0 ～ 1MPa，当 AIW16<5530，此时信号输出小于 4mA，采集结果无意义，故有模拟量采集清零程序。

当 AIW16>5530，模拟量信号采集程序的编写先将数据类型由字转换为实数，这样得到的结果更精确；接下来，找到实际压力与数字量转换之间的比例关系，是编写模拟量程序的关键，其比例关系为 P=(AIW16−5530)/(27648−5530)，压力的单位这里取 MPa。用 PLC 指令表达出压力 P 与 AIW16（现在的 AIW16 中的数值以实数形式，存在 VD40 中）之间的关系，即 P=(VD40−5530)/(27648−5530)，因此模拟量信号采集程序用 SUB-R 指令表达出（VD40−5530.0）作表达式的分子，用 SUB-R 指令表达出（27648.0−5530.0）作表达式的分母，此时得到的结果为 MPa，再将 MPa 转换为 kPa，故用 MUL-R 指令表达出 VD50×1000.0，这样得到的结果更精确，便于调试。

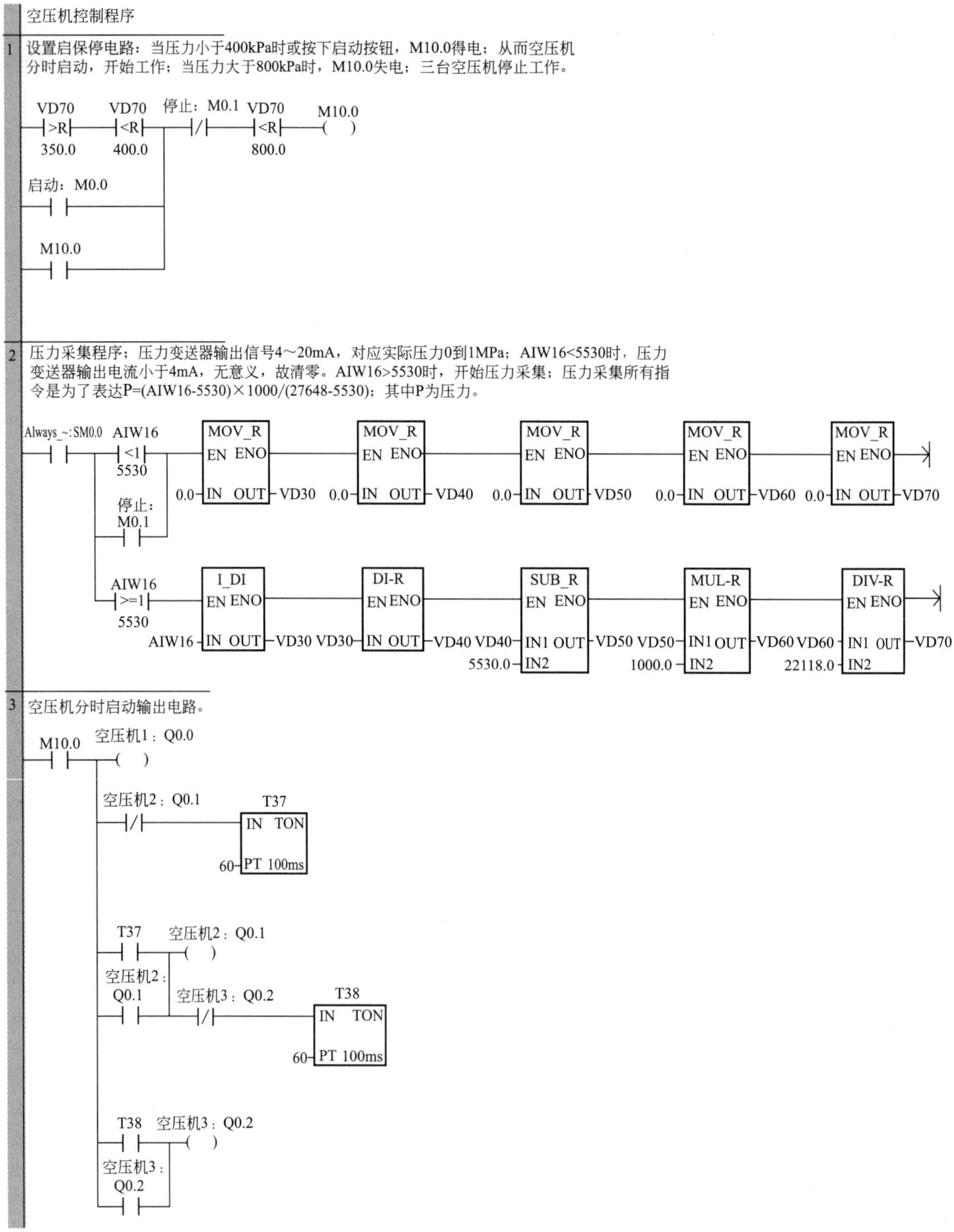
空压机控制程序
1 设置启保停电路：当压力小于400kPa时或按下启动按钮，M10.0得电；从而空压机分时启动，开始工作；当压力大于800kPa时，M10.0失电；三台空压机停止工作。
VD70
>R
350.0
VD70
<R
400.0
停止：M0.1
VD70
<R
800.0
M10.0
启动：M0.0
M10.0
2 压力采集程序；压力变送器输出信号4～20mA，对应实际压力0到1MPa；AIW16<5530时，压力变送器输出电流小于4mA，无意义，故清零。AIW16>5530时，开始压力采集；压力采集所有指令是为了表达P=(AIW16-5530)×1000/(27648-5530)；其中P为压力。
Always_~:SM0.0
AIW16
<I
5530
停止：
M0.1
MOV_R
EN ENO
0.0 IN OUT VD30
MOV_R
EN ENO
0.0 IN OUT VD40
MOV_R
EN ENO
0.0 IN OUT VD50
MOV_R
EN ENO
0.0 IN OUT VD60
MOV_R
EN ENO
0.0 IN OUT VD70
AIW16
>=I
5530
I_DI
EN ENO
AIW16 IN OUT VD30
DI-R
EN ENO
VD30 IN OUT VD40
SUB_R
EN ENO
VD40 IN1 OUT VD50
5530.0 IN2
MUL-R
EN ENO
VD50 IN1 OUT VD60
1000.0 IN2
DIV-R
EN ENO
VD60 IN1 OUT VD70
22118.0 IN2
3 空压机分时启动输出电路。
M10.0
空压机1：Q0.0
空压机2：Q0.1
T37
IN TON
60 PT 100ms
T37
空压机2：Q0.1
空压机2：Q0.1
空压机3：Q0.2
T38
IN TON
60 PT 100ms
T38
空压机3：Q0.2
空压机3：Q0.2

图 5-58　空压机梯形图程序

空压机分时启动程序采用定时电路，当定时器定时时间到后，激活下一个线圈同时将此定时器断电。

压力比较程序，当模拟量采集值低于 $350<P<400$kPa 时，启保停电路重新得电，中间编程元件 M10.0 得电，Q0.0 ～ Q0.2 分时得电；当压力大于 800kPa 时，启保停电路断电，

Q0.0 ～ Q0.2 同时断电。

重点提示

模拟量编程的几个注意点：

① 找到实际物理量与对应数字量的关系是编程的关键，之后用 PLC 功能指令表达出这个关系即可；

② 硬件组态输入输出地址编号是软件自动生成的，需严格遵照此编号，不可自己随便编号，否则编程会出现错误，如本例中，模拟量通道的地址就为 AIW16，而不是 AIW0；

③ S7-200 SMART PLC 编程软件比较智能，模拟量模块组态时有超出上限、超出下限及断线报警，若模拟量通道红灯不停闪烁，需考虑以上几点。

5.3.3 触摸屏画面设计及组态

（1）工作页画面制作

① 新建窗口：步骤参考 5.2 节。

② 窗口属性设置：窗口属性设置，如图 5-59 所示。

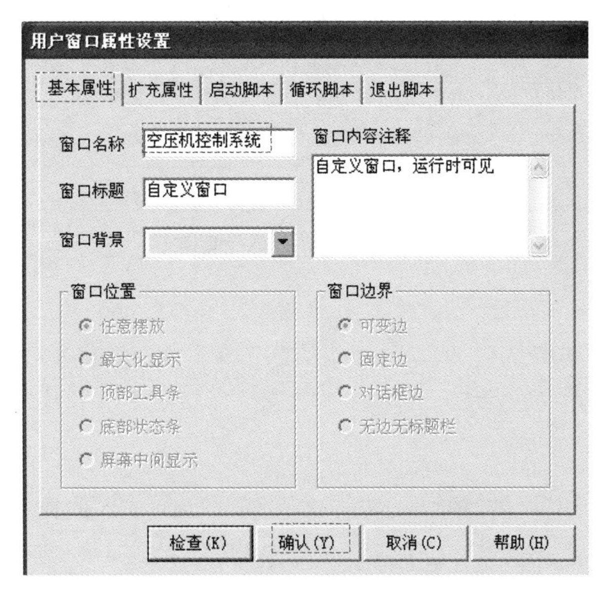

图 5-59 工作页画面窗口属性设置

③ 插入储藏罐、空压机、阀、传感器、管道、按钮和输入框。

储气藏的路径：图形元件库→“储藏罐”文件夹→罐 30；

马达的路径：图形元件库→“马达”文件夹→马达 27；

阀的路径：图形元件库→“阀”文件夹→阀 116；

传感器的路径：图形元件库→“传感器”文件夹→传感器 9；

管道的路径：图形元件库→“管道”文件夹→管道 40。

选中以上构件，点击“确定”，该构件就插入到画面了。插入按钮的方法是点击工具箱中的 ，插入该构件。插入输入框的方法是点击工具箱中的 abl，插入该构件。其中马达有 3 个，按钮有 2 个，有多个元件时，可以先插入一个，之后复制即可。按最终画面，将以上各构件摆放好。

④ 插入标签：此画面标签共有 8 个，分别为“空压机控制系统”“空压机 1 ～ 3”“储气罐”“压力”“kPa”“至现场设备”。标签制作请参考 5.2 中的标签制作，这里不再赘述。

⑤ 插报警显示和流动块：插入报警显示的方法是点击工具箱中的，插入该构件；插入流动快的方法是点击工具箱中的，插入该构件；操作者自己可以拖拽合适的大小。

以上构件组成的画面最终结果，如图 5-60 所示。

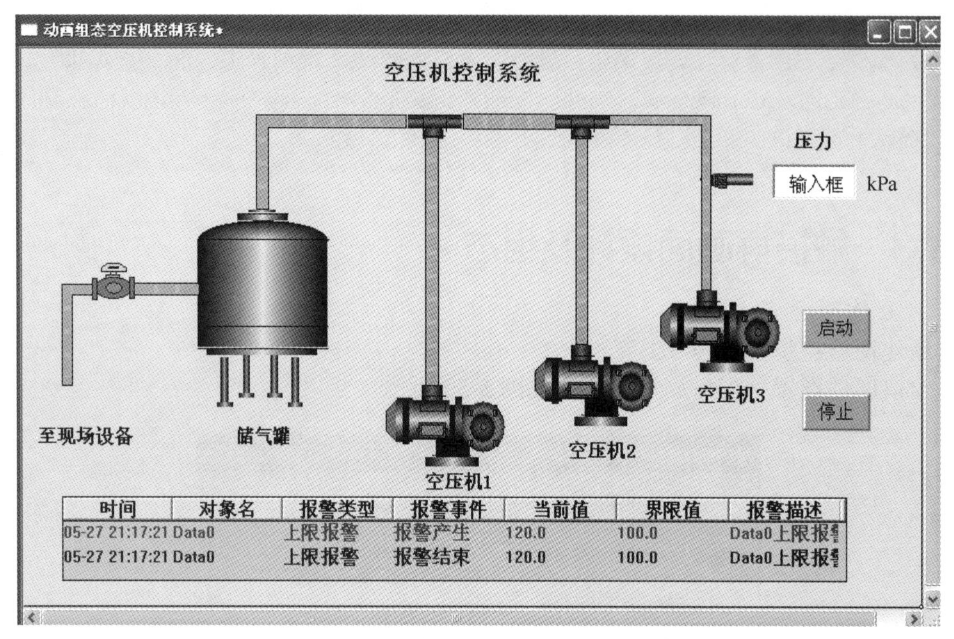

图 5-60 工作页最终画面

(2) 变量定义

变量定义在 实时数据库 中完成，具体步骤参考 4.3 节，这里不再赘述，变量定义结果如图 5-61 所示。需要说明，这里“压力”定义比较特殊，设有报警上限，报警属性设置，如图 5-62 所示。

(3) 变量链接

将工作窗口切换到 用户窗口，双击“工作页”，进入此画面，将构件与变量进行链接。

主控窗口 设备窗口 用户窗口 实时数据库 运行策略

名字	类型	注释	报警	存盘
fa	开关型			
InputETime	字符型	系统内建...		
InputSTime	字符型	系统内建...		
InputUser1	字符型	系统内建...		
InputUser2	字符型	系统内建...		
V	数值型			
空1	开关型			
空2	开关型			
空3	开关型			
启动	开关型			
停止	开关型			
压力	数值型		上限报警:报警值为850;...	

图 5-61 变量定义最终结果

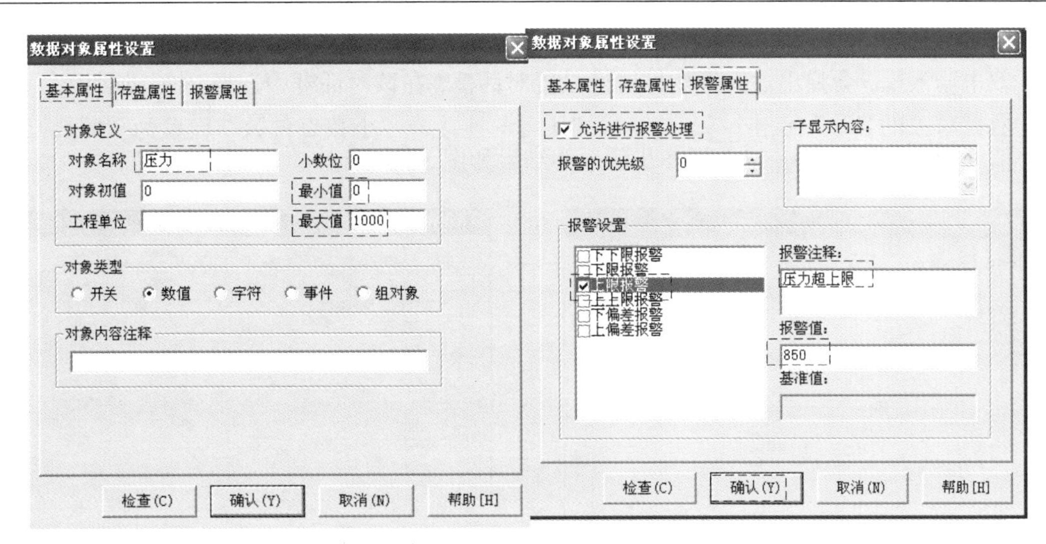

图 5-62　压力报警属性设置

① 按钮与变量链接

启动、停止按钮与变量链接：双击启动按钮，会出现 标准按钮构件属性设置 界面，在“操作属性”，按下 抬起功能 按钮，在“数据对象值操作”项前打对勾，点击 ▾ ，选择“清零”，点击 ? ，会出现“变量选择”界面，选择“启动”，点击“确定”，按钮“抬起功能”设置完成。按钮“按下”功能设置与“抬起功能”设置类似，不再赘述。以上设置结果如图 5-63 所示。停止按钮设置和启动按钮相似，这里不赘述，停止按钮连接变量为“停止”。

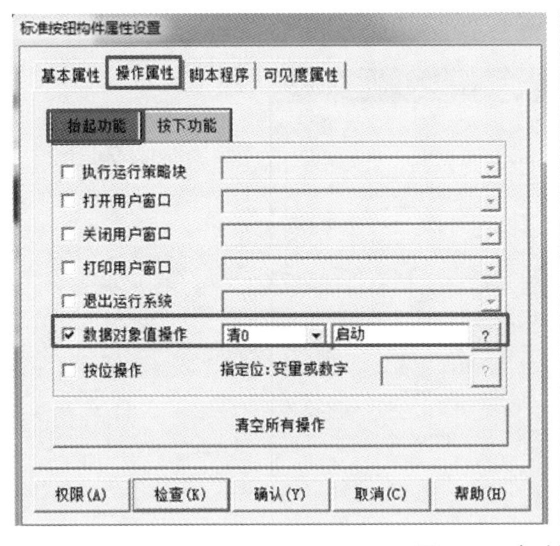

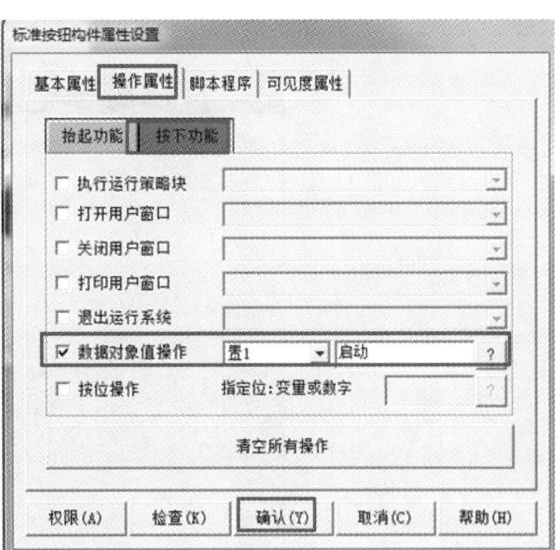

图 5-63　启动按钮属性设置

② 空压机与变量链接

双击空压机图标，会打开“单元属性设置”对话框，分别点击“填充颜色”和“按钮输入”后边的 ? ，连接变量“空 1”，如果是第二台和第三台空压机，那就连接“空 2”和“空 3”，变量连接完，点击确定。以上步骤最终结果如图 5-64 所示。

③ 输入框变量连接

双击输入框，会弹出输入框构件属性设置对话框，在该对话框中选择“操作属性”，“对应的数据对象的名称”点击[?]，与变量“压力”连接，“小数点位数”设置为“0”，最大最小值分别为 0 和 1000；以上操作步骤最终结果如图 5-65 所示。

图 5-64　空压机单元属性设置

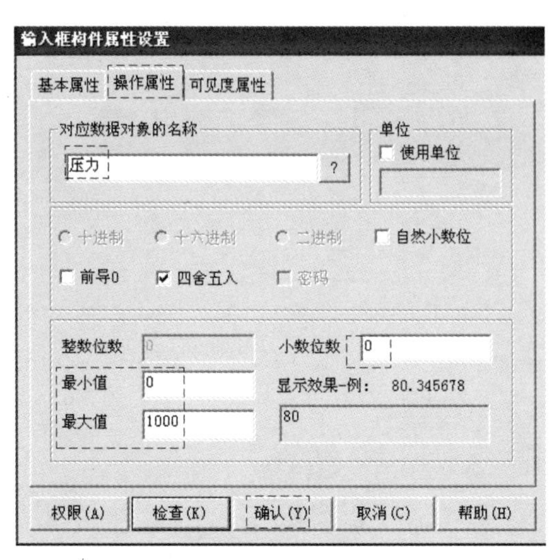

图 5-65　输入框构件属性设置

④ 流动块变量连接

双击流动块，会弹出流动块构件属性设置对话框。以第一段流动块为例，在该对话框中选择“流动属性”，在“表达式”中输入“空 1 or 空 2 or 空 3”；以上操作步骤的最后结果，如图 5-66 所示。其余各段的对应变量，如图 5-67 所示。

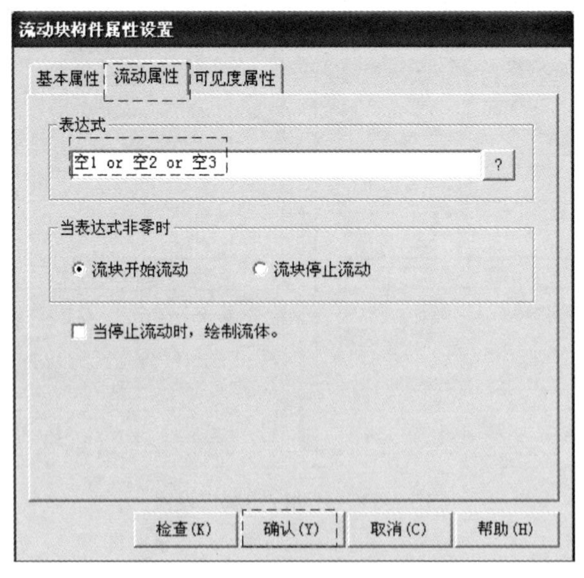

图 5-66　流动块构件属性设置

⑤ 报警显示变量连接

双击报警显示图标，在“基本属性”中的“对应的数据对象的名称”中连接变量“压力”。

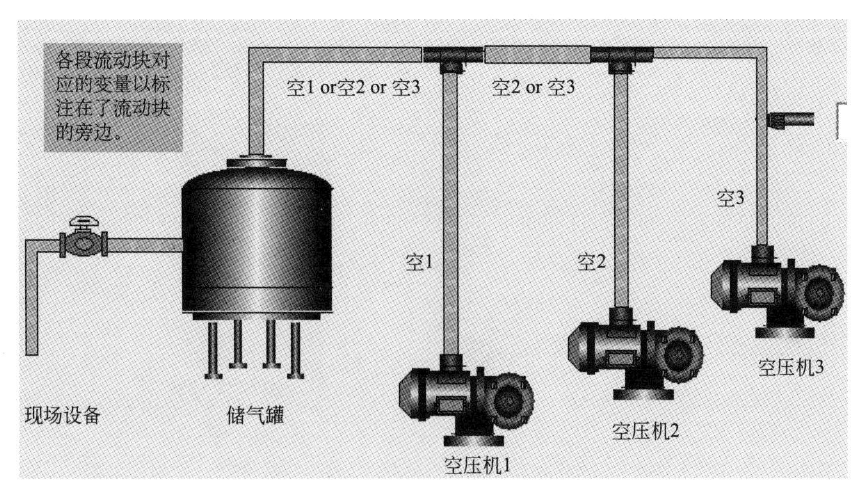

图 5-67　各流动块对应的变量

（4）运行策略

本案例为了实现输入框中的“压力”显示，需使用运行策略。

点击工作平台中的运行策略，将界面切换到“运行策略”界面。选中“运行策略”界面中的“循环策略”，点击**策略组态**，会“循环组态”界面。点击工具栏中的新增策略行按钮，在策略中会添加一行。先选中第一行中的，点击工具栏中的按钮，会出现策略工具箱，在策略工具箱中双击脚本程序，“脚本程序”就添加到了中。最终结果如图 5-68 所示。

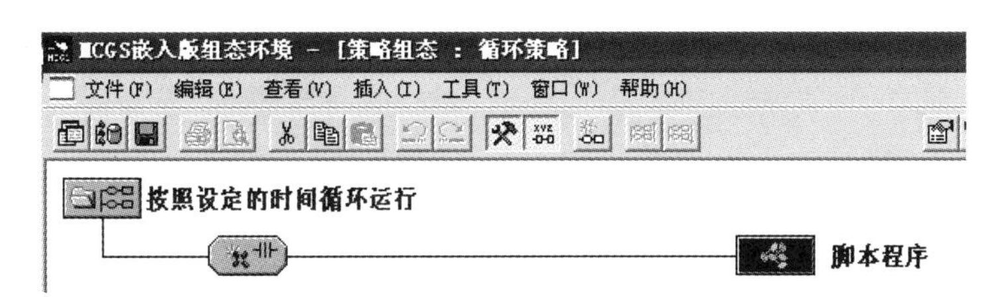

图 5-68　添加脚本程序

双击 **脚本程序**，会弹出“脚本程序”界面。在“脚本程序”中输入“压力 =(V−5530)×1000/(27648−5530)”，其中 V 为 PLC 中的 AIW16 中的数值，上述表达式是找到压力 P 与 AIW16 的关系，若读者不理解，可以参考本节空压机 PLC 程序的解析。

编者心语

输入框压力显示有两种方法：一种是通过 PLC 程序找到压力与 AIW16 的关系，将最终的压力直接和输入框连接即可；第二种方式是先找出中间变量 AIW16，之后在运行策略的脚本程序中写出压力与 AIW16 之间的关系，再将压力与输入框连接。

（5）设备连接

设备连接需在设备窗口下完成，设备窗口是连接触摸屏内部变量和 PLC 变量的桥梁。本例设备连接结果如图 5-69 所示。

设备编辑窗口
驱动构件信息：
驱动版本信息：3.033000
驱动模版信息：新驱动模版
驱动文件路径：D:\MCGSE\Program\drivers\plc\西门子\s7200
驱动预留信息：0.000000
通道处理拷贝信息：无
设备属性名
设备属性值
[内部属性]
设置设备内部属性
采集优化
1-优化
设备名称
设备0
设备注释
西门子_S7200PPI
初始工作状态
1 - 启动
最小采集周期(ms)
100
设备地址
2
通讯等待时间
500
快速采集次数
0
采集方式
0 - 分块采集
索引
连接变量
通道名称
通道处理
0000
通讯状态
0001
只读I000.0
0002
只读I000.1
0003
只读I000.2
0004
只读I000.3
0005
只读I000.4
0006
只读I000.5
0007
只读I000.6
0008
只读I000.7
0009
空1
读写Q000.0
0010
空2
读写Q000.1
0011
空3
读写Q000.2
0012
启动
读写M000.0
0013
停止
读写M000.1
0014
V
只读AIWUB016
增加设备通道
删除设备通道
删除全部通道
快速连接变量
删除连接变量
删除全部连接
通道处理设置
通道处理删除
通道处理复制
通道处理粘贴
通道处理全删
启动设备调试
停止设备调试
设备信息导出
设备信息导入
打开设备帮助
设备组态检查
确 认
取 消

图 5-69　设备连接结果

第3篇

变频器

SIEMENS

第6章 变频器实用案例

本章要点

- MM420变频器简述
- MM420变频器启停控制
- MM420变频器正反转控制
- MM420变频器模拟量调速控制
- MM420变频器三段调速控制
- MM420变频器七段调速控制

变频器是利用电力半导体器件的通断，将固定频率的交流电变换成频率、电压连续可调的交流电，以供电动机运转的电器装置。

目前，变频器应用于各行各业中，如冶金、石油、化工和电力等。本章将以西门子MM420变频器为例，着重介绍变频器的基础知识和实用案例。

6.1 MM420变频器简述

（1）MM420变频器简介

MICROMASTER420（MM420）是用于控制三相交流电动机速度的变频器系列，如图6-1所示，该系列有多种型号，从单相电源电压AC200～240V，额定功率120W到三相电源电压AC200～240V/AC380～480V，额定功率11kW。

图6-1 MM420变频器

MM420变频器由微处理器控制，并采用绝缘栅双极型晶体管（IGBT）作为功率输出器件，具有很高的运行可靠性和功能的多样性。其脉冲宽度调制的开关频率是可选的，因而降低了电动机运行的噪声。全面而完善的保护功能为变频器和电动机提供了良好的保护。

MM 420既可用于单机驱动系统，也可集成到自动化系统中。MM 420有多种可选件供用户选用，如基本操作面板（BOP）和高级操作面板（AOP）等。

（2）MM420变频器技术参数

选择使用MM420变频器时，首先要了解其技术参数。MM420变频器技术参数，如表6-1所示。

表6-1　MM420变频器技术参数

特性	技术规格
输入电压和功率	200V至240V±10%单相，交流0.12～3.0kW
	200V至240V±10%单相，交流0.12～5.5kW
	380V至400V±10%单相，交流0.37～11.0kW
输入频率	47～63Hz
输出频率	0～650Hz
功率因数	0.98
变频器效率	96%～97%
控制方法	线性U/F控制；带磁通电流控制FCC的线性控制；平方U/F控制；多点U/F控制
脉冲调制频率	2～16Hz（每集调整2kHz）
固定频率	7个，可编程
数字输入	3个可编程的输入，可切换为高电平/低电平有效（PNP/NPN）
模拟输入	1个（0～10V）用于频率设置值输入或PI反馈信号，可标定或用作第4个数字输入
继电器输出	1个，可编程，30V/5A（电阻性负载），～250V/2A（电感性负载）
模拟量输出	1个，可编程（0～20mA）
串行接口	RS-485，选件RS-232
防护等级	IP20
温度范围	-10～+50℃
相对湿度	<95%-无结露

（3）MM420变频器的接线原理图与接线端子

MM420变频器的电路分为两部分：一部分是完成电能转换的主电路；另一部分是处理信息的收集、变换和传输的控制电路。MM420变频器的接线原理图，如图6-2所示。

①主电路

主电路是由电源输入单相或三相恒压恒频的正弦交流电压，经整流电路转换成恒定的直流电压，供给逆变电路。逆变电路在CPU的控制下，将恒定的直流电压逆变成电压、频率均可调的三相交流电供给电动机负载，如图6-2所示。

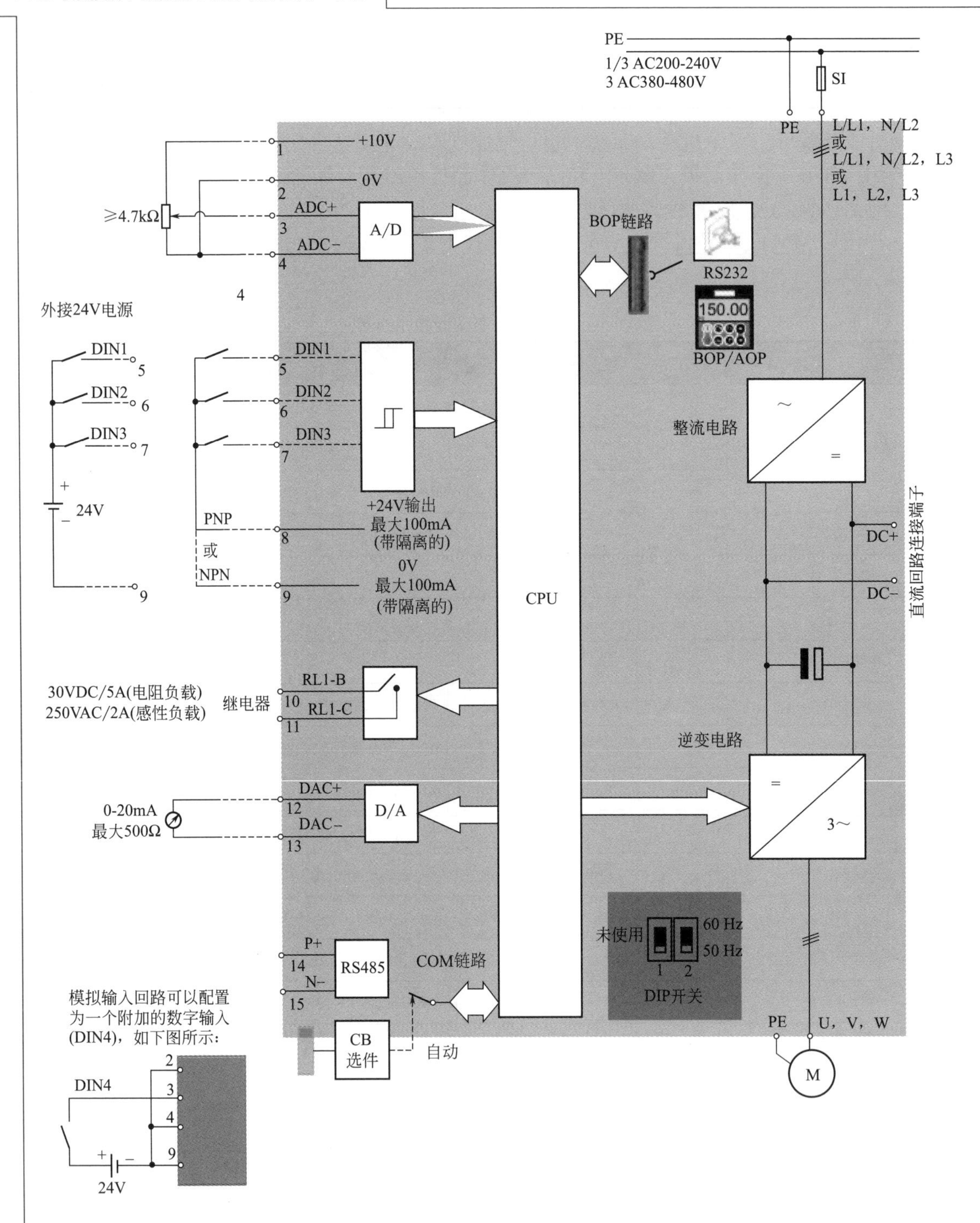

图 6-2　MM420 变频器的接线原理图

② 控制电路

控制电路由CPU、模拟输入、模拟输出、数字输入、数字输出继电器触点和操作面板组成，如图 6-2 所示。

③ 接线端子

图 6-2 中，端子 1、2 是变频器为用户提供的 1 个 10V 直流稳压电源。当采用模拟电压

信号输入方式输入给定频率时，为≥ 4.7kΩ 电位器提供直流电源。

端子 3、4 为用户提供模拟电压给定输入端，作为频率给定信号，经变频器内部模数转换器 A/D，将模拟量信号转换为数字量信号，传输给 CPU 控制系统。

端子 5、6、7 为用户提供 3 个完全可编程的数字量输入端，数字量输入信号经光耦隔离器输入给 CPU，对电动机进行正反转点动、正反转连续和固定频率设定值控制。

端子 8、9 为 24V 直流电源端，为用户提供 24V 直流电源。

端子 10、11 为输出继电器的 1 对触点。

端子 12、13 为 1 对 0 ～ 20mA 模拟量输出。

端子 14、15 为 RS-485 通信端。

编者心语

MM420 变频器端子的功能很重要，读者需熟记。

（4）MM420 变频器基本面板的按键功能

MM420 变频器基本面板 BOP 外形如图 6-3 所示。基本面板分为显示部分和按键。显示部分可以显示参数的序号和数值、设定值实际值、报警和故障信息等，按键可以改变变频器的参数。按键的具体功能，如表 6-2 所示。

图 6-3　MM420 变频器基本面板 BOP

表 6-2　MM420 变频器基本面板的按键功能

显示 / 按钮	功能	功能的说明
I	启动变频器	按此键启动变频器。缺省值运行时此键是被封锁的。为了使此键的操作有效，应设定 P0700=1
0	停止变频器	OFF1：按此键，变频器将按选定的斜坡下降速率减速停车，缺省值运行时此键被封锁；为了允许此键操作，应设定 P0700=1。 OFF2：按此键两次（或一次，但时间较长）电动机将在惯性作用下自由停车。此功能总是“使能”的
	改变电动机的转动方向	按此键可以改变电动机的转动方向。电动机的反向用负号表示或用闪烁的小数点表示。缺省值运行时此键是被封锁的为了使此键的操作有效，应设定 P0700=1
jog	电动机点动	在变频器无输出的情况下按此键，将使电动机起动，并按预设定的点动频率运行。释放此键时，变频器停车。如果变频器 / 电动机正在运行，按此键将不起作用

续表

显示 / 按钮	功能	功能的说明
Fn	功能	此键用于浏览辅助信息。 变频器运行过程中，在显示任何一个参数时按下此键并保持不动 2 秒钟，将显示以下参数值（在变频器运行中从任何一个参数开始）： 1. 直流回路电压（用 d 表示 – 单位：V） 2. 输出电流 A 3. 输出频率（Hz） 4. 输出电压（用 o 表示 – 单位 V） 5. 由 P0005 选定的数值［如果 P0005 选择显示上述参数中的任何一个（3，4 或 5），这里将不再显示］ 连续多次按下此键将轮流显示以上参数。 跳转功能 在显示任何一个参数（r×××× 或 P××××）时短时间按下此键，将立即跳转到 r0000，如果需要的话，您可以接着修改其它的参数。跳转到 r0000 后，按此键将返回原来的显示点
P	访问参数	按此键即可访问参数
▲	增加数值	按此键即可增加面板上显示的参数数值
▼	减少数值	按此键即可减少面板上显示的参数数值

（5）例说MM420变频器参数的设定

① P0003 参数的功能：此参数用于定义用户访问级。P0003 的设定值与对应的功能如下：

P0003=1 标准级，可以访问最经常使用的参数。

P0003=2 扩展级，允许扩展访问参数的范围。

P0003=3 专家级，只供专家使用。

P0003=4 维修级，只供授权的维修人员使用，具有密码保护。

② 案例：将参数的访问级别由标准级改成专家级，即将 P0003 的数值由 1 设为 3。解析过程如表 6-3 所示。

表 6-3　MM420 变频器参数设定

基本步骤	显示结果
1. 按 P 键，访问参数	r0000
2. 按 ▲ 键，显示 P0003	P0003
3. 按 P 键，进入参数访问级	1
4. 按 ▲ 或 ▼ 键，改变访问级的参数 本例按 ▲ 键，将访问级的参数改为 3	3
5. 按 P 键，储存改变的数值；此时访问级就改成了专家级	P0003

编者心语

本例仅以改变 P0003 的参数为例，讲解改变参数的通用方法；其他参数的改变和此方法一致，读者可以根据需要自行实验。

（6）例说快速改变参数中的数值

如果参数的数值较大时，单纯按▲或▼键，改变数值将很麻烦。我们不妨一位一位地修改，会很方便。例如 P0311=1000，现将其修改为 1236，将如何修改？具体步骤如下：

① 按Fn键，最右边的一个数字闪烁；

② 按▲或▼键，改变此位的数值；

③ 再按Fn键，相邻的一个数字闪烁；

④ 再反复执行第 2、3 步，直到改变出你想要的值 1236；

⑤ 按P键，储存改变的数值并退出访问级。

6.2 基本面板的快速调试操作

为了快速高效设置出电动机参数、频率参数和斜坡时间参数，通常会进行快速调试的操作。快速调试的步骤如图 6-4 所示。

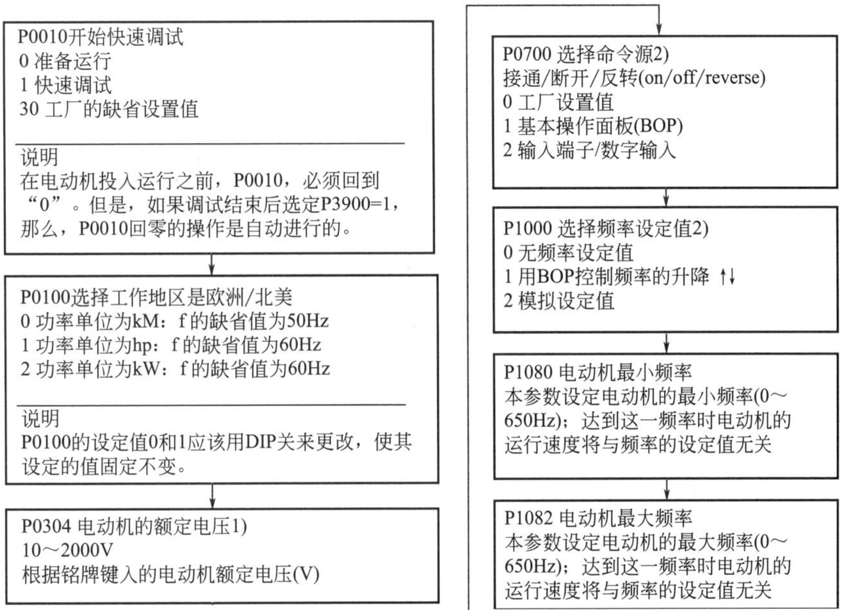

P0010开始快速调试
0 准备运行
1 快速调试
30 工厂的缺省设置值

说明
在电动机投入运行之前，P0010，必须回到“0”。但是，如果调试结束后选定P3900=1，那么，P0010回零的操作是自动进行的。

↓

P0100选择工作地区是欧洲/北美
0 功率单位为kM：f的缺省值为50Hz
1 功率单位为hp：f的缺省值为60Hz
2 功率单位为kW：f的缺省值为60Hz

说明
P0100的设定值0和1应该用DIP关来更改，使其设定的值固定不变。

↓

P0304 电动机的额定电压1)
10～2000V
根据铭牌键入的电动机额定电压(V)

↓

P0700 选择命令源2)
接通/断开/反转(on/off/reverse)
0 工厂设置值
1 基本操作面板(BOP)
2 输入端子/数字输入

↓

P1000 选择频率设定值2)
0 无频率设定值
1 用BOP控制频率的升降 ↑↓
2 模拟设定值

↓

P1080 电动机最小频率
本参数设定电动机的最小频率(0～650Hz)；达到这一频率时电动机的运行速度将与频率的设定值无关

↓

P1082 电动机最大频率
本参数设定电动机的最大频率(0～650Hz)；达到这一频率时电动机的运行速度将与频率的设定值无关

图 6-4

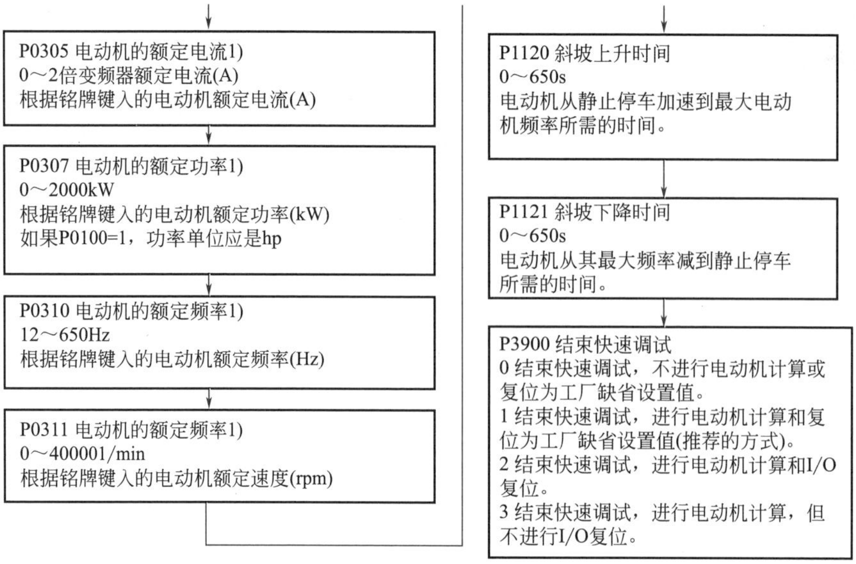

P0305 电动机的额定电流1)
0～2倍变频器额定电流(A)
根据铭牌键入的电动机额定电流(A)

P0307 电动机的额定功率1)
0～2000kW
根据铭牌键入的电动机额定功率(kW)
如果P0100=1，功率单位应是hp

P0310 电动机的额定频率1)
12～650Hz
根据铭牌键入的电动机额定频率(Hz)

P0311 电动机的额定频率1)
0～400001/min
根据铭牌键入的电动机额定速度(rpm)

P1120 斜坡上升时间
0～650s
电动机从静止停车加速到最大电动机频率所需的时间。

P1121 斜坡下降时间
0～650s
电动机从其最大频率减到静止停车所需的时间。

P3900 结束快速调试
0 结束快速调试，不进行电动机计算或复位为工厂缺省设置值。
1 结束快速调试，进行电动机计算和复位为工厂缺省设置值(推荐的方式)。
2 结束快速调试，进行电动机计算和I/O复位。
3 结束快速调试，进行电动机计算，但不进行I/O复位。

图 6-4　MM420 变频器基本面板快速调试操作

编者心语

基本面板快速调试的一般规律：

第一步：进入快速调试，即 P0010=1；

第二步：设置电动机参数，注意一定要按照实际控制电机的铭牌去设置额定电压 P0304、额定电流 P0305、额定功率 P0307、额定频率 P0310 和额定转速 P0311；

第三步：选择命令源，即设置 P0700，P0700=1 由基本面板的按键来控制；P0700=2 由外部端子来控制，这里的控制包括启停等，后这章节将要讲到；

第四步：设置频率参数。频率设定值选择 P1000，P1000=1 由基本面板控制频率的升降；P1000=2，模拟量输入设定频率；P1000=3，固定频率设置；最大频率 P1082；最小频率 P1070；

第五步：斜坡时间设定；包括斜坡上升时间 P1120 和斜坡下降时间 P1121；

第六步：结束快速调试；即 P3900=1 或 P0010=0。

6.3　变频器对电动机的启停控制

（1）任务引入

有 1 台三相异步电动机，铭牌如图 6-5 所示。现需用基本面板和外部端子两种方式实现启停控制。试完成任务。

（2）用基本操作面板实现电动机的启停控制

① 电路连接：将三相电源经断路器连接到变频器输入端子 L1、L2 和 L3；将变频器的输出端子 U、V、W 连接到三相异步电动机的接线端子上。

② 相关参数设定

a. 清零设置　P0010=30 为恢复工厂默认值；P0970=1 为全部参数复位。

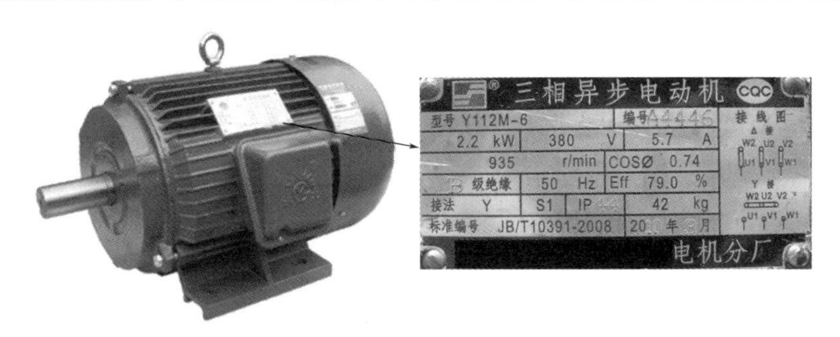

图 6-5　三相异步电动机及铭牌

b. 电动机参数设定　电动机参数设定通常在快速调试下完成，即 P0010+ 电动机参数 +P3900；电动机参数包括电动机额定电压 P0304、电动机额定电流 P0305、电动机额定功率 P0307、电动机额定频率 P0310 和电动机额定转速 P0311。以上参数都需根据电动机铭牌设置；其中值得注意的是电动机额定功率 P0307 的单位一定为 kW。

c. 频率参数设置　P1000=1 用基本面板▲或▼键控制频率的升降；P1040 用于设定给定频率；P1080 为最低频率；P1082 为最高频率。

d. 斜坡时间设定　P1120 用于设定斜坡上升时间；P1121 用于设定斜坡下降时间。

e. 命令源参数设定　P0700=1 由基本面板来控制，具体的参数设定如表 6-4 所示。

表 6-4　电动机启停控制参数设定（用基本面板实现）

参数代码	设定数据	功能注释	备注
P0010	30	恢复工厂默认值	设定这两个参数，目的是清空上一次调试时设定的参数，以免对本次调试产生干扰
P0970	1	将全部参数复位	
P0010	1	进入快速调试	快速调试通常用 P0010 和 P3900 配合应用，进入快速调试用 P0010=1，结束快速调试用 P3900=1 或 P0010=0
P0304	380	电动机额定电压	以上参数需按照图 6-5 电动机铭牌逐一设定；注意额定功率单位为 kW
P0305	5.7	电动机额定电流	
P0307	2.2	电动机额定功率	
P0310	50	电动机额定频率	
P0311	935	电动机额定转速	
P3900	1	快速调试结束	快速调试结束
P0003	2	参数可以访问扩展级	有时候巧用 P0003 和 P0004 这两个参数，会很方便地找到想要的参数；P0003 设置访问级别；P0004 是筛选参数
P1000	1	用基本面板 ↑↓ 控制频率	—
P1040	20	给定频率	
P1120	10	斜坡上升时间	
P1121	10	斜坡下降时间	
P1080	0	最低频率	
P1082	50	最高频率	
P0700	1	由基本面板来控制启停	P0700=1 是由基本面板来控制启停；P0700=2 是用外部端子控制启停

③ 调试

a．检查好电路连接后，给系统上电。

b．按照表6-4进行参数设置，具体参数设置可参考6.1节；设置完后按Fn + P进入监控状态。

c．按下启动键I，电动机开始运转；▲或▼键，频率增加或减小；按O键，电动机停止运转。

6.4 变频器对电动机的正反转控制

变频器经常用于控制电动机的正反转运行，来实现机械机构的前进、后退、上升和下降等。

（1）任务引入

有1台三相异步电动机，额定电压380V、额定功率2.2kW、额定电流5.7A、额定频率50Hz、额定转速1400r/min。现需用西门子MM420变频器对其实现正反转控制，试完成任务。

（2）任务实施

① 电路连接：变频器对电动机正反转控制的电路图，如图6-6所示。

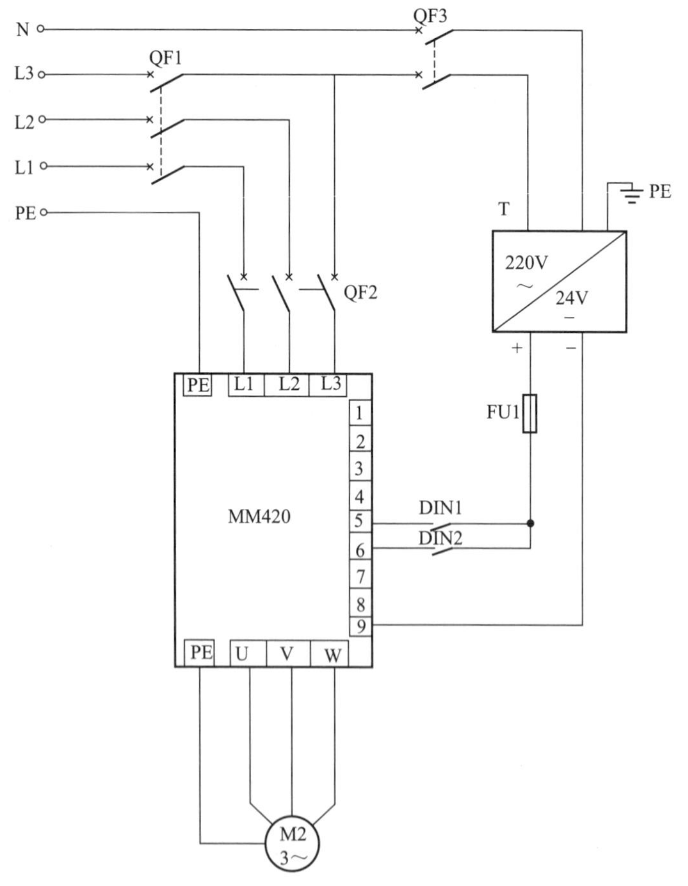

图6-6 变频器对电动机的正反转控制电路

② 相关参数设定：变频器对电动机实现正反转控制的关键参数是命令源参数，P0700=2，即由外部端子来控制；P0701 设置数字量输入通道 DIN1（端子 5）的功能，P0701=1 为正转 / 停机命令，即 DN1 接通正转，断开停机；P0702 设置数字量输入通道 DIN2（端子 6）的功能，P0702=2 为反转 / 停机命令，即 DN2 接通反转，断开停机；清零参数、电动机参数等 6.3 节已经介绍，本节不再赘述。参数设定如表 6-5 所示。

表 6-5　电动机启停控制参数设定

参数代码	设定数据	功能注释	备注
P0010	30	恢复工厂默认值	设定这两个参数，目的是清空上一次调试时设定的参数，以免对本次调试产生干扰
P0970	1	将全部参数复位	
P0010	1	进入快速调试	快速调试通常用 P0010 和 P3900 配合应用，进入快速调试 P0010=1，结束快速调试 P3900=1 或 P0010=0
P0304	380	电动机额定电压	以上参数需按照 6.4 节任务引入电动机参数逐一设定；注意额定功率单位为 kW
P0305	5.7	电动机额定电流	
P0307	2.2	电动机额定功率	
P0310	50	电动机额定频率	
P0311	1400	电动机额定转速	
P3900	1	快速调试结束	快速调试结束
P0003	2	参数可以访问扩展级	有时候巧用 P0003 和 P0004 这两个参数，会很方便地找到想要的参数；P0003 设置访问级别；P0004 是筛选参数
P1000	1	用基本面板 ↑↓ 控制频率	与功能注释相同
P1040	40	给定频率	
P1120	10	斜坡上升时间	
P1121	10	斜坡下降时间	
P1080	0	最低频率	
P1082	50	最高频率	
P0700	2	用外部端子控制启停	P0700=1 是由基本面板来控制启停；P0700=2 是用外部端子控制启停，注意二者的区别
P0701	1	正转 / 停机命令	端子接通正转，断开停机
P0702	2	反转 / 停机命令	端子接通反转，断开停机

（3）调试

a．检查好电路连接后，给系统通电。

b．按照表 6-5 进行参数设置，具体参数设置可参考 6.1 节；设置完后按 Fn + P 进入监控状态。

c．接通 DIN1 开关，电动机开始正向运转；断开 DIN1，电动机停止；接通 DIN2 开关，电动机开始反向运转；断开 DIN2，电动机停止。

6.5 模拟量控制

（1）任务引入

有 1 台三相异步电动机，额定电压 380V、额定功率 2.2kW、额定电流 5.7A、额定频率 50Hz、额定转速 1400r/min。现需用西门子 MM420 变频器对其实现模拟量控制，试完成任务。

（2）任务实施

① 电路连接：模拟量控制电路图，如图 6-7 所示。

② 相关参数设定：模拟量控制的关键参数是命令源参数，P1000=2，即频率由外部模拟量给定。具体参数设定，如表 6-6 所示。

表 6-6　模拟量控制参数设定

参数代码	设定数据	功能注释	备注
P0010	30	恢复工厂默认值	设定这两个参数，目的是清空上一次调试时设定的参数，以免对本次调试产生干扰
P0970	1	将全部参数复位	
P0010	1	进入快速调试	快速调试通常用 P0010 和 P3900 配合应用，进入快速调试用 P0010=1，结束快速调试用 P3900=1 或 P0010=0
P0304	380	电动机额定电压	以上参数需按照 6.5 节“任务引入”电动机参数逐一设定；注意额定功率单位为 kW
P0305	5.7	电动机额定电流	
P0307	2.2	电动机额定功率	
P0310	50	电动机额定频率	
P0311	1400	电动机额定转速	
P3900	1	快速调试结束	快速调试结束
P0003	2	参数可以访问扩展级	有时候巧用 P0003 和 P0004 这两个参数，会很方便地找到您想要的参数；P0003 设置访问级别；P0004 是筛选参数
P1000	2	通过外部模拟量给定	—
P1120	10	斜坡上升时间	
P1121	10	斜坡下降时间	
P1080	0	最低频率	
P1082	50	最高频率	
P0700	2	用外部端子控制启停	P0700=1 是由基本面板来控制启停；P0700=2 是用外部端子控制启停，注意二者的区别
P0701	1	正转 / 停机命令	端子接通正转，断开停机

③ 调试

a．检查好电路连接后，系统通电。

b．按照表 6-6 进行参数设置，具体参数设置可参考 6.1 节；设置完后按Fn + P进入监控状态。

c．接通 DIN1 开关，电动机开始正向运转；调节电位器观察速度的变化；断开 DIN1，电动机停止。

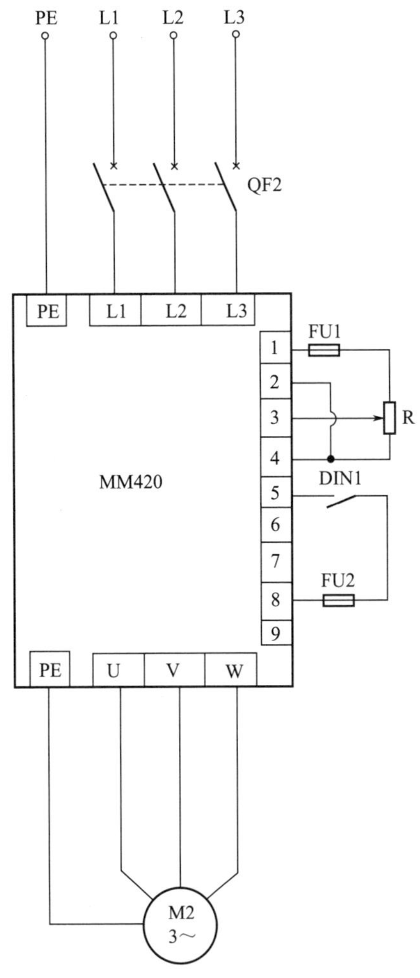

图 6-7 模拟量控制

6.6 三段调速控制

（1）任务引入

有 1 台三相异步电动机，额定电压 380V、额定功率 3kW、额定电流 8A、额定频率 50Hz、额定转速 1400r/min。现需用西门子 MM420 变频器对其实现 3 段调速控制，要求第一段输出频率 20Hz；第二段输出频率 30Hz；第三段输出频率 50Hz；试完成任务。

（2）任务实施

① 电路连接：三段调速控制电路图如图 6-8 所示。

② 相关参数设定：三段调速控制的关键参数有命令源参数、数字端功能设定参数和多段速频率设定参数。命令源参数 P1000=3，即固定频率设定；还要设定数字量 3 个端子的功能，这 3 个端子功能由参数 P0701、P0702 和 P0703 控制，这三个端子数值应设置成 17，即二进制编码 +ON 命令设置固定频率，二进制编码是通过端子开关的组合来实现的，3 个端子开关的不同组合，变频器会输出出 7 段频率，这 7 段输出频率分别由 P1001 ～ P1007 七个参数设定。由于本例是三段调速，故只用到 P1001 ～ P1003；例中要求第一段输出频率 20Hz；第二段输出频率 30Hz；第三段输出频率 50Hz；故这里将 P1001 设置为 20，P1002 设置为 30，P1003 设置为 50。3 个端子开关二进制组合和固定频率对应关系如表 6-7 所示。

三段调速的具体参数设定，如表 6-8 所示。

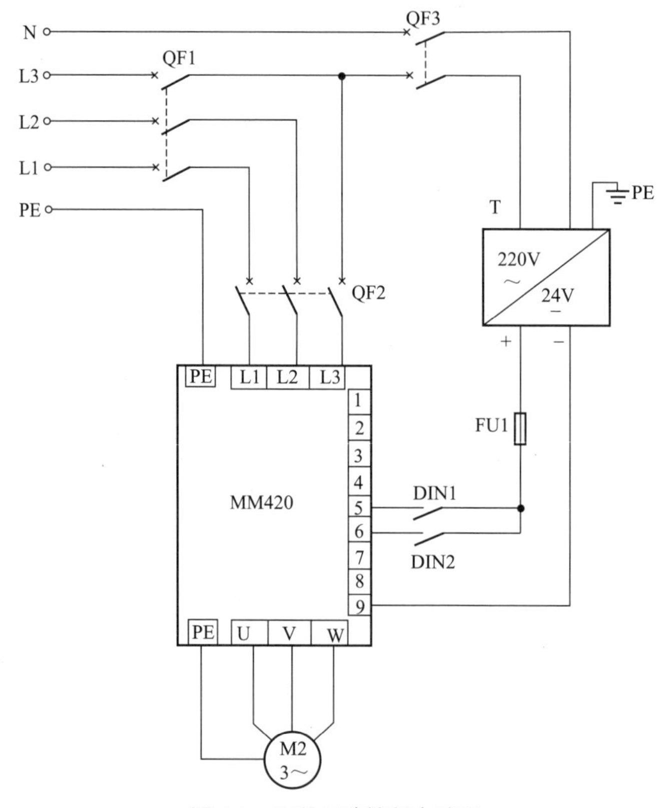

图 6-8　三段调速控制电路图

表 6-7　数字量端子开关组合与固定频率对应关系

端子开关 / 固定频率参数	DIN3（P0703）	DIN2（P0702）	DIN1（P0701）
P1001	0	0	1
P1002	0	1	0
P1003	0	1	1

注：1 代表开关 ON；0 代表开关 OFF。

表 6-8　三段调速参数设定

参数代码	设定数据	功能注释	备注
P0010	30	恢复工厂默认值	设定这两个参数，目的是清空上一次调试时设定的参数，以免对本次调试产生干扰
P0970	1	将全部参数复位	
P0010	1	进入快速调试	快速调试通常用 P0010 和 P3900 配合应用，进入快速调试 P0010=1，结束快速调试 P3900=1 或 P0010=0
P0304	380	电动机额定电压	以上参数需按照 6.6 节“任务引入”电动机参数逐一设定；注意额定功率单位为 kW
P0305	8	电动机额定电流	
P0307	3	电动机额定功率	
P0310	50	电动机额定频率	
P0311	1400	电动机额定转速	
P3900	1	快速调试结束	快速调试结束
P0003	2	参数可以访问扩展级	有时候巧用 P0003 和 P0004 这两个参数，会很方便地找到您想要的参数；P0003 设置访问级别；P0004 是筛选参数
P1000	3	固定频率设定	—
P1120	10	斜坡上升时间	
P1121	10	斜坡下降时间	
P1080	0	最低频率	
P1082	50	最高频率	
P0700	2	用外部端子控制启停	P0700=1 是由基本面板来控制启停；P0700=2 是用外部端子控制启停，注意二者的区别
P0701	17	二进制编码 +ON 命令	设置数字量端子 5 的功能
P0702	17	二进制编码 +ON 命令	设置数字量端子 6 的功能
P0703	17	二进制编码 +ON 命令	设置数字量端子 7 的功能
P1001	20	固定频率设定	第一段输出频率设定
P1002	30	固定频率设定	第二段输出频率设定
P1003	50	固定频率设定	第三段输出频率设定

③ 调试

a．检查好电路连接后，给系统通电。

b．按照表 6-8 进行参数设置，具体参数设置可参考 6.1 节；设置完后按 Fn + P 进入监控状态。

c．观察变频器的输出频率，接通 DIN1 开关，此时输出频率应该为 20Hz；同时接通 DIN2 开关，此时输出频率应该为 30Hz；接通 DIN1、DIN2 开关，此时输出频率应该为 50Hz；断开开关，电动机会停止。

编者心语

本节主要考虑数字量端子 5、6、7 功能的设置，设置的关键点详见本节的相关参数设定；结合图 6-2 学习本节内容，效果会更好。

6.7 七段调速控制

上节介绍了多段调速的一种，即三段调速；本讲将介绍另一种，七段调速。

（1）任务引入

有 1 台三相异步电动机，额定电压 380V、额定功率 3kW、额定电流 8A、额定频率 50Hz、额定转速 1400r/min。现需用西门子 MM420 变频器对其实现 7 段调速控制，输出频率要求，如图 6-9 所示，试完成任务。

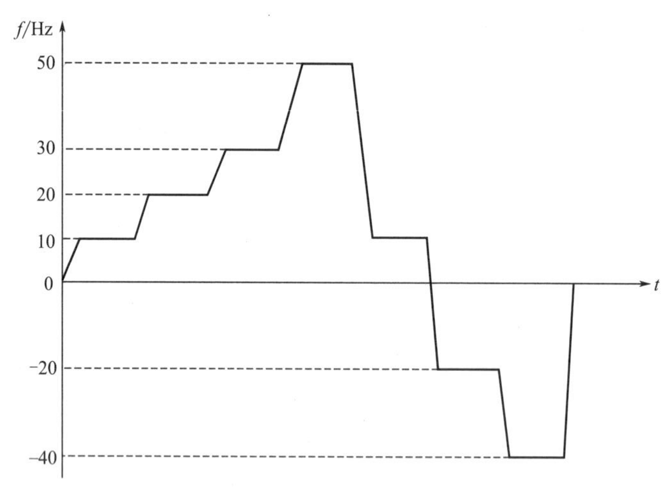

图 6-9 七段调速输出频率图

（2）任务实施

① 电路连接：七段调速控制电路图，如图 6-10 所示。

② 相关参数设定：和三段调速一样，七段调速控制的关键参数有命令源参数 P1000、数字端功能设定参数 P0701 ～ P0707 和多段速频率设定参数 P1001 ～ P1007。关键参数的功能可参照三段调速，这里不再赘述。7 个端子开关二进制组合和固定频率对应关系如表 6-9 所示。

七段调速的具体参数设定，如表 6-10 所示。

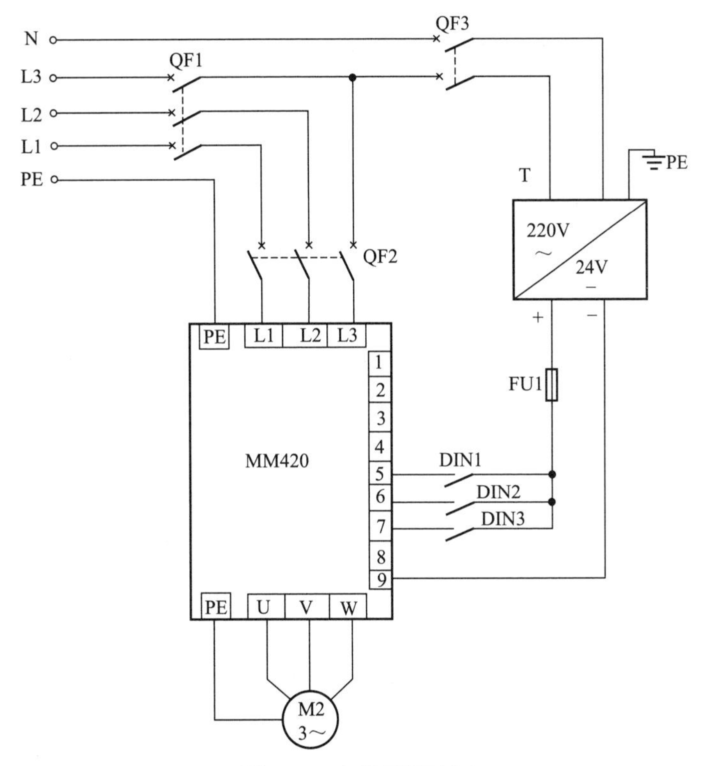

图 6-10　七段调速控制

表 6-9　数字量端子开关组合与固定频率对应关系

端子开关 / 固定频率参数	DIN3 (P0703)	DIN2 (P0702)	DIN1 (P0701)
P1001	0	0	1
P1002	0	1	0
P1003	0	1	1
P1004	1	0	0
P1005	1	0	1
P1006	1	1	0
P1007	1	1	1

注：1 代表开关 ON；0 代表开关 OFF。

表 6-10　七段调速参数设定

参数代码	设定数据	功能注释	备注
P0010	30	恢复工厂默认值	设定这两个参数，目的是清空上一次调试时设定的参数，以免对本次调试产生干扰
P0970	1	将全部参数复位	
P0010	1	进入快速调试	快速调试通常用 P0010 和 P3900 配合应用，进入快速调试 P0010=1，结束快速调试 P3900=1 或 P0010=0

续表

参数代码	设定数据	功能注释	备注
P0304	380	电动机额定电压	以上参数需按照6.7节“任务引入”电动机参数逐一设定；注意额定功率单位为kW
P0305	8	电动机额定电流	
P0307	3	电动机额定功率	
P0310	50	电动机额定频率	
P0311	1400	电动机额定转速	
P3900	1	快速调试结束	快速调试结束
P0003	2	参数可以访问扩展级	有时候巧用P0003和P0004这两个参数，会很方便地找到您想要的参数；P0003设置访问级别；P0004是筛选参数
P1000	3	固定频率设定	—
P1120	10	斜坡上升时间	
P1121	10	斜坡下降时间	
P1080	-50	最低频率	
P1082	50	最高频率	
P0700	2	用外部端子控制启停	P0700=1是由基本面板来控制启停；P0700=2是用外部端子控制启停，注意二者的区别
P0701	17	二进制编码+ON命令	设置数字量端子5的功能
P0702	17	二进制编码+ON命令	设置数字量端子6的功能
P0703	17	二进制编码+ON命令	设置数字量端子7的功能
P1001	10	固定频率设定	第一段输出频率设定
P1002	20	固定频率设定	第二段输出频率设定
P1003	30	固定频率设定	第三段输出频率设定
P1004	50	固定频率设定	第四段输出频率设定
P1005	10	固定频率设定	第五段输出频率设定
P1006	-20	固定频率设定	第六段输出频率设定
P1007	-40	固定频率设定	第七段输出频率设定

③ 调试

a. 检查好电路连接后，给系统通电。

b. 按照表6-10进行参数设置；设置完后按Fn+P进入监控状态。

c. 观察变频器的输出频率，接通DIN1开关，此时输出频率应该为10Hz；接通DIN2开关，此时输出频率应该为20Hz；接通DIN1、DIN2开关，此时输出频率应该为30Hz；接通DIN3开关，此时输出频率应该为50Hz；接通DIN1、DIN3开关，此时输出频率应该为10Hz；接通DIN2、DIN3开关，此时输出频率应该为-20Hz；接通DIN1、DIN2、DIN3开关，此时输出频率应该为-40Hz；断开开关，电动机会停止。

第7章 变频器与PLC综合应用案例

本章要点

- 空气压缩机变频控制
- 正压控制

第6章重点讲解了变频器的基本应用，在此基础上，本章继续深入探讨变频器与PLC综合应用问题。

7.1 空气压缩机变频控制

三段调速控制在工程中应用广泛，本节将以空压机的变频控制为例，重点介绍三段调速在工程中的应用。

（1）任务引入

某工厂有2台空气压缩机，为了增加压缩空气的存储量，现需增加1个储气罐，因此原来独立的空气压缩机需要重新改造，空压机改造后的管路连接如图7-1所示。具体控制要求如下：

① 为了节约成本，2台空压机用1台变频器控制；

② 气压低于0.4MPa，2台空气空气压缩机开始工作，此时变频器的输出频率为50Hz；当气压到达0.6MPa时，变频器输出频率40Hz；当气压到达0.7MPa时，变频器输出频率30Hz；当气压到达0.8MPa时，空压机停止工作。根据控制要求，试完成任务。

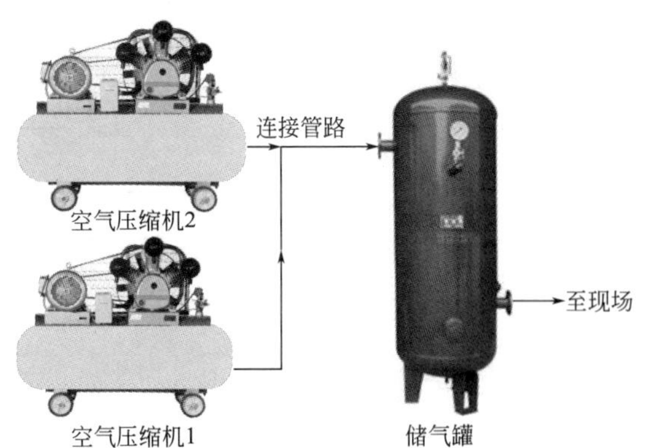

图7-1　空气压缩机管路连接图

（2）任务实施

① 设计方案　本项目采用CPU ST20模块进行逻辑控制采用EM AE04模拟量输入模块＋压力变送器进行压力采集，采用MM420变频器对两台空压机进行变频控制。

② 硬件设计　本项目硬件设计包括两部分：变频控制部分设计和 PLC 控制部分设计。硬件设计图纸如图 7-2 所示。

③ 程序设计

a．明确控制要求，输入输出地址分配如表 7-1 所示。

表 7-1　空压机变频控制输入输出地址分配

输入量		输出量	
启动按钮	I0.0	输出频率 1	Q0.0
停止按钮	I0.1	输出频率 2	Q0.1
		输出频率 3	Q0.2

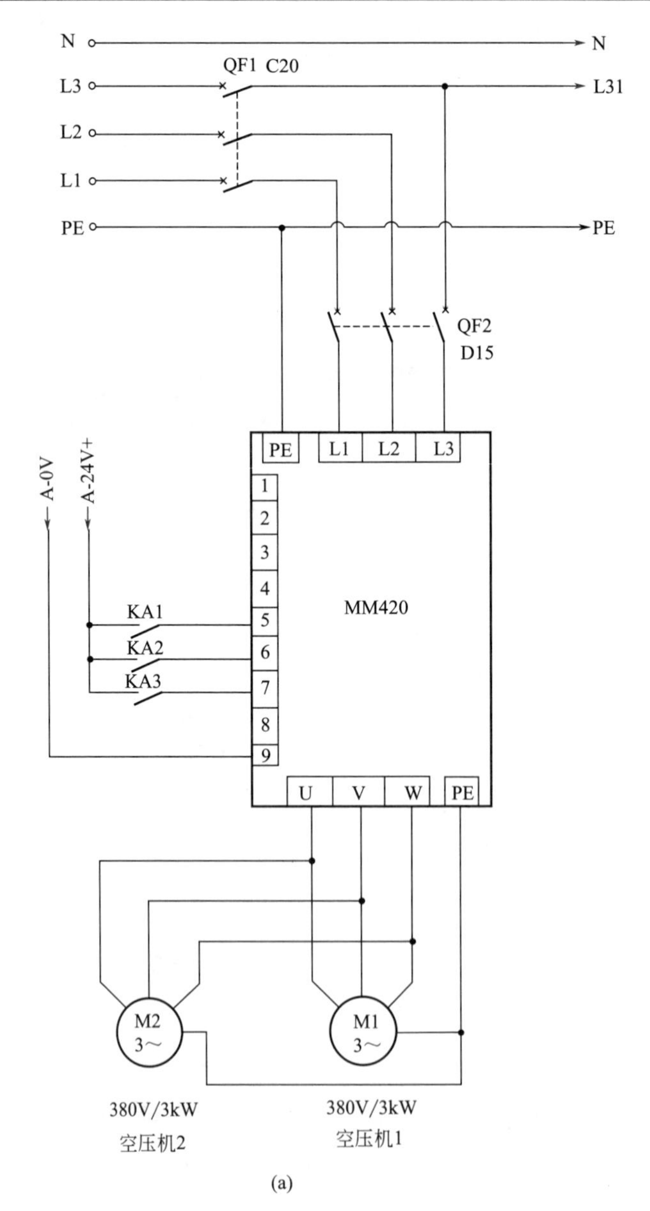

(a)

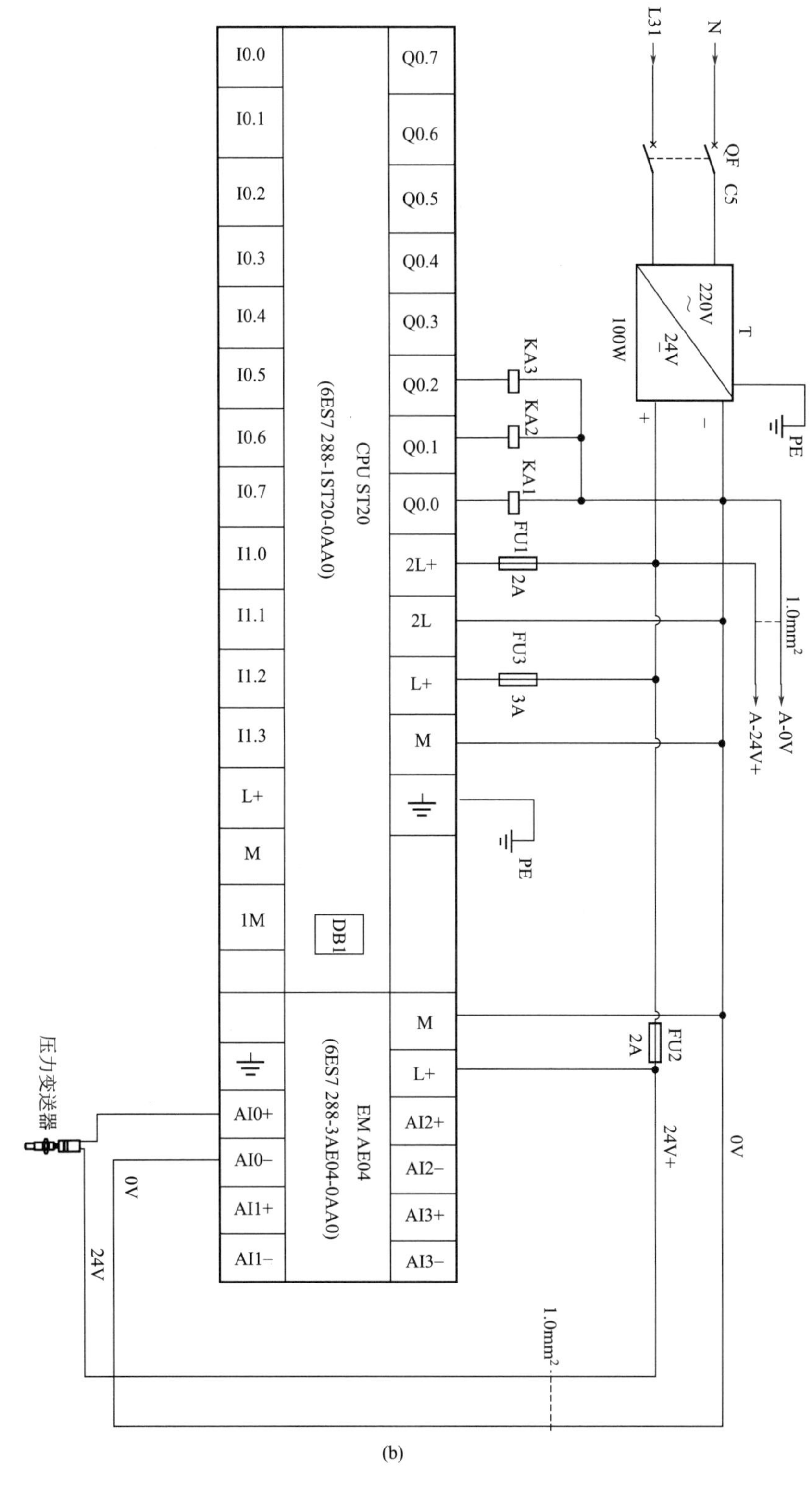

(b)

图 7-2　空气压缩机变频控制硬件图纸

b．空压机变频控制硬件组态，如图 7-3 所示。

	模块	版本	输入	输出	订货号
CPU	CPU ST20 (DC/DC/DC)	R02.02.00_00.0...	I0.0	Q0.0	6ES7 288-1ST20-0AA0
SB					
EM 0	EM AE04 (4AI)		AIW16		6ES7 288-3AE04-0AA0
EM 1					
EM 2					

图 7-3　空压机变频控制硬件组态

c．空压机变频控制程序如图 7-4 所示。

空压机变频控制程序解析如下。

• 网络 1：按下启动按钮或者压力小于 0.4MPa（这里取个范围便于实现）时，M0.0 得电，从而 Q0.0 得电，空压机按输出频率 1 运行；若压力大于 0.8MPa，空压机停止工作。

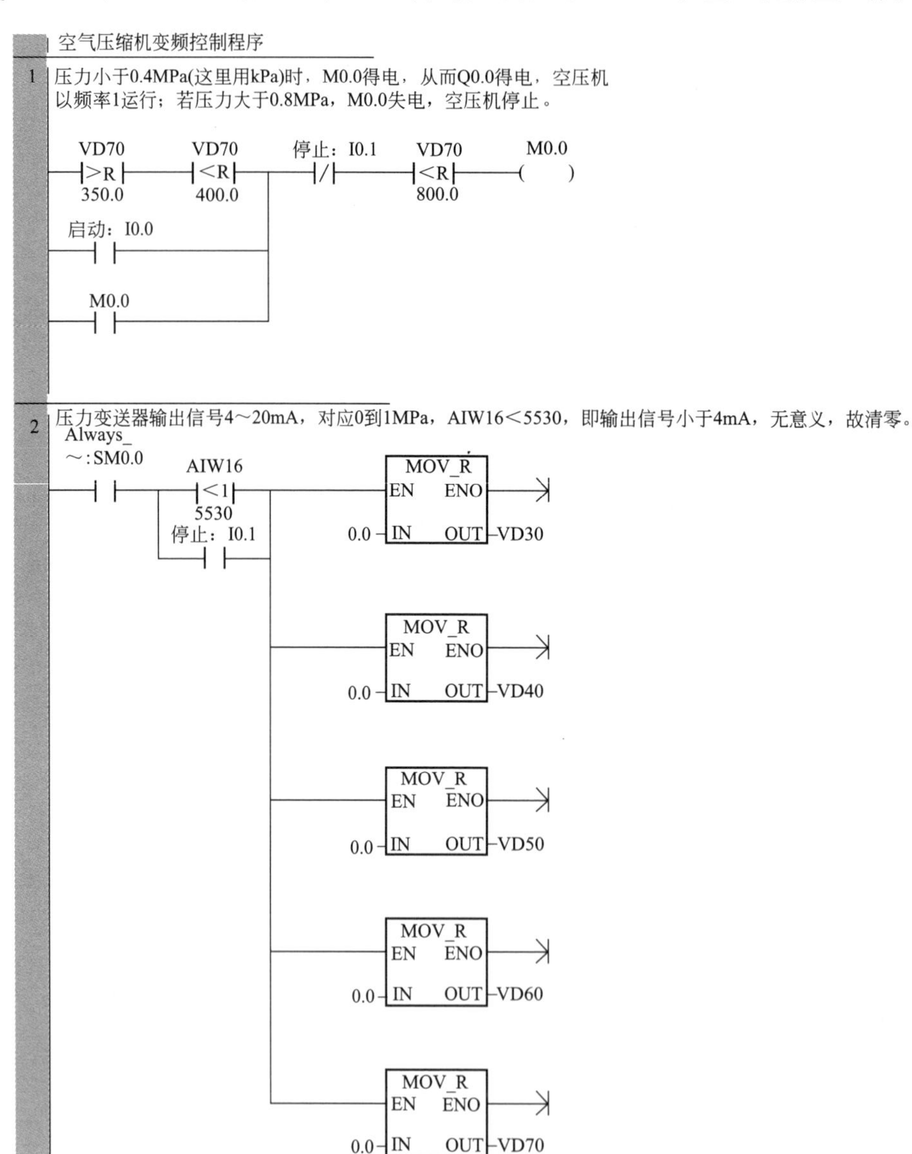

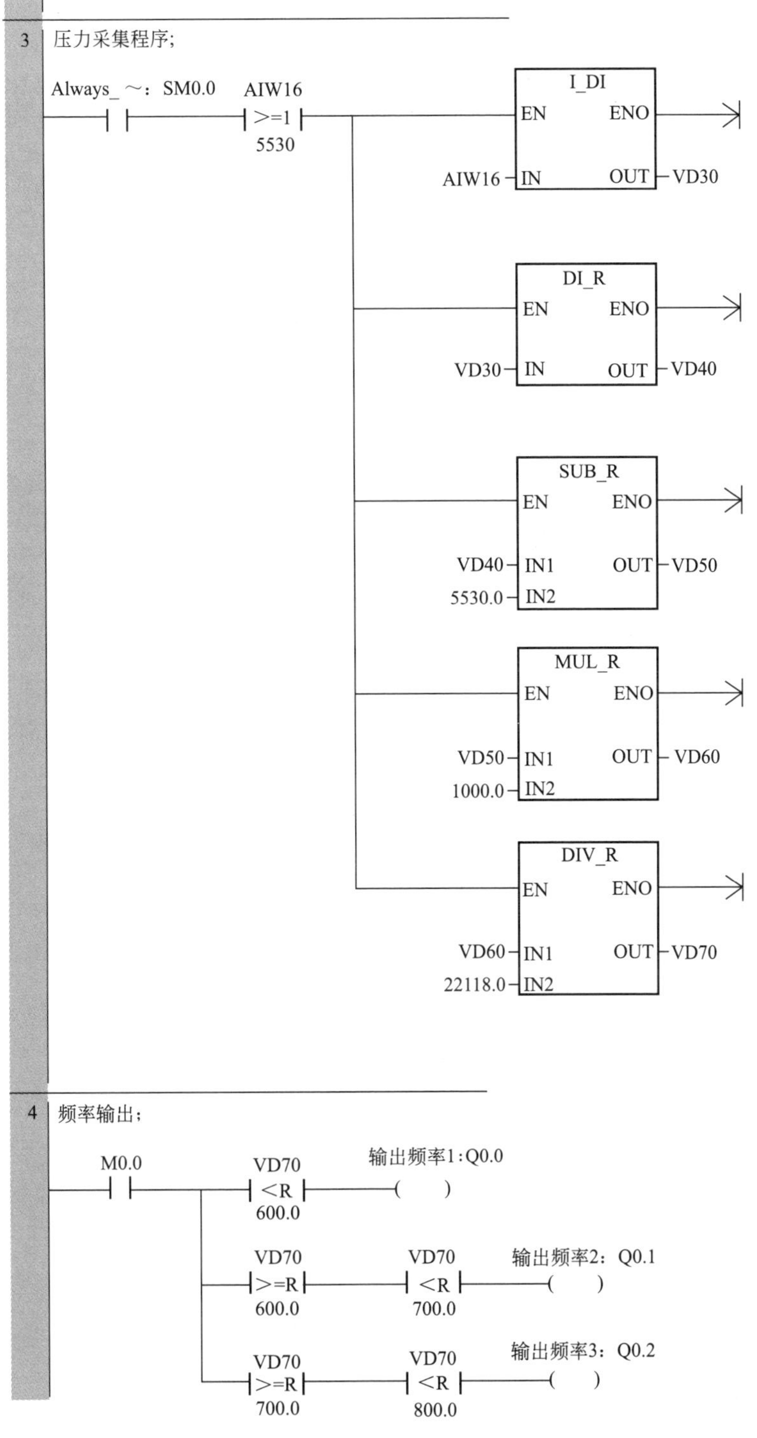

图 7-4　空压机变频控制程序

• 网络 2：压力变送器输出信号 4 ～ 20mA，对应压力 0 ～ 1MPa；当 AIW16 小于 5530 时，即压力变送器输出信号小于 4mA，采集结果无意义，故将其清零。

• 网络 3：当 AIW16>5530 时，采集结果有意义。模拟量采集程序现将数据类型由字转化为实数，这样得到的结果更精确；接下来，找到实际压力与数字量转换之间的比例关系，这是编写模拟量程序的关键，其比例关系为$P=(AW16-5530)/(27648-5530)$，压力单位为MPa。用PLC指令表达出$P$与AIW16（现在AIW16中的数值以实数形式存放在VD40）之间的关系，即$P=(VD40-5530)/(27648-5530)$，因此模拟量信号采集程序用SUB-R指令表达出（VD40-5530.0），数据存放在VD50中；VD50再乘以1000.0，这样方便调试，压力单位由MPa变为kPa；VD50乘以1000.0后，结果存放在VD60中；最后用分子比分母，即用DIV_R表达；需要说明这里省略了一步，即分母的表达因为是常数，这里就直接运算了，即22118.0=27648.0-5530.0。

• 网络4；当压力小于0.6MPa时，空压机按输出频率1运行；当压力小于0.7MPa且大于等于0.6MPa时，空压机按输出频率2运行；当压力小于0.8MPa且大于等于0.7MPa时，空压机按输出频率3运行。

③ 变频器相关参数设置，如表7-2所示。

表7-2　空压机三段调速参数设定

参数代码	设定数据	功能注释	备注
P0010	30	恢复工厂默认值	设定这两个参数，目的是清空上一次调试时设定的参数，以免对本次调试产生干扰
P0970	1	将全部参数复位	
P0010	1	进入快速调试	快速调试通常用P0010和P3900配合应用，进入快速调试P0010=1，结束快速调试P3900=1或P0010=0
P0304	380	电动机额定电压	电动机参数设置；注意额定功率单位为kW
P0305	8	电动机额定电流	
P0307	3	电动机额定功率	
P0310	50	电动机额定频率	
P0311	1400	电动机额定转速	
P3900	1	快速调试结束	快速调试结束
P0003	2	参数可以访问扩展级	有时候巧用P0003和P0004这两个参数，会很方便地找到您想要的参数；P0003设置访问级别；P0004是筛选参数
P1000	3	固定频率设定	—
P1120	10	斜坡上升时间	
P1121	10	斜坡下降时间	
P1080	0	最低频率	
P1082	50	最高频率	
P0700	2	用外部端子控制启停	P0700=1是由基本面板来控制启停；P0700=2是用外部端子控制启停，注意二者的区别
P0701	17	二进制编码+ON命令	设置数字量端子5的功能
P0702	17	二进制编码+ON命令	设置数字量端子6的功能
P0703	17	二进制编码+ON命令	设置数字量端子7的功能

续表

参数代码	设定数据	功能注释	备注
P1001	50	固定频率设定	第一段输出频率设定
P1002	40	固定频率设定	第二段输出频率设定
P1003	30	固定频率设定	第三段输出频率设定

编者心语

空压机属于压力设备，设计时压力检测最好用两种，一种为压力采集，作为 PLC 切换相应动作的信号；另一种为报警，在超压时给予报警，并切断设备运行，使空压机在安全的条件下工作。避免仅有一种压力检测元件，其损害时，空压机会一直工作，这样系统会因超压发生爆炸，危害人员和设备的安全。本例中，笔者仅讨论了重点变频控制，没有给出压力报警方案，报警处理，读者可参考笔者的《西门子 S7-200 SMART PLC 编程技巧与案例》或其他书；此外设计时，气路上也应加有安全阀，这样就实现了双重保护。

7.2 正压控制

正压控制广泛应用于石油化工领域，由于正压的存在，使得可燃性气体难以进入某一空间，为一些实验提供一个安全的环境。本节将以正压控制为例，重点讲解数字量端子控制变频器启停，模拟信号调速的知识。

（1）任务引入

某实验需在正压环境下进行，压力应维持在 50Pa。按下启动按钮轴流风机 M1、M2 同时全速运行；当室内压力到达 60Pa 时，轴流风机 M1 停止，改由轴流风机 M2 进行 PID 调节，将压力维持在 50Pa；若有人开门出入，系统压力会骤降，当压力低于 10Pa 时，两台轴流风机将全速运转，直到压力再次达到 60Pa，轴流风机 M1 停止，又回到了改由轴流风机 M2 进行 PID 调节状态。根据控制要求，试完成任务。

（2）任务实施

① 设计方案确定

a．室内压力取样由压力变送器完成，考虑压力最大不超 60Pa，因此选择量程为 0 ～ 500Pa，输出信号为 4 ～ 20mA 的压力变送器。

b．轴流风机 M1 通断由接触器来控制，轴流风机 M2 由变频器来控制。

c．轴流风机的动作，压力采集后的处理，变频器的控制均有 S7-200 SMART PLC 来完成。

② 硬件图纸设计

本项目硬件图纸的设计包括以下几部分：

a．两台轴流风机主电路设计；

b．西门子 CPU SR30 模块供电和控制设计；

相应图纸如图 7-5 所示。

③ 硬件组态　正压控制硬件组态如图 7-6 所示。

④ 程序设计　正压控制的程序如图 7-7 所示。

本项目程序的编写主要考虑 3 方面，具体如下。

a．两台轴流风机启停控制程序的编写。两台轴流风机启停控制比较简单，采用启保停电路即可。使用启保停电路关键是找到启动和停止信号，轴流风机M1的启动信号一个是启动按钮所给的信号，另一个为当压力低于10Pa时，比较指令所给的信号，两个信号是或的关系，因此并联；轴流风机M1控制的停止信号为当压力为60Pa时，比较指令通过中间编程元件所给的信号。轴流风机M2的启动信号为启动按钮所给的信号，停止信号为停止按钮所给的信号，若不按停止按钮，整个过程M2始终为ON。

b．压力信号采集程序的编写。解决此问题的关键在于找到实际物理量压力与内码AIW16之间的比例关系。压力变送器的量程为0～500Pa，其输出信号为4～20mA，EM AE04模拟量输入通道的信号范围为0～20mA，内码范围为0～27648，故不难找出压力与内码的对应关系，对应关系为P=5(AIW16-5530)/222，其中P为压力。因此压力信号采集程序编写实际上就是用SUB-DI，MUL-DI，DIV-DI指令表达出上述这种关系，此时得到的结果为双字，再用DI-R指令将双字转换为实数，这样做有两点考虑，第一，得到的压力为实数比较精确，第二，此段程序恰好也是PID控制输入回路的转换程序，因此必须转换为实数。

c．PID控制程序的编写。PID控制程序的编写主要考虑4个方面。

ⓐ PID初始化参数设定。

PID初始化参数的设定，主要涉及给定值、增益、采样时间、积分时间常数和微分时间常数这5个参数的设定。给定值为0.0～1.0之间的数，其中压力恒为50Pa，50Pa为工程量，需将工程量转换为0.0～1.0之间的数，故将实际压力50Pa比上量程500Pa，即DIV-R 50.0，500.0。寻找合适的增益值和积分时间常数时，需将增益赋1个较小的数值，将积分时间常数赋1个较大的值，其目的为系统不会出现较大的超调量，多次试验，最后得出合理的结果。微分时间常数通常设置为0。

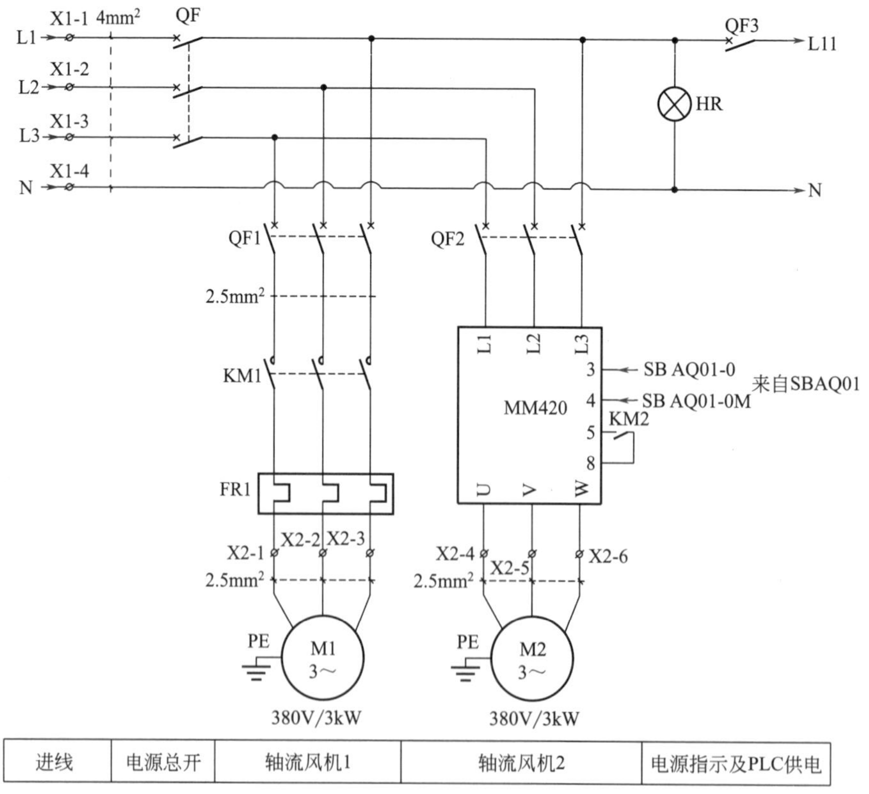

(a) 轴流风机控制主电路图纸

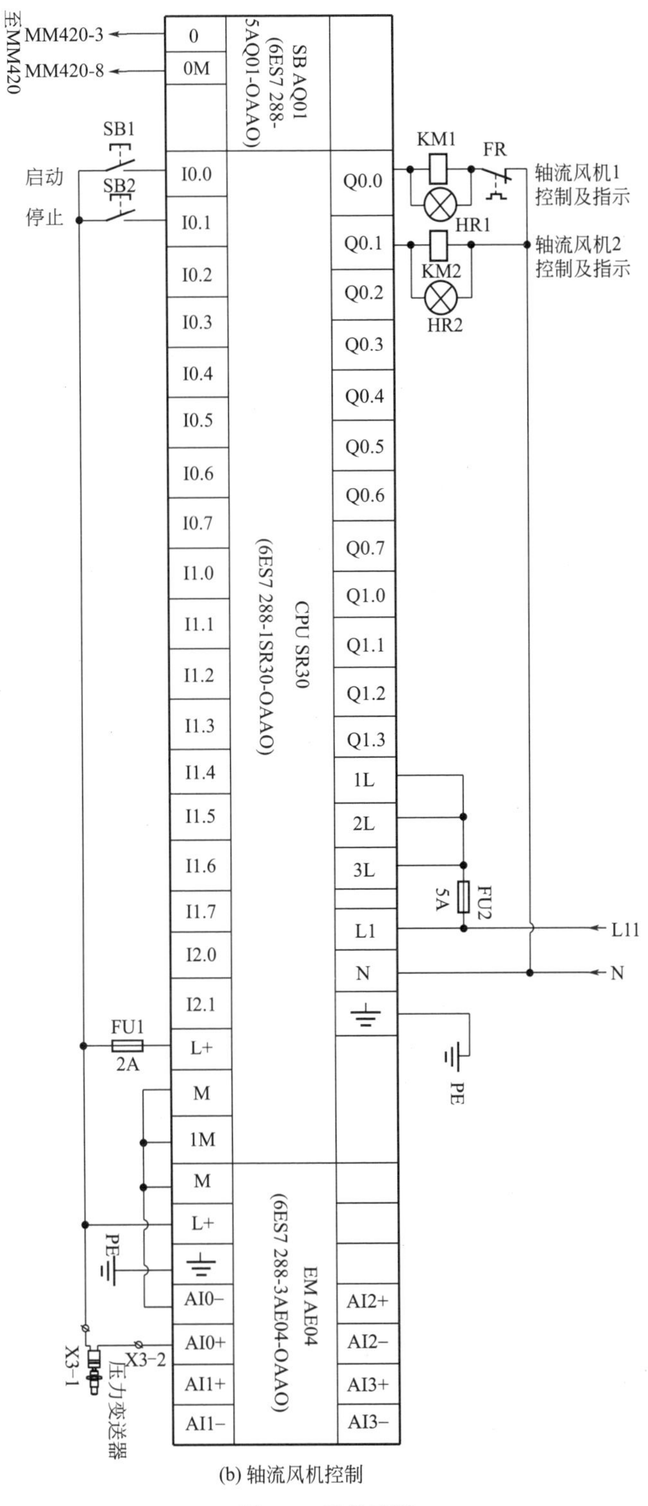

(b) 轴流风机控制

图 7-5　硬件图纸

ⓑ 输入量的转换及标准化。

输入量的转换程序即压力信号采集程序，输入量的转换程序最后得到的结果为实数，需将此实数转换为0.0～1.0之间的标准数值，故将VD40中的实数比上量程500Pa。

ⓒ编写PID指令。

ⓓ将PID回路输出转换为成比例的整数，故VD52中的数先除以27648.0（为单极型），接下来将实数四舍五入转化为双字，再将双字转化为字送至AQW12中，从而完成了PID控制。

	模块	版本	输入	输出	订货号
CPU	CPU SR30 (AC/DC/Relay)	V02.02.00_00.00...	I0.0	Q0.0	6ES7 288-1SR30-0AA0
SB	SB AQ01 (1AQ)			AQW12	6ES7 288-5AQ01-0AA0
EM 0	EM AE04 (4AI)		AIW16		6ES7 288-3AE04-0AA0
EM 1					

图7-6　正压控制硬件组态

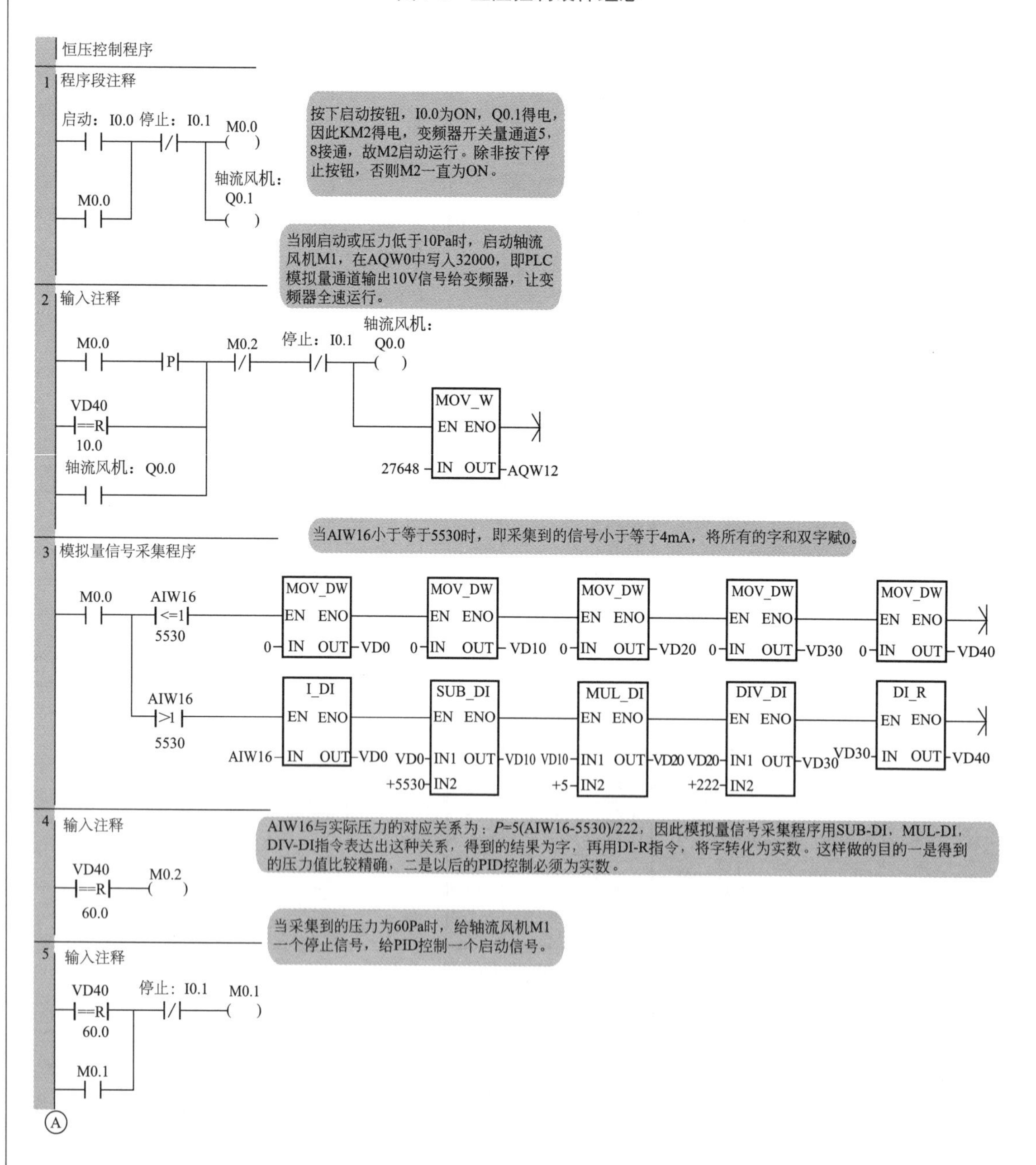

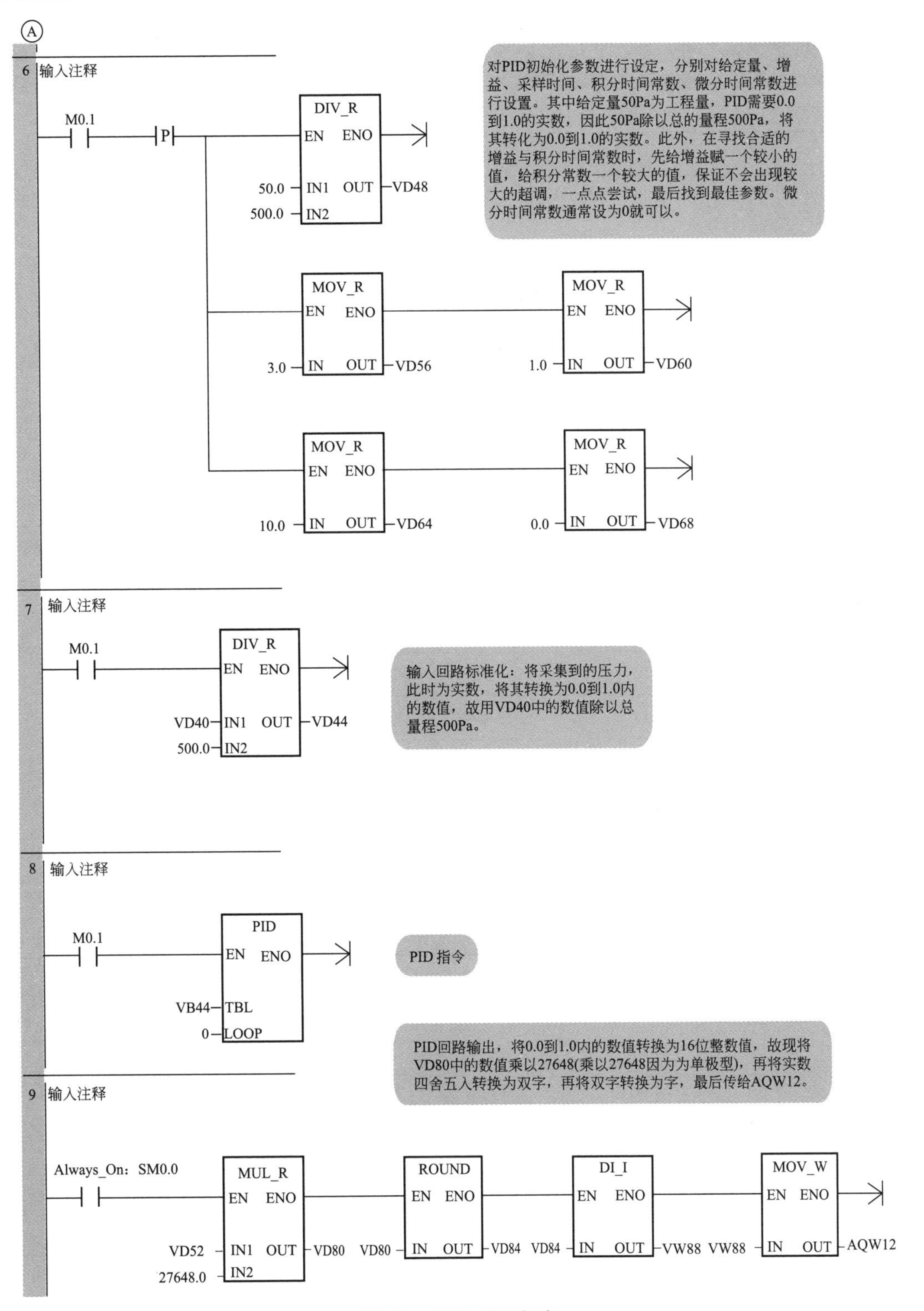

图 7-7 正压控制程序

⑤ 变频器相关参数设置

变频器相关参数设置，如表 7-3 所示。

表 7-3　正压控制变频参数设定

参数代码	设定数据	功能注释	备注
P0010	30	恢复工厂默认值	设定这两个参数，目的是清空上一次调试时设定的参数，以免对本次调试产生干扰
P0970	1	将全部参数复位	
P0010	1	进入快速调试	快速调试通常用 P0010 和 P3900 配合应用，进入快速调试 P0010=1，结束快速调试 P3900=1 或 P0010=0
P0304	380	电动机额定电压	电动机参数逐一设定；注意额定功率单位为 kW
P0305	8	电动机额定电流	
P0307	3	电动机额定功率	
P0310	50	电动机额定频率	
P0311	1400	电动机额定转速	
P3900	1	快速调试结束	快速调试结束
P0003	2	参数可以访问扩展级	有时候巧用 P0003 和 P0004 这两个参数，会很方便地找到您想要的参数；P0003 设置访问级别；P0004 是筛选参数
P1000	2	通过外部模拟量给定	—
P1120	10	斜坡上升时间	
P1121	10	斜坡下降时间	
P1080	0	最低频率	
P1082	50	最高频率	
P0700	2	用外部端子控制启停	P0700=1 是由基本面板来控制启停；P0700=2 是用外部端子控制启停，注意二者的区别
P0701	1	正转 / 停机命令	端子接通正转，断开停机

第 4 篇

监控组态软件

SIEMENS

第 8 章 组态软件 WinCC 实用案例

本章要点

- WinCC 项目管理器
- 组态变量
- 组态画面
- 2 盏彩灯循环控制

SIMATIC WinCC 是西门子最经典的过程监视系统，WinCC 能为工业领域提供完备的监控与数据采集（SCADA）功能，涵盖从单用户系统直到支持冗余服务器和远程 Web 服务器解决方案的多用户系统。SIMATIC WinCC 是集成交换信息的基础，具有良好的开放性和灵活性，它采用了工厂智能，助力用户实现更大程度的生产过程透明化。

8.1 WinCC 项目管理器

8.1.1 项目管理器的启动与操作界面

启动 WinCC，软件就进入到项目管理器界面。项目的创建、打开、编辑、激活、取消激活等操作都是在这里完成的。

（1）项目管理器的启动

启动 WinCC 项目管理器通常有两种方法。

a. 双击桌面快捷图标 

，可以打开 WINCC 项目管理器。

b. 单击“开始→所有程序→ SIMATIC → WinCC → WinCC Explorer”，也可以打开 WinCC 项目管理器。

（2）项目管理器的操作界面

项目管理器的操作界面，如图 8-1 所示。它主要由标题栏、菜单栏、工具栏、浏览窗口、数据窗口和状态栏等几部分组成。

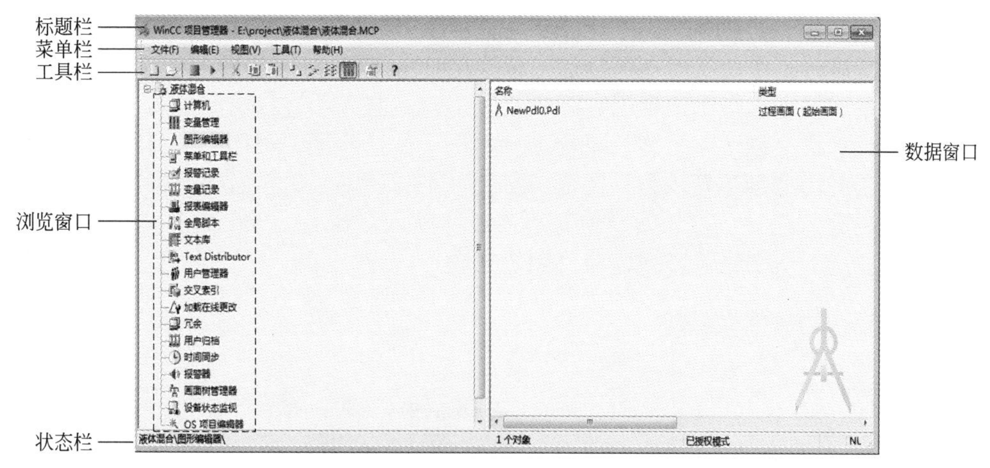

图 8-1　WinCC 项目管理器的操作界面

a．标题栏和菜单栏

标题栏和菜单栏与 Windows 的功能相似，这里不赘述。

b．工具栏

工具栏具有新建、打开、激活、取消激活项目的功能，也具有复制、剪切、粘贴功能，还可以将浏览窗口中选中的项目在数据窗口中，以大、小图标和列表的形式显示出来。工具栏的图标，如图 8-2 所示。

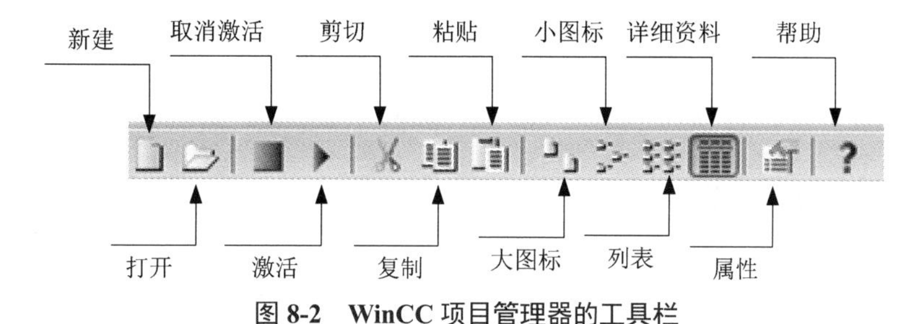

图 8-2　WinCC 项目管理器的工具栏

c．状态栏

状态栏显示与编辑有关的一些信息，还显示文件的当前路径等。

d．浏览窗口

浏览窗口非常重要，它包括项目管理器的编辑器和功能列表，双击列表或相应快捷键会打开相应的编辑器。

e．数据窗口

数据窗口位于浏览窗口的右边，数据窗口负责显示编辑器或文件夹的元素。所显示的信息随着浏览窗口选择的不同而变化。

8.1.2　项目的创建和编辑

（1）项目的创建

单击软件菜单栏中的“新建”按钮，将会弹出“WinCC 项目管理器”界面，如图 8-3 所示。在此界面中，有两大部分，分别为新建项目和打开项目。打开项目就是打开原来已有的项目；新建项目就是建立一个全新的项目；新建项目时，需选择项目类型。通常项目类型有三种，即单用户项目、多用户项目和客户机项目。单用户项目是指希望在WinCC项目中使用一台计算机进行工作；多用户项目是指希望在WinCC项目中使用多台计算机进行工作；客户机项目是指如果创建多用户项目，随后必须创建对服务器进行访问的客户机，并在将要用作客户机的计算机上创建一个客户机程序。本例中，选择了“单用户项目”，接下来，单击“确定”，会弹出“创建新项目”界面，如图8-4所示。在此界面中，可以输入项目的名称和指定项目的存放路径，存放时，最好不要放在默认路径E：\\WinCC下，要单建一个项目文件夹，最后点击“创建”按钮，项目创建完成。

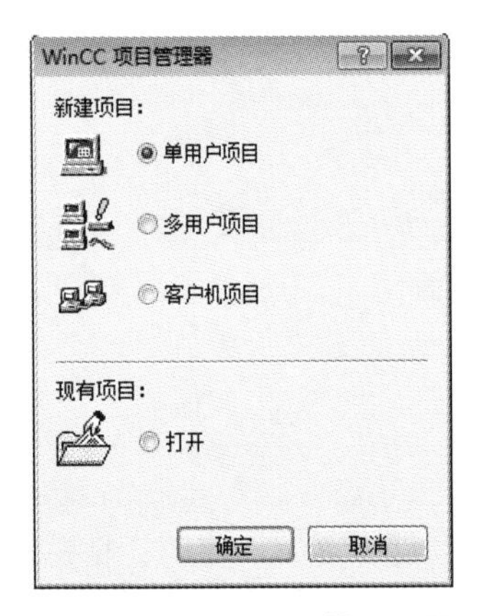

图8-3　WinCC项目管理器界面

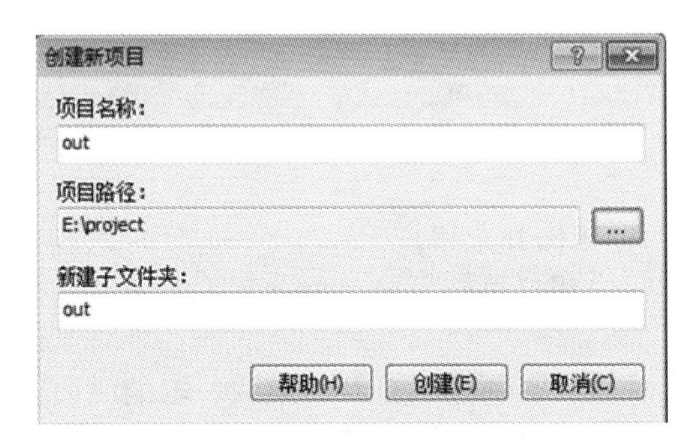

图8-4　创建新项目界面

（2）运行和取消运行项目

项目的所有工作都编辑完成后，可以进行项目运行了。运行项目最简单的方法就是点击菜单栏中的项目运行按钮▶；取消项目运行，需点击菜单栏中的取消项目运行按钮■。

（3）复制和移植项目

a. 复制项目

可使用项目复制器将项目及所有的重要数据复制到本地或另一台计算机上。方法是在Windows的“所有程序”中，在“SIMATIC → WinCC → TooLs”路径下，选择 Project Duplicator，打开项目复制器界面，如图8-5所示。单击...按钮，选择要复制项目的源地址，单击“另存为”按钮，将项目保持到新的目标地址。最后点击“关闭”按钮，完成指定项目的复制。

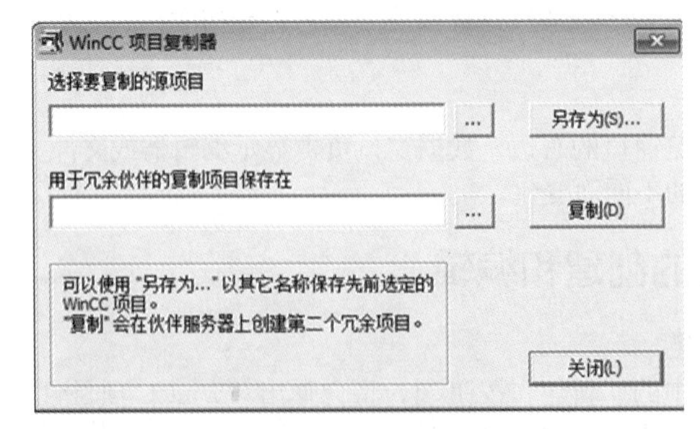

图8-5　项目复制器界面

b．移植项目

高版本的WinCC，一般也不直接打开低版本的WinCC项目，而是需要项目移植。项目移植的方法是在“SIMATIC → WinCC → TooLs”路径下，选择 Project Migrator，打开项目移植界面，如图8-6所示。先点击 ... 按钮，选择要移植的项目，再点击“移植”按钮就完成了项目的移植。

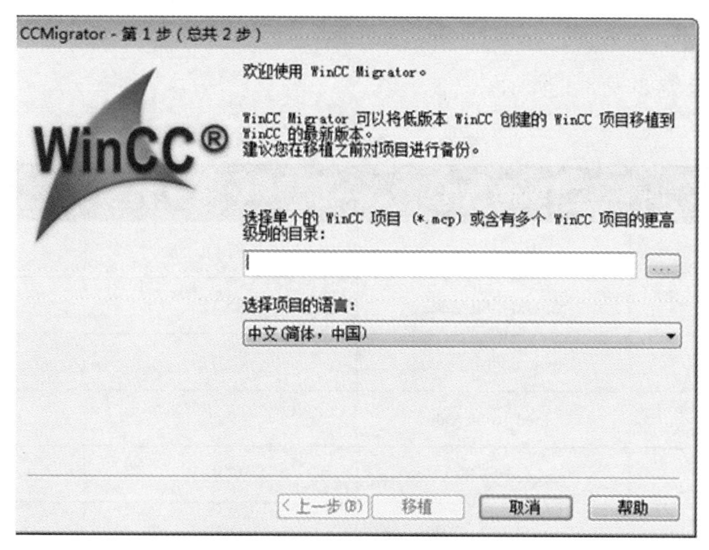

图 8-6　项目移植界面

8.2　组态变量

8.2.1　变量相关内容简介

（1）变量管理器

WinCC项目所生成的数据靠变量来传送，变量管理器用来管理项目中的变量和通信驱动程序，位于项目管理器的浏览窗口中。

（2）变量分类

变量分为外部变量、内部变量、系统变量和脚本变量4个部分。

① 外部变量

外部变量又称过程变量，是指通过数据地址和自动化系统进行通信的变量。在WinCC与外部自动化系统通信中，外部变量占有十分重要的地位，WinCC通过外部变量实现对外部自动化系统控制和监控。

② 内部变量

内部变量可以管理项目中的数据或将数据传送归档。它不连接过程，没有对应的通道单元和过程驱动程序，不需要对应的连接。

③ 系统变量

系统变量是WinCC预先定义的中间变量。它是全局变量，可以在整个工程的画面和脚本中使用。系统变量有明确的定义，可提供现成的功能，通常WinCC自动创建。系统变量

头前带有 @ 符号，目的是和其他变量加以区别。

④ 脚本变量

脚本变量是 WinCC 在全局脚本和画面脚本中定义和使用的变量，它只能在规定的范围内使用。

（3）变量数据类型

变量数据类型分为数值型、字符串数据类型、原始数据类型和文本参考 4 种。

① 数值型变量

数值型变量分类如表 8-1 所示。

表 8-1　数值型变量分类

变量类型名称	WinCC 变量	STEP 7 变量	C 动作变量
二进制变量	Binary Tag	BOOL	BOOL
有符号 8 位数	Signed 8-bit Value	BYTE	char
无符号 8 位数	Unsigned 8-bit Value	BYTE	unsigned char
有符号 16 位数	Signed 16-bit Value	INT	short
无符号 16 位数	Unsigned 16-bit Value	WORD	unsigned short，WORD
有符号 32 位数	Signed 32-bit Value	DINT	int
无符号 32 位数	Unsigned 32-bit Value	DWORD	unsigned int，DWORD
32 位浮点数	Floating-point 32-bit IEEE 754	REAL	float
64 位浮点数	Floating-point 64-bit IEEE 754		double

② 字符串数据类型

字符串数据类型变量可分为 8 位字符集文本变量和 16 位字符集文本变量。8 位字符集文本变量必须显示每个字符都为 1 个字节长；16 位字符集文本变量必须显示每个字符都为 2 个字节长。

③ 原始数据类型

内部和外部原始数据类型变量可在变量管理器中创建，其格式和长度均不固定，长度范围为 1 到 65535 个字节。可由用户来定义，也可是特定应用程序的结果。

④ 文本参考

文本参考是指 WinCC 文本库中的条目。应用中，只能将文本参考组态为内部变量。

8.2.2　变量创建和编辑

（1）外部变量的创建

外部变量创建需要如下几个步骤，本节以 WinCC 与 S7-300PLC 进行 MPI 通信为例。

① 添加驱动程序

双击浏览窗口中的 变量管理，会打开图 8-7 的界面。选中 变量管理，右键，执行“添加新的驱动程序→SIMATIC S7 Protocol Suite”，如图 8-8 所示。注意：WinCC 中的 SIMATIC S7 Protocol Suite 是 S7-300PLC 的驱动程序。

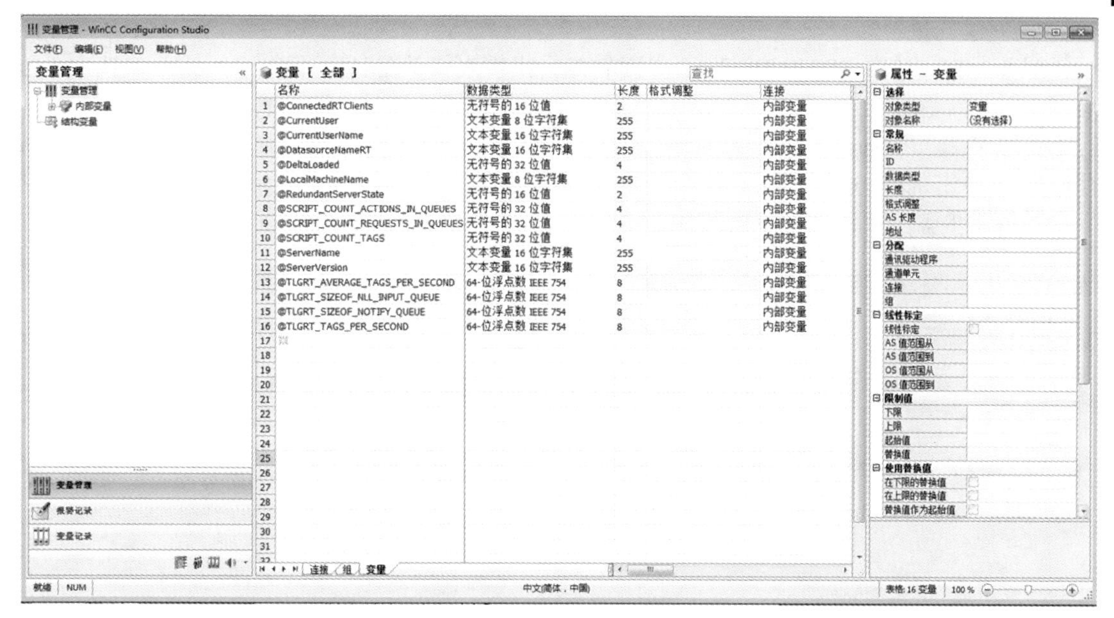

图 8-7 变量管理子界面

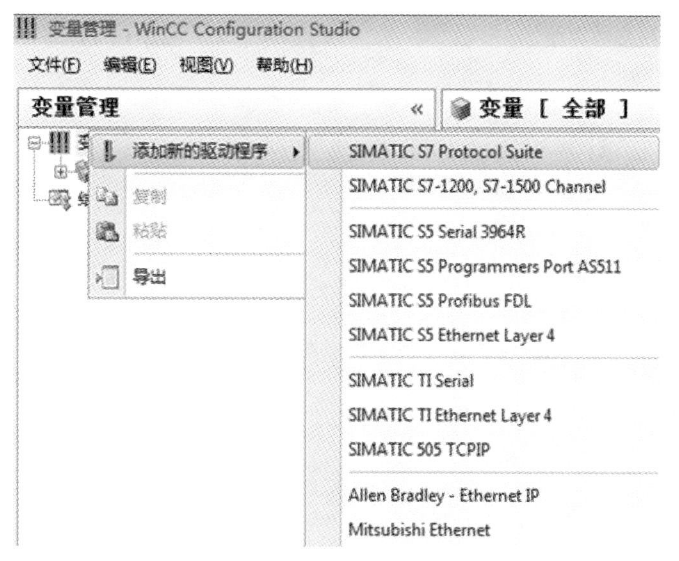

图 8-8 添加驱动

② 添加连接

展开 SIMATIC S7 Protocol Suite 后，选中 MPI，单击右键，执行“新建连接”，在名称中输入“S7300PLC”，之后返回到 MPI，选中它，右键单击，执行“系统参数”，会弹出系统参数界面，在此界面选中“单位”选型卡，选择对应的“逻辑设备”，本例中选择了 PC Adapter.MPI.1，界面如图 8-9 所示，最后单击确定。

选中“S7300PLC”，单击右键，执行“连接参数”，如图 8-10 所示。弹出“参数连接”界面，如图 8-11 所示。在此界面中，站地址为 2，插槽号为 2，点击确定，连接添加完成。

③ 创建变量

展开 MPI，选中“S7300PLC”，界面右侧会出现表格，在名称项输入“start”；选中“数据类型”项，单击，选择“二进制变量”。以上步骤如图 8-12 所示。选中“地址”项，点击，会弹出“地址属性”界面，如图 8-13 所示。在“数据区域”项，点击，选择“位存储器”，单击确定，这样“start”这个变量就创建完了。如果需要多个变量，创建步骤和“start”变量的创建步骤一致，这里不再赘述。

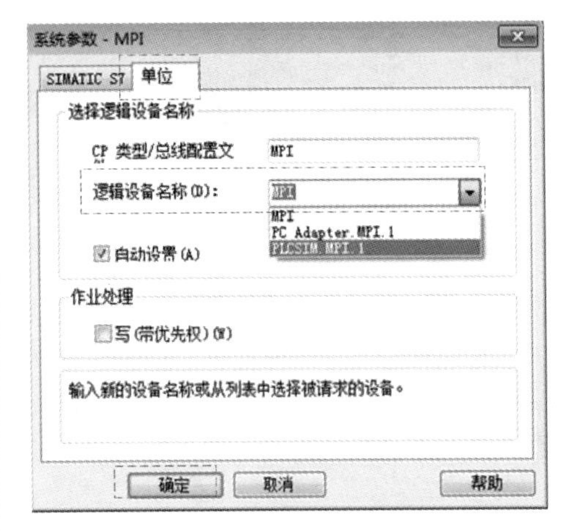

图 8-9 系统参数界面

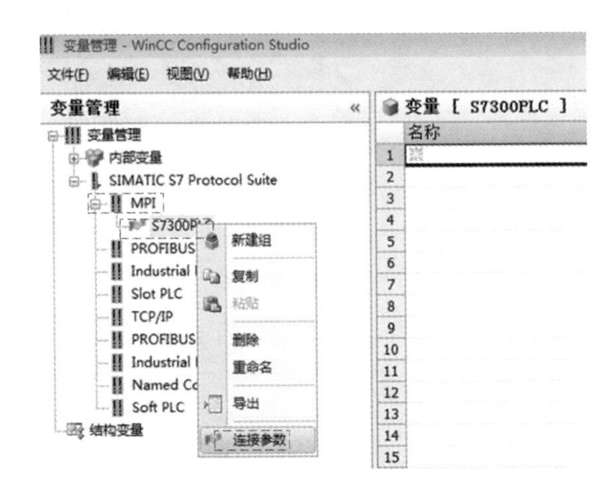

图 8-10 打开参数链接

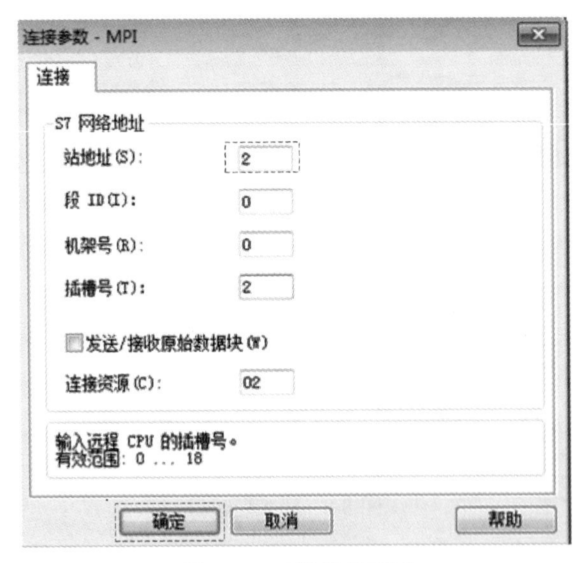

图 8-11 参数链接界面

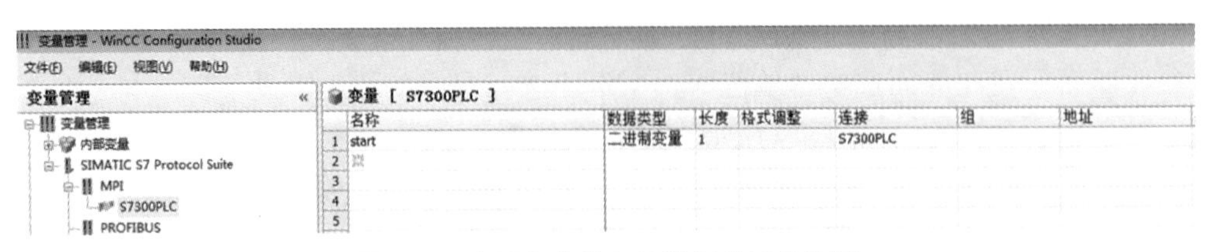

图 8-12 变量名称输入及数据类型的选择

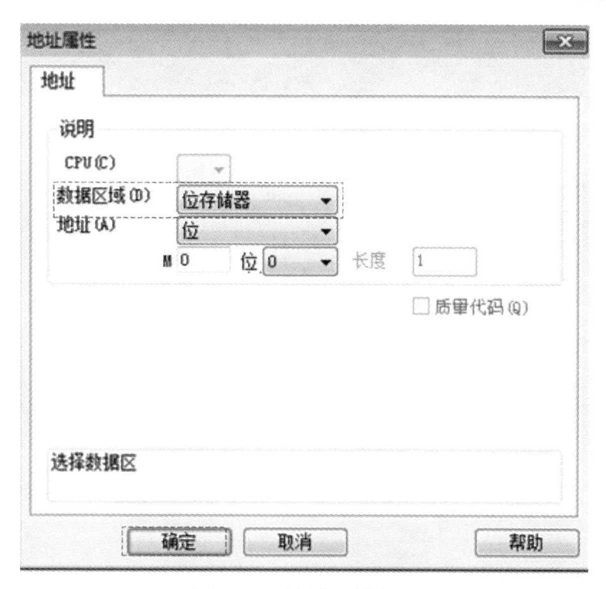

图 8-13　地址属性界面

编者心语

① 外部变量非常重要，它是 WinCC 与外部自动化系统的连接桥梁，因此外部变量的创建过程读者需给予足够的重视。

② WinCC 与外部自动化系统连接还有一种方式，那就是以 OPC 通信的方式连接，S7-200 SMART PLC 与 WinCC 连接就是采取的这种方式，此种连接方式也非常重要，我们将于下一节讲述这个知识。

（2）内部变量的创建

双击浏览窗口中的 变量管理，会打开“变量管理器”界面。选中“内部变量”，在右侧会出现表格，在名称项输入“out”；选中“数据类型”项，单击▾，选择“二进制变量”；上述步骤如图 8-14 所示。

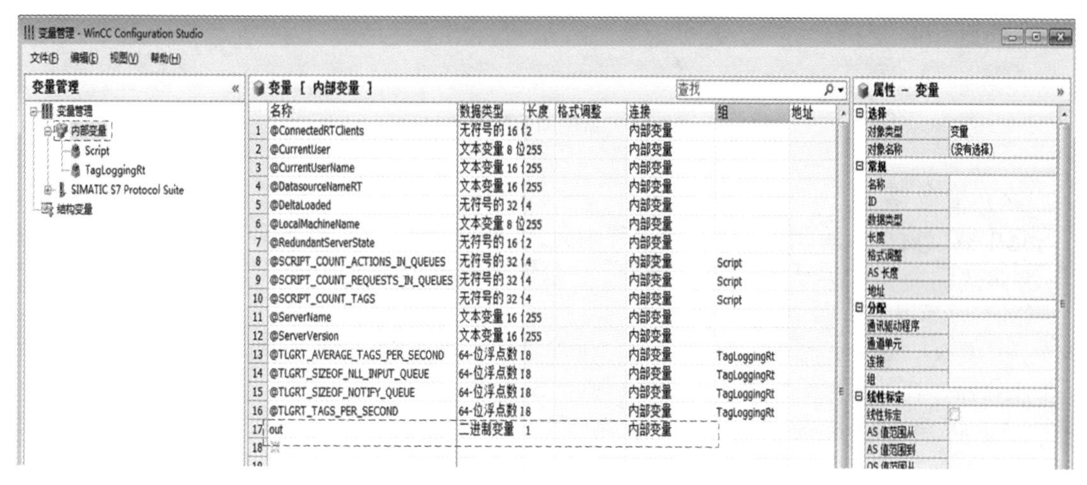

图 8-14　新建内部变量

8.3 组态画面

8.3.1 画面的相关操作

（1）新建画面

选中浏览窗口中的图形编辑器，单击右键，执行“新建画面”，此项操作如图 8-15 所示。执行完此项操作后，在浏览窗口右侧的数据窗口会出现 NewPdl0.Pdl 过程画面，如图 8-16 所示。

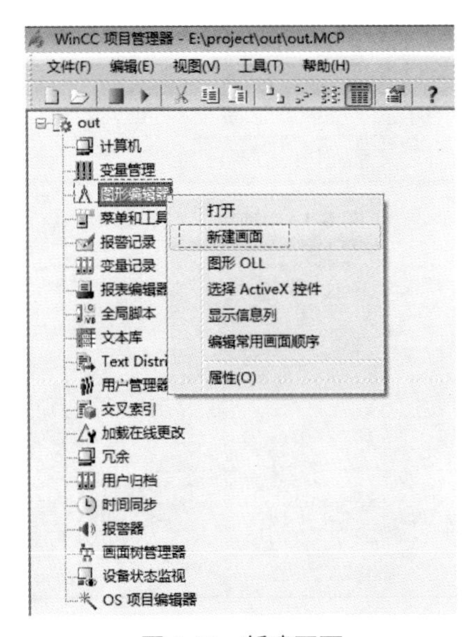

图 8-15 新建画面

图 8-16 新建画面的最终结果

（2）重命名

选中数据窗口中的 NewPdl0.Pdl 过程画面，单击右键，执行“重命名画面”，将名称改为“picture1”，注意其扩展名为“.PDL”，具体如图 8-17 所示。

（3）picture1 画面打开

选中 NewPdl0.Pdl 画面，单击右键，执行“打开画面”，这样就会打开 picture1 画面的图形编辑器，在其图形编辑器中可以进行画面设计。

（4）将画面定义为启动画面

选中 picture1.Pdl 画面，单击右键，执行 定义画面为启动画面，这样在调试激活组态画面时，第一个进入的就是 picture1 画面。以上步骤如图 8-18 所示。

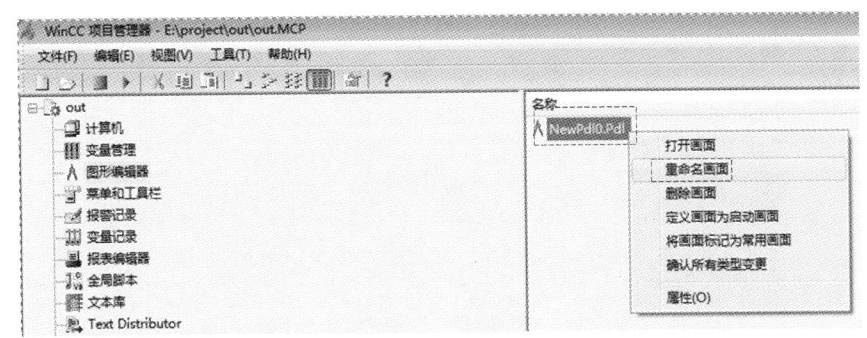

(a) 画面重命名过程

(b) 画面重命名最终结果

图 8-17　画面重命名

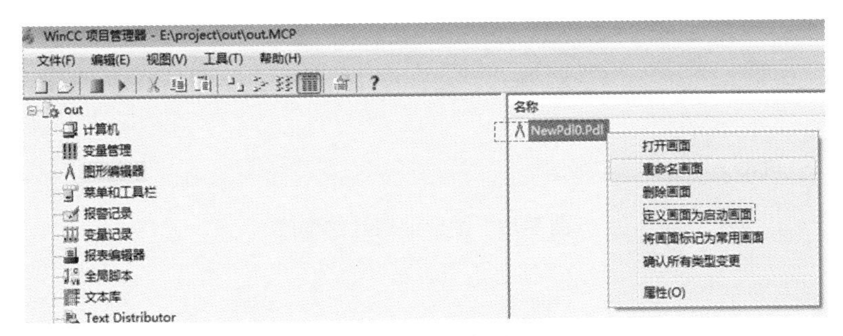

图 8-18　定义为启动画面

编者心语

以上讲述的是常用操作，请读者务必熟记。

8.3.2　图形编辑器的构成

图形编辑器由图形程序和用于表示过程的工具组成。基于 Windows 标准，图形编辑器具有创建和动态修改过程画面的功能。

双击 picture1.Pdl ，就会打开其图形编辑器，图形编辑器的构成如图 8-19 所示。从图中不难看出，图形编辑器由菜单栏、标题栏、标准选项板、放缩选项板、字体选项板、对齐选项板、调色选项板、图形编辑窗口、图元对象、对象属性、图层选项板和状态栏等组成。

① 标准选项板

标注选项板包括 Windows 命令常用按钮，如新建复制等；还包括图形编辑器的特殊按钮，如运行系统按钮 、属性按钮 和显示库按钮 等。

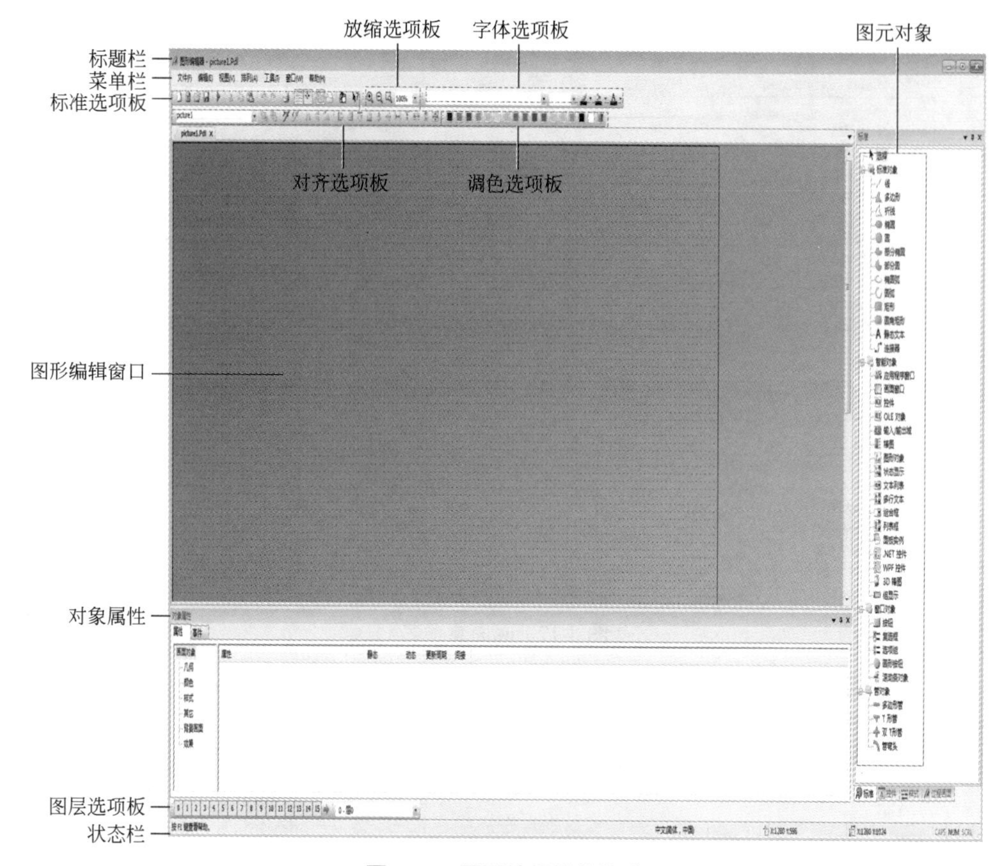

图 8-19　图形编辑器的构成

② 对齐选项板

对齐选项板可以处理左对齐、右对齐、上对齐、下对齐、水平居中、垂直居中、相同宽度和相同高度等。

③ 调色选项板

根据所选择的对象，调色选项板允许快速更改线或填充色。

④ 图元对象

图元对象分为标准对象、智能对象、窗口对象和管对象。点击相应对象中的图元按钮，可以在图形编辑区创建相应的图元。

⑤ 图形编辑窗口

图形编辑窗口是设计、编辑画面的区域。

8.3.3　图形对象

（1）图形对象简介

图形对象是图形编辑器中预先设计好的图形元素，利用它可以快捷地创建出需要的过程画面。图形对象可以分为 3 种，分别为标准对象、智能对象、窗口对象和管对象，如图 8-20 所示。点击相关对象中的图元，就可以插入到图形编辑窗口中。

（2）图形对象的插入与静态属性

这里以圆为例，对图形对象的插入与静态属性的组态进行讲解。点击“标准对象”中的 **圆**，将光标移动到画面的合适位置进行拖拽，在画面中就可以生成圆。

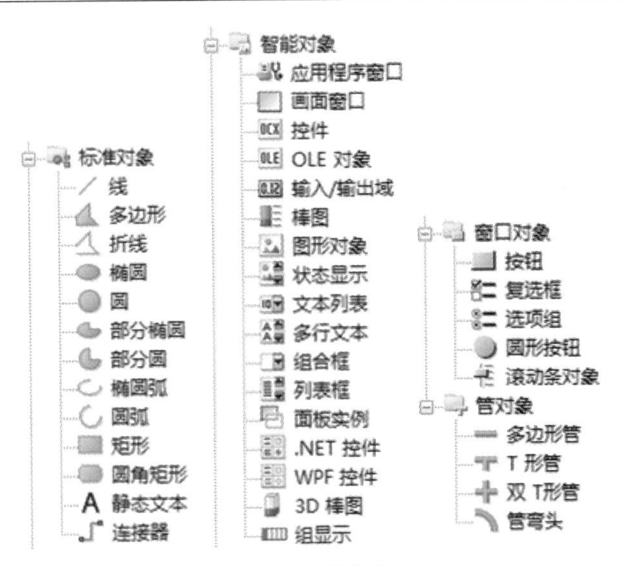

图 8-20　图形对象

双击圆，在画面的下方就会出现圆的对象属性选项卡，可以对圆的几何（X 和 Y 的位置、半径等）、颜色（背景颜色、填充颜色等）和样式（线型、线宽等）等静态属性进行设置，如图 8-21 所示，本例中，几何属性，位置 X 为 155，位置 Y 为 125，读者可以根据自己的需要输入新值，输入新值后，圆的位置、半径等都会发生改变。

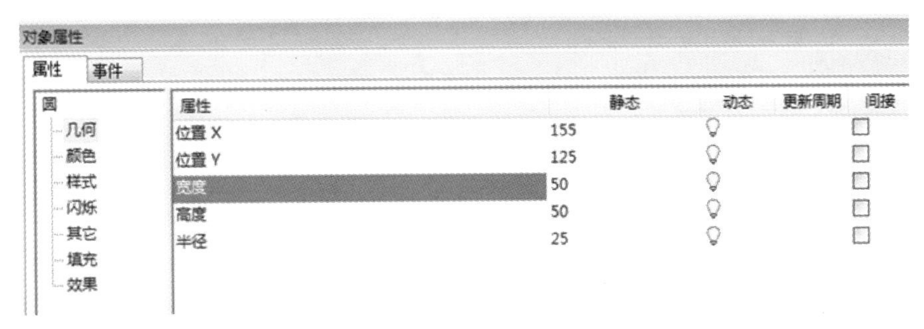

图 8-21　圆的对象属性

8.3.4　图形对象的动态化

所谓图形对象的动态化，就是设置图形对象的动态属性。常见的图形对象的动态化有 2 种，利用变量连接直接动态化和通过变量连接进行动态化。

（1）例解利用变量连接直接动态化

① 特点：能对事件作出反应。若事件在运行系统中发生，则源数值将用于目标元素。源可以是常数、变量或画面对象属性；目标元素可以是变量或对象可动态化属性。

② 控制要求：建立两个画面，其中每个画面都设一个按钮，单击按钮，实现画面之间的相互切换。

③ 画面设计及组态如下。

a. 创建画面。在 WinCC 的项目管理器中，新建 2 个画面，分别为“part1.pdl”和“part2.pdl”，如图 8-22 所示。

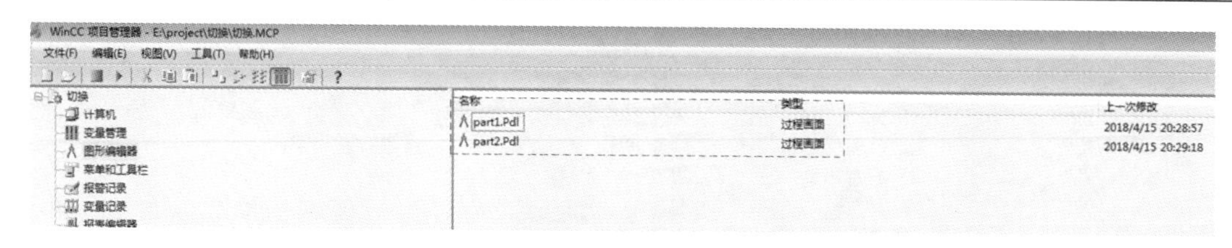

图 8-22　创建画面

b．在“part1.pdl”画面中新建按钮并设置动态属性。双击 part1.Pdl ，即可打开此画面。在“窗口对象”中双击 按钮，在图形编辑器中会弹出一个对话框，如图 8-23 所示。在对话框的“文本”中输入“切换到 part2”；在“单击鼠标改变画面”中，点击 ，在弹出的对话框中选择 part2.Pdl 后，单击确定，在按钮组态画面中，也单击确定。通过以上步骤，按钮创建及动态属性设置完了。

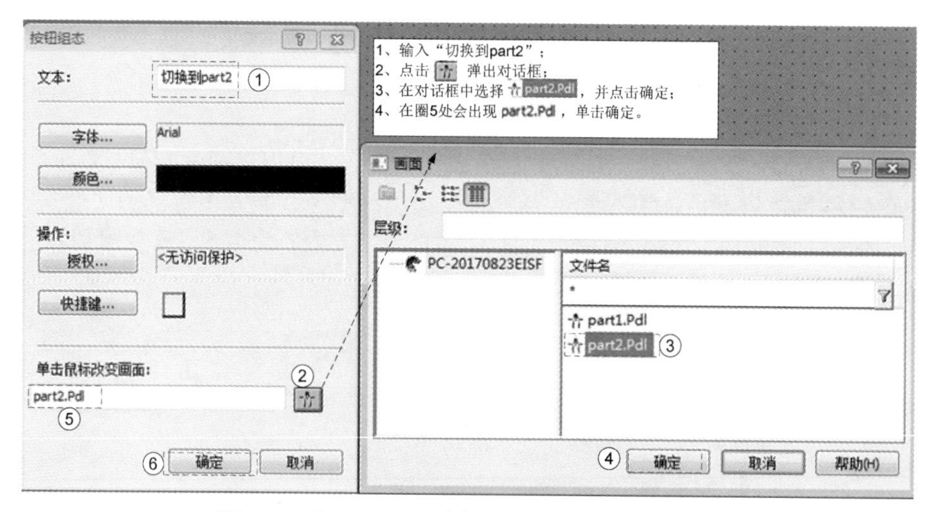

图 8-23　在 part1.pdl 中新建按钮并设置动态属性

c．在“part1.pd2”画面中新建按钮并设置动态属性。本步骤可以仿照“part1.pd1”画面进行设置，只是在对话框的“文本”中输入“切换到 part1”；点击 ，在弹出的对话框中选择 part1.Pdl ，故详细步骤不再赘述。

d. 运行工程。运行工程前，先将“part1.pdl”画面设置为“启动画面”，详细步骤请参考 8.3.1 节；在 WinCC 的项目管理器中，点击工具栏中的工程运行按钮 ，运行工程，如图 8-24 所示。点击画面“part1.pdl”中的按钮，会切换到“part1.pd2”画面，点击画面“part1.pd2”中的按钮，会切换到“part1.pd1”画面。通过以上操作实现了控制要求中的功能。

图 8-24　运行工程画面

（2）例解通过变量连接进行动态化

① 特点：当变量与对象属性连接时，变量的值将直接传送给对象属性。

② 控制要求：新建 1 个矩形，其填充量由 I/O 域的数值大小来控制。

③ 画面设计及组态如下。

a．新建 1 个内部变量。新建一个项目后，创建 1 个无符号 16 位内部变量 A，内部变量的创建结果如图 8-25 所示。创建步骤读者可参考 8.2.2 节。

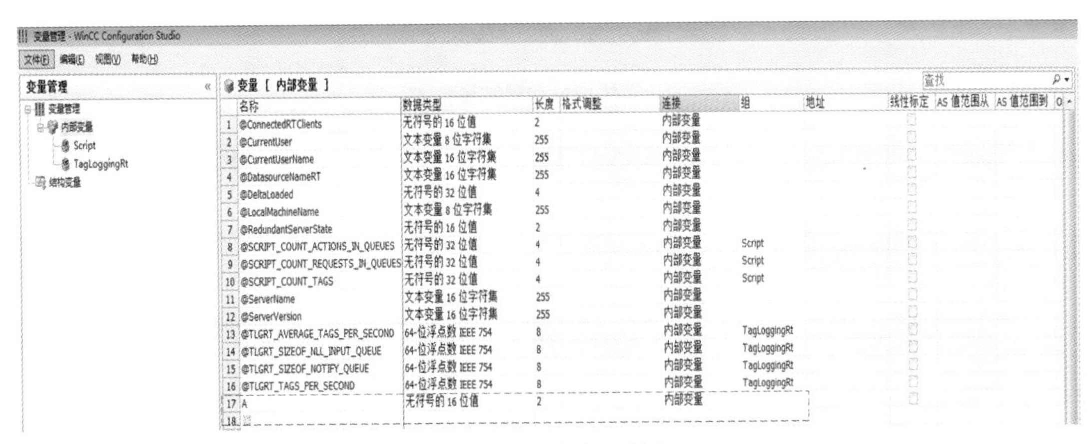

	名称	数据类型	长度	格式调整	连接	组	地址	线性标定	AS 值范围从	AS 值范围到
1	@ConnectedRTClients	无符号的 16 位值	2		内部变量					
2	@CurrentUser	文本变量 8 位字符集	255		内部变量					
3	@CurrentUserName	文本变量 16 位字符集	255		内部变量					
4	@DatasourceNameRT	文本变量 16 位字符集	255		内部变量					
5	@DeltaLoaded	无符号的 32 位值	4		内部变量					
6	@LocalMachineName	文本变量 8 位字符集	255		内部变量					
7	@RedundantServerState	无符号的 16 位值	2		内部变量					
8	@SCRIPT_COUNT_ACTIONS_IN_QUEUES	无符号的 32 位值	4		内部变量	Script				
9	@SCRIPT_COUNT_REQUESTS_IN_QUEUES	无符号的 32 位值	4		内部变量	Script				
10	@SCRIPT_COUNT_TAGS	无符号的 32 位值	4		内部变量	Script				
11	@ServerName	文本变量 16 位字符集	255		内部变量					
12	@ServerVersion	文本变量 16 位字符集	255		内部变量					
13	@TLGRT_AVERAGE_TAGS_PER_SECOND	64-位浮点数 IEEE 754	8		内部变量	TagLoggingRt				
14	@TLGRT_SIZEOF_NLL_INPUT_QUEUE	64-位浮点数 IEEE 754	8		内部变量	TagLoggingRt				
15	@TLGRT_SIZEOF_NOTIFY_QUEUE	64-位浮点数 IEEE 754	8		内部变量	TagLoggingRt				
16	@TLGRT_TAGS_PER_SECOND	64-位浮点数 IEEE 754	8		内部变量	TagLoggingRt				
17	A	无符号的 16 位值	2		内部变量					
18										

图 8-25　内部变量创建

b．创建画面并拖入 I/O 域和矩形。在 WinCC 的项目管理器中，新建 1 个画面“part1.pdl”。在标准对象中，双击 矩形，会在图形编辑器中出现矩形；在智能对象中，双击 0.12 输入/输出域，会在图形编辑器中出现 I/O 域（输入 / 输出域）。以上最终结果，如图 8-26 所示。注意：矩形可以拖拽合适大小。

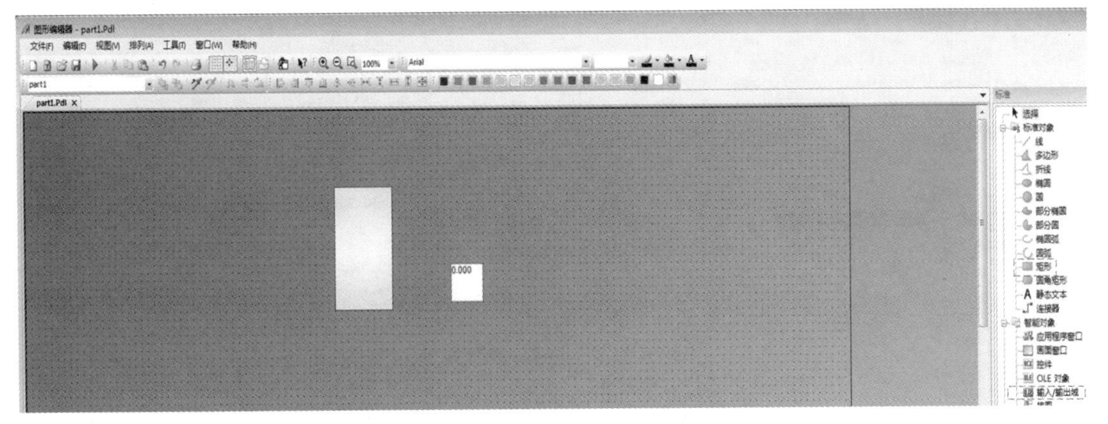

图 8-26　创建画面并拖入 I/O 域和矩形

c．建立变量连接。先选中输入 / 输出域，在下边的对象属性“字体”中，将 X、Y 对齐方式设置成居中；在“限制”中将上限设置为 30，下限设置为 1；如图 8-27 所示。选中输入输出域，单击右键，选择“组态对话框”，在“变量”后，单击 ...，连接变量 A；在“更新”中，选择“有变化时”，如图 8-28 所示。选中矩形，在下边对象属性“效果”中，全局颜色方案 设置为“否”；在“填充量”中，动态填充 设置为“是”，填充量 中与变量 A 连接；在“颜色”中的“背景颜色”选择成蓝色。以上结果如图 8-29 所示。

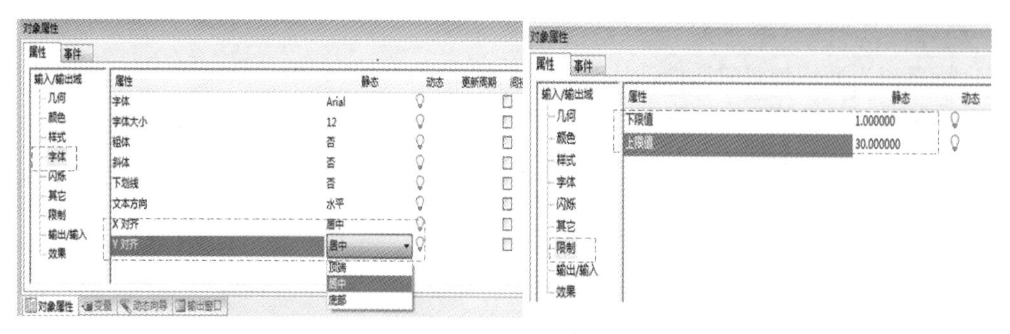

图 8-27　字体属性和限制属性的设置

图 8-28　I/O 域组态对话框的设置

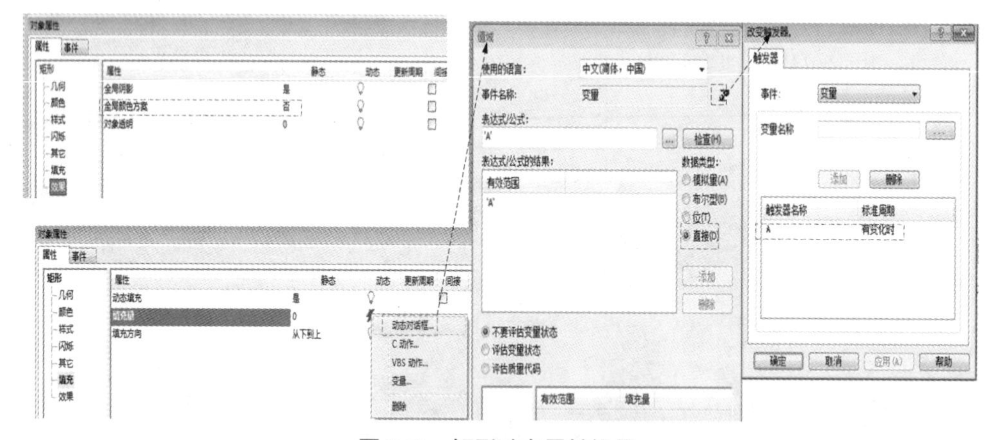

图 8-29　矩形动态属性设置

d. 运行工程；运行工程前，先将“part1.pdl”画面设置为“启动画面”；在 WinCC 的项目管理器中，点击工具栏中的工程运行按钮▶，运行工程。在输入 / 输出域中输入不同的数值，矩形的填充量也会对应项应的变化。

8.3.5　控件与图库

（1）控件

在 WinCC 画面中可以使用 Active 控件，除了使用第 3 方 Active 控件外，WinCC 也自带了 Active 控件，常见的有时间控件、量表控件和标尺控件等。

控件的查找可以点击图形编辑器右下角的[控件]，会切换到控件选项，如图 8-30 所示。

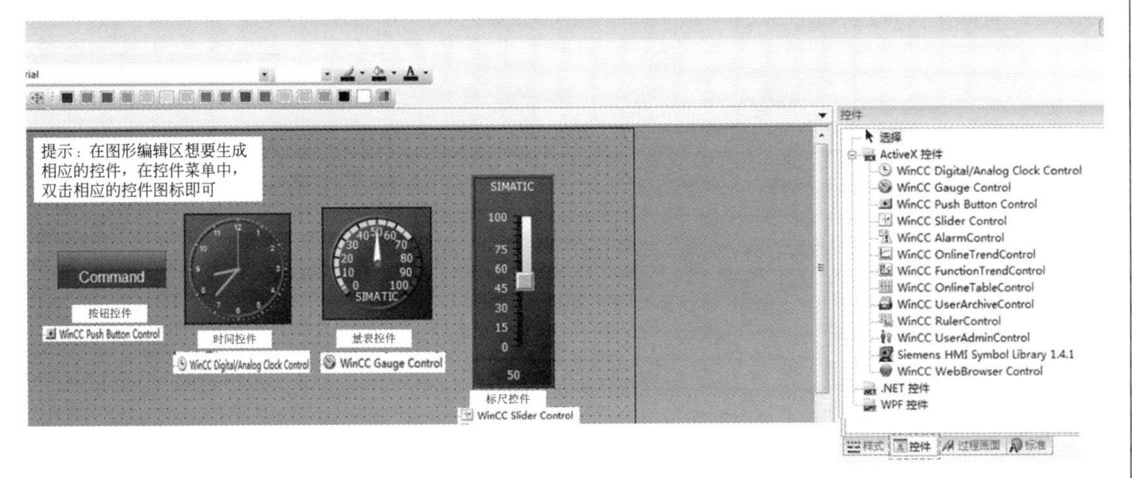

图 8-30　控件

（2）图库

WinCC 提供了一些标准对象供绘制画面使用，但对于复杂的画面来说，用标准对象绘制既费时又费力，而且画面的美观程度差。出于以上原因考虑，WinCC 提供了丰富的图库供绘制画面使用。点击标准选项板中的[图标]，可以打开图库。打开图库后，可以在全局图库中找需要的元件。

8.4　2 盏彩灯循环控制

8.4.1　任务导入

有红、绿 2 盏彩灯，采用组态软件 WinCC+S7-200 SMART PLC 联合控制模式。组态软件 WinCC 上设有启停按钮，当按下启动按钮，2 盏小灯每隔 *N* 秒轮流点亮（间隔时间 *N* 通过组态软件 WinCC 设置），间隔时间 *N* 不超过 10s，2 盏彩灯循环点亮；当按下停止按钮时，2 盏小灯都熄灭。试设计程序。

8.4.2　任务分析

根据任务，组态软件 WinCC 画面需设有启、停按钮各 1 个，彩灯 2 盏，时间设置框 1 个，此外 2 盏彩灯标签各 1 个。

2 盏彩灯启停和循环点亮由 S7-200 SMART PLC 来控制。

8.4.3　任务实施

（1）S7-200 SMART PLC 程序设计

① 根据控制要求，进行 I/O 分配，如表 8-2 所示。

表 8-2 彩灯循环控制的 I/O 分配

输入量		输出量	
启动	M0.0	红灯	Q0.0
停止	M0.1	绿灯	Q0.1
确定	M0.2		

② 根据控制要求，编写控制程序。2 盏彩灯循环控制程序，如图 8-31 所示。

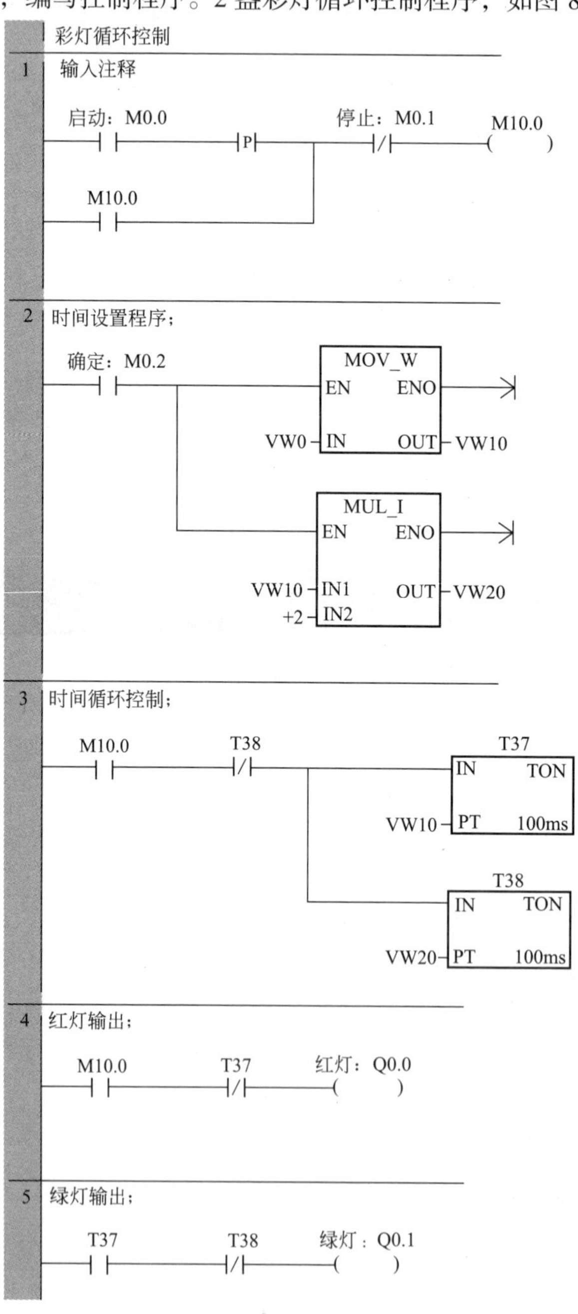

图 8-31 2 盏彩灯循环程序

事先在组态软件 WinCC 的输入框中输入定时器的设置值，按确定按键，为定时做准备。按下组态软件 WinCC 中的启动按钮，M0.0 的常开触点闭合，辅助继电器 M10.0 线圈得电并自锁，其常开触点 M10.0 闭合，输出继电器线圈 Q0.0 得电，红灯亮；与此同时，定时器 T37、T38 开始定时，当 T37 定时时间到时，其常闭触点断开、常开触点闭合，Q0.0 断电、Q0.1 得电，对应的红灯灭、绿灯亮；当 T38 定时时间到时，其常闭触点断开，Q0.1 失电且 T37、T38 复位，接着定时器 T37、T38 又开始新的一轮计时，红绿循环点亮往复循环；当按下组态软件 WinCC 的停止按钮，M10.0 失电，其常开触点断开，定时器 T37、T38 断电，2 盏灯全熄灭。

（2）S7-200 PC Access SMART 程序设计

① S7-200 PC Access SMART 简介

S7-200 PC Access SMART 可用来从 S7-200 SMART PLC 中提取数据的一款软件应用程序。可以创建 PLC 变量，然后使用内置的测试客户端进行 PLC 通信。它可以连接西门子 PLC 或第三方的支持 OPC 技术的上位软件。

② 新建 OPC 项目

打开 S7-200 PC Access SMART 软件，新建项目，如图 8-32 所示。

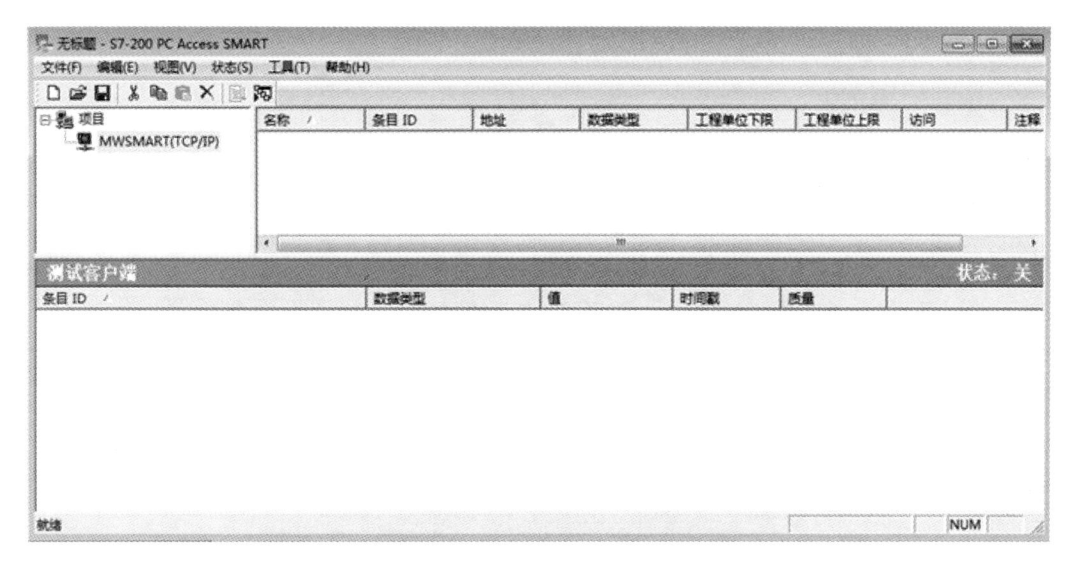

图 8-32　新建 OPC 项目

③ 新建 PLC

在左侧的浏览窗口中，选中 MWSMART(TCP/IP)，单击右键，会弹出快捷菜单，点击新建 PLC(N)...，这时会出现一个名为 NewPLC 的 PLC，单击右键可以重命名，本例没有重命名。新建步骤，如图 8-33 所示。

④ 新建变量

在左侧浏览窗口中，选中 NewPLC，单击右键，会弹出快捷菜单，执行“新建→条目”，以上步骤如图 8-34 所示。执行完以上步骤后，会弹出“条目属性”对话框，在“名称”项输入“START”，在“地址”项输入“M0.0”，其余为默认，如图 8-35 所示。其余变量可仿照以上步骤，需要指出的是，变量“VW0”为模拟量，其地址为 VW0，数据类型为 WORD。以上变量新建的最终结果，如图 8-36 所示。

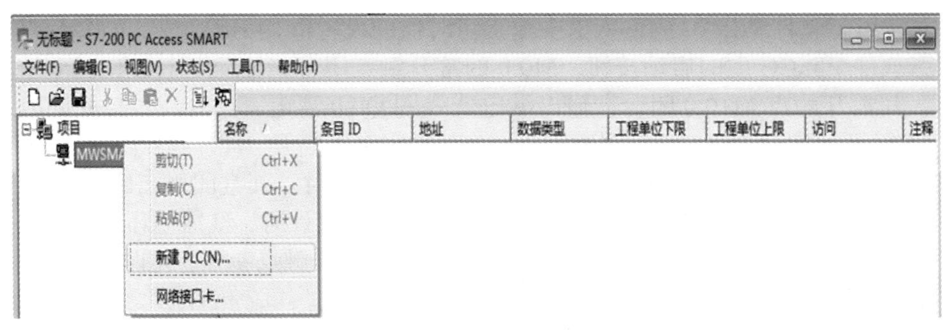

图 8-33 新建 PLC

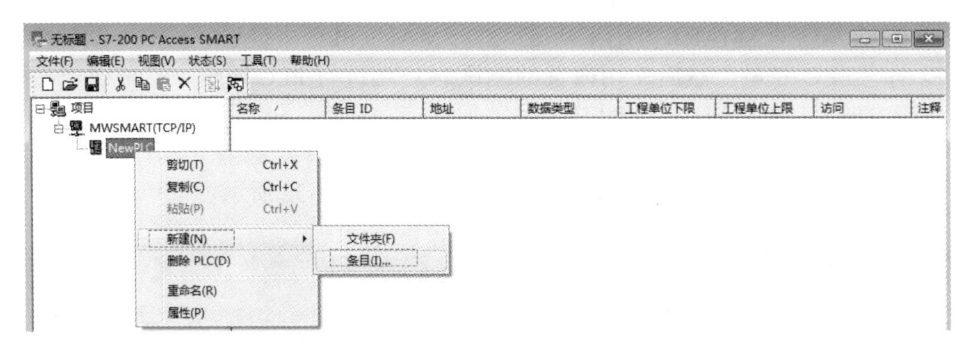

图 8-34 新建变量

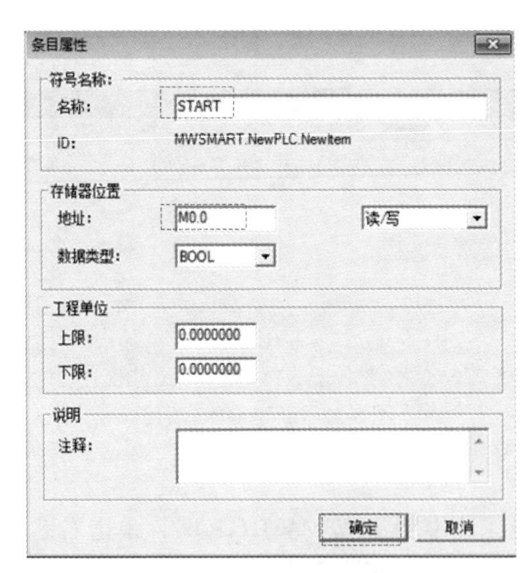

图 8-35 修改条目属性

CAIDENG - S7-200 PC Access SMART

文件(F) 编辑(E) 视图(V) 状态(S) 工具(T) 帮助(H)

CAIDENG
MWSMART(TCP/IP)
NewPLC

名称	条目 ID	地址	数据类型	工程单位下限	工程单位上限	访问	注释
green	MWSMART.N...	Q0.1	BOOL	0.0000000	0.0000000	RW	
OK	MWSMART.N...	M0.2	BOOL	0.0000000	0.0000000	RW	
red	MWSMART.N...	Q0.0	BOOL	0.0000000	0.0000000	RW	
START	MWSMART.N...	M0.0	BOOL	0.0000000	0.0000000	RW	
STOP	MWSMART.N...	M0.1	BOOL	0.0000000	0.0000000	RW	
vw0	MWSMART.N...	VW0	WORD	0.0000000	0.0000000	RW	

图 8-36 新建变量的结果

⑤ 保持项目

点击菜单栏中的保持按钮，会弹出“另存为”界面，文件名输入“CAIDENG”，扩展名为“.sa”，最后单击保持。注意新建完一个完整的项目后，都需要保持。

（3）WinCC组态

① 项目的创建

单击 WinCC 软件菜单栏中的“新建”按钮，将会弹出“WinCC 项目管理器”界面，如图 8-37 所示。在此画面中，“新建项目”选择“单用户项目”，接下来，单击“确定”，会弹出“创建新项目”界面，如图 8-38 所示。在此界面中，可以输入项目的名称和指定项目的存放路径，存放时，最好不要放在默认路径，最好单建一个项目文件夹，最后点击“创建”按钮，项目创建完成。

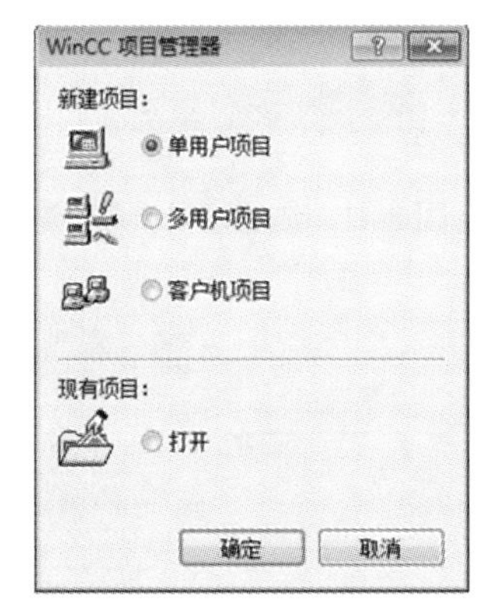

图 8-37　WinCC 项目管理器界面

图 8-38　创建新项目界面

② 添加驱动程序

双击浏览窗口中的 变量管理，会打开图 8-39 的界面。选中 变量管理，右键，执行“添加新的驱动程序 → OPC”，如图 8-40 所示。注：S7-200 SMART PLC 与 WinCC 的通信只能通过 OPC 实现。执行完以上步骤后，会弹出图 8-41 界面。

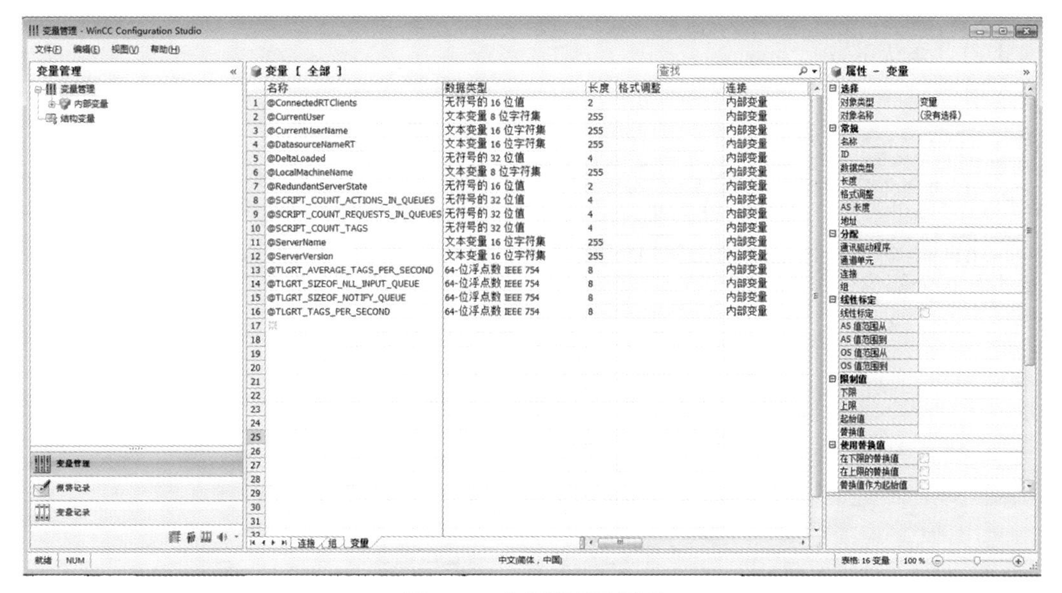

图 8-39　变量管理子界面

图 8-40　添加新的驱动程序

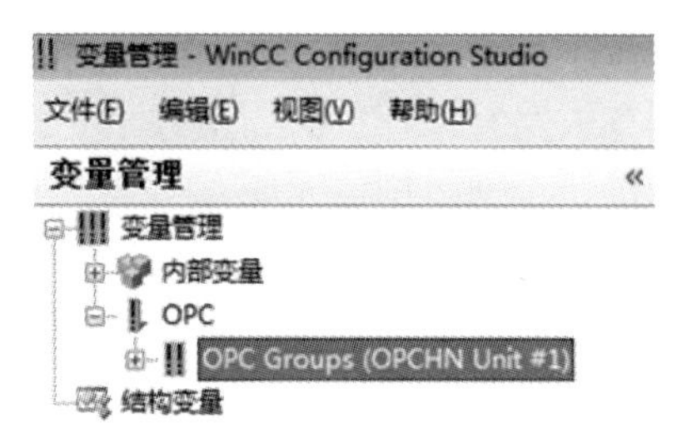

图 8-41　添加驱动步骤

图 8-42　打开系统参数

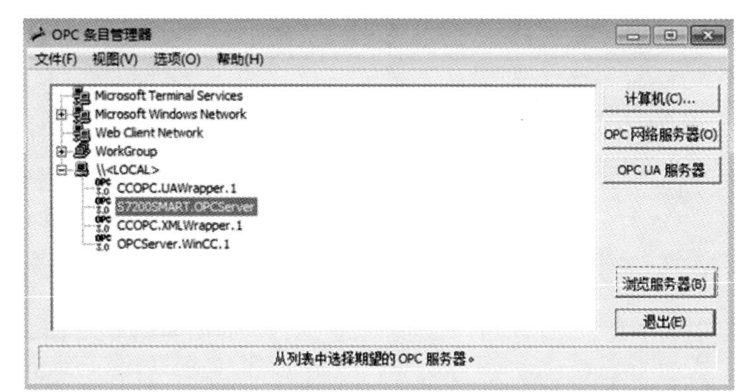

图 8-43　OPC 条目管理器相关操作

③ 打开系统参数

选中浏览窗口中的 OPC Groups (OPCHN Unit #1)，单击右键，会弹出快捷菜单，如图 8-42 所示。点击“系统参数”，会弹出“OPC 条目管理器”界面，展开 \\<LOCAL>，选中 S7200SMART.OPCServer，点击按钮 浏览服务器(B)，如图 8-43 所示。执行完以上步骤后，会弹出过滤标准界面，如图 8-44 所示，单击“下一步”，会出现“添加条目”界面，如图 8-45 所示。注：图 8-45 是将左侧浏览窗口中的 S7200SMART.OPCServer 文件夹逐步展开的结果，该界面的右侧全都为变量。

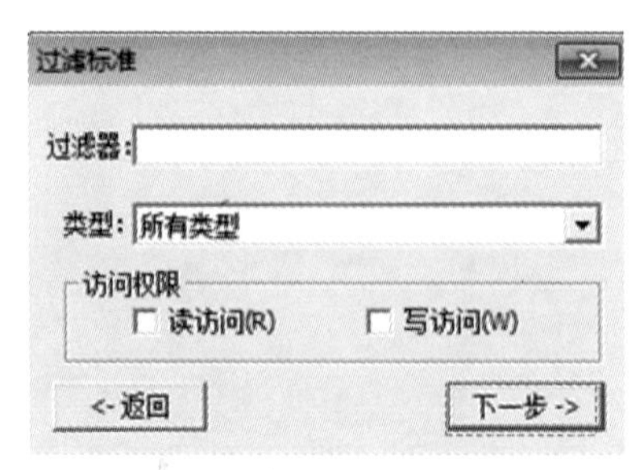

图 8-44　过滤标准界面

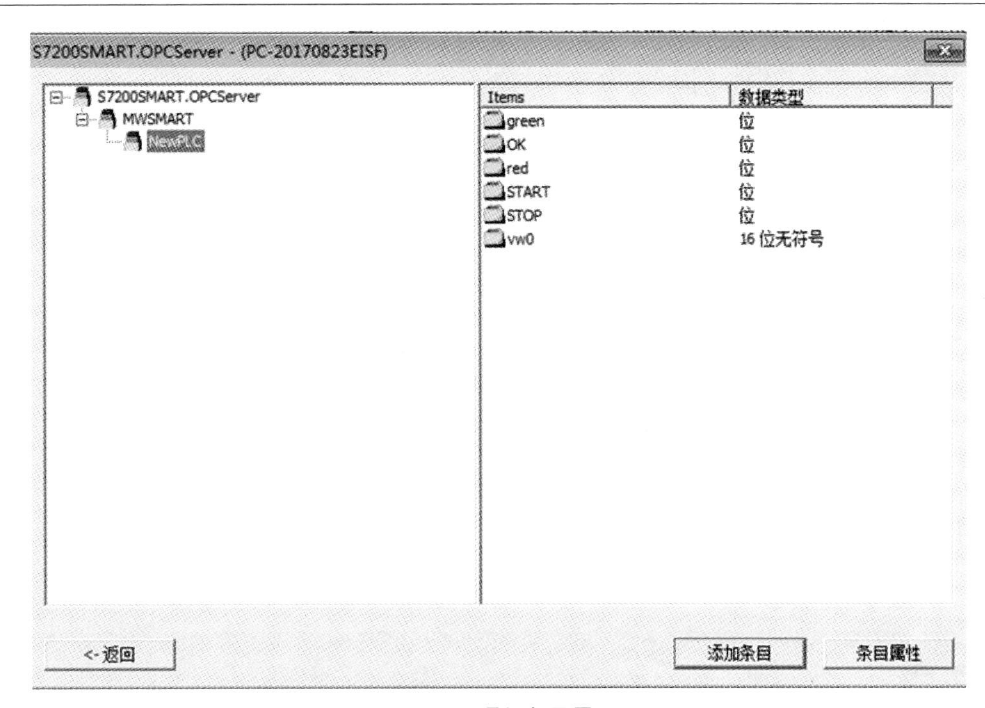

图 8-45　添加条目界面

④ 添加变量

将图 8-45 右侧的变量全选（选中第一个按 shift 键再选中最后一个），点击“添加条目”，会弹出 OPCTages 界面，如图 8-46 所示。点击“是”，弹出“新建连接”界面，如图 8-47 所示。点击“确定”，会弹出“添加变量”界面，如图 8-48 所示。选中 S7200SMART_OPCServer，单击“完成”。经过以上步骤，变量添加完成。展开图 8-41 中的 OPC Groups (OPCHN Unit #1) 文件夹，S7-200 PC Access SMART 中的所有变量都添加到了 WinCC 变量管理器中，如图 8-49 所示。

图 8-46　OPCTages 界面

图 8-47　新建连接界面

⑤ 画面创建与动画连接

a. 新建画面：选中浏览窗口中的图形编辑器，单击右键，执行“新建画面”，此项操作如图 8-50 所示。执行完此项操作后，在浏览窗口右侧的数据窗口会出现 NewPdl0.Pdl 过程画面。

b. 添加文本框：双击 NewPdl0.Pdl，打开图形编辑器。在图形编辑器右侧标准对象中，双击 A 静态文本，在图形编辑器中会出现文本框。选中文本框，在下边的对象属性的“字体”

中，将 X 对齐和 Y 对齐都设置成“居中”。再复制粘贴两个文本框，分别将这 3 个文本框拖拽合适的大小，在其中分别输入“2 盏彩灯循环控制”“红灯”和“绿灯”。

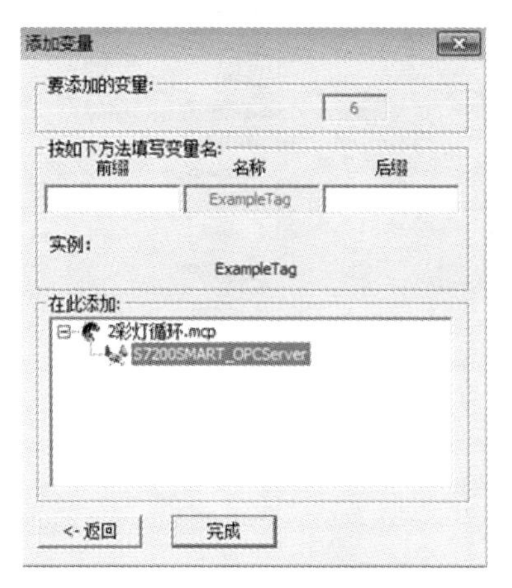

图 8-48　添加变量界面

变量管理 - WinCC Configuration Studio

文件(F)　编辑(E)　视图(V)　帮助(H)

变量管理：变量管理 / 内部变量 / OPC / OPC Groups (OPCHN Unit #1) / S7200SMART_OPCServer / 结构变量

变量 [S7200SMART_OPCServer]

	名称	数据类型	长度	格式调整	连接	组	地址
1	green	二进制变量	1		S7200SMART_OPCS		"MWSMART.NewPLC.green", "", 11
2	OK	二进制变量	1		S7200SMART_OPCS		"MWSMART.NewPLC.OK", "", 11
3	red	二进制变量	1		S7200SMART_OPCS		"MWSMART.NewPLC.red", "", 11
4	START	二进制变量	1		S7200SMART_OPCS		"MWSMART.NewPLC.START", "", 11
5	STOP	二进制变量	1		S7200SMART_OPCS		"MWSMART.NewPLC.STOP", "", 11
6	vw0	无符号的 16 位值	2	WordToUnsignedWord	S7200SMART_OPCS		"MWSMART.NewPLC.vw0", "", 18

图 8-49　变量添加完成

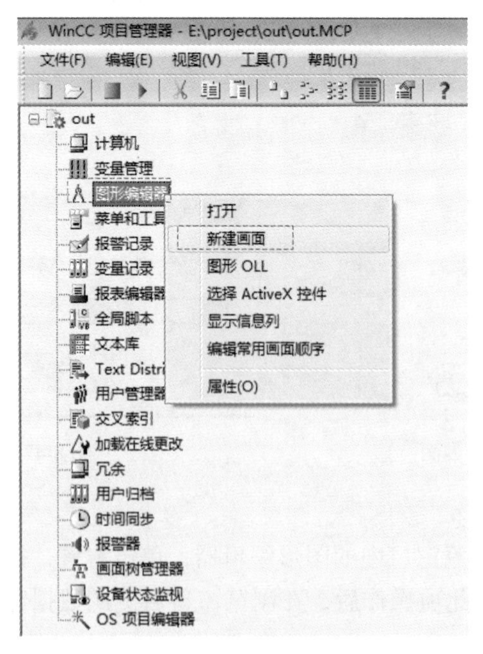

图 8-50　新建画面

c. 添加彩灯：在图形编辑器右侧标准对象中，双击 **圆**，在图形编辑器中会出现圆。选中圆，在下边的对象属性的“效果”中，将“全局颜色方案”由“是”改为“否”；在对象属性的“颜色”中，选中“背景颜色”，在处单击右键，会弹出对话框，如图 8-51 所示。执行完以上操作后，会弹出“值域”界面，如图 8-52 所示。点击“表达式”后边的，会弹出对话框，再点击“变量”，会出现“外部变量”界面，我们选择 red，变量连接完成；再点击“事件名称”后边的，会弹出“改变触发器”界面，在“标准周期”2s 上双击，会弹出一个界面，点击倒三角，我们选择“有变化时”，以上操作如图 8-53 所示。

图 8-51 背景颜色的动态设置

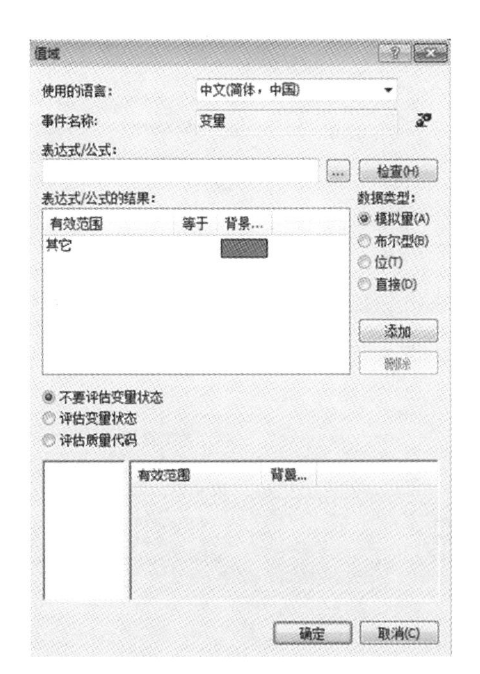

图 8-52 值域界面

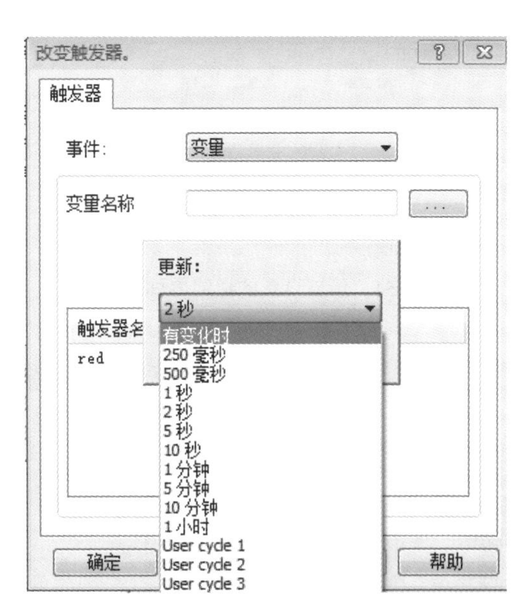

图 8-53 改变触发器的标准周期

在“数据类型”中，选择“布尔型”，双击表达式的“背景”，会弹出调色板，在调色板中，选择红色。通过“变量连接”“标准周期”和“数据类型”的设置，“值域”界面设置的最终结果，如图 8-54 所示。最后在“值域”界面上，单击“确定”，所有的设置完成。以上操作是对“红灯”设置，“绿灯”的设置除变量连接为 green和“表达式结果”背景的颜色改为绿色外，其余与“红灯”设置相同。

d．添加按钮：在窗口对象中双击 按钮，在图形编辑器中会出现按钮，同时会出现“按钮组态”对话框，这里点击 。选中按钮，在对象属性的“字体”中，“文本”输入“启动”，在对象属性的界面中，由“属性”切换到“事件”，选中“鼠标”，在“按左键”后边的 处，单击右键，会弹出对话框，如图 8-55 所示。再次对话框中，选中“直接连接”，会弹出一个界面，如图 8-56 所示。在“来源”项选择“常数”，在“常数”的后边输入值 1，在“目标”项选择“变量”，单击“变量”后边的 ，会弹出“外部变量”界面，这里变量选中 START，以上操作，如图 8-57 所示，在此界面最后单击“确定”。选中“鼠标”，在“释放左键”后边的 处，也需做类似图 8-57 的设置，只不过在“来源”的“常数”处，输入 0 即可，其余设置不变。选中“启动”按钮，再复制粘贴 2 个按钮，将“文本”分别改为“停止”和“确定”，再将它们“按左键”和“释放左键”的连接变量分别改为 STOP 和 OK，其余不变，以上两个按钮的设置完全可参照“启动”按钮的设置。

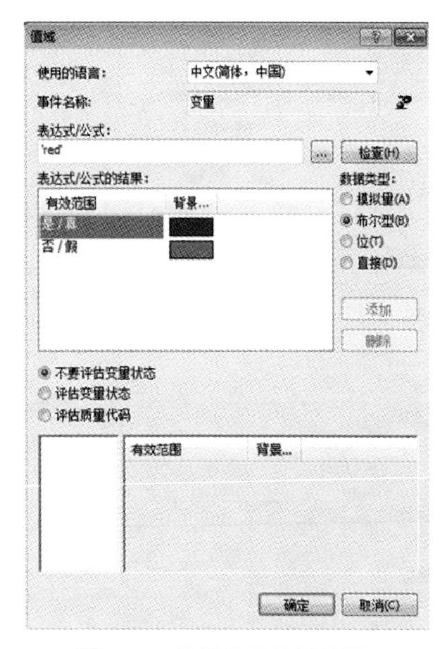

图 8-54 值域设置的最终界面

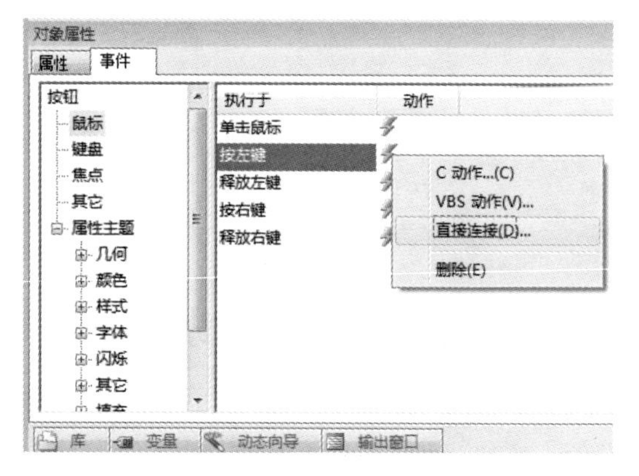

图 8-55 按钮事件界面

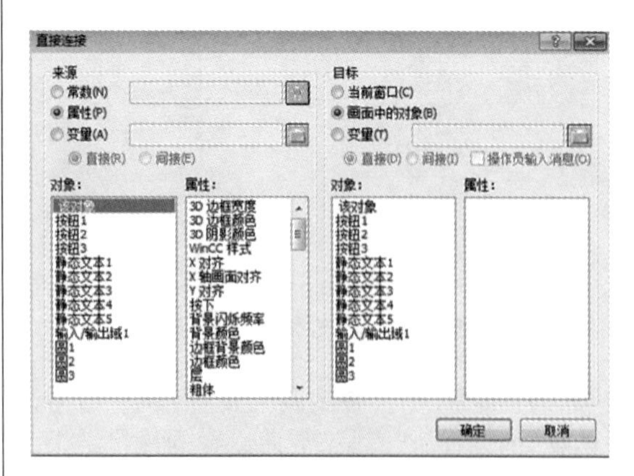

图 8-56 直接连接界面（一）

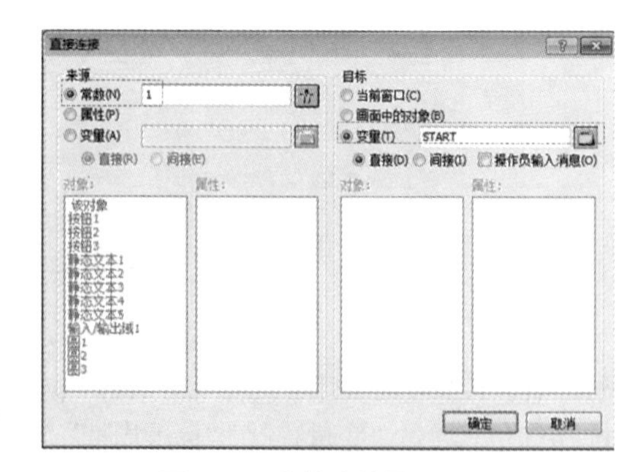

图 8-57 直接连接界面（二）

e．添加输入框：在智能对象中双击 输入/输出域，在图形编辑器中会弹出一个 I/O

域组态界面，在“变量”项的后边点击[...]，会弹出“外部变量”界面，选择变量 vw0，单击“确定”；点击“更新”项后边的▼，会弹出下拉菜单，选择“有变化时”，其余设置不变，以上操作如图 8-58 所示。在此界面中，最后单击“确定”。根据控制要求，间隔时间 *N* 不超过 10s，故在对象属性的“限制”中，将“下限值”改为 0，将“上限值”改为 100，这样就限定了输入框输入值的范围。

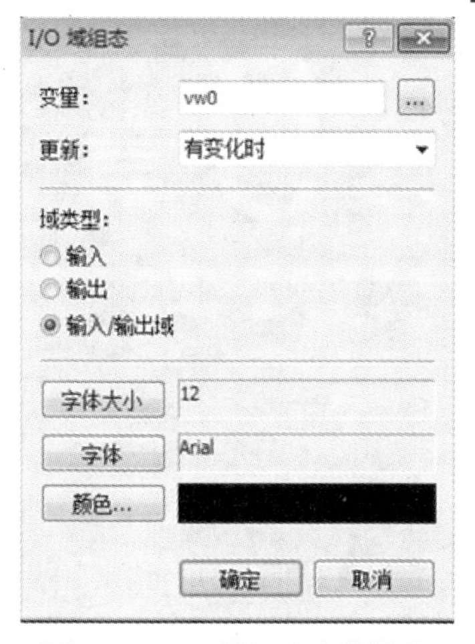

图 8-58 I/O 域组态参数设置

通过以上 5 步的设置，该项目 WinCC 的最终画面，如图 8-59 所示。

（4）项目调试

首先打开 S7-200 SMART PLC 编程软件 STEP 7-Micro/WIN SMART，点击 通信进行通信参数配置，本机地址设置为“192.168.2.100”，通信参数配置完成后，点击 下载进行程序下载，之后点击 程序状态进行程序调试；PLC 程序下载完成后，打开 WinCC 软件，点击项目激活按钮 ▶，运行项目。在运行界面的输入框中输入 50，点击“确定”按钮，对应 PLC 程序 T37 的设定值变为 50，T38 的设定值变为 100，则两个彩灯每隔 5s 循环点亮；若输入框输入值大于 100，WinCC 会弹出对话框提示超出设定范围。点击启动按钮，红绿彩灯会每隔 5s 点亮；点击停止按钮，程序停止。WinCC 项目的运行界面如图 8-60 所示。

图 8-59 画面的最终结果

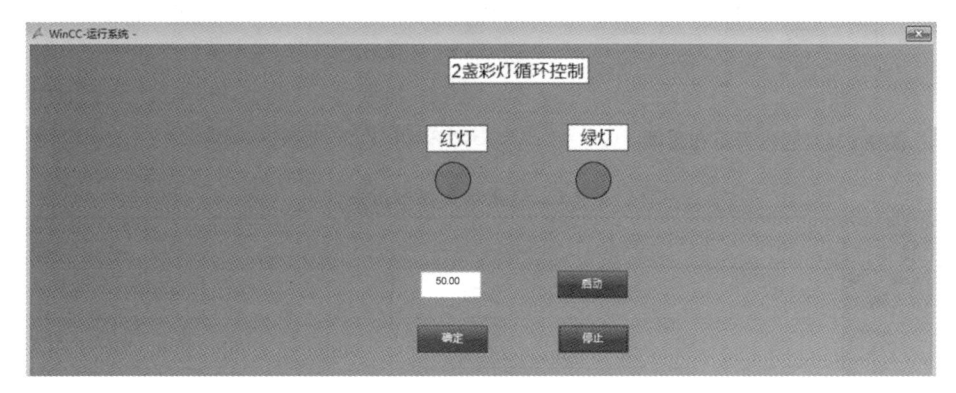

图 8-60 2 盏彩灯循环控制 WinCC 的运行

第9章 监控组态软件与PLC综合应用案例

本章要点

- 含上位机的交通灯控制系统设计
- 含上位机的两种液体混合控制系统设计
- 含上位机的低压洒水控制

实际工程中，监控组态软件与PLC联合应用问题很多，本章将在上一章节的基础上，着重讲解较复杂监控组态软件与PLC联合应用案例。

9.1 含上位机的交通灯控制系统设计

9.1.1 控制要求

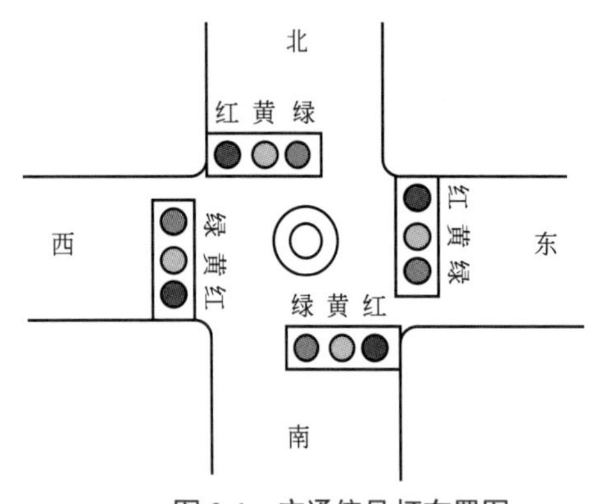

图9-1 交通信号灯布置图

交通信号灯布置如图9-1所示。按下启动按钮，东西绿灯亮25s后闪烁3s后熄灭，然后黄灯亮2s后熄灭，紧接着红灯亮30s后再熄灭，再接着绿灯亮……，如此循环；在东西绿灯亮的同时，南北红灯亮30s，接着绿灯亮25s后闪烁3s熄灭，然后黄灯亮2s后熄灭，红灯亮……，如此循环，具体如表9-1所示。本例侧重考察WinCC组态软件与S7-200 SMART PLC联合应用，试根据上述控制要求，设计WinCC组态画面和S7-200 SMART PLC程序。

表9-1 交通灯工作情况表

<table>
<tr><td rowspan="2">东西</td><td>绿灯</td><td>绿闪</td><td>黄灯</td><td colspan="3">红灯</td></tr>
<tr><td>25s</td><td>3s</td><td>2s</td><td colspan="3">30s</td></tr>
<tr><td rowspan="2">南北</td><td colspan="3">红灯</td><td>绿灯</td><td>绿闪</td><td>黄灯</td></tr>
<tr><td colspan="3">30s</td><td>25s</td><td>3s</td><td>2s</td></tr>
</table>

9.1.2 硬件设计

交通灯控制 I/O 分配，如图 9-2 所示。硬件图纸，如图 9-3 所示。

符号表

			符号	地址
1			启动	M1.0
2			停止	M1.1
3			东西绿灯	Q0.0
4			东西黄灯	Q0.1
5			南北绿灯	Q0.3
6			南北黄灯	Q0.4
7			南红红灯	Q0.5
8			东西红灯	Q0.2

图 9-2　交通信号灯控制 I/O 分配

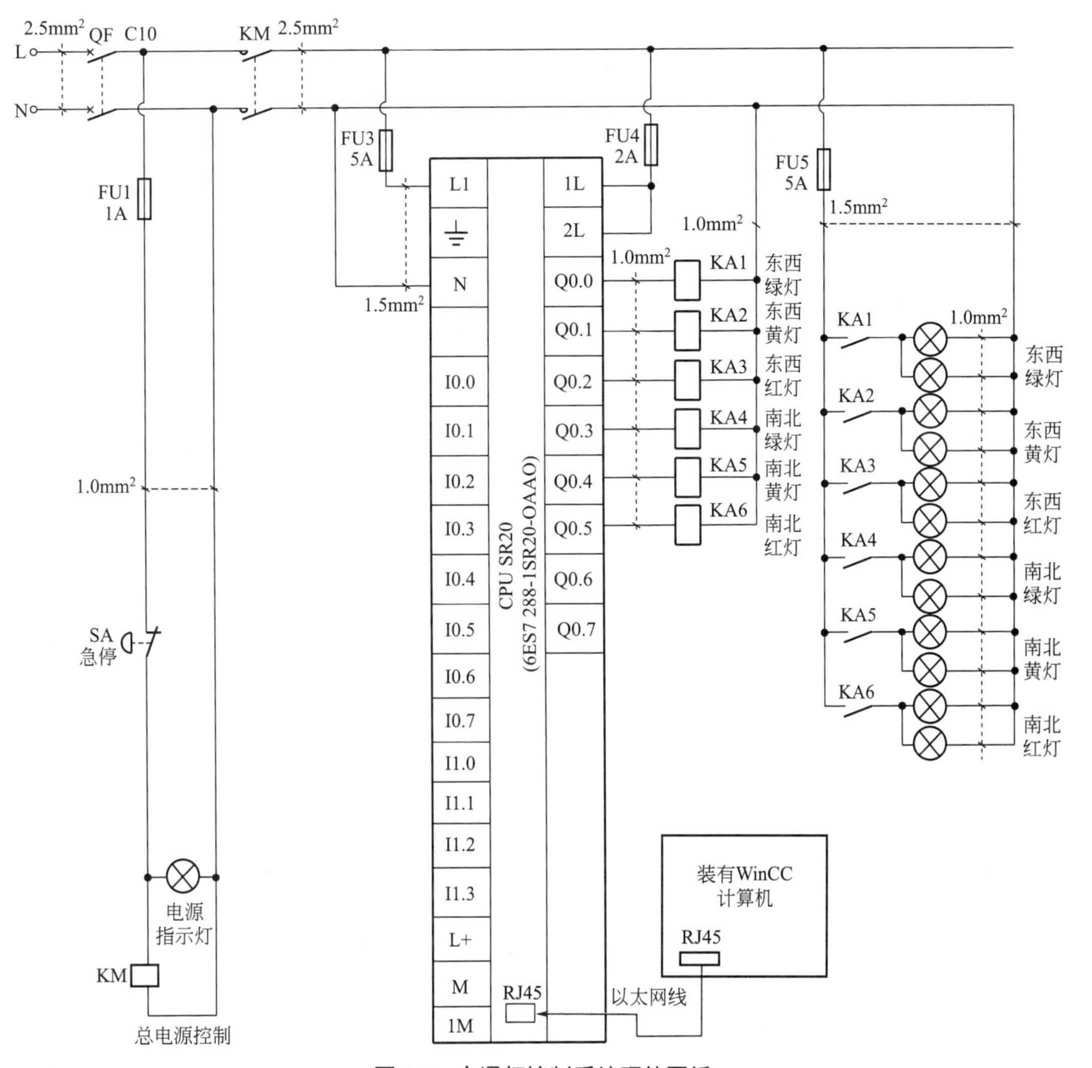

图 9-3　交通灯控制系统硬件图纸

9.1.3 S7-200 PC Access SMART 地址分配及 PLC 硬件组态

S7-200 PC Access SMART 地址分配最终结果，如图 9-4 所示，具体步骤读者可以参考 8.4 节。S7-200 SMART PLC 硬件组态，如图 9-5 所示。

名称	条目 ID	地址	数据类型	工程单位下限	工程单位上限	访问
east-west-green	MWSMART.N...	Q0.0	BOOL	0.0000000	0.0000000	RW
east-west-red	MWSMART.N...	Q0.2	BOOL	0.0000000	0.0000000	RW
east-west-yellow	MWSMART.N...	Q0.1	BOOL	0.0000000	0.0000000	RW
south-north-green	MWSMART.N...	Q0.3	BOOL	0.0000000	0.0000000	RW
south-north-red	MWSMART.N...	Q0.5	BOOL	0.0000000	0.0000000	RW
south-north-yellow	MWSMART.N...	Q0.4	BOOL	0.0000000	0.0000000	RW
start	MWSMART.N...	M1.0	BOOL	0.0000000	0.0000000	RW
stop	MWSMART.N...	M1.1	BOOL	0.0000000	0.0000000	RW

图 9-4 S7-200 PC Access SMART 地址分配

	模块	版本	输入	输出	订货号
CPU	CPU SR20 (AC/DC/Relay)	V02.00.00_00.00...	I0.0	Q0.0	6ES7 288-1SR20-0AA0
SB					
EM 0					
EM 1					

图 9-5 交通灯控制系统硬件组态

9.1.4 PLC 程序设计

从控制要求上看，此例编程规律不难把握，故采用经验设计法。由于东西、南北交通灯工作规律完全一致，所以写出东西或南北这部分程序，另一部分对应写出即可。首先构造启保停电路；接下来构造定时电路；最后根据输出情况写输出电路。具体程序如图 9-6 所示。

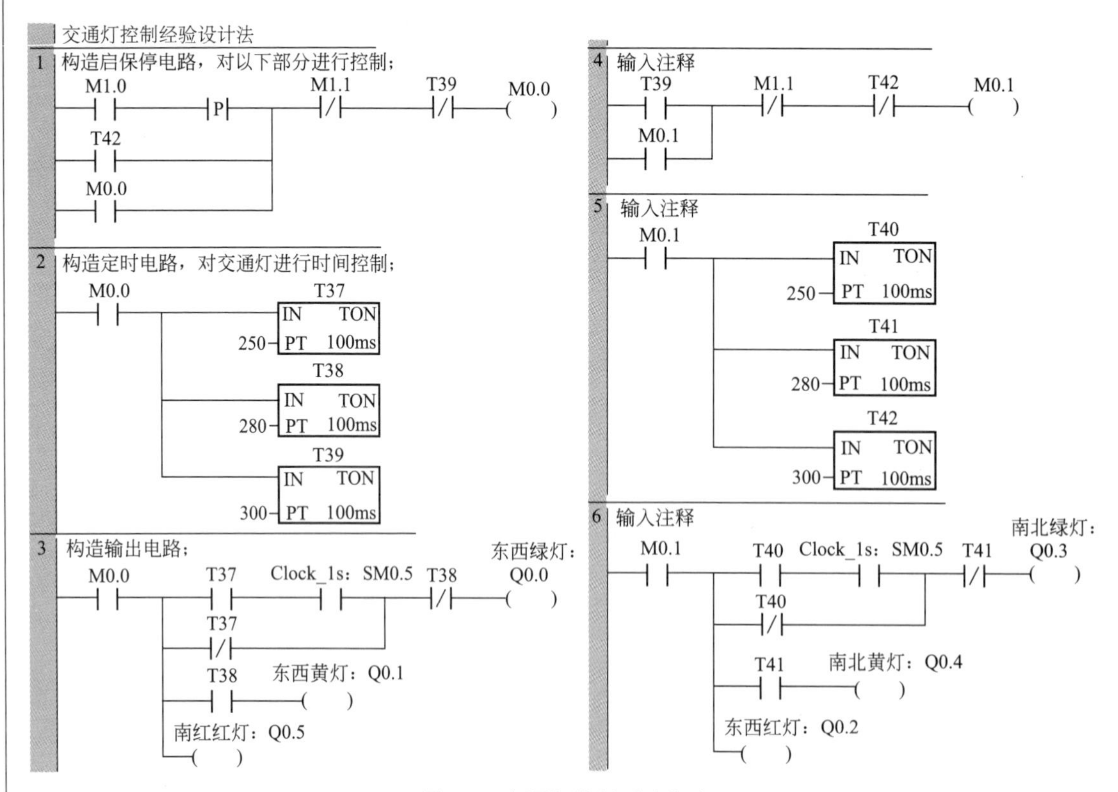

图 9-6 交通灯控制系统程序

9.1.5 WinCC 画面设计

交通灯控制的最终画面，如图 9-7 所示。

图 9-7 交通灯控制最终画面

项目创建、添加驱动和变量创建的具体步骤请参考 8.4 节。变量创建的最终结果，如图 9-8 所示。

变量 [S7200SMART_OPCServer]

	名称	数据类型	长度	格式调整	连接	组	地址	线
1	east-west-green	二进制变量	1		S7200SMART_OPCS		"MWSMART.NewPLC.smart.east-west-green", "", 11	
2	east-west-red	二进制变量	1		S7200SMART_OPCS		"MWSMART.NewPLC.smart.east-west-red", "", 11	
3	east-west-yellow	二进制变量	1		S7200SMART_OPCS		"MWSMART.NewPLC.smart.east-west-yellow", "", 11	
4	south-north-green	二进制变量	1		S7200SMART_OPCS		"MWSMART.NewPLC.smart.south-north-green", "", 11	
5	south-north-red	二进制变量	1		S7200SMART_OPCS		"MWSMART.NewPLC.smart.south-north-red", "", 11	
6	south-north-yellow	二进制变量	1		S7200SMART_OPCS		"MWSMART.NewPLC.smart.south-north-yellow", "", 11	
7	start	二进制变量	1		S7200SMART_OPCS		"MWSMART.NewPLC.smart.start", "", 11	
8	stop	二进制变量	1		S7200SMART_OPCS		"MWSMART.NewPLC.smart.stop", "", 11	

图 9-8 WinCC 变量创建的最终结果

（1）画面创建与动画连接

① 新建画面

选中浏览窗口中的图形编辑器，单击右键，执行“新建画面”，此项操作如图 9-9 所示。执行完此项操作后，在浏览窗口右侧的数据窗口会出现 NewPdl0.Pdl 过程画面。

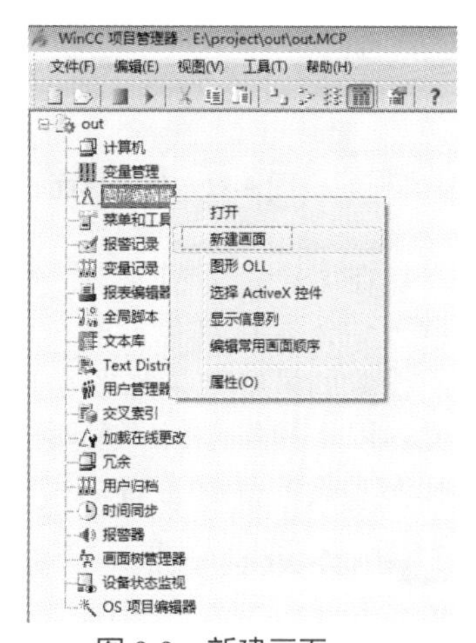

图 9-9 新建画面

② 添加文本框

双击 NewPdl0.Pdl，打开图形编辑器。在图形编辑器右侧标准对象中，双击 A 静态文本，在图形编辑器中会出现文本框。选中文本框，在下边的对象属性的“字体”中，将 X 对齐和 Y 对齐都设置成“居中”；选中文本框，在下边的对象属性的“颜色”中，分别将“边框颜色”和“背景颜色”的透明的设置成 100，这样就去除了背景颜色和边框颜色；再复制粘贴 3 个文本框，分别将这 4 个文本框拖拽合适的大小，在其中分别输入各自的文本内容：东、南、西和北。

③ 添加组合灯

在图形编辑器右侧标准对象中，双击 圆，在图形编辑器中会出现圆。选中圆，在下边的对象属性的“效果”中，将“全局颜色方案”由“是”改为“否”，在对象属性的“颜色”中，选中“背景颜色”，在处单击右键，会弹出对话框，如图9-10所示。执行完以上操作后，会弹出“值域”界面，如图9-11所示。点击“表达式”后边的…，会弹出对话框，再点击“变量”，会出现“外部变量”界面，我们选择 east-west-red，变量连接完成，再点击“事件名称”后边的，会弹出“改变触发器”界面，在“标准周期”2秒上双击，会弹出一个界面，点击倒三角，我们选择“有变化时”，以上操作如图9-12所示。

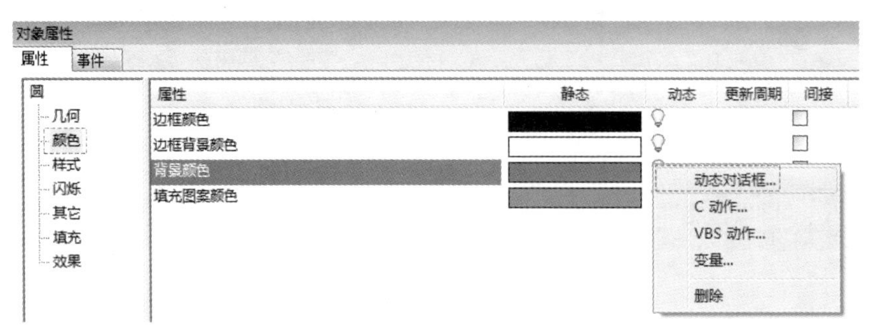

图9-10 背景颜色的动态设置

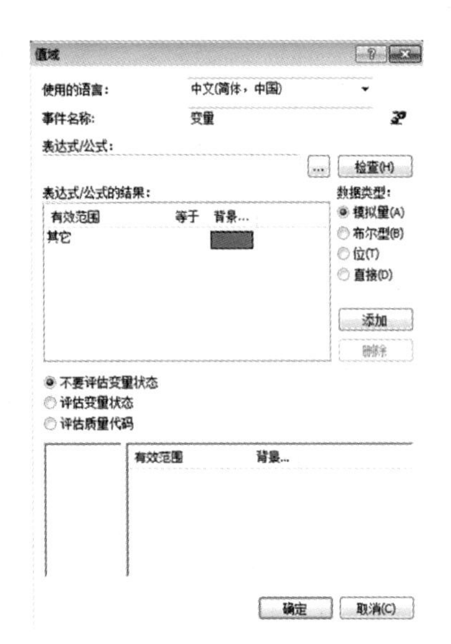

图9-11 值域界面

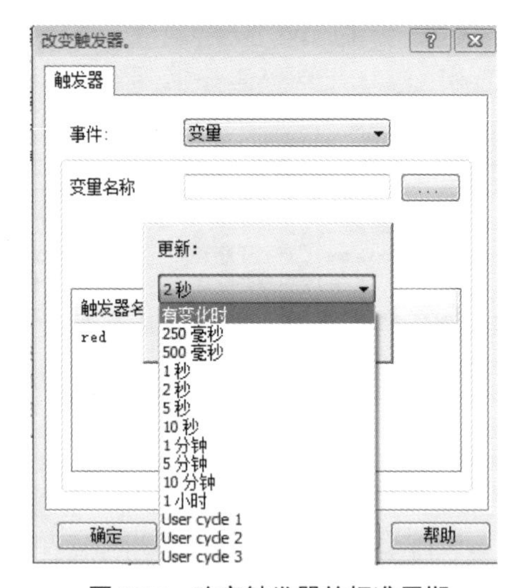

图9-12 改变触发器的标准周期

在“数据类型”中，选择“布尔型”，双击表达式的“背景”，会弹出调色板，在调色板中，选择红色。通过“变量连接”“标准周期”和“数据类型”的设置，“值域”界面设置的最终结果如图9-13所示。最后在“值域”界面上，单击“确定”，所有的设置完成。以上操作是对“东西红灯”的，“东西绿灯和黄灯”设置除变量连接和颜色不同外，其余与东西红灯设置一致。“东西绿灯和黄灯”变量连接分别为 east-west-green 和 east-west-yellow。在标准对象中，双击 矩形，会在图形编辑器中出现矩形，将其拖拽合适的大小。选中矩形，在下边的对象属性的“效果”中，将“全局颜色方案”由“是”

改为“否”；再点击对齐选项板中的按钮，将矩形移至后台，并移动到三个圆的上边，和它们组合。再将圆和矩形的组合复制一个，分别将这两个组合放置在十字路口的东西两侧，具体可以参考图 9-7。南北两侧灯的组合除变量外，其余和以上设置一致，南北红、绿和黄灯的变量连接分别为 south-north-red、south-north-green 和 south-north-yellow。

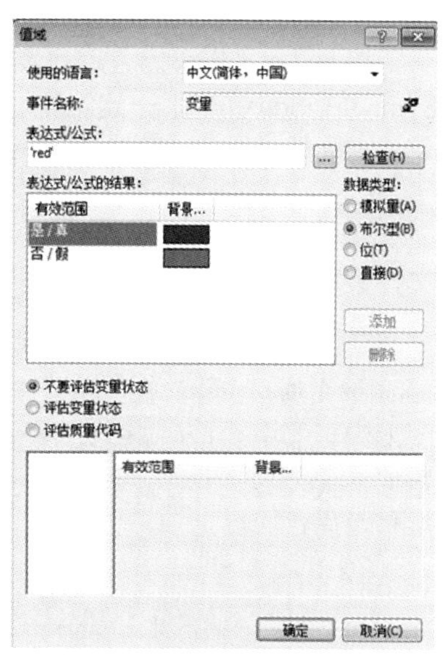

图 9-13　值域设置的最终界面

④ 添加按钮

在窗口对象中双击按钮，在图形编辑器中会出现按钮，同时会出现“按钮组态”对话框，这里点击。选中按钮，在对象属性的“字体”中，“文本”输入“启动”。在对象属性的界面中，由“属性”切换到“事件”，选中“鼠标”，在“按左键”后边的处，单击右键，会弹出对话框，如图 9-14 所示。再次对话框中，选中“直接连接”，会弹出一个界面，如图 9-15 所示。在“来源”项选择“常数”，在“常数”的后边输入值 1。在“目标”项选择“变量”，单击“变量”后边的，会弹出“外部变量”界面，这里变量选中 start，如图 9-16 所示。在此界面最后单击“确定”。选中“鼠标”，在“释放左键”后边的处，也需做类似以上的设置，只不过在“来源”的“常数”处，输入 0 即可，其余设置不变。再复制粘贴 1 个按钮，将“文本”分别改为“停止”，再将它们“按左键”和“释放左键”的连接变量改为 stop，其余不变。

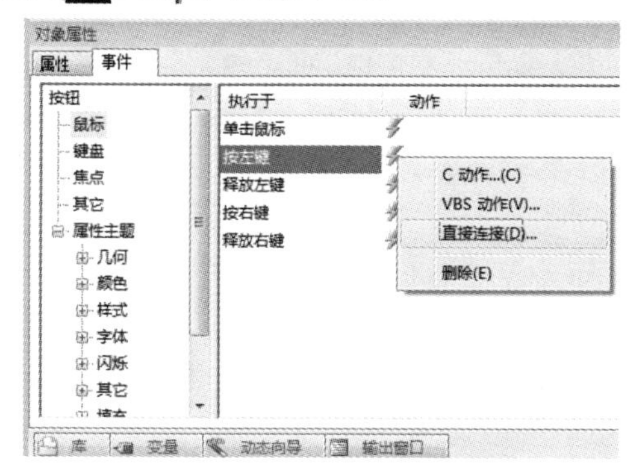

图 9-14　按钮事件界面

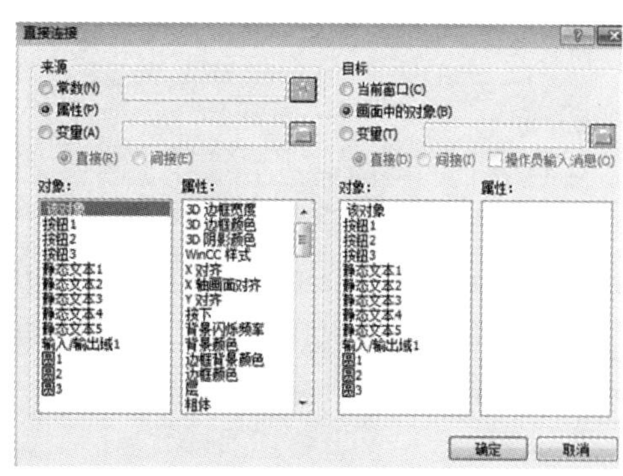

图 9-15　直接连接界面

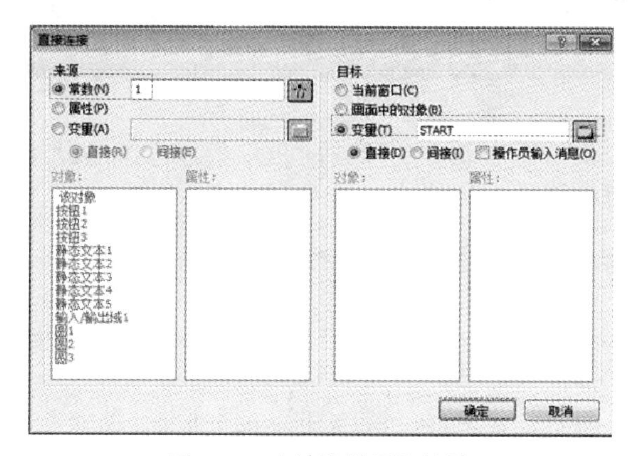

图 9-16　直接连接最终结果

⑤ 添加楼房、树、卡车和草地

按下显示库按钮，在图形编辑器窗口的下边会弹出“库”的界面，执行“全局库→ Siemens HMI Symbol Library 1.4.1 →建筑物”，在“建筑物”文件夹中选择 商用建筑 1 和 商用建筑 2，将其拖拽到图形编辑器中，图形编辑器中会产生图标和图标，多复制几个这样的图标，按最终画面图 9-7 插好。执行“全局库→ Siemens HMI Symbol Library 1.4.1 →大自然”，在“大自然”文件夹中选择 棕榈树林，将其拖拽到图形编辑器中，图形编辑器中会产生图标，多复制几个这样的图标，按最终画面图 9-7 插好。执行“全局库→ Siemens HMI Symbol Library 1.4.1 →交通工具”，在“交通工具”文件夹中选择 18 个轮子的卡车，将其拖拽到图形编辑器中，图形编辑器中会产生图标，多复制几个这样的图标，按最终画面图 9-7 插好。草地是矩形框代表的，只不过将“背景颜色”改为绿色，然后点击对齐选项板中的按钮，将矩形移至后台而已。

（2）项目调试

首先打开 S7-200 SMART PLC 编程软件 STEP 7-Micro/WIN SMART，点击 通信 进行通信参数配置，本机地址设置为“192.168.2.100”，通信参数配置完成后，点击 下载 进行程序下载，之后点击 程序状态 进行程序调试，PLC 程序下载完成后，打开 WinCC 软件，点击项目激活按钮，运行项目。分别点击“启动”，观察东西和南北灯循环的情况。点击“停止”，所有灯停止点亮。

编者心语

PLC 程序和 WinCC 画面都做完了，程序和做的画面都正常，调试发现按钮不好用，可能的原因：

做完 PLC 程序后，在 S7-200 PC Access SMART 界面添加 NewPLC 时，一定先测试通信，选中 NewPLC 右键一属性，就会打开通信界面，点击左下角的查找，就会是搜到连接的 PLC 地址，点击 闪烁指示灯 看是否真的连接上了，连接完后，进行客户端测试，先点击，再点击，所有的变量就会出现在下边，如果所有变量都显示状态都显示良好，证明通信正常。以上内容需读者注意。

9.2 含上位机的两种液体混合控制系统设计

上节讲解了含有 WinCC 组态软件的开关量 PLC 控制系统的设计，本节将讲解含有 WinCC 组态软件模拟量 + 开关量 PLC 控制系统的设计。

9.2.1 两种液体混合控制系统控制要求

两种液体混合控制系统示意图，如图 9-17 所示。具体控制要求如下。

① 初始状态

容器为空，阀 A ～阀 C 均为 OFF，液位开关 L1、L2、L3 均为 OFF，搅拌电动机 M 为 OFF，加热管不加热。

② 启动运行

按下启动按钮后，打开阀 A，注入液体 A；当液面到达 L2（L2=ON）时，关闭阀 A，打开阀 B，注入 B 液体；当液面到达 L1（L1=ON）时，关闭阀 B，同时搅拌电动机 M 开始运行搅拌液体，30s 后电动机停止搅拌；接下来，2 个加热管开始加热，当温度传感器检测到液体的温度为 75℃时，加热管停止加热；阀 C 打开放出混合液体；当液面降至 L3 以下（L1=L2=L3=OFF）时，再过 10s 后，容器放空，阀 C 关闭。

③ 停止运行

按下停止按钮，系统完成当前工作周期后停在初始状态。

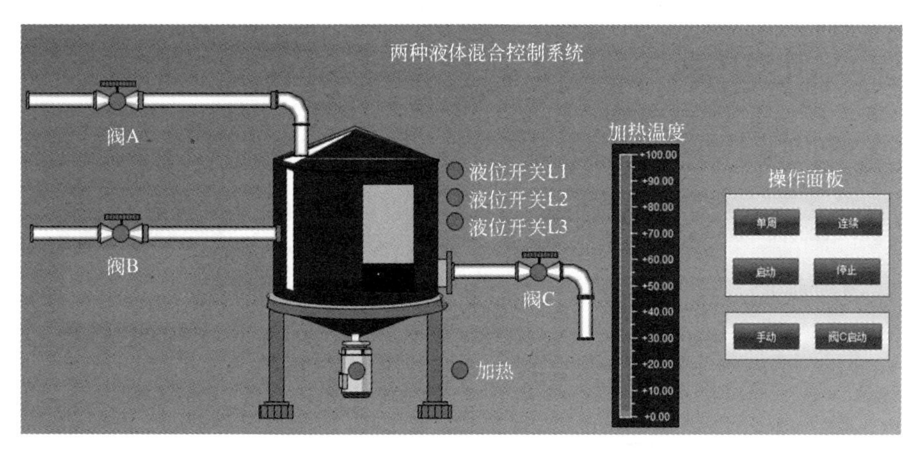

图 9-17　两种液体混合控制系统示意图

9.2.2　各元件的任务划分

两种液体混合控制系统采用西门子 CPU SR20 模块 +EM AE04 模拟量输入模块 + 含 WinCC 组态软件的上位机进行控制。

含 WinCC 组态软件的上位机负责提供启停和模式选择信号，同时也负责显示电磁阀、搅拌电机、传感器的工作状态。

CPU SR20 模块 +EM AE04 模拟量输入模块负责处理手动自动工作控制，还有信号的采集。

9.2.3　硬件设计

两种液体混合控制的 I/O 分配，如表 9-2 所示。

表 9-2　两种液体混合控制 I/O 分配

输入量		输出量	
启动按钮	M20.0	电磁阀 A 控制	Q0.0
上限位 L1	I0.1	电磁阀 B 控制	Q0.1
中限位 L2	I0.2	电磁阀 C 控制	Q0.2
下限位 L2	I0.3	搅拌控制	Q0.4

续表

输入量		输出量	
停止按钮	M20.1	加热控制	Q0.5
手动选择	M20.4	报警控制	Q0.6
单周选择	M20.2		
连续选择	M20.3		
阀 C 按钮	M20.5		

9.2.4 硬件组态

两种液体混合硬件组态，如图 9-18 所示。

	模块	版本	输入	输出	订货号
CPU	CPU SR20 (AC/DC/Relay)	V02.02.00_00.00...	I0.0	Q0.0	6ES7 288-1SR20-0AA0
SB					
EM 0	EM AE04 (4AI)		AIW16		6ES7 288-3AE04-0AA0
EM 1					

图 9-18　两种液体混合控制硬件组态

9.2.5 PLC 程序设计

主程序如图 9-19 所示，当对应条件满足时，系统将执行相应的子程序。子程序的主要包括 4 大部分，分别为工作方式选择程序、公共程序、手动程序、自动程序和模拟量程序。

（1）公共程序

公共程序如图 9-20 所示。系统初始状态容器为空，阀 A ～阀 C 均为 OFF，液位开关 L1、L2、L3 均为 OFF，搅拌电动机 M 为 OFF，加热管不加热。故将这些量的常闭点串联作为 M1.1 为 ON 的条件，即原点条件。其中有一个量不满足，那么 M1.1 都不会为 ON。

系统在原点位置，当处于手动、按停止按钮或初始化状态时，初始步 M0.0 都会被置位，此时为执行自动程序做好准备；若此时 M1.1 为 OFF，则 M0.0 会被复位，初始步变为不活动步，即使此时按下启动按钮，自动程序也不会转换到下一步，因此禁止了自动工作方式的运行。

当手动、自动 2 种工作方式相互切换时，自动程序可能会有两步被同时激活，为了防止误动作，因此在手动状态下，辅助继电器 M0.1 ～ M0.6 要被复位。

在非连续工作方式下，M30.2 常闭触点闭合，辅助继电器 M1.2 被复位，系统不能执行连续程序。

（2）手动程序

手动程序，如图 9-21 所示。此处设置阀 C 手动，意在当系统有故障时，可以顺利将混合液放出。

（3）自动程序

两种液体混合控制顺序功能图，如图 9-22 所示，根据工作流程的要求，显然 1 个工作周期有“阀 A 开→阀 B 开→搅拌→加热→阀 C 开→等待 10s”这 6 步，再加上初始步，因此共 7 步（从 M0.0 到 M0.6）。在 M0.6 后应设置分支，考虑到单周和连续的工作方式，一条分支转换到初始步，另一分支转换到 M0.1 步。

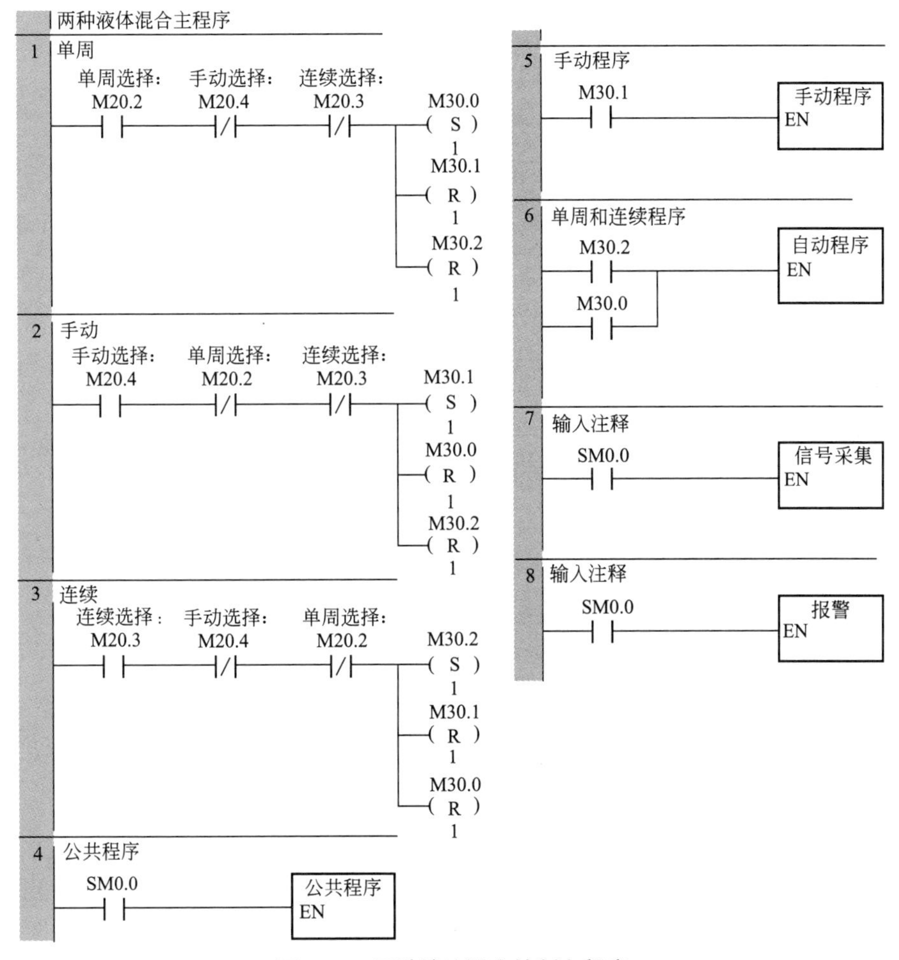

图 9-19　两种液体混合控制主程序

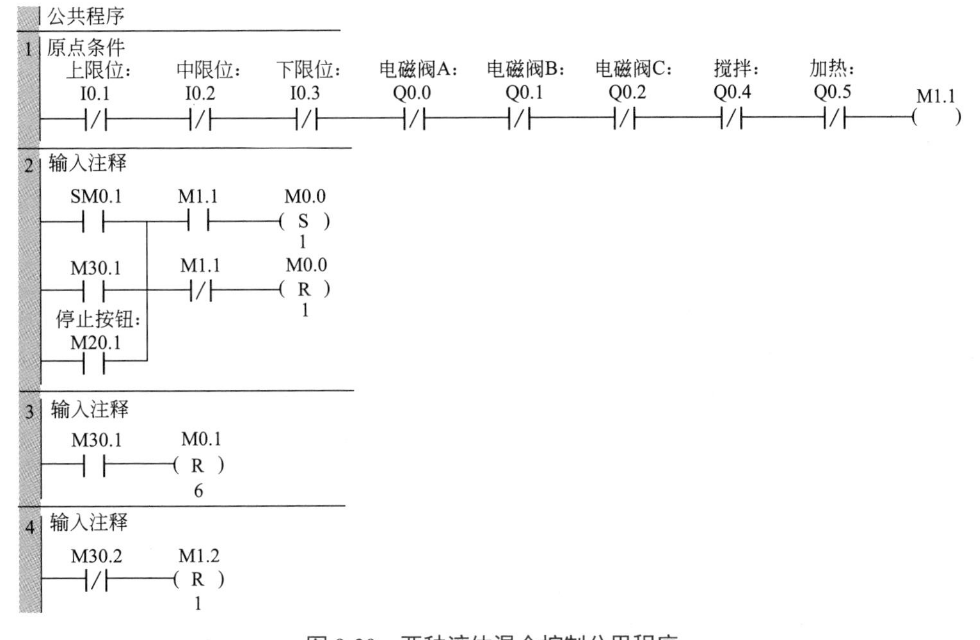

图 9-20　两种液体混合控制公用程序

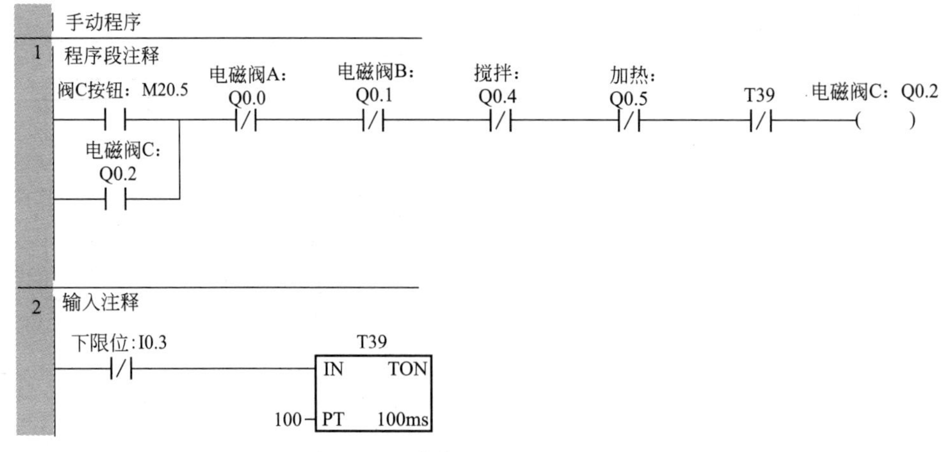

图 9-21 两种液体混合控制手动程序

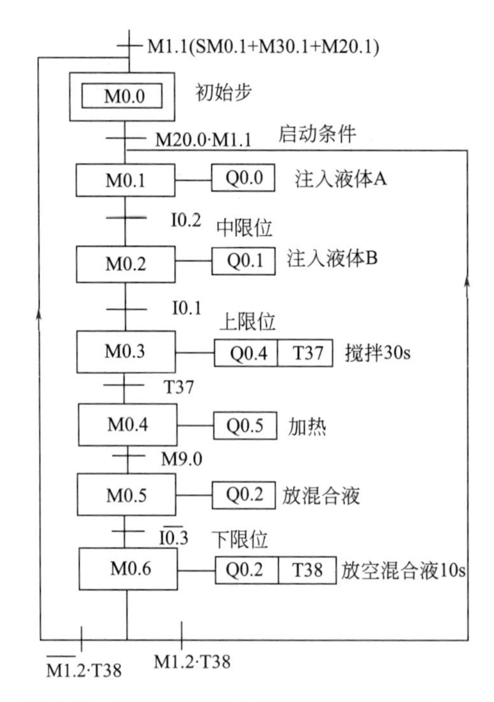

图 9-22 两种液体混合控制系统的顺序功能图

两种液体混合控制自动程序，如图 9-23 所示。设计自动程序时，采用置位复位指令编程法，其中 M0.0 ～ M0.6 为中间编程元件，连续、单周 2 种工作方式用连续标志 M1.2 加以区别。

当常开触点 M30.2 闭合，此时处于连续方式状态；若原点条件满足，在初始步为活动步时，按下启动按钮 M20.0，线圈 M0.1 被置位，同时 M0.0 被复位，程序进入阀 A 控制步，线圈 Q0.0 接通，阀 A 打开注入液体 A；当液体到达中限位时，中限位开关 I0.2 为 ON，程序转换到阀 B 控制步 M0.2，同时阀 A 控制步 M0.1 停止，线圈 Q0.1 接通，阀 B 打开，注入液体 B；以后各步转换以此类推，这里不再重复。

单周与连续原理相似，不同之处在于：在单周的工作方式下，连续标志条件不满足（即线圈 M1.2 不得电），当程序执行到 M0.6 步时，满足的转换条件为 $\overline{\text{M1.2}}$ • T38，因此系统将返回到初始步 M0.0，系统停止工作。

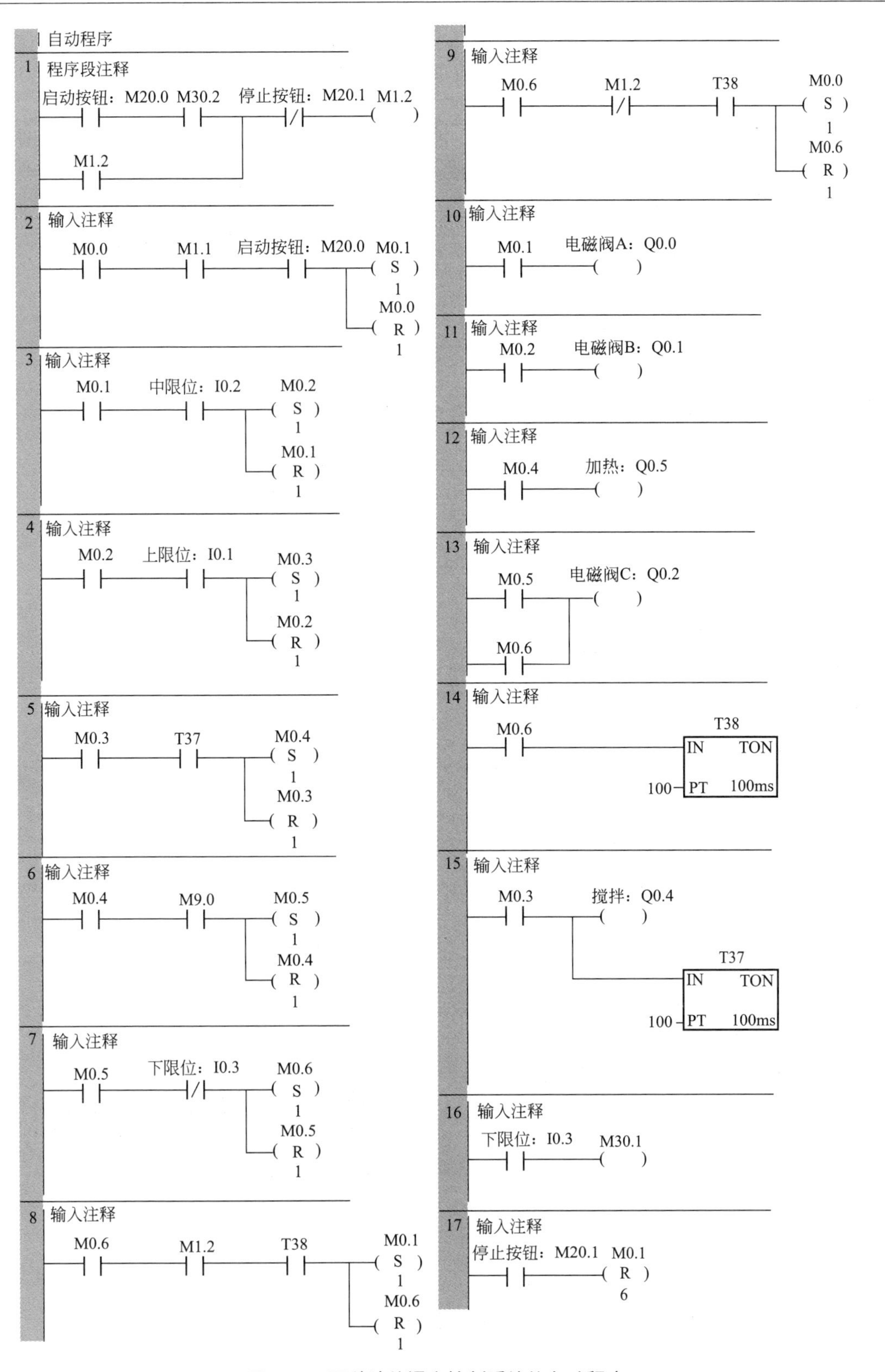

图 9-23　两种液体混合控制系统的自动程序

（4）模拟量程序

两种液体混合控制模拟量程序，如图 9-24 所示。该程序分为两个部分，第 1 部分为模拟量信号采集程序，第 2 部分为报警程序。

模拟量信号采集程序，根据控制要求，当温度传感器检测到液体的温度为 75℃时，加热管停止；阀 C 打开放出混合液体；此问题关键点在于用 PLC 语言表达出实际物理量与 PLC 内部数字量之间的对应关系，即 T=100×(AIW16−5530)/(27648−5530)，其中 T 表示温度；之后由比较指令进行比较，如实际温度大于或等于 75℃（取大于或等于，好实现；仅等于，由于误差，可能捕捉不到此点），驱动线圈 M9.0 作为下一步的转换条件。

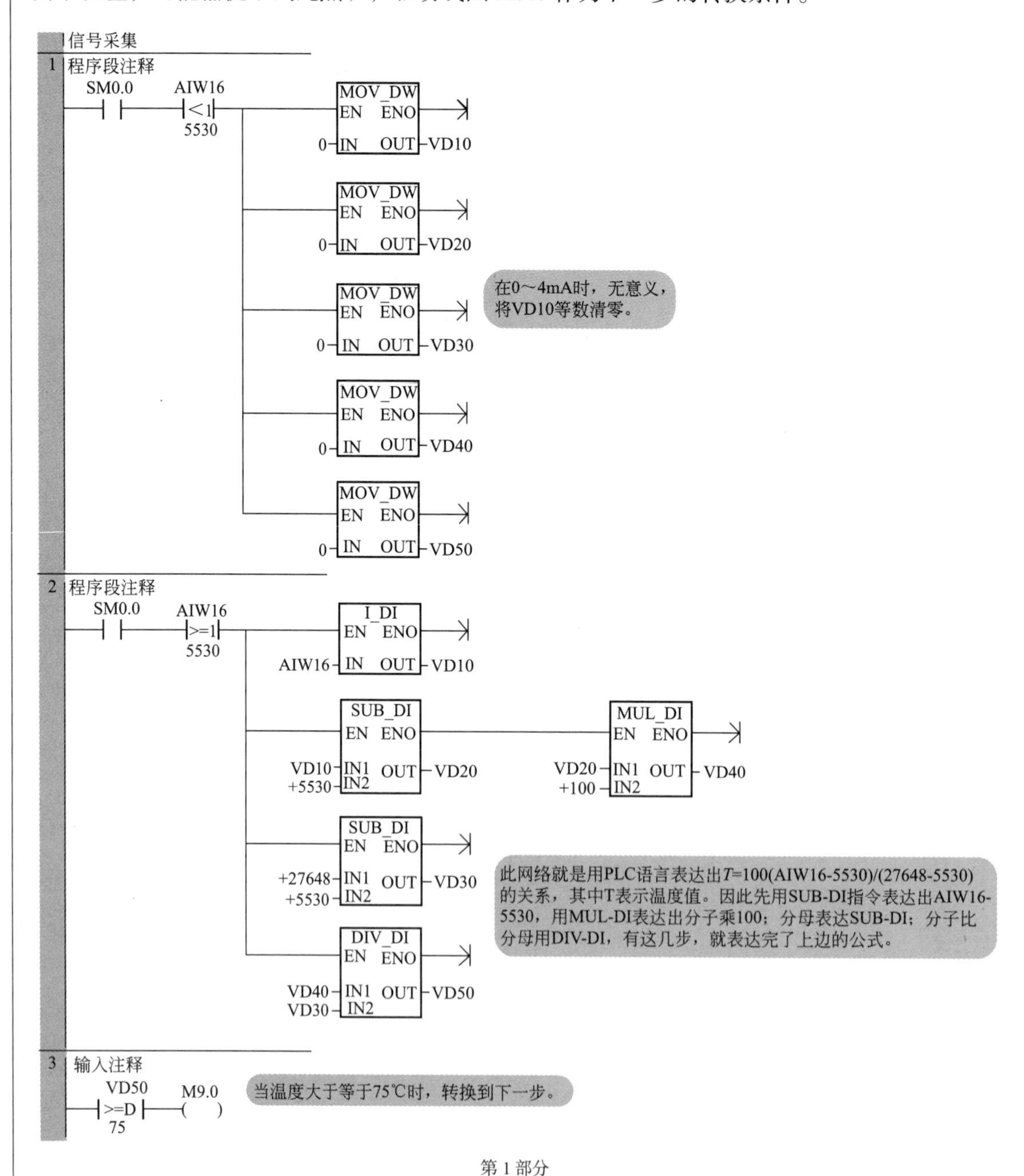

第 1 部分

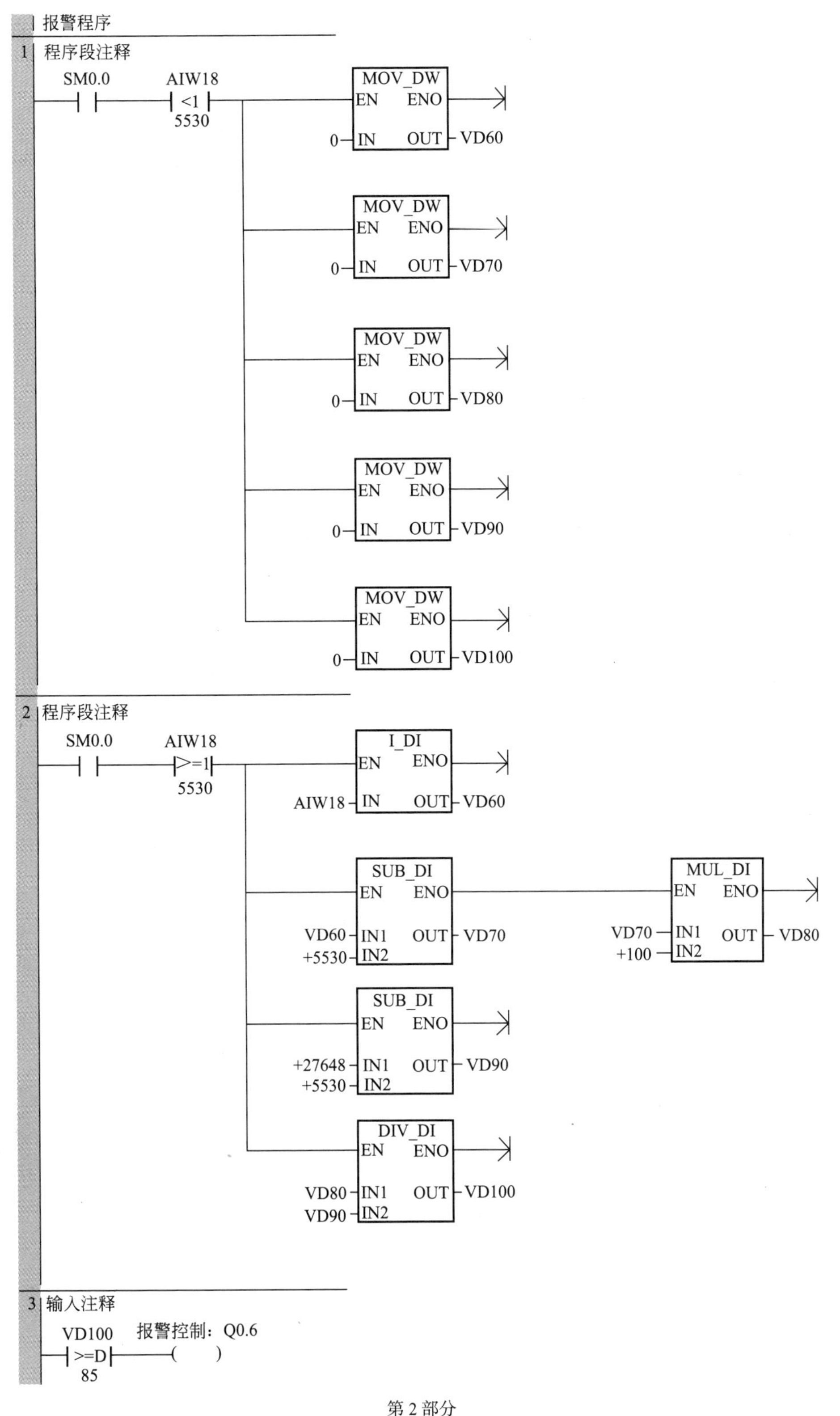

第 2 部分

图 9-24　两种液体混合模拟量程序

报警程序编写过程和信号采集程序的编写过程类似，这里不再赘述。

编者心语

① 在实际工程中，编写模拟量程序的关键在于找出实际物理量与模拟量模块内部数字量的对应关系，找对应关系的依据是输入或输出特性曲线；写模拟量程序实际上就是用PLC的语言表达出这种对应关系。

② 两个实用公式：

模拟量转化为数字量 $D=\dfrac{(D_m-D_0)}{(A_m-A_0)}(A-A_0)+D_0$

数字量转化为模拟量 $A=\dfrac{(A_m-A_0)}{(D_m-D_0)}(D-D_0)+A_0$

A_m 为模拟量信号最大值

A_0 为模拟量信号最小值

D_m 为数字量最大值

D_0 为数字量最小值

以上4个量都需代入实际值

A 为模拟量信号时时值

D 为数字量信号时时值

这两个属于未知量

③ 处理开关量程序时，采用顺序控制编程法是最佳途径：大型程序一定要画顺序功能图或流程图，这样思路非常清晰。

④ 模拟量编程一定找好实际物理量与模块内部数字量的对应关系，用PLC语言表达出这一关系，表达这一关系无非用到加减乘除等指令。尽量画出流程图，这样编程有条不紊。

⑤ 学会应用程序的经典结构，一类程序设置一个子程序，通过主程序调用子程序，思路清晰明了。程序经典结构如下：

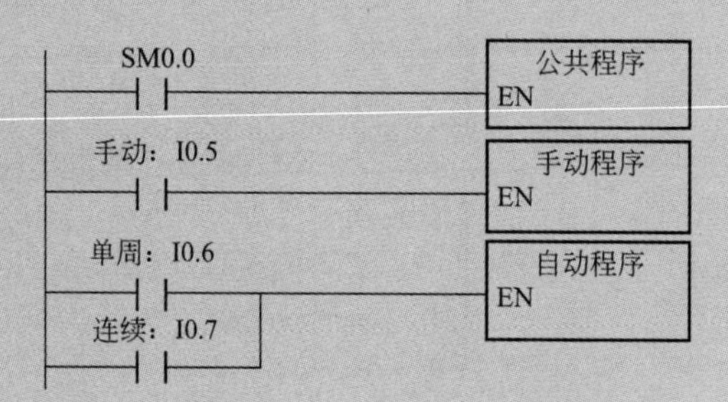

9.2.6 S7-200 PC Access SMART 地址分配

S7-200 PC Access SMART 地址分配最终结果，如图9-25所示。

名称	条目 ID	地址	数据类型	工程单位下限	工程单位上限	访问
A	MWSMART.N...	Q0.0	BOOL	0.0000000	0.0000000	RW
B	MWSMART.N...	Q0.1	BOOL	0.0000000	0.0000000	RW
baojing	MWSMART.N...	Q0.6	BOOL	0.0000000	0.0000000	RW
C	MWSMART.N...	Q0.2	BOOL	0.0000000	0.0000000	RW
C-start	MWSMART.N...	M20.5	BOOL	0.0000000	0.0000000	RW
down-L3	MWSMART.N...	I0.3	BOOL	0.0000000	0.0000000	RW
DZ	MWSMART.N...	M20.2	BOOL	0.0000000	0.0000000	RW
jiaoban	MWSMART.N...	Q0.4	BOOL	0.0000000	0.0000000	RW
jiare	MWSMART.N...	Q0.5	BOOL	0.0000000	0.0000000	RW
LX	MWSMART.N...	M20.3	BOOL	0.0000000	0.0000000	RW
Middle-L2	MWSMART.N...	I0.2	BOOL	0.0000000	0.0000000	RW
SD	MWSMART.N...	M20.4	BOOL	0.0000000	0.0000000	RW
start	MWSMART.N...	M20.0	BOOL	0.0000000	0.0000000	RW
stop	MWSMART.N...	M20.1	BOOL	0.0000000	0.0000000	RW
up-L1	MWSMART.N...	I0.1	BOOL	0.0000000	0.0000000	RW
VD100	MWSMART.N...	VD100	DWORD	0.0000000	100.0000	RW
VD50	MWSMART.N...	VD50	DWORD	0.0000000	100.0000	RW

图9-25 S7-200 PC Access SMART 地址分配

9.2.7 WinCC 组态画面设计

两种液体混合控制 WinCC 的最终画面，如图 9-17 所示。

项目创建、添加驱动和变量创建的具体步骤请参考 8.4 节。变量创建的最终结果，如图 9-26 所示。

变量 [S7200SMART_OPCServer]

	名称	数据类型	长度	格式调整	连接	组	地址
1	A	二进制变量	1		S7200SMART_OPCS		"MWSMART.NewPLC.NewFolder.A", "", 11
2	B	二进制变量	1		S7200SMART_OPCS		"MWSMART.NewPLC.NewFolder.B", "", 11
3	baojing	二进制变量	1		S7200SMART_OPCS		"MWSMART.NewPLC.NewFolder.baojing", "", 11
4	C	二进制变量	1		S7200SMART_OPCS		"MWSMART.NewPLC.NewFolder.C", "", 11
5	C-start	二进制变量	1		S7200SMART_OPCS		"MWSMART.NewPLC.NewFolder.C-start", "", 11
6	down-L3	二进制变量	1		S7200SMART_OPCS		"MWSMART.NewPLC.NewFolder.down-L3", "", 11
7	DZ	二进制变量	1		S7200SMART_OPCS		"MWSMART.NewPLC.NewFolder.DZ", "", 11
8	jiaoban	二进制变量	1		S7200SMART_OPCS		"MWSMART.NewPLC.NewFolder.jiaoban", "", 11
9	jiare	二进制变量	1		S7200SMART_OPCS		"MWSMART.NewPLC.NewFolder.jiare", "", 11
10	LX	二进制变量	1		S7200SMART_OPCS		"MWSMART.NewPLC.NewFolder.LX", "", 11
11	Middle-L2	二进制变量	1		S7200SMART_OPCS		"MWSMART.NewPLC.NewFolder.Middle-L2", "", 11
12	SD	二进制变量	1		S7200SMART_OPCS		"MWSMART.NewPLC.NewFolder.SD", "", 11
13	start	二进制变量	1		S7200SMART_OPCS		"MWSMART.NewPLC.NewFolder.start", "", 11
14	stop	二进制变量	1		S7200SMART_OPCS		"MWSMART.NewPLC.NewFolder.stop", "", 11
15	up-L1	二进制变量	1		S7200SMART_OPCS		"MWSMART.NewPLC.NewFolder.up-L1", "", 11
16	VD50	无符号的 32 位值	4	DwordToUnsignedDword	S7200SMART_OPCS		"MWSMART.NewPLC.NewFolder.VD50", "", 19
17	VD100	无符号的 32 位值	4	DwordToUnsignedDword	S7200SMART_OPCS		"MWSMART.NewPLC.NewFolder.VD100", "", 19

图 9-26　WinCC 变量创建的最终结果

（1）画面创建与动画连接

① 新建画面

新建画面具体步骤，参考 9.1 节。

② 添加元件组合

元件组合这里包括灯和阀的组合、电机和灯的组合。元件组合具体步骤制作，参考 9.3 节。液位开关和加热灯的制作，参考 8.4 节中的 WinCC 组态。以上元件和连接变量对应关系，如图 9-27 所示。

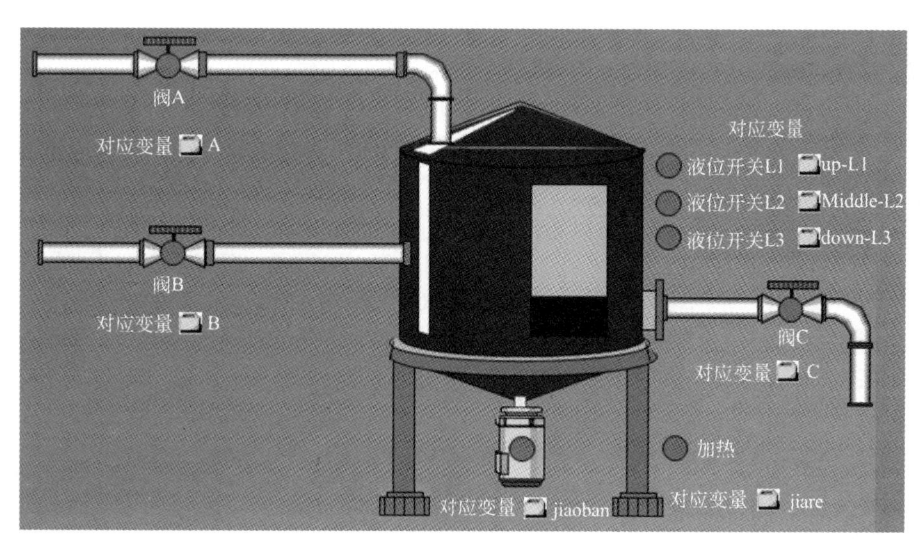

图 9-27　元件变量连接

③ 添加立体泵、储水罐和管道

按下显示库按钮，在图形编辑器窗口的下边会弹出“库”的界面，执行“全局库→ Siemens HMI Symbol Library 1.4.1 →泵”，在“泵”文件夹中选择 立式泵 1，将其拖拽到图形编辑器中，图形编辑器中会出现图标，按最终画面图9-17插好。执行“全局库→PlantElements→Tanks”，在“Tanks”文件夹中选择Tank1，将其拖拽到图形编辑器中，图形编辑器中会出现图标，按最终画面图9-17插好。执行“全局库→PlantElements→Pipes-Smart Objects”，在“Pipes-Smart Objects”文件夹中选择3D Pipe Horizontal和3D Pipe Elbow 1，将其拖拽到图形编辑器中，图形编辑器中会出现和图标，按最终画面图9-17插好。

④ 添加棒图

在图形编辑器右侧智能对象中，双击棒图，在图形编辑器中会出现棒图。选中“棒图”，在下边的对象属性的“其它”中，将“最大值”改为100，最小值改为0，在“过程驱动器连接”中动化对话框的变量连接VD50，类型选择模拟量，以上设置，如图9-28所示。

对象属性

属性　事件

棒图：几何、颜色、样式、字体、闪烁、其它、轴、限制、效果

属性	静态	动态	更新周期	间接
显示变量状态	是			
改变颜色	全部			
最大值	100.000000			
零点值	0.000000e+000			
最小值	0.000000e+000			
滞后	否			
滞后范围	0.000000e+000			
趋势	否			
平均值	否			
过程驱动器连接	2.000000	VD50	2秒	

图9-28　棒图对象属性设置

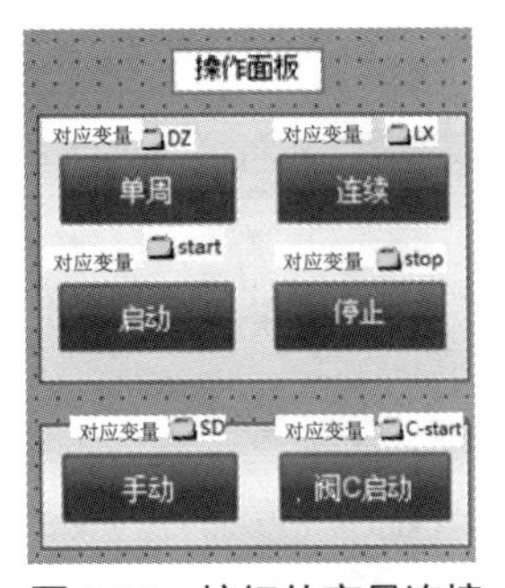

图9-29　按钮的变量连接

⑤ 添加按钮

按钮添加读者可参考9.1节。变量连接，如图9-29所示。

（2）项目调试

首先打开S7-200 SMART PLC编程软件STEP 7-Micro/WIN SMART，点击通信进行通信参数配置，本机地址设置为“192.168.2.100”，通信参数配置完成后，点击下载进行程序下载，之后点击程序状态进行程序调试。PLC程序下载完成后，打开WinCC软件，点击项目激活按钮，运行项目。分别点击手动、连续和单周，观察WinCC组态画面中的电磁阀动作、液位开关动作、棒图动作灯是否符合控制要求。备注：工作方式的选择由WinCC中的选择方式按钮和图9-19中的工作方式选择程序联合实现的，这点读者需注意。

9.3　含上位机的低压洒水控制

9.3.1　任务导入

某低压水罐装有注水洒水装置和水位显示传感器。按下启动按钮，注水阀打开，水罐进行蓄水；当水位到达5m时，注水阀关闭，此时水罐水加满，具备洒水条件；当按下洒水启

动按钮，吸水阀打开，低压水泵启动，开始洒水除尘；注意当水位低于 1m，为了保护水泵，洒水停止，进行注水；当按下洒水停止按钮，洒水停止。试编写程序。

9.3.2 任务分析

根据任务，WinCC 画面需设有注水启、停按钮各 1 个，注水阀、吸水阀和水泵各 1 个，水位显示框 1 个，蓄水罐 1 个，报警窗口 1 个，此外还有管道和标签等。

注水阀、吸水阀和水泵的开关由 S7-200 SMART PLC 来控制，水位数值由 EM AE04 模块读取。

9.3.3 任务实施

（1）S7-200 SMART PLC 程序设计

① 根据控制要求，进行 I/O 分配，如表 9-3 所示。

表 9-3 低压洒水控制的 I/O 分配

输入量		输出量	
注水启动	M0.0	注水	Q0.0
注水停止	M0.1	水泵 / 吸水阀	Q0.1
水位	VW0		
水泵启动	M0.2		
水泵停止	M0.3		

② 根据控制要求，编写控制程序。低压水泵控制程序，如图 9-30 所示。

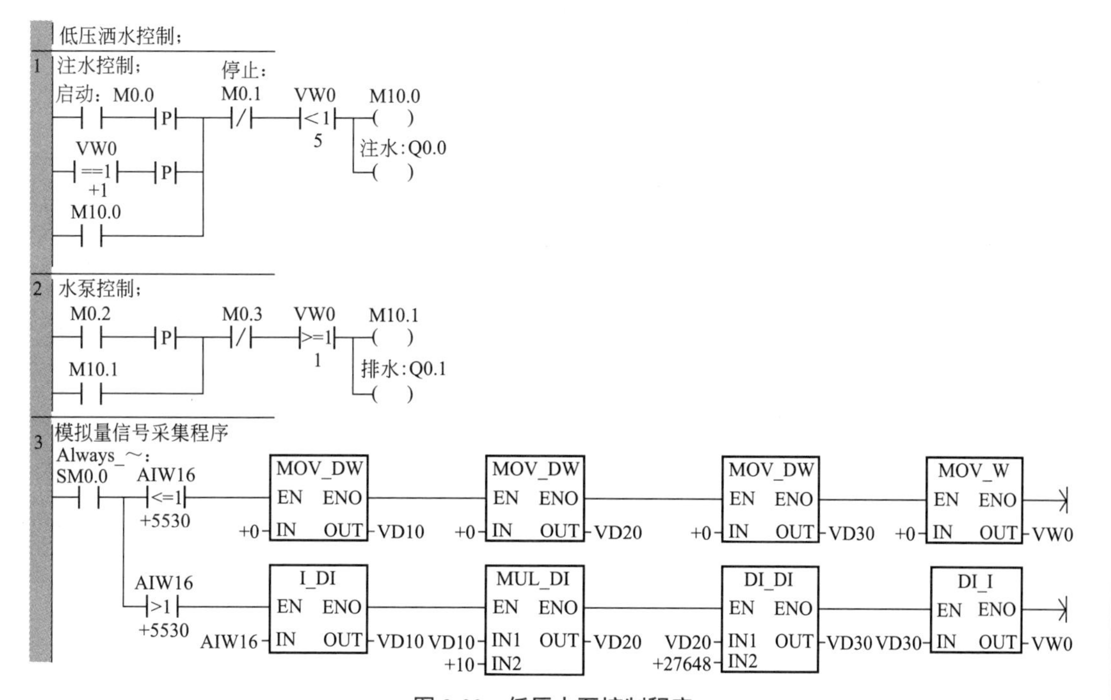

图 9-30 低压水泵控制程序

（2）S7-200 PC Access SMART程序设计

S7-200 PC Access SMART 程序设计具体步骤，请参考 8.4 节。生成变量的最终结果，如图 9-31 所示。

名称	条目 ID	地址	数据类型	工程单位下限	工程单位上限	访问
beng_start	MWSMART.N...	M0.2	BOOL	0.0000000	0.0000000	RW
beng_stop	MWSMART.N...	M0.3	BOOL	0.0000000	0.0000000	RW
paishui_YV	MWSMART.N...	Q0.1	BOOL	0.0000000	0.0000000	RW
VW0	MWSMART.N...	VW0	WORD	0.0000000	0.0000000	RW
zhushui_start	MWSMART.N...	M0.0	BOOL	0.0000000	0.0000000	RW
zhushui_stop	MWSMART.N...	M0.1	BOOL	0.0000000	0.0000000	RW
zs_YV	MWSMART.N...	Q0.0	BOOL	0.0000000	0.0000000	RW

图 9-31　S7-200 PC Access SMART 生成变量

（3）WinCC组态

项目创建、添加驱动和变量创建的具体步骤这里不赘述，请参考 8.4 节。变量创建的最终结果，如图 9-32 所示。

	名称	数据类型	长度	格式调整	连接	组	地址
1	beng_start	二进制变量	1		S7200SMART_OPCS		"MWSMART.NewPLC.beng_start", "", 11
2	beng_stop	二进制变量	1		S7200SMART_OPCS		"MWSMART.NewPLC.beng_stop", "", 11
3	paishui_YV	二进制变量	1		S7200SMART_OPCS		"MWSMART.NewPLC.paishui_YV", "", 11
4	VW0	无符号的 16 位值	2	WordToUnsignedWord	S7200SMART_OPCS		"MWSMART.NewPLC.VW0", "", 18
5	zhushui_start	二进制变量	1		S7200SMART_OPCS		"MWSMART.NewPLC.zhushui_start", "", 11
6	zhushui_stop	二进制变量	1		S7200SMART_OPCS		"MWSMART.NewPLC.zhushui_stop", "", 11
7	zs_YV	二进制变量	1		S7200SMART_OPCS		"MWSMART.NewPLC.zs_YV", "", 11

图 9-32　WinCC 变量创建的最终结果

① 画面创建与动画连接

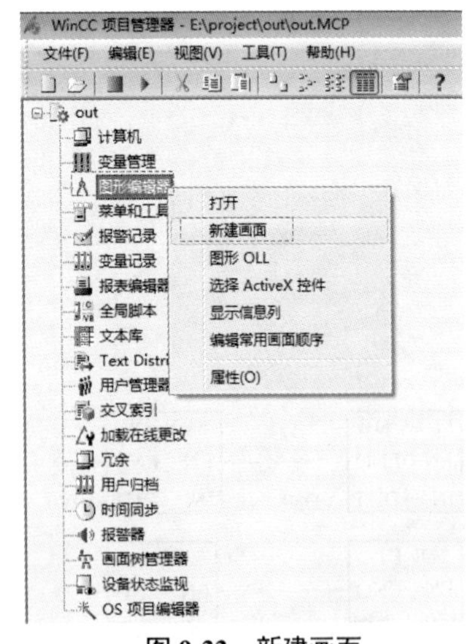

图 9-33　新建画面

a．新建画面：选中浏览窗口中的图形编辑器，单击右键，执行“新建画面”，此项操作如图 9-33 所示。执行完此项操作后，在浏览窗口右侧的数据窗口会出现 NewPdl0.Pdl 过程画面。

b．添加文本框：双击 NewPdl0.Pdl，打开图形编辑器。在图形编辑器右侧标准对象中，双击 A 静态文本，在图形编辑器中会出现文本框。选中文本框，在下边的对象属性的“字体”中，将 X 对齐和 Y 对齐都设置成“居中”；选中文本框，在下边的对象属性的“颜色”中，分别将“边框颜色”和“背景颜色”的透明的设置成 100，这样就去除了背景颜色和边框颜色；再复制粘贴 5 个文本框，分别将这 5 个文本框拖拽合适的大小，在其中分别输入各自的文本内容。

c．添加灯和阀门：在图形编辑器右侧标准对象中，双击 圆，在图形编辑器中会出现圆。选中圆，在下边的对象属性的“效果”中，将“全局颜色方案”由“是”改为“否”；在对象属性的“颜色”中，选中“背景颜色”，在处单击右键，会弹出对话框，如图 9-34 所示。执行完以上操作后，会弹出“值域”界面，如图9-35所示。点击“表达式”后边的[...]，会弹出对话框，再点击“变量”，会出现“外部变量”界面，我们选择 zs_YV，变量连接完成；再点击“事件名称”后边的 ，会弹出“改变触发器”界面，在“标准周期”2秒上双击，会弹出一个界面，点击倒三角，我们选择“有变化时”，以上操作如图9-36所示。

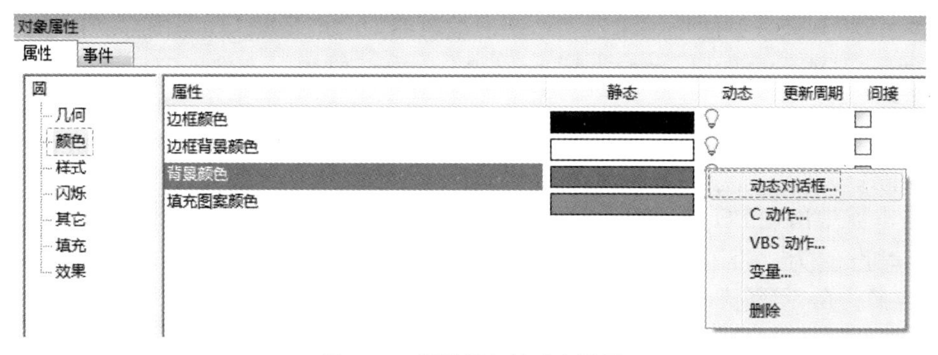

图9-34　背景颜色的动态设置

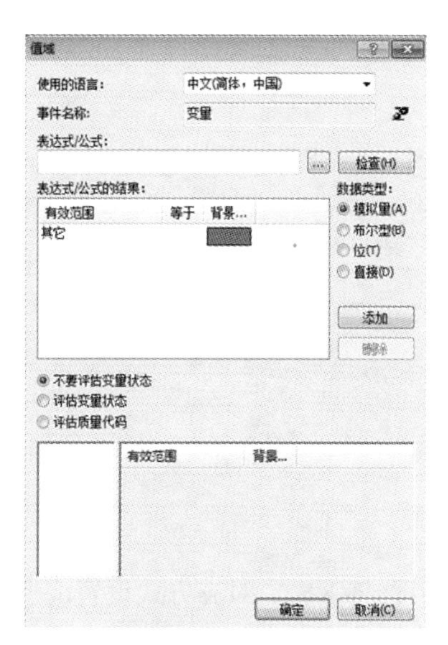

图9-35　值域界面

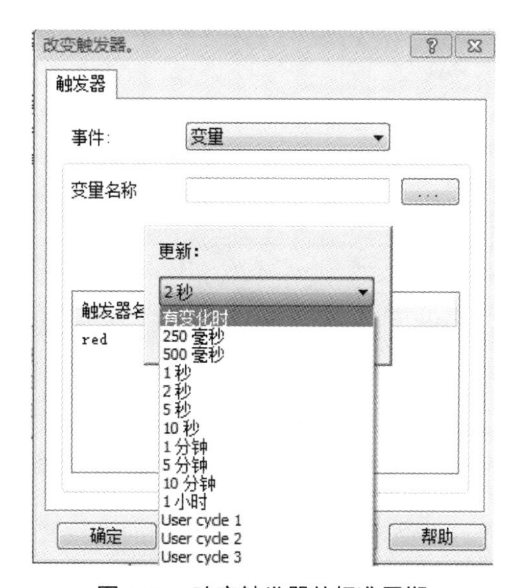

图9-36　改变触发器的标准周期

在“数据类型”中，选择“布尔型”，双击表达式的“背景”，会弹出调色板，在调色板中，选择红色。通过“变量连接”、“标准周期”和“数据类型”的设置，“值域”界面设置的最终结果，如图9-37所示。最后在“值域”界面上，单击“确定”，所有的设置完成。以上操作是对“注水阀灯”的设置，“出水阀灯”和“吸水阀灯”的设置除变量连接为 paishui_YV外，其余与“注水阀灯”设置相同，故不赘述。

阀门的添加首先按下显示库按钮 ，在图形编辑器窗口的下边会弹出“库”的界面，执行“全局库→Plant Elements→Valves”，在Valves文件夹中选择 Valve1，将其拖拽到图形编辑器中，图形编辑器中会产生 图标，再复制两个阀门图标。将阀门和灯

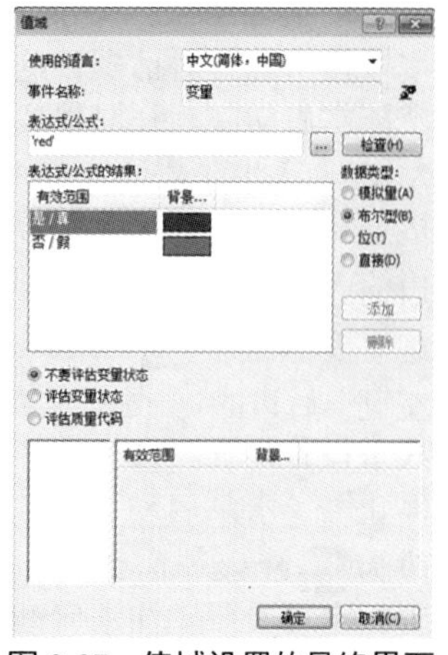

图9-37　值域设置的最终界面

通过移动组合好，最终形成形式。

d．添加水泵和管道：首先按下显示库按钮，在图形编辑器窗口的下边会弹出“库”的界面，执行“全局库→ Siemens HMI Symbol Library 1.4.1 →泵”，在“泵”文件夹中选择卧式泵 2，将其拖拽到图形编辑器中，图形编辑器中会产生图标。再执行“全局库→ Siemens HMI Symbol Library 1.4.1 →管道”，在“管道”文件夹中选择短垂直管和短水平管。

e．添加蓄水池和输入框：这里的蓄水池用矩形表示。在标准对象中，双击矩形，会在图形编辑器中出现矩形，将其拖拽合适的大小；在智能对象中，双击0.12 输入/输出域，会在图形编辑器中出现 I/O 域（输入 / 输出域）；选中矩形，在下边对象属性“效果”中，全局颜色方案设置为“否”；在“填充量”中，动态填充设置为“是”，填充量中与变量VW0连接；在“颜色”中的“背景颜色”选择成蓝色；以上结果如图 9-38 所示。

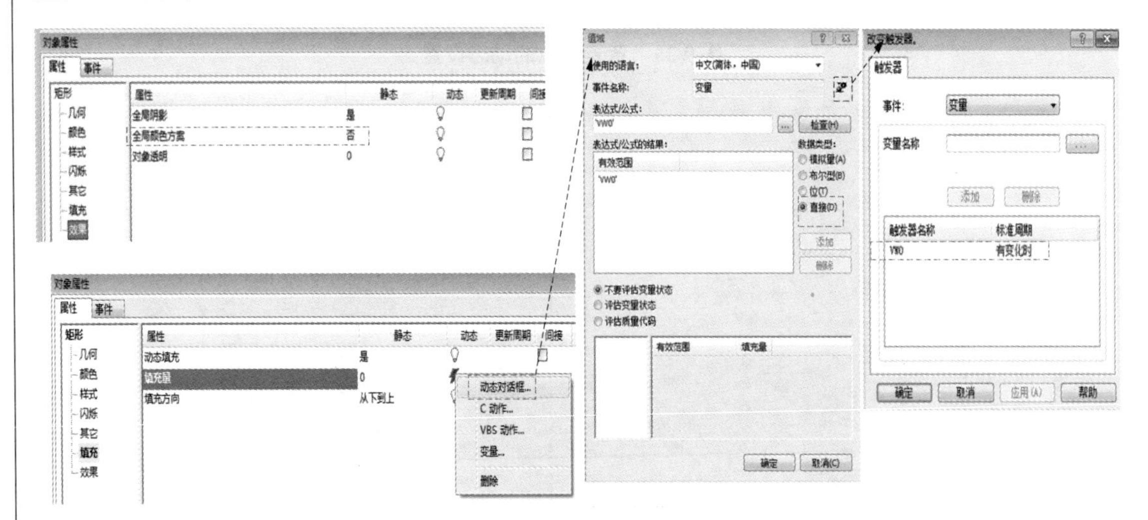

图 9-38 矩形动态属性设置

先选中输入 / 输出域，在下边的对象属性“字体”中，将 X、Y 对齐方式设置成居中；选中输入输出域，单击右键，选择“组态对话框”，在“变量”后，单击...，连接变量VW0；在“更新”中，选择“有变化时”。

f．添加按钮：在窗口对象中双击按钮，在图形编辑器中会出现按钮，同时会出现“按钮组态”对话框，这里点击。选中按钮，在对象属性的“字体”中，“文本”输入“注水启动”；在对象属性的界面中，由“属性”切换到“事件”，选中“鼠标”，在“按左键”后边的处，单击右键，会弹出对话框，如图 9-39 所示，在此对话框中，选中“直接连接”，会弹出一个界面，如图 9-40 所示。在“来源”项选择“常数”，在“常数”的后边输入值 1；在“目标”项选择“变量”，单击“变量”后边的，会弹出“外部变量”界面，这里变量选中zhushui_start，在此界面最后单击“确定”。选中“鼠标”，在“释放左键”后边的处，也需做类似以上的设置，只不过在“来源”的“常数”处，输入 0 即可，其余设置不变。选中“注水启动”按钮，再复制粘贴 3 个按钮，将“文本”分别改为“注水停止”“水泵启动”和“水泵停止”，再将它们“按左键”和“释放左键”的连接变量分别改为zhushui_stop、beng_start和beng_stop，其余不变，以上两个按钮的设置完全可参照“注水启动”按钮的设置，故不赘述。

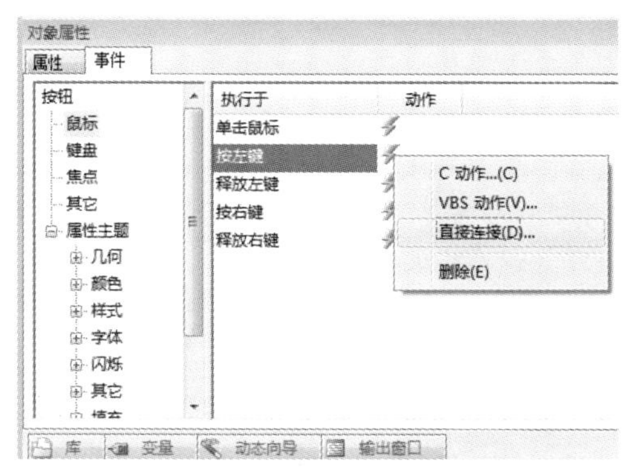

图 9-39　按钮事件界面

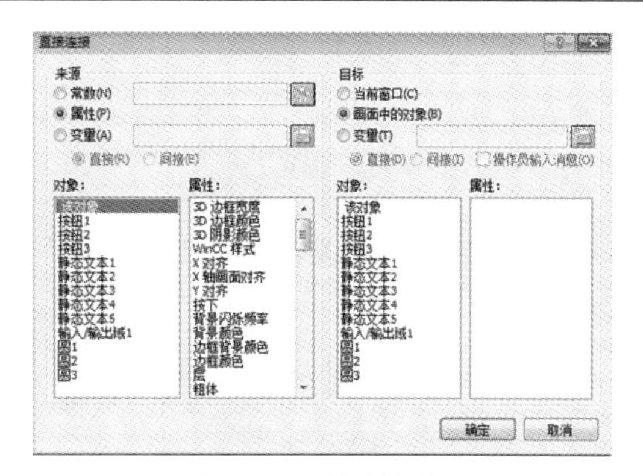

图 9-40　直接连接界面

② 报警制作

a．设置限制值选项卡：双击浏览窗口中的 报警记录，会打开“报警记录”界面。在报警编辑器的浏览窗口中，单击 模拟消息，右侧会出现“限制值”选项卡，在第一行“变量”栏，单击 ...，连接变量 VW0；“消息号”为 2；“比较”为上限；“比较值”为 5；第二行变量依然为 VW0；“消息号”为 3；“比较”为下限；“比较值”为 1；上述设置如图 9-41 所示。

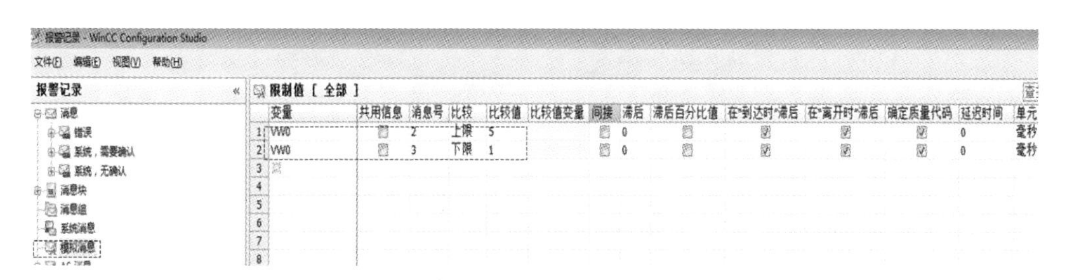

图 9-41　限制值设置

b. 设置消息选项卡：选中 模拟消息，点击该窗口下边的 消息，实现“限制值”和“消息”的切换。在“消息”选项卡中，第一行的编号输入 2，第二行的编号输入 3；“消息文本”第一行输入水位高，第二行输入水位低；“错误点”都是蓄水池。以上设置，如图 9-42 所示。

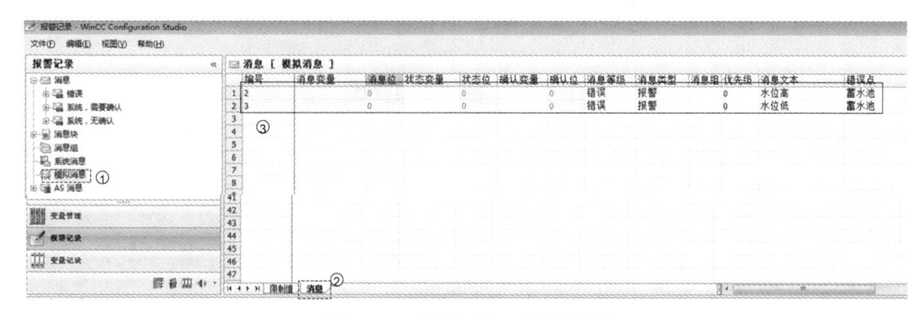

图 9-42　消息选项卡的设置

c．显示报警：在图形编辑器窗口，点击右下角 控件 按钮，切换到控件选项卡，双击控件选项卡中的 WinCC AlarmControl，在图形编辑窗口会出现报警窗口，将其拖拽合适大小。双击报警窗口，会弹出 WinCC AlarmControl 属性设置，选中该窗口的“消息列表”，接着选中“消息文本”和“错误点”（两个都选中，需按 shift），再点击 > 按钮，这样两个信息就添加到了消息行。如上操作如图 9-43 所示。

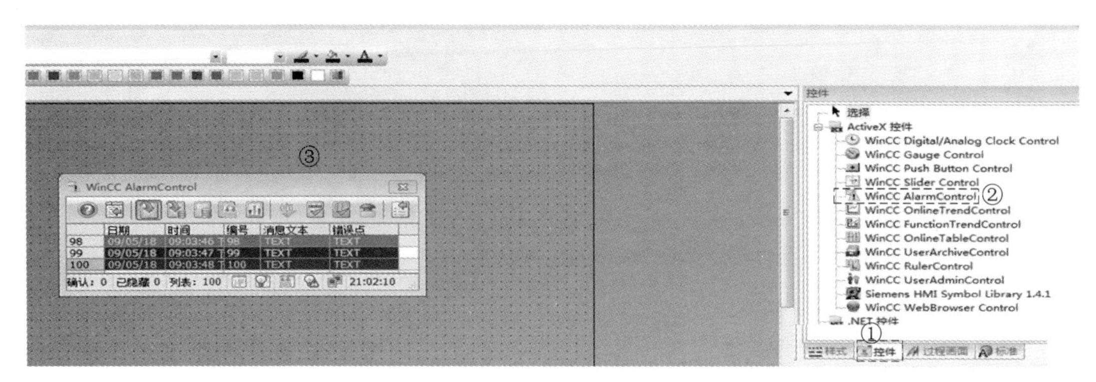

图 9-43　显示报警的操作

d. 修改启动选项：在项目管理器中，选中 计算机，再选中右侧的 PC-20170823EISF，单击右键，会弹出下拉菜单，选择“属性”，会弹出“计算机属性”界面。在此界面中，选择“启动”选项卡，分别在“报警记录运行系统”和“图形运行系统”前打对勾，单击确定。以上设置如图 9-44 所示。

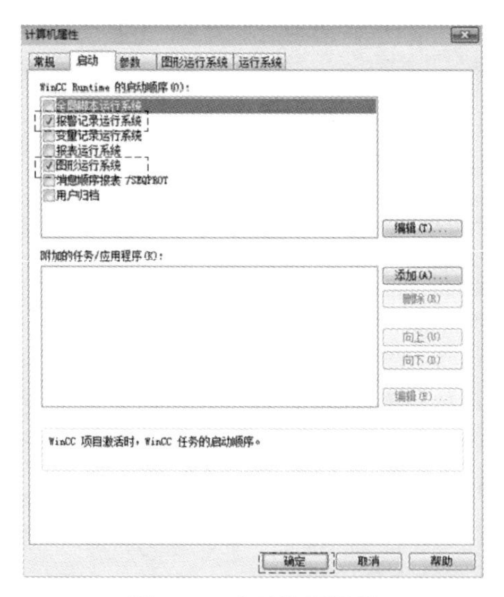

图 9-44　启动选项设置

通过①和②两大步设置，该项目的最终画面，如图 9-45 所示。

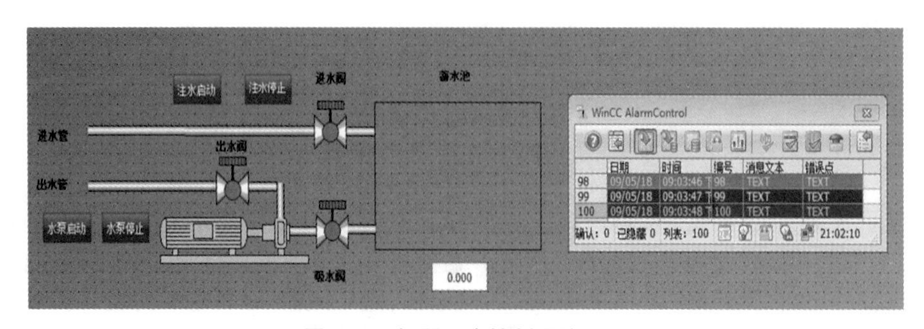

图 9-45　低压洒水控制最终画面

③ 项目调试

首先打开 S7-200 SMART PLC 编程软件 STEP 7-Micro/WIN SMART，点击 通信进行通信参数配置，本机地址设置为“192.168.2.100”，通信参数配置完成后，点击 下载进行程序下载，之后点击 程序状态进行程序调试；PLC 程序下载完成后，打开 WinCC 软件，点击项目激活按钮 ，运行项目。WinCC 项目的运行界面如图 9-46 所示。分别点击“注水启动”“注水停止”“水泵启动”和“水泵停止”，观察“进水阀”“出水阀”和“吸水阀”灯的点亮情况；观察实际水箱水位变化，画面中的输入框和蓄水池的数值和高度是否发生变化；当水位高和水位低时，报警窗口显示的信息。以上操作中，水位传感器完全可以通过电位器来模拟，从而方便观察结果。

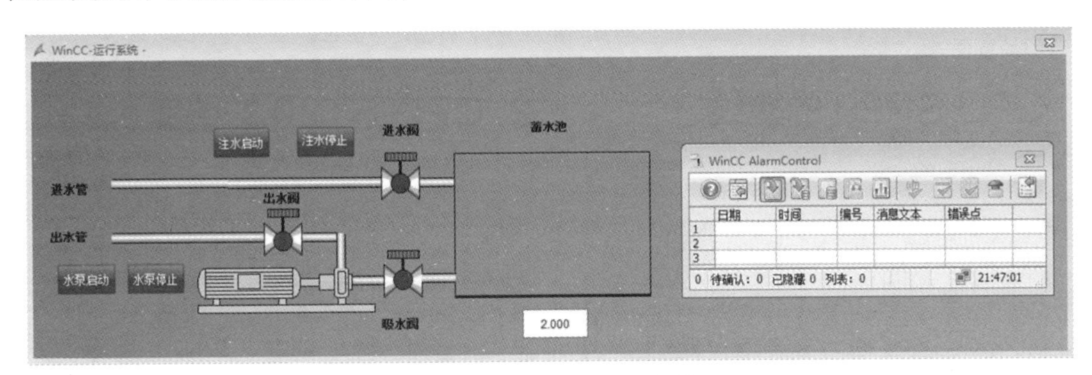

图 9-46　低压洒水控制运行界面

附录A S7-200 SMART PLC外部接线图

1. CPU SR20 的接线

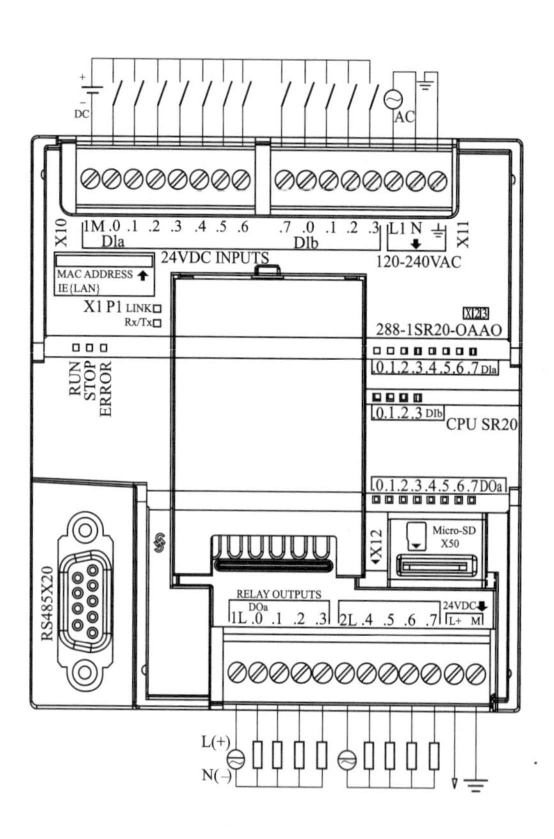

2. CPU ST20 的接线

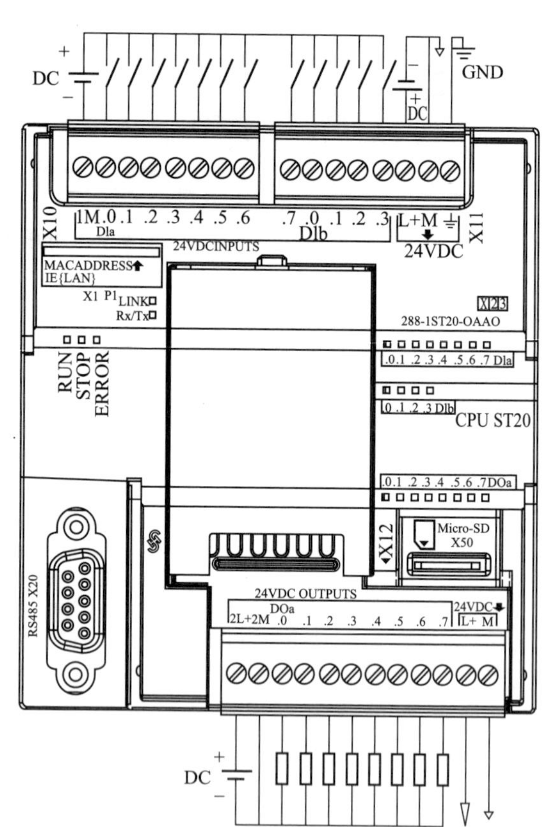

3. CPU SR40 的接线

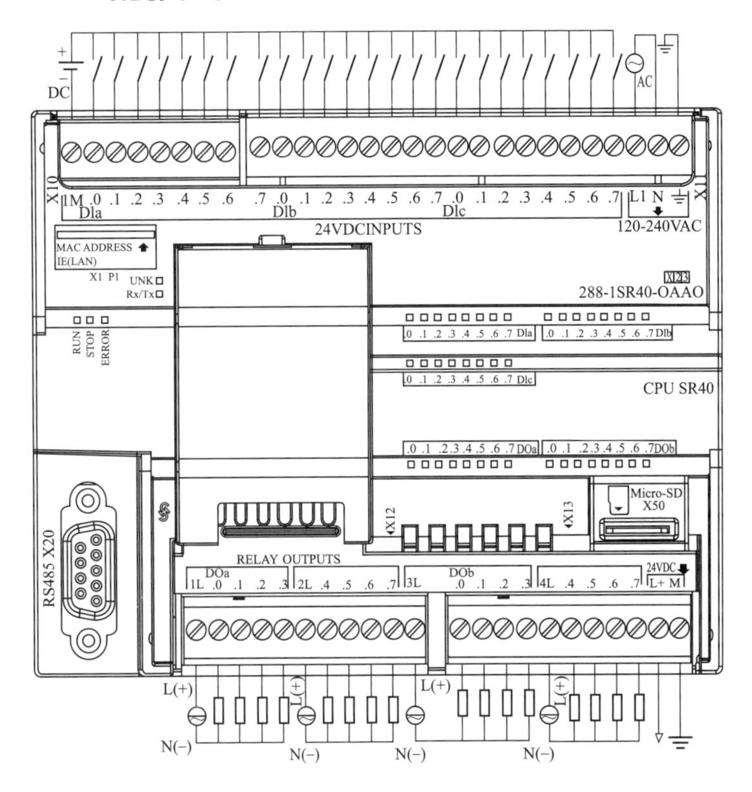

4. CPU ST40 的接线

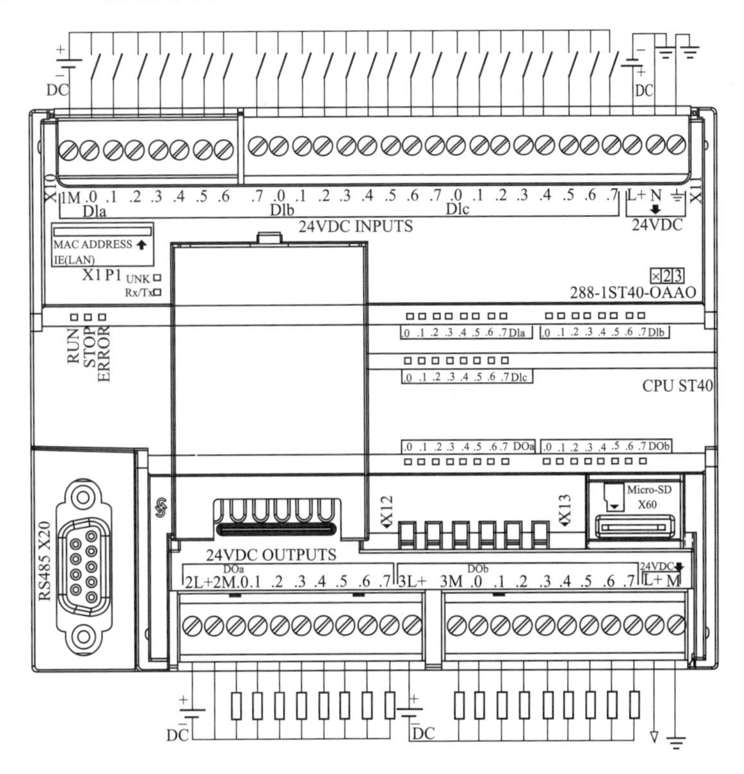

5. CPU SR60 的接线

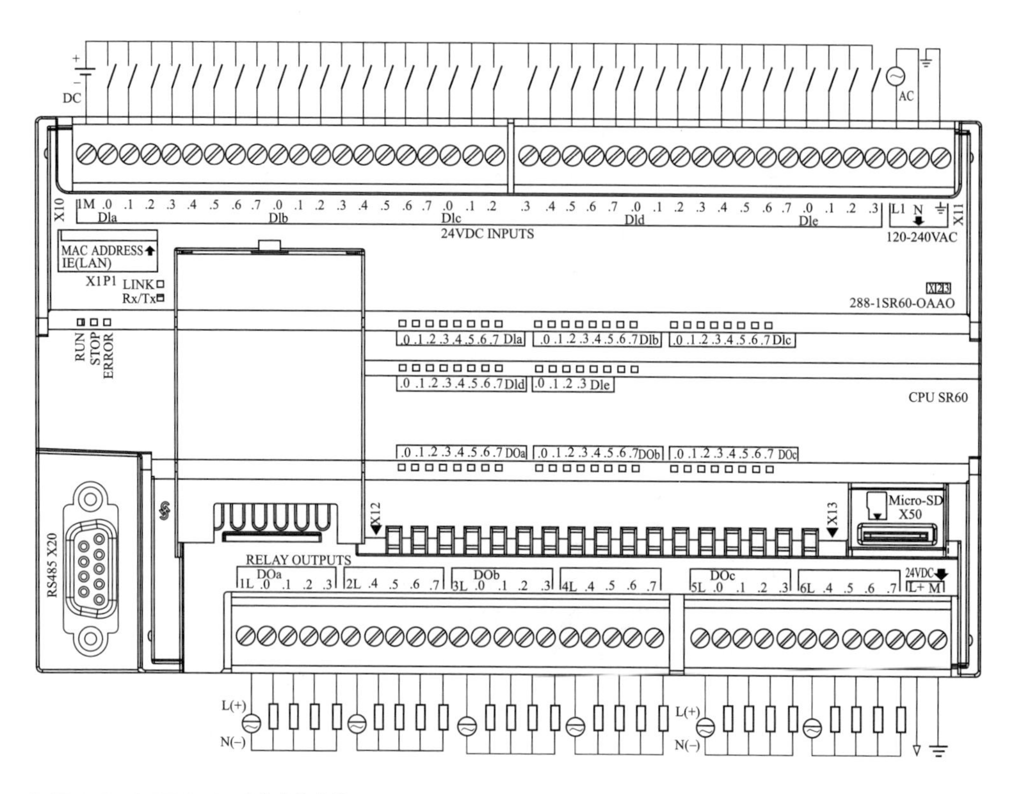

6. CPU ST60 的接线

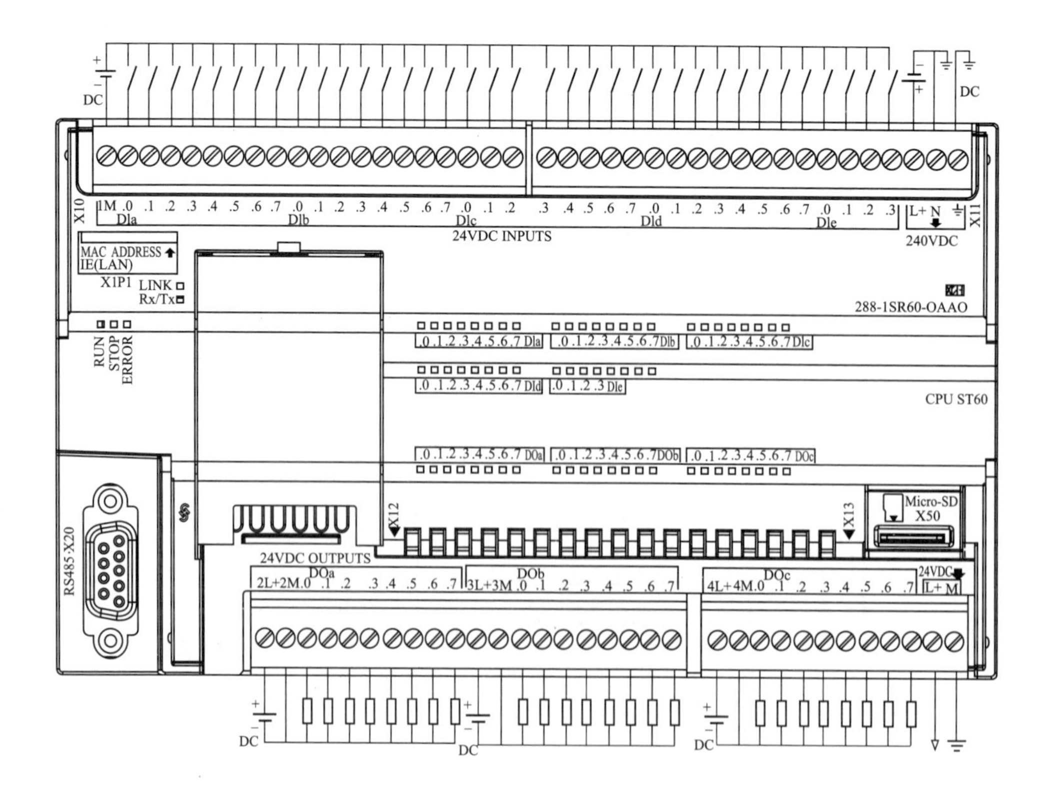

7. CPU CR60 的接线

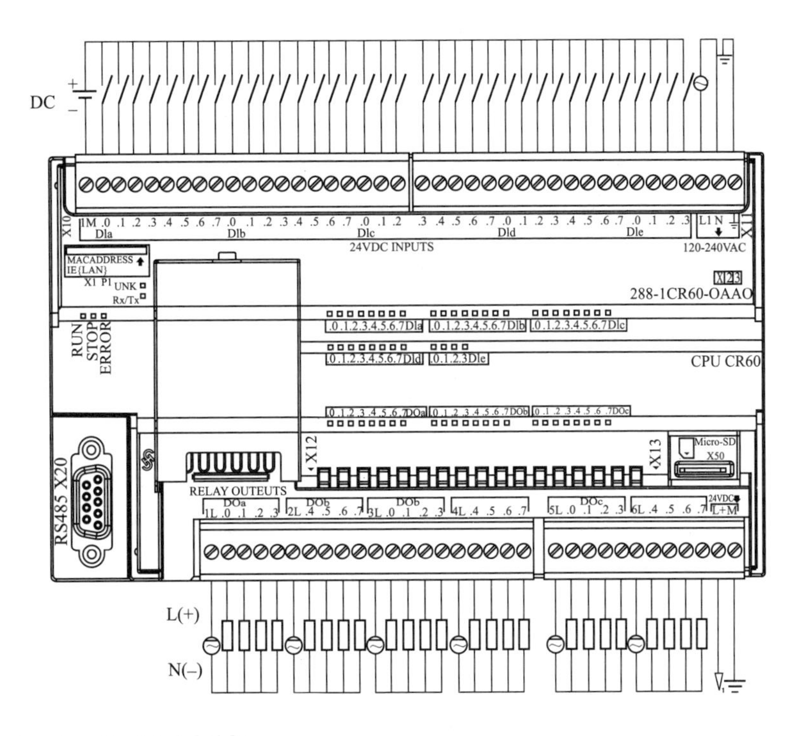

8. CPU CR40 的接线

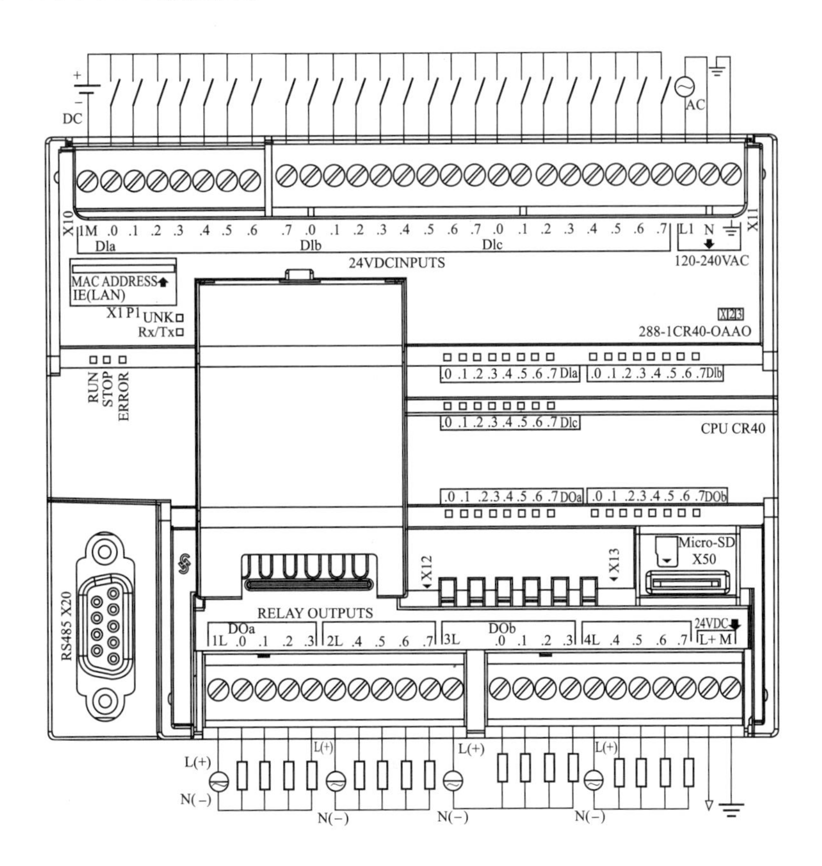

附录B 捷尼查多功能仪表接线图及参数设置

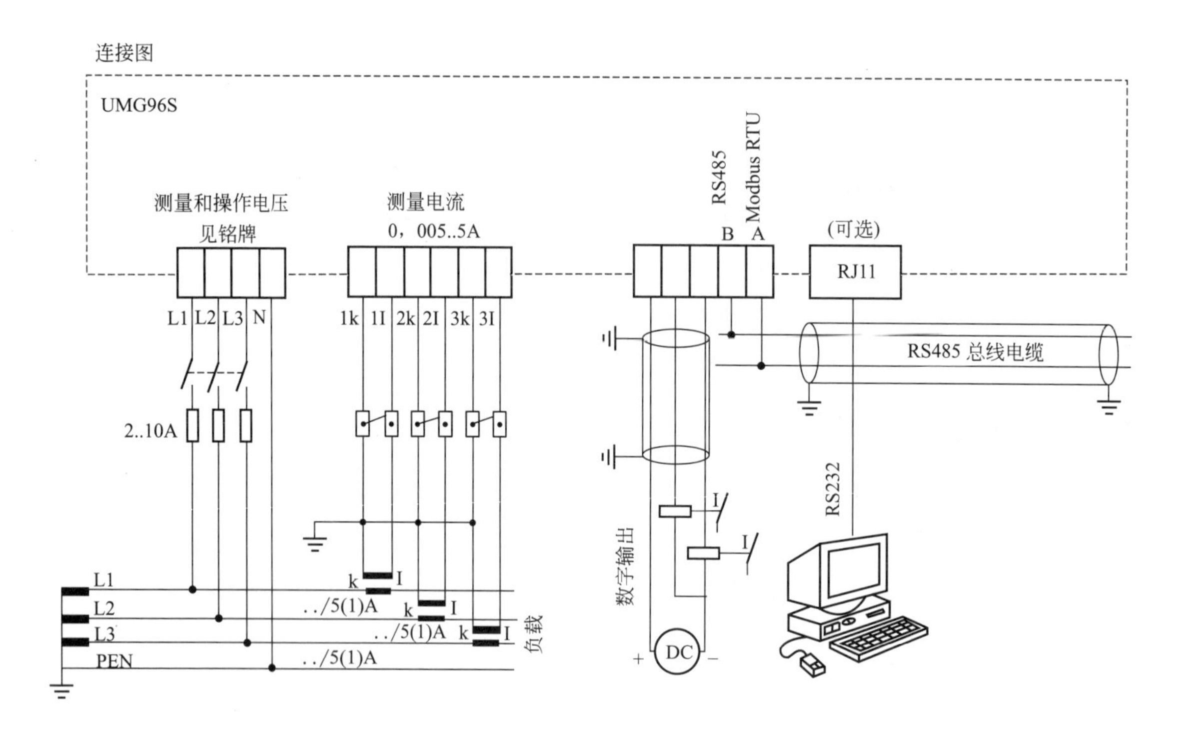

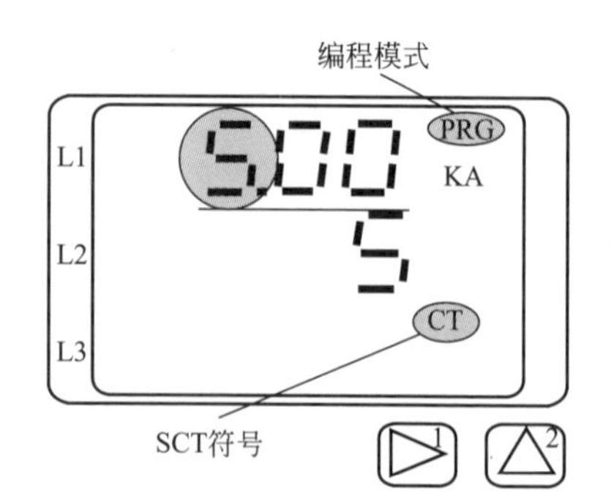

简明手册

改变电流互感器

切换到编程模式

如果处在显示模式。同时按键 1 和键 2 大约 1s，进入到编程模式。

编程模式符号 PRG 和电流互感器符号 CT 出现。

• 通过键 1 确认选择 1
• 第一个数字闪烁

改变初级电流

用键 2 改变闪烁的数字

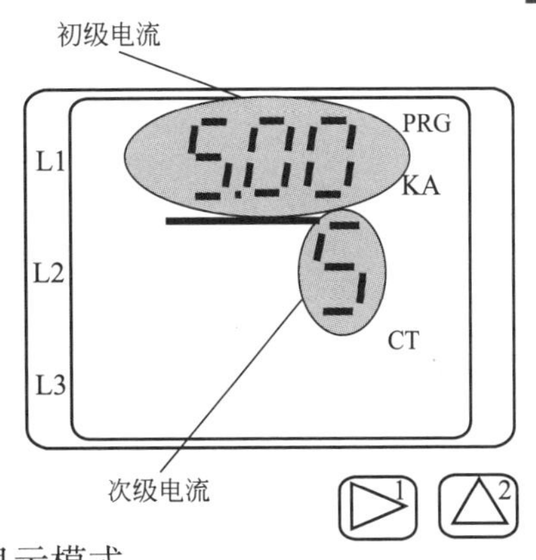

用键 1 选择下一个要改变的数字
选择的数字闪烁
如果整个数字闪烁，小数点可移动。

改变次级电流

作为次级电流，只有 1A 或 5A 能被设置。
使用键 1 选择次级
使用键 2 改变闪烁的数字

离开编程模式

按双键大约 1s，电流互感器的比率被存储，将返回到显示模式。

调用测量值

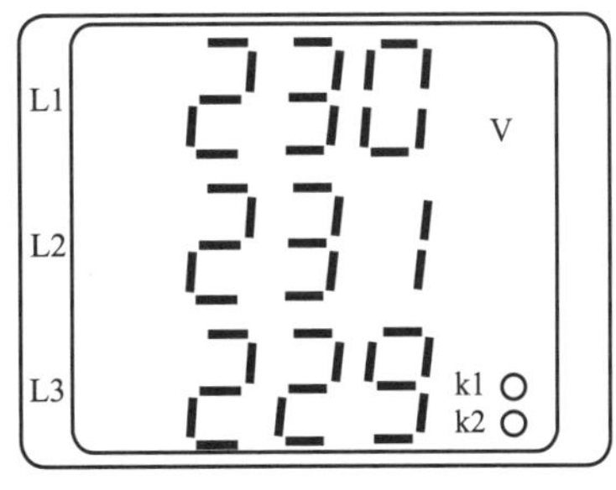

切换到显示模式

如果处在编程模式，同时按键 1 和键 2 大约 1s，进入显示模式。

符号 PRG 不再显示，电压第一组测量值显示出现。

键 2

通过键 2 可在电流，电压，功率等测量值显示之间切换。

键 1

键 1 常用于在测量值，平均值最大值等之的滚屏操作。

参考文献

[1] 韩相争 . 图解西门子 S7-200PLC 编程快速入门 [M]. 北京：化学工业出版社，2013.

[2] 韩相争 . 三菱 FX 系列 PLC 编程速成全图解 [M]. 北京：化学工业出版社，2015.

[3] 韩相争 . 西门子 S7-200PLC 编程与系统设计精讲 [M]. 北京：化学工业出版社，2015.

[4] 韩相争 . 西门子 S7-200 SMART PLC 编程技巧与案例 [M]. 北京：化学工业出版社，2017.

[5] 韩相争等 . 西门子 PLC 从入门到精通 [M]. 北京：化学工业出版社，2018.

[6] 宋爽等 . 变频技术及应用 [M]. 北京：高等教育出版社，2008.

[7] 王建等 . 西门子变频器实用技术 [M]. 北京：机械工业出版社，2012.

[8] 陶权等 . 变频器应用技术 [M]. 广州：华南理工大学出版社，2011.

[9] 李庆海等 . 触摸屏组态控制技术 [M]. 北京：电子工业出版社，2015.

[10] 向晓汉 . 西门子 WinCCV7 从入门到提高 [M]. 北京：机械工业出版社，2012.

[11] 廖常初 .S7-200 SMART PLC 编程及应用 [M]. 北京：机械工业出版社，2013.

[12] 向晓汉 .S7-200 SMART PLC 完全精通教程 [M]. 北京：机械工业出版社，2013.

[13] 胡寿松 . 自动控制原理 [M]. 北京：科学出版社，2013.

[14] 段有艳 .PLC 机电控制技术 [M]. 北京：中国电力出版社，2009.